21 世纪高等院校计算机教材系列

AutoCAD 2008 中文版应用教程

孙士保　主编
宋　新　管新建　刘维方　等编著
张六成　主审

机 械 工 业 出 版 社

本书详细讲述了 AutoCAD 2008 中文版的使用方法及功能。本书最大的特点是在进行知识点讲解的同时，采用了大量的实例，使读者能在实践中掌握 AutoCAD 2008 的使用方法和应用技巧。全书共 13 章，分别介绍了 AutoCAD 2008 基本知识与基本操作，绘图环境设置和二维图形的绘制与编辑，图形高级编辑技巧，显示控制与视图管理，文字与标注，图块定义与编辑，三维绘图与三维实体造型，图形输出与打印等。

本书突出实用性，以大量的插图、丰富的应用实例，结合建筑、机械行业制图的不同需要和标准而编写，既能满足初学者的要求，又能使有一定基础的用户快速掌握 AutoCAD 2008 新增功能的使用技巧。

本书可作为高等院校、高职、高专等工科院校的教材，也可作为工程技术人员的自学参考书。

图书在版编目（CIP）数据

AutoCAD 2008 中文版应用教程 / 孙士保主编. —北京：机械工业出版社，2007.8（2025.7 重印）
（21 世纪高等院校计算机教材系列）
ISBN 978-7-111-22244-6

Ⅰ. A…　Ⅱ. 孙…　Ⅲ. 计算机辅助设计-应用软件，AutoCAD 2008-高等学校-教材　Ⅳ. TP391.72

中国版本图书馆 CIP 数据核字（2007）第 134182 号

机械工业出版社（北京市百万庄大街 22 号　邮政编码　100037）
策　　划：胡毓坚
责任编辑：赵　慧
责任印制：单爱军

中煤（北京）印务有限公司印刷
2025 年 7 月第 1 版 · 第 22 次印刷
184mm×260mm · 18 印张 · 443 千字
标准书号：ISBN 978-7-111-22244-6
定价：49.00 元

电话服务
客服电话：010-88361066
010-88379833
010-68326294

网络服务
机　工　官　网：www.cmpbook.com
机　工　官　博：weibo.com/cmp1952
金　书　网：www.golden-book.com
机工教育服务网：www.cmpedu.com

出版说明

信息技术是当今世界发展最快、渗透性最强、应用最广的关键技术，是推动经济增长和知识传播的重要引擎。在我国，随着国家信息化发展战略的贯彻实施，信息化建设已进入了全方位、多层次推进应用的新阶段。现在，掌握计算机技术已成为21世纪人才应具备的基本素质之一。

为了进一步推动计算机技术的发展，满足计算机学科教育的需求，机械工业出版社聘请了全国多所高等院校的一线教师，进行了充分的调研和讨论，针对计算机相关课程的特点，总结教学中的实践经验，组织出版了这套“21世纪高等院校计算机教材系列”。

本套教材具有以下特点：

(1) 反映计算机技术领域的新发展和新应用。

(2) 注重立体化教材的建设，多数教材配有电子教案、习题与上机指导或多媒体光盘等。

(3) 针对多数学生的学习特点，采用通俗易懂的方法讲解知识，逻辑性强、层次分明、叙述准确而精炼、图文并茂，使学生可以快速掌握，学以致用。

(4) 符合高等院校各专业人才的培养目标及课程体系的设置，注重培养学生的应用能力，强调知识、能力与素质的综合训练。

(5) 适合各类高等院校、高等职业学校及相关院校的教学，也可作为各类培训班和自学用书。

机械工业出版社

前　言

AutoCAD 2008 是美国 Autodesk 公司于 2007 年开发的 AutoCAD 的最新版本，是当今最优秀的计算机绘图软件之一。AutoCAD 2008 与以往版本相比，具有更加强大的绘图功能和更加友好的用户界面。

本书重点介绍了 AutoCAD 2008 中文版基本命令的操作方法和应用技巧，并对 AutoCAD 2008 新增功能作了简单的介绍。为了更好地使读者掌握 AutoCAD 软件，并能够在短时间内达到较高的操作水平，本书在进行知识点讲解的同时，列举了大量的工程实例，这些实例是运用 AutoCAD 2008 绘制建筑、机械制图的基本方法，用户通过学习，可举一反三，从而达到事半功倍的学习效果。并且在各章节最后都附有综合实训，通过具体实例操作进行详细的讲解和说明，使读者能够在实践中掌握 AutoCAD 2008 的使用方法和操作技巧。读者也可据此检验各部分的学习效果并巩固所学知识。

全书共分为 13 章，分别是 AutoCAD 的基本知识与基本操作，绘图环境设置，绘制二维图形，编辑图形，显示控制与视图管理，高级编辑技巧，图块的定义、使用及属性，文本标注与编辑，工程图的绘制训练，三维绘图基础，三维实体造型，图形的输出与打印。

本书由孙士保主编；参加编写的有宋新、管新建、刘维方、曲新峰、蔡峰、曹磊、贾春、曾鹏、毛洪滨、李方跃、姚芬、李培红、李冠军、李谧佳、顾颐、王宁、张丽娜、刘庆胜、李孝雁、藏顺娟、杨伟锋、李瑛；张六成主审。在编写过程中得到了许多同行的帮助和支持，在此表示感谢。由于编者水平有限，书中难免有错误和不当之处，欢迎读者对本书提出宝贵意见和建议。

为了配合本书的教学，机械工业出版社为读者免费提供电子教案，可到 http://www.cmpedu.com 网站下载。

本书适合高等院校、高职、高专等工科院校机械设计与建筑设计等专业作为教材使用，也可作为机械与建筑工程技术人员的参考书。

编　者

目　　录

第 1 章　AutoCAD 的基本知识

要掌握 AutoCAD 2008 绘图软件，首先应了解其主要功能、对计算机的系统配置要求、启动方法和工作界面。通过本章的学习，应掌握 AutoCAD 2008 命令的输入及使用方法、系统配置的修改、创建新图形、文件存储及打开图形等基本命令操作。

1.1　AutoCAD 概述

计算机辅助设计（Computer Aided Design，缩写为 CAD）系统由硬件系统和软件系统构成。计算机绘图系统是 CAD 软件系统的重要组成部分，它又分为 3 个层次，即系统软件、支撑软件和应用软件。支撑软件是计算机绘图软件系统中的核心，是为满足计算机绘图工作中一些用户的共同需要而开发的通用软件，如 AutoCAD 就是属于支撑软件。AutoCAD 是目前世界上应用最广的 CAD 软件，市场占有率位居世界第一。

1.1.1　AutoCAD 的主要功能

AutoCAD 是美国 Autodesk 公司开发的一个交互式绘图软件，是用于二维及三维设计、绘图的系统工具，它广泛应用于建筑、机械、水利、电子和航天等工程领域。用户可以使用它来创建、浏览、管理、打印、输出、共享设计图形。

AutoCAD 软件具有以下主要功能：

① 具有完善的图形绘制功能。

② 具有强大的图形编辑功能。

③ 可以采用多种方式进行二次开发或用户定制。

④ 可以进行多种图形格式的转换，具有较强的数据交换能力。

⑤ 具有强大的三维造型功能。

⑥ 具有图形渲染功能。

⑦ 提供数据和信息查询功能。

⑧ 尺寸标注和文字输入功能。

⑨ 图形输出功能。

从 AutoCAD 2000 开始，到现在的 AutoCAD2008，每一版本都在原有的基础上增添了许多强大的功能，如 AutoCAD 设计中心（ADC）、多文档设计环境（MDE）、图纸集管理器、Internet 驱动、新的对象捕捉功能、增强的注释功能以及动态块、动态 UCS 和增强的三维建模、渲染功能等等，从而使 AutoCAD 系统更加完善。

其实，AutoCAD 最大的优势就是开放性、可开发性。虽然 AutoCAD 本身的功能集已经足以协助用户完成各种设计工作，但用户还是可以通过 Autodesk 以及数千家软件开发商开发的五千多种应用软件把 AutoCAD 改造成为满足各专业领域的专用设计工具。这些领域包括建筑、机械、测绘、电子以及航空航天等。

1.1.2 AutoCAD的应用与发展

Autodesk公司成立于1982年1月，在迄今24年的发展历程中，该企业不断丰富和完善AutoCAD系统，并连续推出各个新版本，使AutoCAD由一个功能非常有限的绘图软件发展成了功能强大、性能稳定、市场占有率位居世界第一的CAD系统，在城市规划、建筑、测绘、机械、电子、造船、汽车等许多行业得到了广泛的应用。统计资料表明，目前世界上有75%的设计部门、数百万的用户应用此软件，大约有500多万套AutoCAD软件安装在各企业中运行。

总结AutoCAD的发展过程，可分为初级、发展、高级发展、完善和进一步完善五个阶段。Autodesk的二维CAD发展历程：从1996年起，AutoCAD经历了三个版本，逐步由DOS平台转向Windows平台，1998年1月，推出了划时代的AutoCAD R14版本，1999年1月，Autodesk公司推出了AutoCAD 2000版本。在进一步完善阶段中，AutoCAD经历了两个版本，功能逐渐加强。2001年9月Autodesk公司向用户发布了AutoCAD 2002版本。2003年5月，Autodesk公司在北京正式宣布推出其AutoCAD软件的划时代版本—AutoCAD 2004简体中文版。2005年6月18日在北京举办的Autodesk中国客户日（Customer Day）上，推出了AutoCAD 2006版。2006年3月AutoCAD 2007发行，目前的最新版本AutoCAD 2008于2007年初发布。

AutoCAD支持多种操作平台，支持多种硬件设备。具有通用性、易用性，适用于各类用户。由于紧跟行业技术发展、贴近用户需要、自身不断完善，AutoCAD已经成为国际上广为流行的绘图工具。

1.1.3 AutoCAD 2008适用平台及兼容性

1. 平台和系统需求

AutoCAD 2008具有广泛的适应性，它可以在各种操作系统支持的微型计算机和工作站上运行，支持分辨率由320×200到2048×1024的各种图形显示设备40多种，以及数字仪和鼠标器30多种，绘图仪和打印机数十种，这就为AutoCAD的普及创造了条件。AutoCAD 2008的系统基本需求见表1-1。

表1-1 AutoCAD 2008系统基本需求

硬件和软件要求		
硬件和软件	需　求	注　意
操作系统	32位操作系统： Windows XP SP2 Windows 2000 SP4 Windows Vista 32位 64位操作系统： Windows XP 64位 Windows Vista 64位	建议在用户界面语言与AutoCAD语言的代码页匹配的操作系统上安装非英文版本的AutoCAD 安装时，将自动检测Windows操作系统是32位版本还是64位版本，并安装适当的AutoCAD版本。不能在64位版本的Windows上安装32位版本的AutoCAD
Web浏览器	Microsoft Internet Explorer 6.0 SP1（或更高版本）	如果未安装具有SP1或更高版本的Microsoft Internet Explorer 6.0，则无法安装AutoCAD
处理器	Pentium III或Pentium 4 800 MHz	建议使用Pentium 4

(续)

硬件和软件要求		
硬件和软件	需　　求	注　　意
RAM	512 MB	
图形卡	1024 x 768 VGA 真彩色(最低要求) Open GL 兼容三维视频卡(可选)	需要支持 Windows 的显示适配器。必须安装支持硬件加速的 DirectX 9.0c 或更高版本的图形卡。
硬盘	750 MB 以上	
定点设备	鼠标、轨迹球或其他设备	
CD-ROM	任意速度(仅用于安装)	
可选硬件	打印机或绘图仪 数字化仪 调制解调器或其他网络接口卡	
三维使用的其他建议配置		
硬件和软件	需　　求	注　　意
操作系统	Windows XP Professional SP 2	
处理器	3.0 GHz 或更快的处理器	
RAM	2 GB(或更大)	
图形卡	128 MB 或更高,OpenGL 工作站类	必须安装支持硬件加速的 DirectX 9.0c 或更高版本的图形卡
硬盘	2 GB(不包括安装所需的 750 MB)	

2. 兼容性

AutoCAD 2008 可以与 AutoCAD 2000/2002/2004/2005/2006/2007 版本同时运行,因此,用户可以轻松转换到新版本的 AutoCAD。AutoCAD 2008 的移转功能可透过自动移转自订菜单、剖面线样式、线型、指令快捷方式和 AutoCAD 个案设定,帮助用户轻松转换到新版本。

在 AutoCAD 2008 中开发的新特征与新功能仍然保持 AutoCAD 2004、AutoCAD 2005 及 AutoCAD 2006 软件版本之间 DWG 与 DXF 文档的兼容性。用户可以直接在使用 AutoCAD 2004、AutoCAD 2005、AutoCAD 2006、AutoCAD 2007 以及 AutoCAD 2008 的设计团队之间轻松共享档案。AutoCAD 2008 可以读取所有旧版 AutoCAD 软件的图形文件。

1.2 AutoCAD 2008 的工作界面

AutoCAD 2008 的界面继承了 AutoCAD 2007 等以前版本的基本特点,而且在启动选择、菜单栏、工具栏、状态栏等栏目中又增加了许多新的选项。

1.2.1 第一次启动 AutoCAD 2008

要启动 AutoCAD 2008,可以从"开始"菜单中选择该程序或双击 Windows 桌面上的 AutoCAD 2008 图标。如果从"开始"菜单中启动 AutoCAD 2008,可选择"开始"→"程序"→"Autodesk"→"AutoCAD 2008 - Simplified Chinese"→"AutoCAD 2008"。

如果是第一次启动 AutoCAD 2008，系统将会弹出"新功能专题研习"消息框，如图 1-1 所示。

图 1-1 "新功能专题研习"消息框

如果选择"是"选项，单击 确定 后，进入"新功能专题研习"对话框，如图 1-2 所示。

图 1-2 "新功能专题研习"对话框

在"新功能专题研习"中，详细介绍了 AutoCAD 2008 版本所增加的新功能，每个功能都有具体的绘图操作和文字说明，是集中学习新功能的好地方。

1.2.2 AutoCAD 2008 的工作空间

工作空间是经过分组和组织的菜单、工具栏、选项板和控制面板的集合，使用户可以在自定义的、面向任务的绘图环境中工作。使用工作空间时，只会显示与任务相关的菜单、工具栏和选项板。此外，工作空间还会自动显示面板，它是一个带有特定任务的控制面板的特殊选项板。

AutoCAD 2008 提供了三种用户工作空间，分别是 AutoCAD 经典、三维建模、二维草图与注释，可通过“工作空间”工具栏进行切换。“AutoCAD 经典”又称为 AutoCAD 经典的用户主界面，如图 1-3 所示。

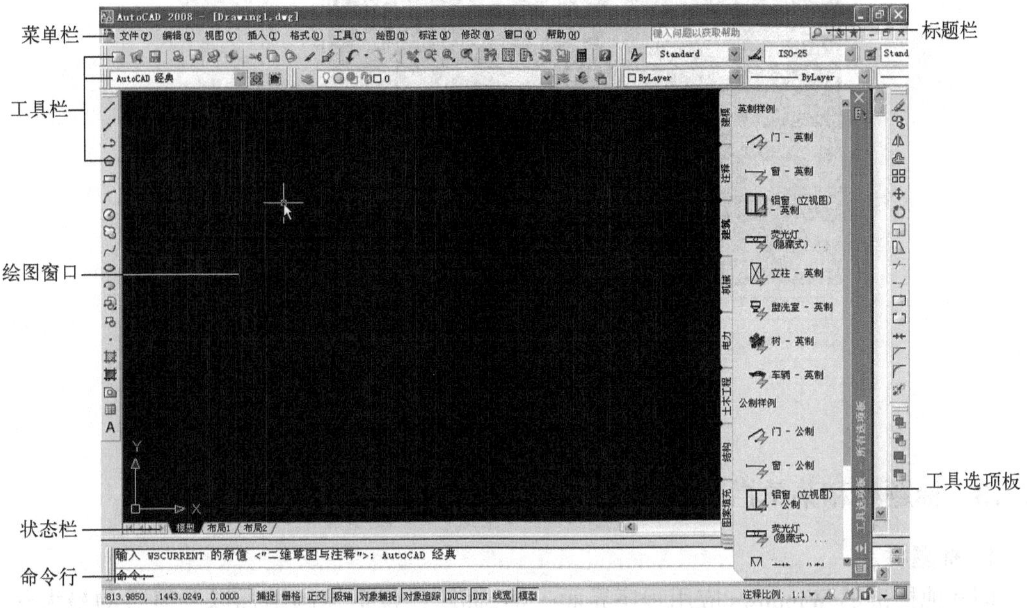

图 1-3 “AutoCAD 经典”用户主界面

如选择“三维建模”选项，用户主界面将如图 1-4 所示，此界面主要用于进行三维建模。

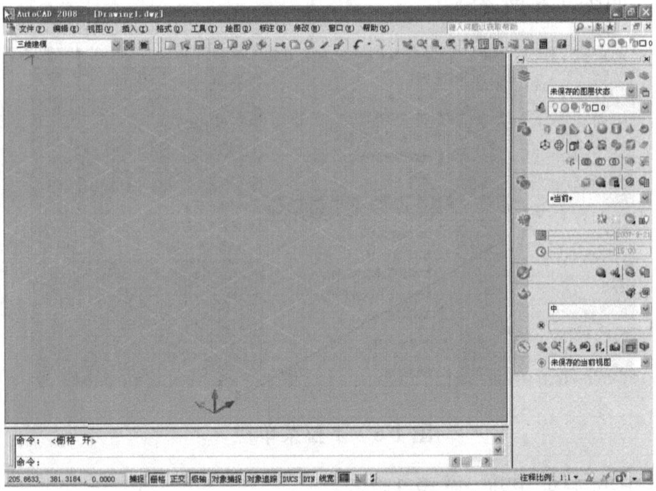

图 1-4 “三维建模”用户主界面

如若选择“二维草图与注释”选项，用户主界面如图 1-5 所示，此界面主要用于二维草图的绘制并进行文字与尺寸的注释。

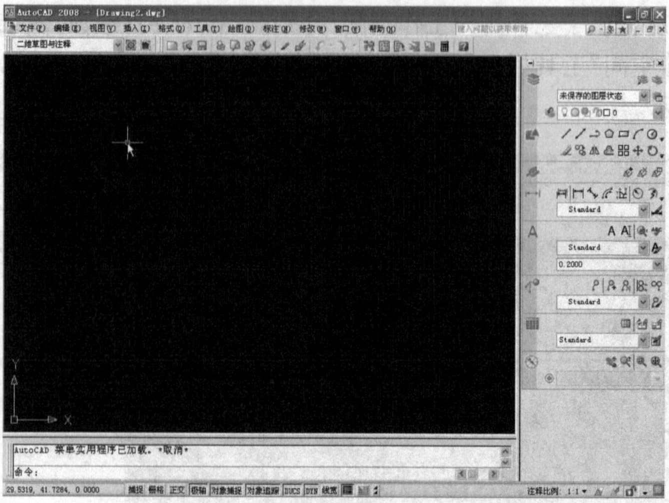

图 1-5 “二维草图与注释”用户主界面

1.2.3 标题栏和菜单栏

1. 标题栏

同其他标准的 Windows 应用程序界面一样,标题栏包括控制图标以及窗口的最大化、最小化和关闭按钮,并显示应用程序名和当前图形的名称,如图 1-3 所示。

2. 菜单栏

菜单是调用命令的一种方式。菜单栏以级联的层次结构来组织各个菜单项,并以下拉菜单的形式逐级显示。如图 1-6 所示。

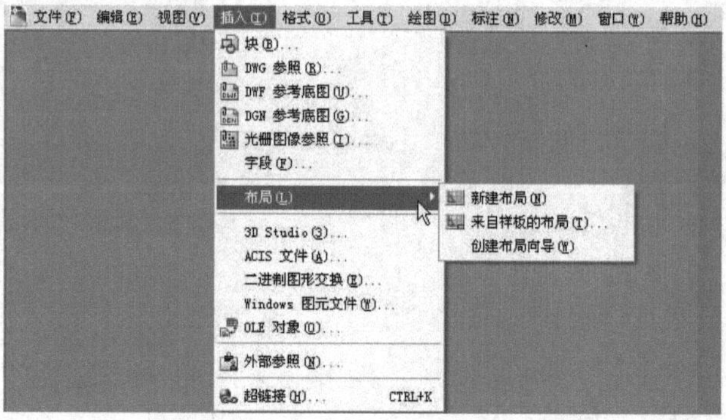

图 1-6 下拉菜单栏

AutoCAD 2008 中的主菜单项,见表 1-2。

表 1-2 AutoCAD 2008 的主菜单项

文件(F)	绘图(D)
编辑(E)	标注(N)
视图(V)	修改(M)

（续）

插入(I)	窗口(W)
格式(F)	帮助(H)
工具(T)	

1.2.4 工具栏

工具栏是调用命令的另一种方式，通过工具栏可以直观、快捷地访问一些常用的命令。AutoCAD 2008 系统提供了 30 多种工具栏，参见表 1-3。

表 1-3 AutoCAD 2008 系统主要工具栏

CAD 标准	工作空间	缩放
UCS	光源	特性
Web	绘图	贴图
标注	绘图次序	图层
标准	建模	图层Ⅱ
标准注释	漫游和飞行	文字
布局	三维导航	相机调整
参照	实体编辑	修改
参照编辑	视觉样式	修改Ⅱ
插入点	视口	渲染
查询	视图	样式
动态观察	对象捕捉	多重引线

例如“标准”工具栏、“绘图”工具栏和“工作空间”工具栏，如图 1-7、图 1-8、图 1-9 所示。

图 1-7 “标准”工具栏

图 1-8 “绘图”工具栏

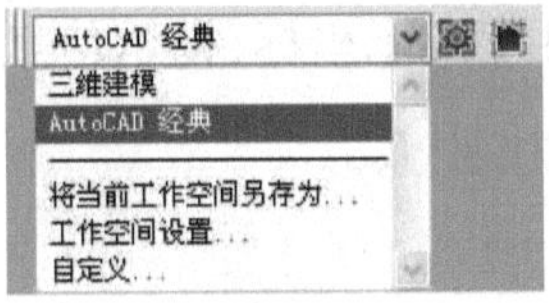

图 1-9 “工作空间”工具栏

1.2.5 绘图窗口

绘图窗口是 AutoCAD 中显示、绘制图形的主要场所。在 AutoCAD 中创建新图形文件或打开已有的图形文件时，都会产生相应的绘图窗口来显示和编辑其内容。由于从 AutoCAD 2000 版开始支持多文档，因此在 AutoCAD 中可以有多个图形窗口。

绘图区左下角，有两个互相垂直的箭头组成的图形，它是 AutoCAD 的世界坐标(WCS)或用户坐标(UCS)。鼠标在绘图区改变为一个十字光标形状。

此外,绘图窗口的下部还包括有一个模型(Model)选项卡和多个布局(Layout)选项卡,分别用于显示图形的模型空间和图纸空间。如图 1-10 所示。

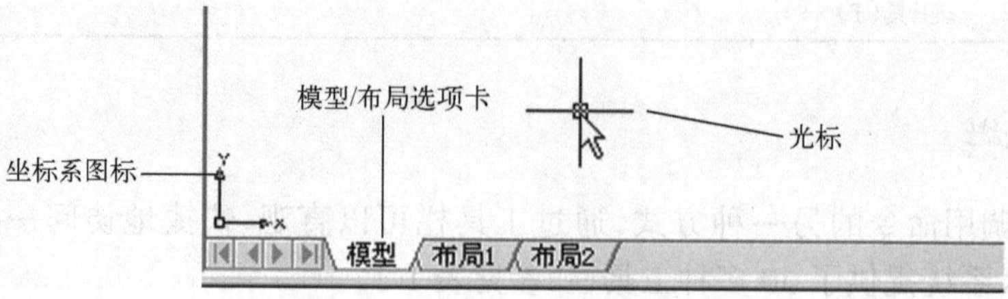

图 1-10　模型与布局选项卡

说明:绘图区没有边界,利用视窗缩放功能,可使绘图区无限增大或缩小。因此,无论多大的图形,都可放置其中。

1.2.6　文本窗口

文本窗口提供了调用命令的第三种方式,即用键盘直接输入命令。文本窗口的底部为命令行,用户可在提示下输入各种命令。文本窗口还显示 AutoCAD 命令的提示及有关信息,并可查阅和复制命令的历史记录。按 F2 键可根据需要隐藏和显示命令提示与错误消息。如图 1-11 所示。

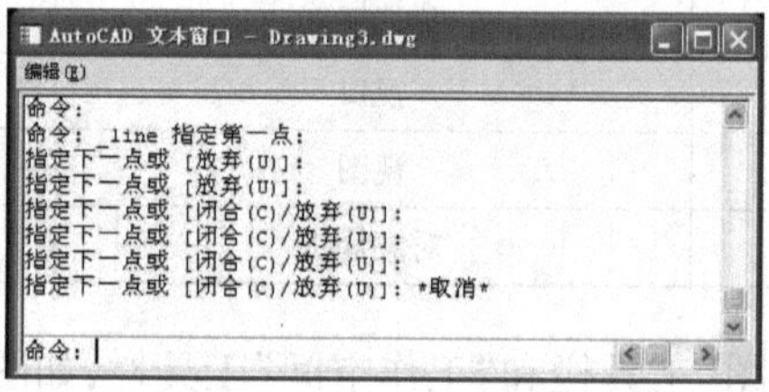

图 1-11　文本窗口

1.2.7　状态栏

状态栏位于绘图屏幕的底部,用于显示坐标、提示信息等,同时还提供了一系列的控制按钮,如图 1-12 所示。

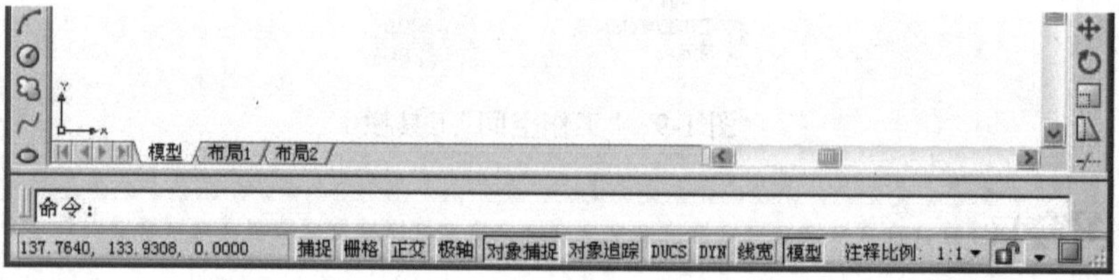

图 1-12　坐标显示及控制按钮

当鼠标移向某工具栏图标按钮时,状态栏就会显示对应的命令提示信息,如图 1-13 所示。

说明:在 AutoCAD 2008 中,状态栏新增加了“注释比例”按钮注释比例: 1:1 和“工具栏/窗口位置锁定”按钮,“全屏显示”按钮等项目。

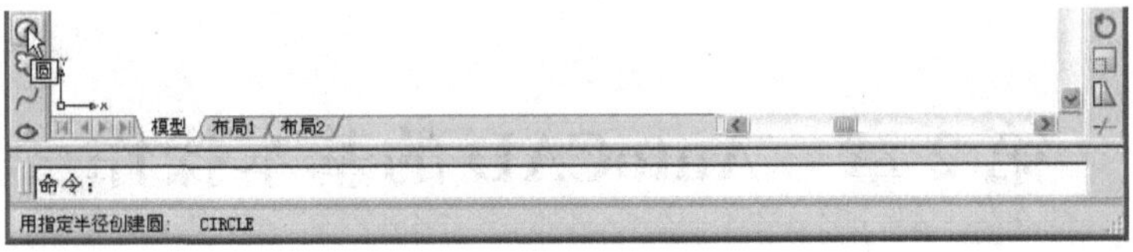

图 1-13　命令提示

“注释比例”是与模型空间、布局视口和模型视图一起保存的设置。用户可以在不同的布局视口和模型空间中自动完成缩放注释的过程,从而使注释能够以正确的大小在图纸上打印或显示。利用“工具栏/窗口位置锁定”按钮可迅速将工具栏或窗口进行锁定,以方便绘图工作。“全屏显示”可扩展图形显示区域,扩大绘图工作窗口,再次单击“全屏显示”可恢复原设置。

1.2.8　增强的工具选项板

工具选项板可以方便地创建和自定义。它可以使用户保存和访问最近经常使用的工具而不需要占用屏幕上很大的一块地方。工具选项板提供多种优势,当它用来创建基于任务的并且很少调整的用户界面时,是非常有用的。

在 AutoCAD 2008 版本中,工具选项板做了进一步改良,主要是增加了“建模”选项卡,如图 1-14 所示。

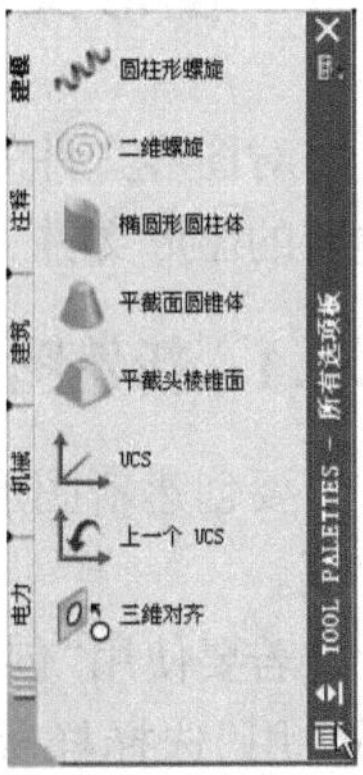

图 1-14　增强的工具选项板

1.3　实训指导

1. 要求

用户根据自己需要启动 AutoCAD 2008,练习多种工作空间的切换。

2. 操作指导

① 双击桌面 AutoCAD 2008 图标,进入工作界面。

② 在作图过程中,可随时切换工作空间。方法:单击“工作空间工具栏”的下拉按钮(如图 1-9 所示),选择需要的“工作空间”进行切换即可。

1.4　思考与练习

1. 依次打开主菜单的“视图”、“工具”、“绘图”及“修改”项,比较它们与以往的版本有哪些不同的地方?

2. 在绘图区和菜单栏等区域移动光标,观察其形状的变化;分别单击工具栏内的 、 图标按钮,分别移动鼠标到绘图区,看其变化情况。

3. 按下“全屏显示”按钮,进行全屏区域的切换并观察有何变化?

第 2 章　AutoCAD 的基本操作

本章主要学习在 AutoCAD 2008 中新建图形文件操作、命令执行、数据输入、鼠标、菜单栏、工具栏、坐标系、坐标输入法和“直线”命令的使用等内容。本章的重点是命令的执行及各种坐标输入法的使用。这些都是 AutoCAD 绘图的最基本训练，绘制任何一幅图形都需要用到这些基本功能，必须熟练掌握这些操作和设置，并能够运用自如，为后面绘制图形打下牢固的基础。

2.1　图形文件的创建

对图形文件的操作是进行高效绘图的基础。在 AutoCAD 2008 中，图形文件操作包括创建新的图形文件、打开已有的图形文件、关闭和保存图形文件以及获得帮助等。

2.1.1　新建图形

要创建新图形，可以使用“创建新图形”对话框或“选择样板”对话框，也可以不使用任何对话框。

若要使用“创建新图形”对话框，应将系统变量 STARTUP 和 FILEDIA 均设置为 1(开)，要使用“选择样板”对话框，则应将系统变量 STARTUP 设置为 0(关)，FILEDIA 设置为 1(开)。这样，在每次启动 AutoCAD 时将显示如图 2-1 所示的“启动”对话框。系统启动后，每次单击新建 按钮，都会打开“创建新图形”对话框，如图 2-2 所示。

图 2-1　“启动”对话框

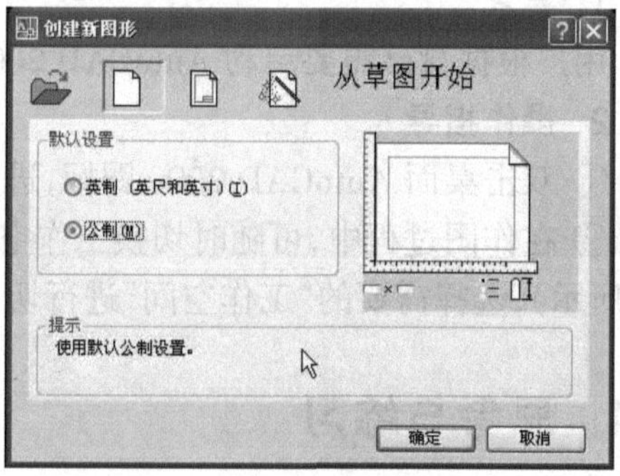

图 2-2　“创建新图形”对话框

“启动”对话框创建新图形的方法有三种。

1. 以默认方式创建新的图形文件

① 在“启动”对话框中，单击“从草图开始”按钮，表示使用默认设置新建一幅空白图形，如图 2-2 中所示。

此时可选择下面两种形式之一来绘制图形：

“英制(英尺和英寸)”：基于英制单位系统，以“acad.dwt”样板创建新图形。默认图形界限为 12×9 英寸。

"公制":基于公制单位系统,以"acadiso.dwt"文件为样板创建新图形。默认图形界限为420×297毫米。

② 单击"确定"按钮后,则系统将自动进入AutoCAD工作界面。至此,系统就以默认方式创建了一幅新的图形文件。

2. 使用向导创建新图形文件

① 在"创建新图形"对话框中单击"使用向导"按钮,在对话框的"选择向导"中给出了两个向导,即"高级设置"和"快速设置",如图2-3所示。

② 选择"快速设置"项,单击"确定",弹出"快速设置"对话框,首先需要选择测量单位,单位是指用户输入以及程序显示坐标和测量所采用的格式,现选择为"小数",单击"下一步"按钮,如图2-4所示。

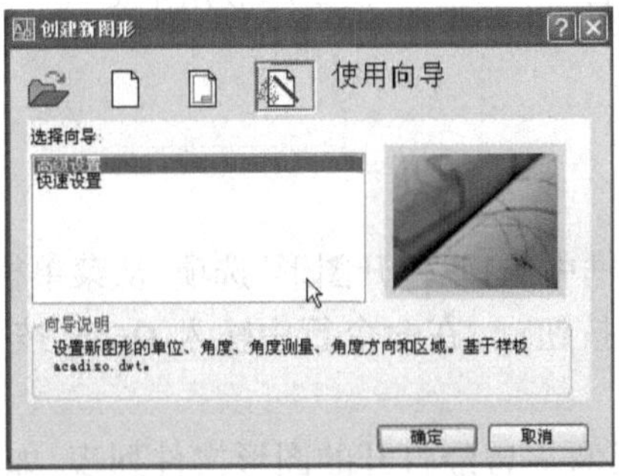

图2-3 使用向导

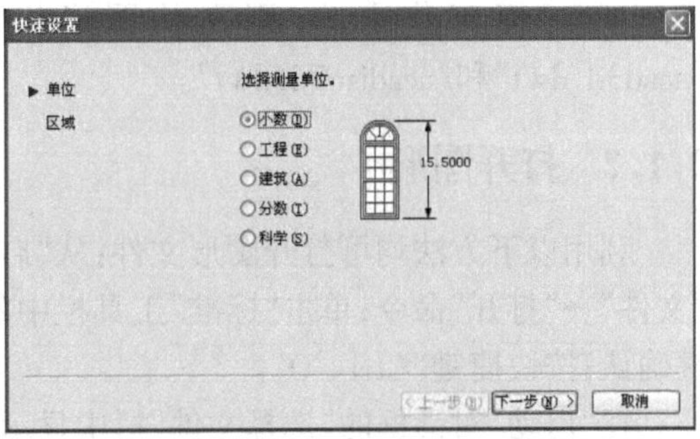

图2-4 单位的设置

③ 设置绘图区域,区域指定按绘制图形的实际比例单位表示的宽度和长度,如果栅格设置处于被打开状态,此设置还将限定栅格点所覆盖的绘图区域,如图2-5所示。

④ 若在"创建新图形"对话框中选择"高级设置"项,单击"确定"按钮。左侧区域会多出3项设置"角度、角度测量和角度方向"。一般情况下,角度选为0°度的起始方位、角度测量方向(逆时针或顺时针所测角度为正值),如图2-6所示。

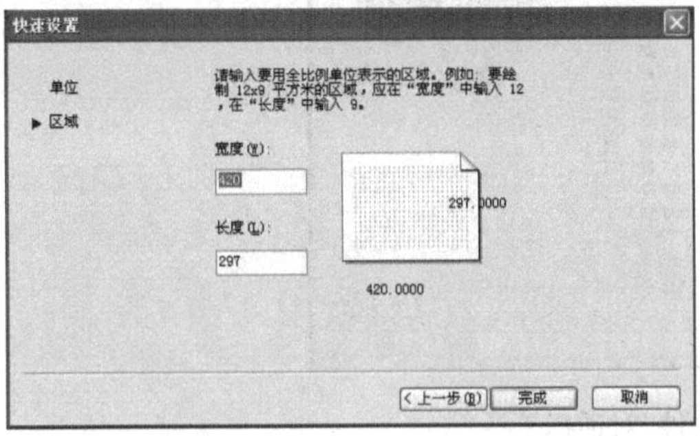

图2-5 绘图区域的设置

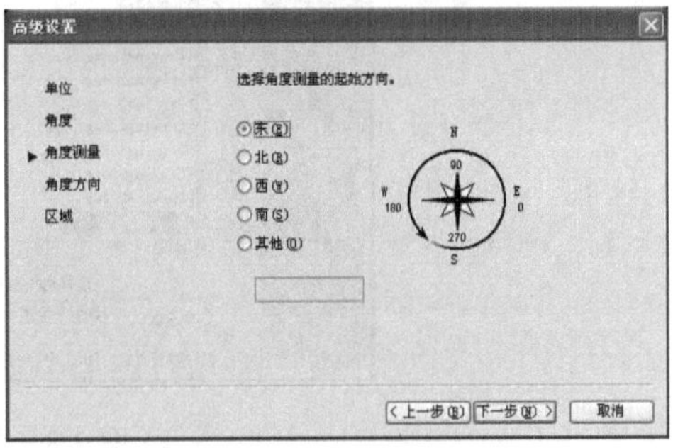

图2-6 "高级设置"对话框

⑤ 完成以上设置,单击"完成"按钮,进入工作界面,即完成了一幅新图形文件的创建。

说明:"启动"对话框和"创建新图形"对话框只是标题不同,内容及操作基本相同。

3. 使用样板文件创建新图形

样板图形是预先对绘图环境进行了设置的"图形模板",通过创建或自定义样板文件可避免重复性的设置工作。样板文件中通常包含有与绘图相关的一些通用设置,如单位类型和精度、栅格界限、图层、线型、文字样式、尺寸标注样式等，还可以包括一些通用图形对象，如标题栏、图幅框、徽标等。具体操作步骤如下：

① 在命令行中输入 NEW，按 Enter 键确认，弹出"创建新图形"对话框。

② 在对话框中选择"使用样板"按钮，切换到"使用样板"选项，如图 2-7 所示。

③ 在样板列表框中选中某一样板文件，在其右面的"预览"框中将显示出该样板的预览图形。单击"打开"按钮，就以选中的样板文件为样板创建新图形。

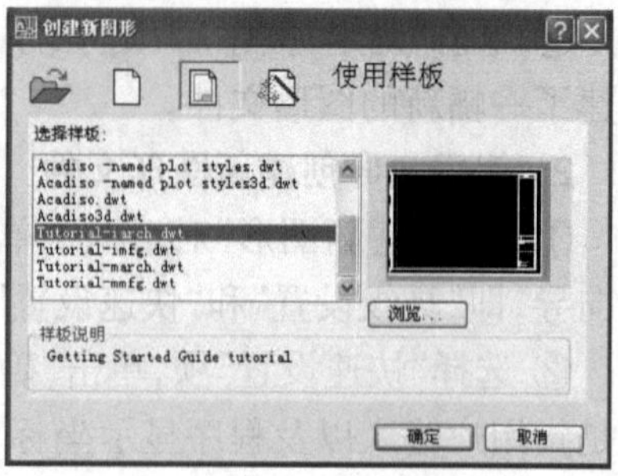

图 2-7　使用样板

说明：图形样板文件的扩展名为 .dwt，如果用户指定三维建模工作空间，则默认图形样板文件是"acad3d.dwt"和"acadiso3d.dwt"。

2.1.2　打开图形

利用以下方法均可打开图形文件：从"启动"对话框中选择"打开图形"选项；从菜单栏执行"文件"→"打开"命令；单击"标准"工具栏中的"打开"按钮；在命令行中输入 Open，按 Enter 键确认；按快捷键"Ctrl + O"。

在"启动"对话框的"选择文件"栏中显示的是最近程序曾经打开的图形文件列表，如图2-1所示。也可单击"浏览"按钮，打开该文件所在的目录，选择后单击"确定"即可。

用其他方式打开文件时，系统均会弹出"选择文件"对话框，如图 2-8 所示。在该对话框中选定要打开的图形文件，然后单击"确定"按钮即可打开图形文件。

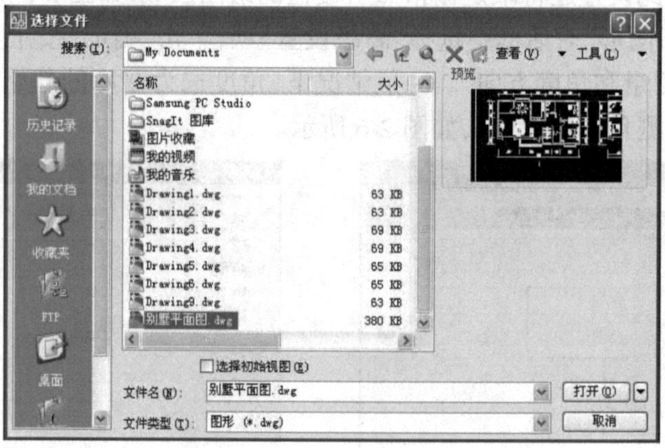

图 2-8　"选择文件"对话框

2.1.3　保存图形

AutoCAD 图形文件扩展名是".dwg"，默认保存格式为"AutoCAD 2007 图形"文件格式。

从菜单中执行"文件"→"保存"命令；单击"标准"工具栏中的"保存"按钮；在命令行中输入"QSAVE"，按 Enter 键确认；使用快捷键"Ctrl + S"均可进行文件保存。

无论用哪种方式保存文件，如果文件尚未命名，则系统将打开"图形另存为"对话框，用户可在该对话框指定要保存的路径、文件夹、文件名、文件类型等，如图 2-9 所示。

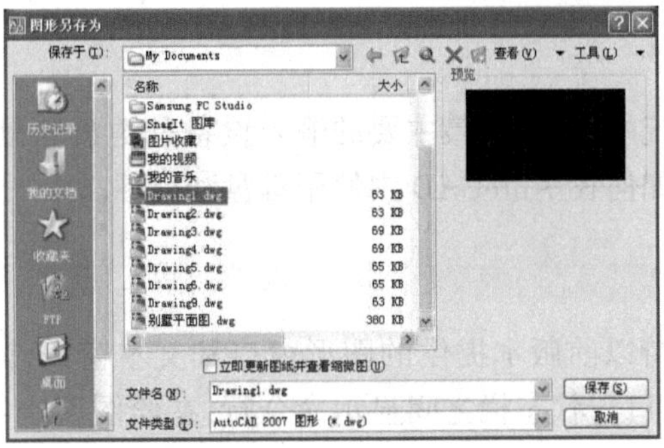

图 2-9 “图形另存为”对话框

文件另存为的操作方式：从菜单栏执行“文件”→“另存为”命令；在命令行中输入“Save”或“Save As”，按 Enter 键确认；使用快捷键“Ctrl + Shift + S”。

如果希望将该编辑文件保存为其他版本、格式的文件，在“图形另存为”对话框中单击“工具”按钮，在弹出的菜单中选择“选项”命令，打开“另存为选项”对话框，在“所有图形另存为”的列表中可选择文件的类型和版本。

2.1.4 关闭图形与退出程序

关闭文件的操作：从菜单中执行“文件”→“关闭”命令；单击文件窗口右上角的“关闭”按钮；在命令行中输入“Close”，按 Enter 键确认。

退出程序的操作：从菜单栏执行“文件”→“退出”命令；单击程序控制按钮☒；在命令行中输入“Quit”，按 Enter 键确认。

2.1.5 获得帮助

AutoCAD 提供了在线帮助功能，可随时调用 AutoCAD 的帮助文件来查询相关信息。

操作方式：在“标准”工具栏上单击“帮助”按钮；从菜单中执行“帮助”→“帮助”命令；按键盘上的 F1 键；在命令行中输入 help，按 Enter 键。

调用该命令后，会弹出“AutoCAD 2008 帮助”窗口，如图 2-10 所示。用户可在该窗口中查询相关的信息。

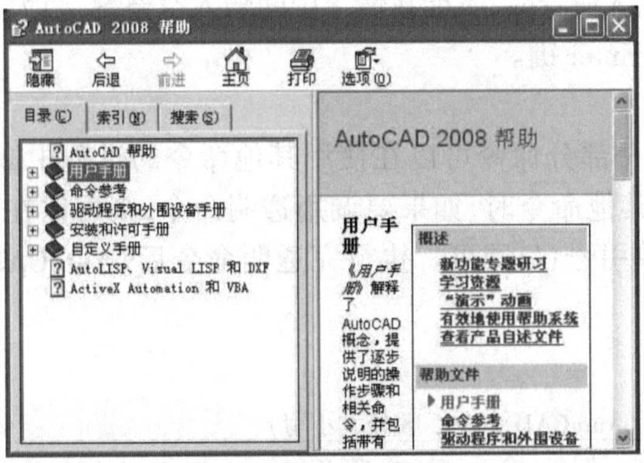

图 2-10 帮助窗口

2.2 命令的执行

用户在 AutoCAD 系统中工作时，最主要的输入设备是键盘和鼠标，它们是命令执行和参数输入的手段，下面介绍如何在 AutoCAD 中使用键盘和鼠标。

2.2.1 使用键盘

AutoCAD 2008 既保持以前版本提供的图形窗口和文本窗口，同时又新增加了动态的命令提示和输入。在图形窗口与状态栏之间显示命令行，在绘图区十字光标附近显示命令提示及动态输入，如图 2-11 所示。

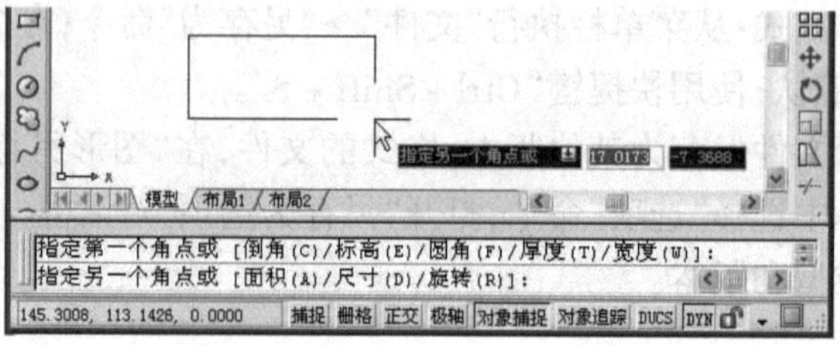

图 2-11 命令行和动态命令输入

1. 键盘命令输入

在 AutoCAD 系统中为用户提供了许多的命令，用户可以使用键盘在命令行中输入命令，并按 Enter 键确认，提交给系统去执行。

此外，用户还可以使用“Esc”键来取消操作，用向上或向下方向键使命令行显示上一条或下一条命令。

命令输入及提示如下：

命令：line (键入命令)
指定第一点：20,40 (输入第一点坐标值，并按 Enter 键确定)
指定下一点或［放弃(U)］：100,200 (输入第二点坐标值，并按 Enter 键确定)
指定下一点或［放弃(U)］：(按 Enter 键，结束绘制)

说明：在命令行中输入命令时，不能在命令中间输入空格键，因为 AutoCAD 系统将命令行中输入的空格等同于按 Enter 键。

2. 透明命令

AutoCAD 系统中有一部分命令可以在使用其他命令的过程中嵌套执行，这种方式称为“透明”地执行。在使用其他命令时，如果要调用透明命令，则可以在命令行中输入该透明命令，并在它之前加一个单引号(')即可。执行完透明命令后，AutoCAD 自动恢复原来执行的命令。

操作示例：

命令：RECTANG (AutoCAD 命令不区分大小写)
指定第一个角点或［倒角(C)/标高(E)/圆角(F)/厚度(T)/宽度(W)］：20,30
指定另一个角点或［面积(A)/尺寸(D)/旋转(R)］：'zoom (透明执行缩放命令)

>> 指定窗口的角点,输入比例因子 (nX 或 nXP),或者
[全部(A)/中心(C)/动态(D)/范围(E)/上一个(P)/比例(S)/窗口(W)/对象(O)] <实时>: s
>> 输入比例因子 (nX 或 nXP): 2
正在恢复执行 RECTANG 命令(“>>”表示处于透明执行状态)
指定另一个角点或 [面积(A)/尺寸(D)/旋转(R)]:50,90

3. 对话框形式

AutoCAD 系统中有部分命令也可以利用对话框的形式来完成。具体操作需注意以下几种形式:

命令:layer (将打开对话框)
命令:_ layer (在该命令前加上“下划线”连字符“_”,也打开对话框)
命令: - layer (在 layer 命令前加“-”连字符,采用命令行形式)

操作示例:

如调用 layer 命令,以命令形式创建一个新的“中心线”层。

命令: - layer
当前图层: 0
输入选项
[? /生成(M)/设置(S)/新建(N)/开(ON)/关(OFF)/颜色(C)/线型(L)/线宽(LW)/打印/冻结(F)/解冻(T)/锁定(LO)/解锁(U)/状态(A)]: n
输入新图层的名称列表: 中心线(切换成中文输入法后输入新图层名称即可)

如用对话框形式,那么在命令行中输入“layer”,按 Enter 键,即可弹出如图 2-12 所示的“图层特性管理器”对话框。

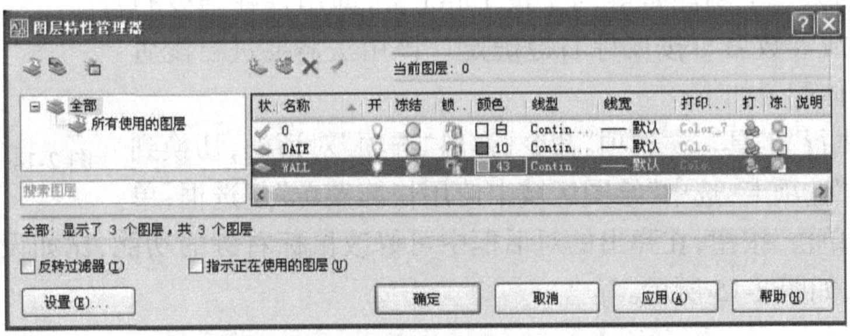

图 2-12 “图层特性管理器”对话框

说明:如果需要多次执行同一个命令,那么在第一次执行该命令后,可以直接按 Enter 键或空格键重复执行,而无需再进行输入。

2.2.2 使用鼠标

1. 鼠标左键

鼠标左键的功能主要是选择对象和定位,常用操作是:单击和双击。

说明:“单击”的含义是按下鼠标左键(或是数字化仪多键游标器的拾取按钮)一次。“双击”的含义是连续单击鼠标左键两次。

2. 鼠标右键

鼠标右键的功能主要是弹出快捷菜单,快捷菜单的内容将根据光标所处的位置和系统状

态的不同而变化。比如，直接在绘图区中单击右键，将弹出如图 2-13 左图所示的快捷菜单；选中某一图形对象后单击右键将弹出如图 2-13 中间图所示的快捷菜单；在文本窗口区单击右键将弹出如图 2-13 右图所示的快捷菜单。另外，在工具栏、状态栏等处也将产生不同的快捷菜单，我们将在后面的章节中详细介绍。

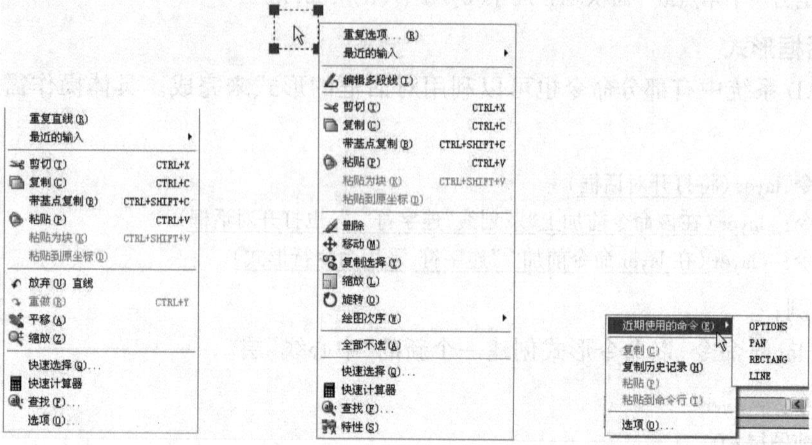

图 2-13　右键快捷菜单的 3 种情况

默认情况下，要想结束正在绘制的图形对象或者输入参数后确认，可以使用单击右键，在弹出的快捷菜单中按下“确定”选项，如图 2-14 所示。

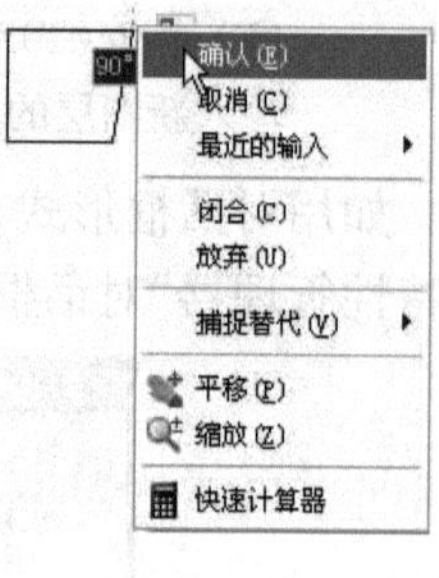

图 2-14　鼠标右键确定

3. 自定义右键

单击右键的另一个功能是等同于按 Enter 键，即用户在命令行输入命令、选项或参数后可按鼠标右键确定。该用法需要进行配置才可以使用，具体配置如下。

从菜单中执行“工具”→“选项”命令，弹出“选项”对话框，切换到“用户系统配置”选项卡，选中“绘图区域中使用快捷菜单”复选框，单击“自定义右键单击”按钮，在弹出的对话框中可修改鼠标右键的功能，比如设置“快速单击表示按 Enter 键”，如图 2-15 所示。

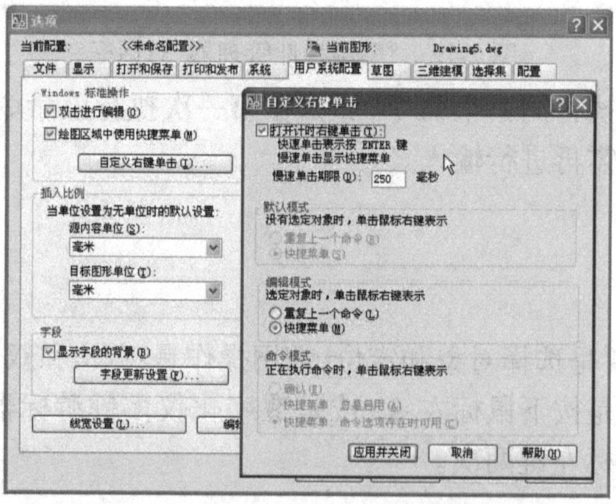

图 2-15　自定义右键功能

4. 滚轮的使用

用食指压住滚轮后，鼠标在绘图区中将变成小手状，此时拖动鼠标可平移绘图区和图形，相当于"pan"命令的功能，如图 2-16 所示。

图 2-16　滚轮的使用

说明：从 AutoCAD 2000 开始，AutoCAD 支持鼠标左键双击功能，例如在直线、标注等对象上双击鼠标左键，将弹出"特性"窗口，在文字对象上双击则弹出文字编辑对话框，在图案填充对象上双击将弹出"图案填充编辑"对话框等，具体情况详见相关章节。

2.2.3　拾取框和十字光标

屏幕上的光标将伴随着鼠标的移动而移动。在绘图区域内可用光标选择点或对象。光标形状随着执行的操作和光标移动的位置不同而变化。在不执行任何命令的状态下，光标是一个带有十字线的小方框，十字线的交点是光标的实际位置。小方框被称为拾取框，用于选择图形中的对象，如图 2-17 所示。

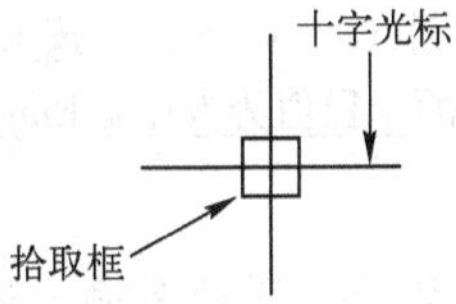

图 2-17　拾取框和十字光标

在执行"绘图"命令操作时，光标上的拾取框将会从十字线上消失，系统等待键盘输入参数或单击十字光标输入。当进行"对象选择"操作时，十字光标消失，仅显示拾取框。

如果将光标移出绘图区，光标将会变成几种标准的窗口指针之一。例如，当光标移动到工具栏或是状态栏上时，光标将会变成窗口箭头。此时可以从工具栏上的图标或菜单中选择要执行的命令。

2.2.4　数据的输入

在 AutoCAD 中，通常有三种数据输入方法：鼠标拾取法、命令窗口输入法和动态输入法。

1. 鼠标拾取法

在提示需要输入点的坐标值、距离或长度值时，可以在绘图区用鼠标左键单击相应点(此操作又称“拾取”),当要输入准确的数值时则需要借助于对象捕捉工具。

操作示例:

命令:circle (执行画圆命令)

命令: 指定圆心或 [三点(3P)/两点(2P)/相切、相切、半径(T)]:(在绘图区拾取任意点 1)

指定圆的半径或 [直径(D)] <35.4012>:(拖动十字光标,然后按下鼠标即拾取点 2,按 Enter 键确定)

结果如图 2-18 所示。

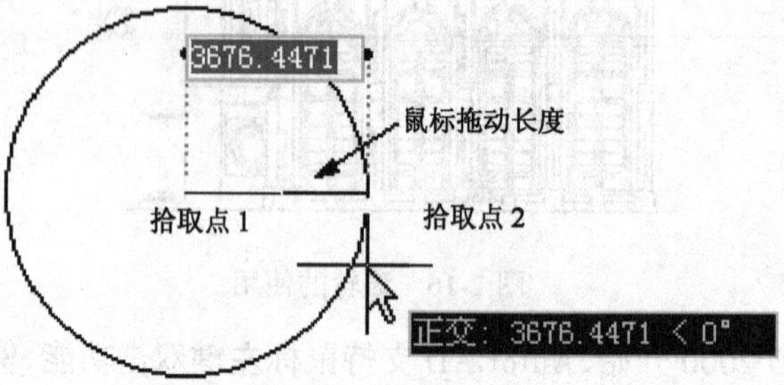

图 2-18 鼠标拾取输入

2. 命令窗口输入法

在命令行中输入命令选项或数值。

操作示例:例如,要画一个外接圆半径为 50 个单位的正六边形。

命令: _ polygon

输入边的数目 <4>: 6 (执行“正多边形”命令,输入边数为 6,按 Enter 键确定)

指定正多边形的中心点或 [边(E)]:150,80 (输入中心点的坐标值,按 Enter 键确定)

输入选项 [内接于圆(I)/外切于圆(C)] <I>: c (按 Enter 键确定,选择“外切于圆”方式)

指定圆的半径: 50 (输入外切圆的半径值为 50,按 Enter 键确定)

3. 动态输入法

在“状态栏”中按下“DYN”按钮,表示打开动态输入设置。

操作示例:同上例,用动态输入法完成,操作步骤如图 2-19 所示。

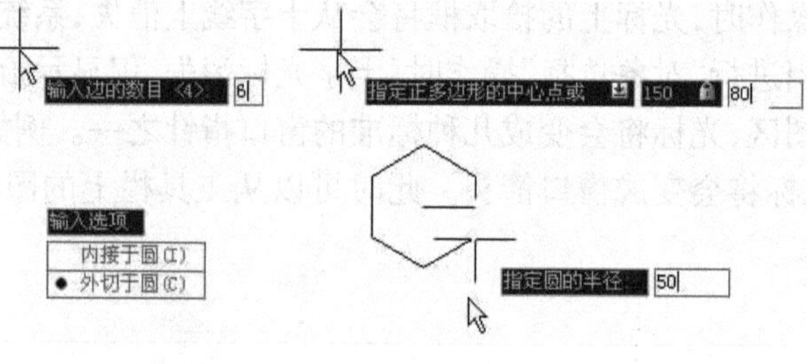

图 2-19 动态输入法

说明:在 AutoCAD2008 版本中,新的动态输入设置可使用户直接在鼠标点处快速启动命令、读取提示和输入数据,而不需要把注意力分散到图形编辑器外。此方法又称在视线焦点附近查看和输入数据。

2.3 使用菜单与工具栏

除了在命令行键入命令以外,我们还可以通过菜单和工具栏来调用命令。

2.3.1 使用菜单

1. 下拉菜单

AutoCAD 中的菜单栏为下拉菜单,是一种级联的层次结构。在 AutoCAD 窗口的菜单栏中所显示的为主菜单,用户可在主菜单项上单击鼠标左键弹出相应的菜单项。例如打开菜单栏中的“格式”菜单,如图 2-20 所示。

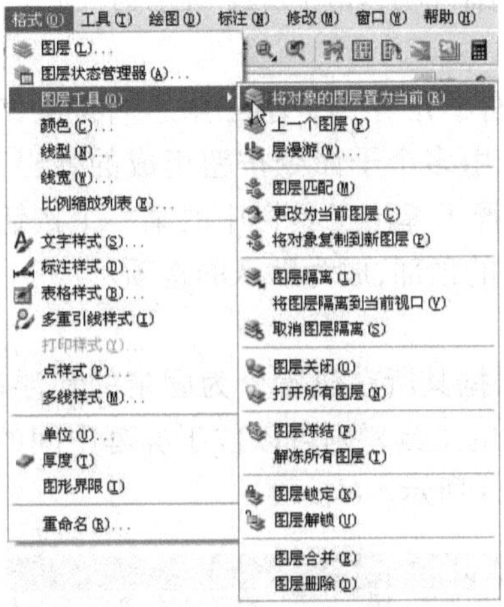

图 2-20 “格式”下拉菜单

菜单项具有不同的形式和作用,以“工具”菜单为例分别介绍如下:

① 第一类菜单项:可直接执行某一命令,如“特性”和“设计中心”等。

② 第二类菜单项:文字后面带有省略号“...”,如“快速选择 ...”、“属性提取 ...”等,表示选择该命令后将会弹出一个相关的对话框,为进一步操作提供详尽的界面。

③ 第三类菜单项:菜单项的最右侧有一个向右的三角形箭头,如“查询”、“绘图顺序”等,表示该菜单项包含级联的子菜单。

某些菜单项的右侧显示有组合键形式,如“Ctrl + 1”、“Ctrl + C”等。对于这类菜单项,可以不必激活主菜单,直接按下该组合键来执行相应的命令。

2. 快捷菜单

单击鼠标右键后,在光标处将弹出快捷菜单,其内容取决于光标的位置或系统状态。比如在选择对象后单击右键,则快捷菜单将显示常用的编辑命令;在执行命令过程中单击右键,则快捷菜单中将给出该命令的选项等。

2.3.2 使用工具栏

使用工具栏上的工具按钮,可以使我们更加快捷方便地执行各种命令。

1. 工具栏的使用

用鼠标直接单击工具栏中的按钮,即可执行相应的命令或操作,如图 2-21 所示。

图 2-21　工具栏的使用

说明:单击工具按钮与直接输入命令执行,其文本窗口的提示不同,可参见 2.2.1 节。

2. 工具提示

AutoCAD 具有“工具提示”功能,即当我们将鼠标箭头移动到工具栏中的某一按钮上并停留片刻时(不要单击),该按钮呈现凸起状态,同时出现一个黄色的文本框显示该命令的名称,并在状态栏中显示有关该命令功能的详细说明,如图 2-21 所示为“圆”。

图 2-22　弹出工具栏

3. 弹出式工具栏

在工具栏上,有的按钮的右下角有一个小三角形的符号,它表示单击该按钮后将弹出一个由多个子命令按钮组成的弹出工具栏,如图 2-22 所示。如果选择了弹出工具栏中的某一个按钮,那么该按钮将位于弹出工具栏的顶部,成为默认的选项。

4. 工具栏的位置

AutoCAD 中的工具栏可根据其所在位置分为固定的和浮动的两种。固定的工具栏位于屏幕的边缘,其形状固定;浮动的工具栏则可以位于屏幕中间的任何位置,可以修改其尺寸大小,并具有标题栏。参见图 2-23 所示。

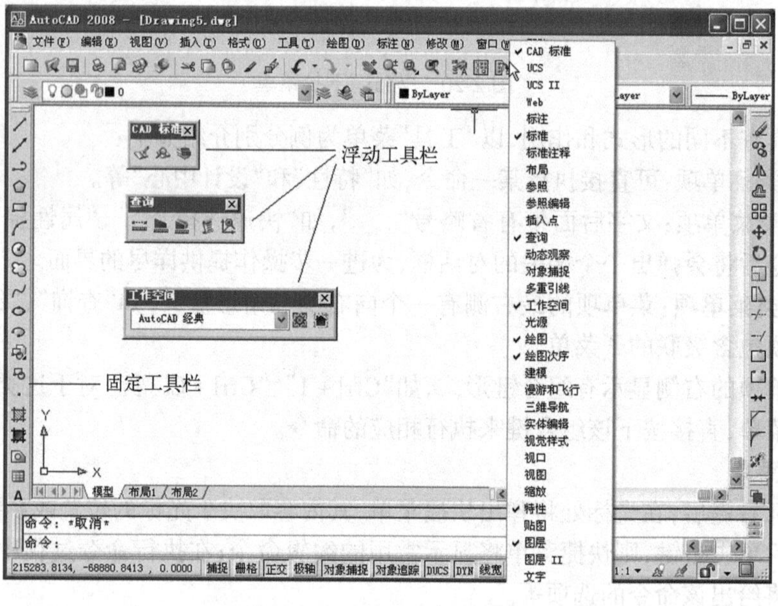

图 2-23　工具栏的打开与关闭

可以将一个浮动的工具栏拖动到屏幕边缘,使之变为固定的工具栏;同样也可以将一个固定的工具栏拖到屏幕中间,使之变为浮动的工具栏。双击工具栏的标题栏,可在固定和浮动状态之间自动切换。

5. 工具栏的显示和隐藏

默认情况下 AutoCAD 中只显示“标准”、“对象特性”、“绘图”、“修改”、“图层”五个工具栏。如果需要在屏幕上显示其他某个工具栏，则可以在任意的工具栏上单击鼠标右键，在弹出的快捷菜单中选择需要打开的工具栏名称，该菜单中带有“✓”的菜单项为已显示的工具栏，不带有该标记的为隐藏的工具栏。如图 2-23 所示。

要隐藏一个工具栏时，可以在工具栏的右键菜单中取消该项的“✓”标记，或使该工具栏变为浮动状态，然后单击 按钮将其关闭。

2.4 AutoCAD 的坐标系

AutoCAD 提供了一个三维的绘图空间，通常我们的建模工作都是在这样一个空间中进行的。系统为这个三维空间提供了一个绝对的坐标系，并称之为世界坐标系（World Coordinate System，WCS），这个坐标系存在于任何一个图形之中，并且不可更改。

2.4.1 世界坐标系和用户坐标系

1. 世界坐标系

世界坐标系（WCS）由三个相互垂直并相交的坐标轴 X、Y 和 Z 组成。在绘图和编辑图形的过程中，WCS 是默认的坐标系统，其坐标原点和坐标轴方向都不会改变。

如图 2-24 左图所示，世界坐标系统在默认情况下，X 轴正方向水平向右，Y 轴正方向垂直向上，Z 轴正方向垂直屏幕向外。坐标原点在绘图区的左下角，在其图标上有一个“W”，标明是世界坐标系统。

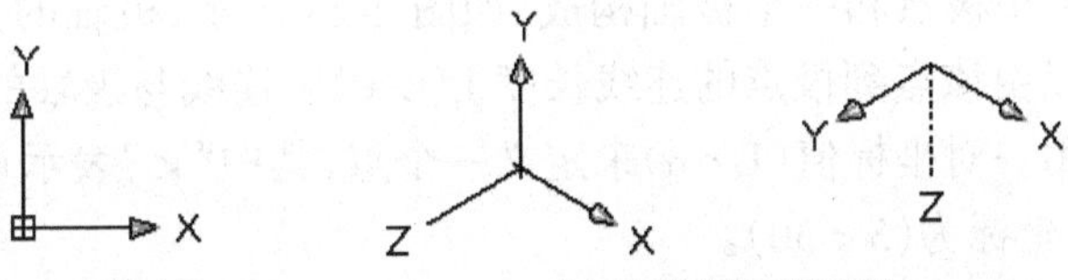

(a) WCS中的二维UCS　　(b) WCS中的三维UCS

图 2-24　世界坐标系

通常，AutoCAD 构造新图形时将自动使用 WCS。虽然 WCS 不可更改，但可以从任意角度、任意方向来观察或旋转。如图 2-24 所示。

2. 用户坐标系

相对于世界坐标系 WCS，我们可根据需要创建无限多的坐标系，这些坐标系称为用户坐标系（User Coordinate System，UCS）。UCS 可以在绘图过程中根据具体需要而定义，这一点在创建复杂三维模型时具有非常突出的作用。例如，可以将 UCS 设置在斜面上，也可以根据需要设置成与侧立面重合或平行的状态，如图 2-25 所示。

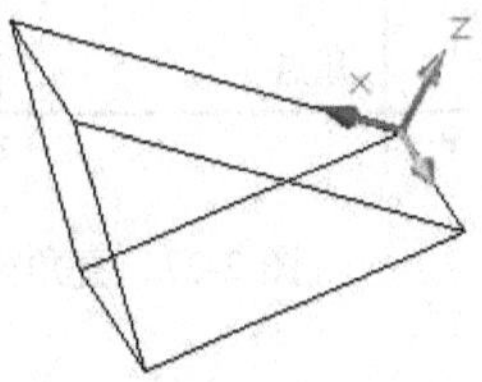

图 2-25　用户坐标系的应用

3. 坐标的显示控制

绘图区中坐标的显示样式、大小和颜色等是由“UCS 图标”对话框来设置的。

从菜单依次单击“视图”→“显示”→“UCS 图标”→“特性”命令,可打开“UCS 图标”对话框。如图 2-26 所示。

命令：ucsicon
输入选项［开(ON)/关(OFF)/全部(A)/非原点(N)/原点(OR)/特性(P)］＜开＞：p

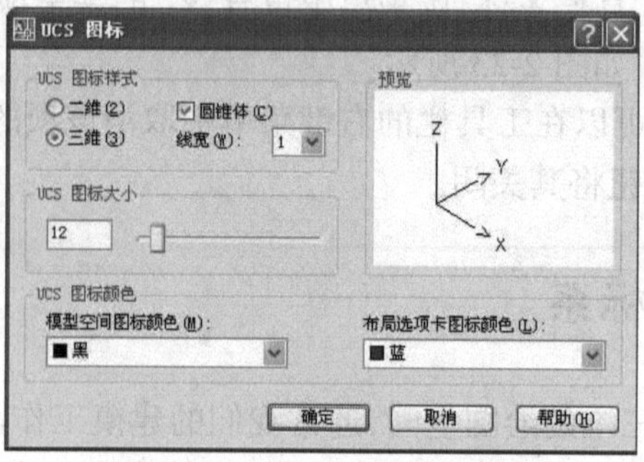

图 2-26 “UCS 图标”对话框

2.4.2 坐标表示法

1. 直角坐标系中的表示

直角坐标系又称为笛卡儿坐标系,由一个原点和两个通过原点的、相互垂直的坐标轴构成,如图 2-27 所示。其中,水平方向的坐标轴为 X 轴,以向右为其正方向;垂直方向的坐标轴为 Y 轴,以向上为其正方向。平面上任何一点 P 都可以由 X 轴和 Y 轴的坐标所定义,即用一对坐标值(x,y)来定义一个点,例如,某点的直角坐标为(3,4)。

2. 极坐标系中的表示

极坐标系是由一个极点和一个极轴构成,如图 2-28 所示,极轴的方向为水平向右。平面上任何一点 P 都可以由该点到极点的连线长度 L(> 0)和连线与极轴的交角 α(极角,逆时针方向为正)所定义,即用一对坐标值(L < α)来定义一个点,其中“ < ”表示角度。

例如,某点的极坐标为(5 < 30)。

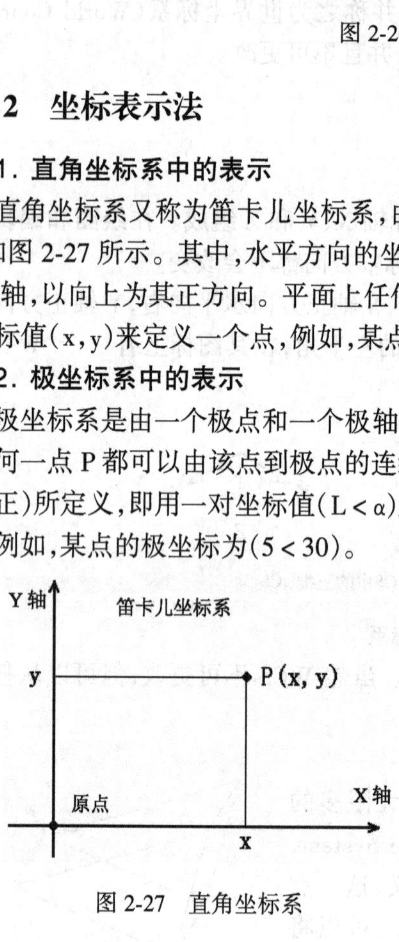

图 2-27 直角坐标系

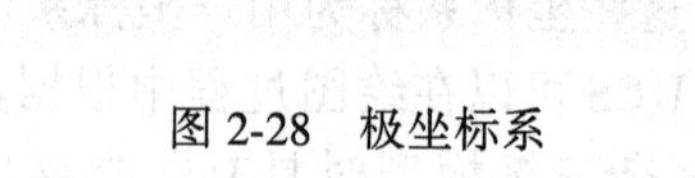

图 2-28 极坐标系

2.4.3 坐标输入方法

1. 绝对坐标输入

绝对坐标是以左下角的原点(0,0,0)为基点来定义所有的点。绘图区内任何一点均可用

(x,y,z)来表示,可以通过输入 X、Y、Z(中间用逗号间隔)坐标来定义点的位置。

例如:画一条直线段 AB,端点坐标分别为 A(10,10,0)和 B(50,20,0)。

2. 相对坐标输入

在某些情况下,我们需要直接通过点与点之间的相对位移来绘制图形,而不想指定每个点的绝对坐标。为此,AutoCAD 提供了使用相对坐标的办法。所谓相对坐标,就是某点与相对点的相对位移值,在 AutoCAD 中相对坐标用”@”标识。使用相对坐标时可以使用笛卡儿坐标,也可以使用极坐标,可根据具体情况而定。

例如,某一直线的起点坐标为(5,5)、终点坐标为(10,5),则终点相对于起点的相对坐标为(@5,0);用相对极坐标表示应为(@5<0)。

3. 坐标值的显示

在屏幕底部状态栏中能够显示当前光标所处位置的坐标值,该坐标值有三种显示状态,如图 2-29 所示。

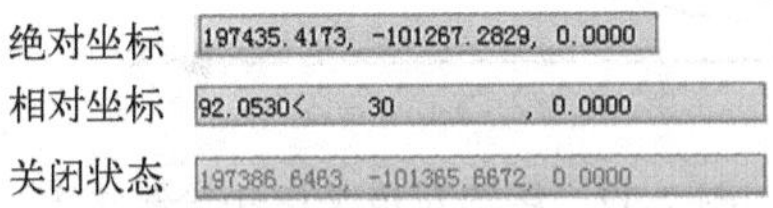

图 2-29　坐标值的显示

绝对坐标状态:显示光标所在位置的坐标。

相对极坐标状态:在相对于前一点来指定第二点时可使用此状态。

关闭状态:颜色变为灰色,并“冻结”关闭时所显示的坐标值。

我们可根据需要在这三种状态之间进行切换,方法如下:用鼠标右键单击状态栏中显示坐标值的区域,在弹出的菜单中选择相应的命令,如图 2-30 所示。

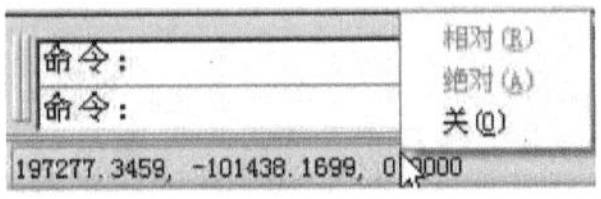

图 2-30　坐标显示快捷菜单

2.5　实训指导

用坐标法绘制矩形,已知矩形的长度和宽度值,如图 2-31 所示。分别用绝对坐标和相对坐标法进行绘制,试比较各方法的实用性。

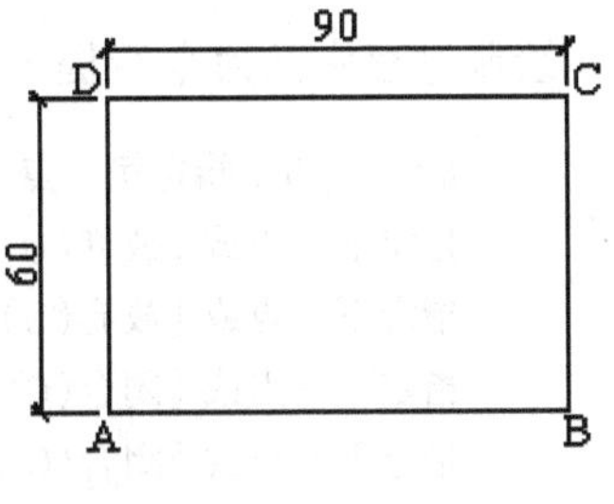

图 2-31　矩形

1. 绝对直角坐标法

须知道 A 点绝对坐标,再算出 B、C、D 点的坐标值,假设 A 点坐标为(100,100),则其余 3 点的坐标分别为 B(190,100)、C(190,160)和 D(100,160)。

绘制过程中的命令行提示如下:

命令: line
指定第一点: 100,100 (输入 A 点的坐标值,按 Enter 键)
指定下一点或 [放弃(U)]: 190,100 (输入 B 点的坐标值,按 Enter 键)
指定下一点或 [放弃(U)]: 190,160 (输入 C 点的坐标值,按 Enter 键)
指定下一点或 [闭合(C)/放弃(U)]: 100,160 (输入 D 点的坐标值,按 Enter 键)

指定下一点或 [闭合(C)/放弃(U)]: c (输入 c,按 Enter 键,表示闭合图形)

说明:本书中的“楷体”文字为 AutoCAD 命令行提示,“:”后面的部分为需要用户输入的参数,在括号“()”中带下划线的文字为该操作的注释。

2. 绝对极坐标法

根据绝对极坐标的定义,须计算出如图 2-32 所示的 OA、OB、OC、OD 的长度以及它们分别与 X 轴正方向的夹角。因为太繁琐,所以,一般不用此法作图。

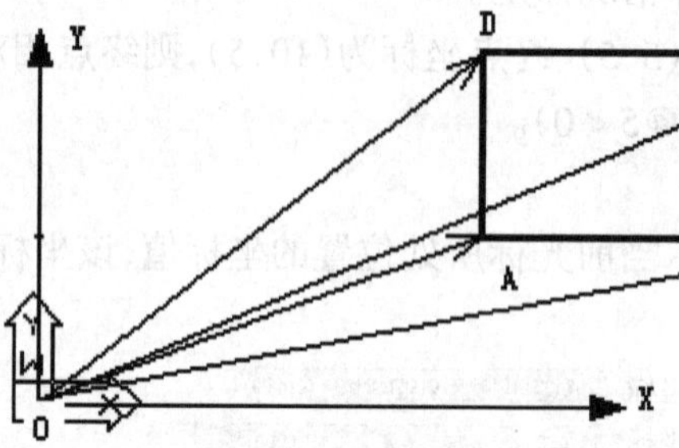

图 2-32　用绝对极坐标法绘制矩形

3. 相对直角坐标法

根据相对直角坐标的定义,总结此方法的核心,应是只须算出下一点相对于其相邻前一点的坐标增量,以“@△x, △y”表示,如图 2-33 所示。

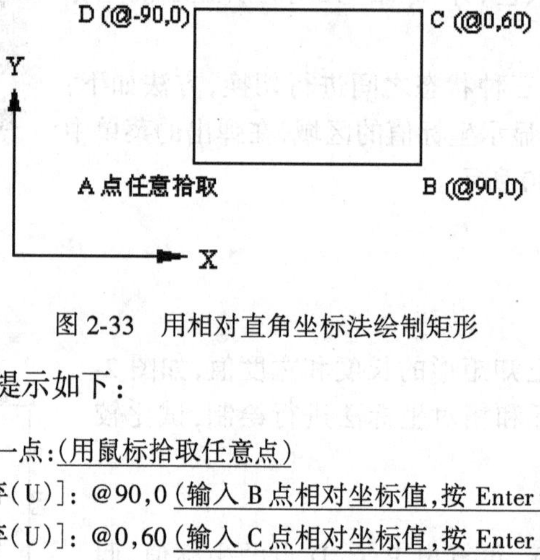

图 2-33　用相对直角坐标法绘制矩形

绘制过程中的命令行提示如下:

命令: _ line 指定第一点: (用鼠标拾取任意点)
指定下一点或 [放弃(U)]: @90,0 (输入 B 点相对坐标值,按 Enter 键)
指定下一点或 [放弃(U)]: @0,60 (输入 C 点相对坐标值,按 Enter 键)
指定下一点或 [闭合(C)/放弃(U)]: @ - 90,0 (输入 D 点相对坐标值,按 Enter 键)
指定下一点或 [闭合(C)/放弃(U)]: c (输入 c,按 Enter 键,表示闭合图形)

说明:相对直角坐标法不需要考虑起始点的坐标,其余坐标计算时主要参考图形本身标注的尺寸,计算较简单。

4. 相对极坐标法

根据相对极坐标的定义,总结此方法又称为“矢量法”,具体为“矢量的长度是前一点与其相邻的后面一点的连线长,矢量正方向指向后面一点”,表示为: @长度 < 角度(矢量正方向与 X 轴正方向的夹角),如图 2-34 所示。

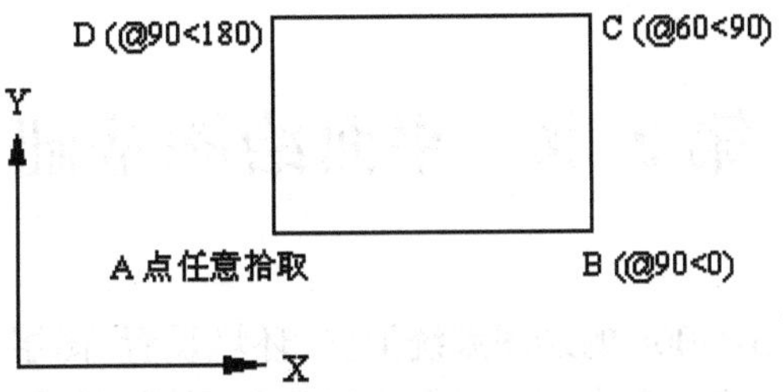

图 2-34　用相对极坐标法绘制矩形

绘制过程中的命令行提示如下：

命令：_ line
指定第一点：(用鼠标拾取任意点)
指定下一点或［放弃(U)］：@90 < 0 (输入 B 点相对极坐标值，按 Enter 键)
指定下一点或［闭合(C)/放弃(U)］：@60 < 90 (输入 C 点相对极坐标值，按 Enter 键)
指定下一点或［闭合(C)/放弃(U)］：@90 < －180 (输入 D 点相对极坐标值，按 Enter 键)
指定下一点或［闭合(C)/放弃(U)］：c (输入 c，按 Enter 键，表示闭合图形)

2.6　思考与练习

1. 思考题

① AutoCAD 共有哪几种创建新图形文件的方式？试上机操作。

② 用鼠标移动光标。屏幕左下角的坐标值是否改变？按 F8 键，观察状态栏的显示，观察正交模式打开或关闭。

③ 启动 AutoCAD 后，试在绘图区画一条直线段，然后利用本章所述保存文件的方法进行保存，观察首次保存与正常保存有什么区别？

④ 在命令窗口分别输入“bhatch”、“－bhatch”、“_ bhatch”，观察会出现什么情况？

2. 上机实战

尝试用多种方法绘制出如图 2-35 所示的图形，不标注尺寸。

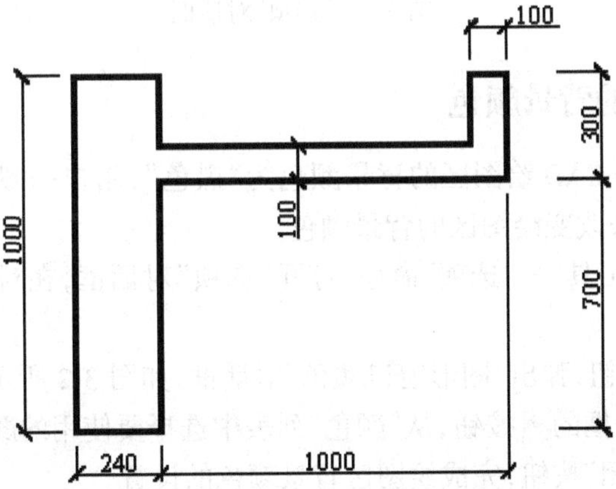

图 2-35　上机练习

第3章　平面绘图基础

本章主要学习 AutoCAD2008 的绘图系统配置、环境设置、图层创建与管理、对象选择、草图设置、对象捕捉以及动态输入等内容。重点内容为绘图环境的设置、图层创建与使用、对象的选择与捕捉，这些都是 AutoCAD 进行绘图前的最基本设置，应该熟练掌握这些工具的使用和设置方法。

3.1　配置绘图系统

要想提高自己的绘图速度和质量，必须有一个合理的、适合自己绘图习惯的参数配置。

从菜单中执行“工具”→“选项”命令；在命令行中输入 Options，按 Enter 键确认；在绘图区单击鼠标右键，在弹出的菜单中选中“选项 ...”菜单项。

执行命令后，弹出“选项”对话框，如图 3-1 所示。AutoCAD 2008 版新增加了“三维建模”选项卡。

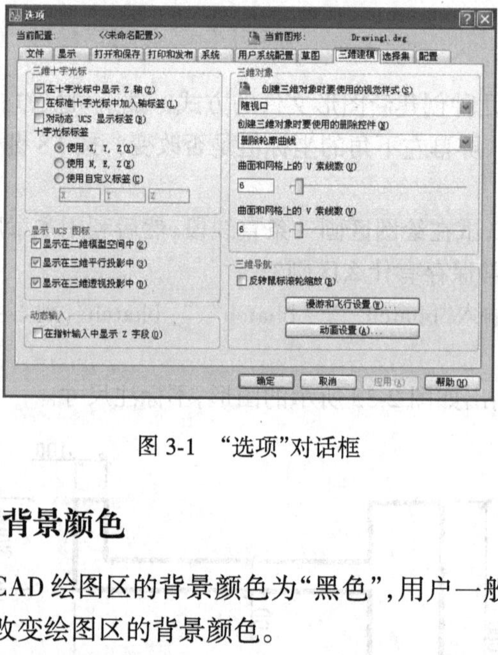

图 3-1　“选项”对话框

3.1.1　更改绘图区的背景颜色

在默认情况下，AutoCAD 绘图区的背景颜色为“黑色”，用户一般习惯在白纸上绘制工程图，可用“选项”对话框来改变绘图区的背景颜色。

① 从菜单中执行“工具”→“选项”命令，打开“选项”对话框，在对话框中切换到“显示”选项卡。

② 单击 颜色(C)... 按钮，弹出“图形窗口颜色”对话框，如图 3-2 所示。

③ 单击“颜色”列表框的 按钮，从“颜色”列表中选择要使用的颜色，这里选择为“白色”。

④ 单击“应用并关闭”按钮，完成绘图区背景颜色的设置。

⑤ 单击“确定”按钮，关闭“选项”对话框。

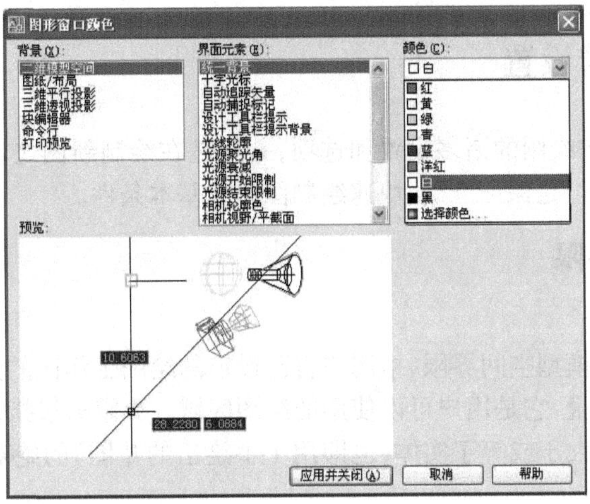

图 3-2 “图形窗口颜色”对话框

3.1.2 自定义右键功能

在绘图过程中，单击鼠标右键有很大的用途，如一些用户习惯于用右键进行“重复上一命令”和“确认”的操作。我们也可以来自己定义鼠标右键的功能，操作步骤如下：

① 在“选项”对话框中，切换到“用户系统配置”选项卡。

② 单击“Windows 标准”区中的“自定义右键单击”按钮，弹出“自定义右键单击”对话框，如图 3-3 所示。

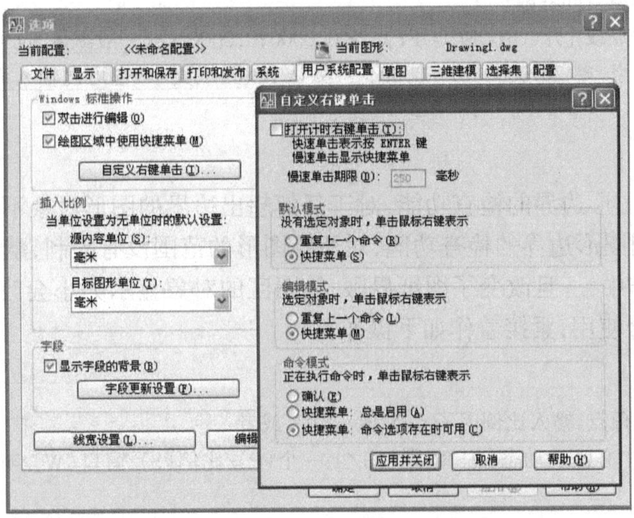

图 3-3 “自定义右键单击”对话框

③ 在“默认模式”中选中“重复上一个命令”单选框，表示当没有选定对象时，在绘图区中单击鼠标右键为重复执行上一个命令，设置完后单击“应用并关闭”按钮确定。

说明：“选项”对话框共有 10 个选项卡，用来对 AutoCAD 系统基本的绘图环境进行设置，希望读者随着课程的深入进一步学习了解。

3.2 绘图环境的设置

绘图环境是指影响绘图的诸多设置和选项，一般是在绘制新图之前就要配置好的。对绘图环境进行正确的设置，是保证准确、快速绘制图形的基本条件。

3.2.1 设置图形界限

1. 功能

绘图界限，也就是模型空间界限，指用户自己设定的绘图工作区的大小。它以坐标形式表示，并以绘图单位来度量，它是用户可以使用的绘图区域。界限通过指定左下角与右上角两点的坐标来定义，一般要大于或等于实体（也即用 1:1 绘出的整图）的绝对尺寸。目的是避免所绘制的图形超出边界。

用户根据所绘图形的大小、比例等因素来确定绘图幅面，如 A4(210,297)、A3(420,297)等。

2. 命令调用

从菜单依次单击"格式"→"绘图界限"；命令行执行 limits，通过创建新图形对话框的"快速"向导或"高级"向导设置绘图界限。

3. 操作示例

命令提示为：

命令：limits
重新设置模型空间界限；
指定左下角点或［开(ON)/关(OFF)］ <0.0000,0.0000>：<u>(一般默认，也可以输入新坐标值)</u>
指定右上角点 <420.0000,297.0000>：<u>(默认 A3 图纸大小，也可以输入新的坐标值改变绘图界限)</u>

参数解释：

ON：表示打开图形边界的检查功能，对于任何超出边界的图形对象不予接受。

OFF：表示关闭图形边界的检查功能，对所绘图形的范围没有限制，默认状态为 OFF。

说明：实际操作中，一旦改变了图纸界限，绘图区的对象显示大小会改变，一般 limits 命令常与 zoom 命令配合使用，紧接着作如下操作：

命令：zoom
指定窗口的角点，输入比例因子 (nX 或 nXP)，或者
［全部(A)/中心(C)/动态(D)/范围(E)/上一个(P)/比例(S)/窗口(W)/对象(O)］ <实时>：all <u>(或者选 E)</u>

说明：实际绘图中也可以先不设定绘图边界，尽管按 1:1 绘图，等到布局打印时再作相应的设置。

3.2.2 设置图形单位

1. 功能

图形的单位和格式是工程图的标准，所以在模型空间中进行绘制之前，首先要设置正确的

单位和格式。

2．命令调用

从菜单中执行“格式”→“单位”命令；在命令行中输入 Units，按 Enter 键。

3．操作示例

设置图形单位的步骤如下：

① 打开“图形单位”对话框，如图 3-4 所示。

② 对话框的左上角是“长度选项区”，可以设置绘图的长度单位和精度。

类型：设置测量单位的当前格式；精度：线型测量值显示的小数位数或分数大小。

③ 对话框的右上角是“角度选项区”，可以设置绘图的角度格式和精度。

类型：设置当前角度格式；精度：设置当前角度显示的精度；顺时针：选中该复选框，表示以顺时针方向计算正的角度值，默认的正角度方向为逆时针方向；设置零角度的位置：要控制角度的方向，单击对话框中的“方向”按钮，弹出“方向控制”子对话框，如图 3-5 所示。默认时 0°角的方向为正东方向，即为 X 轴正方向。

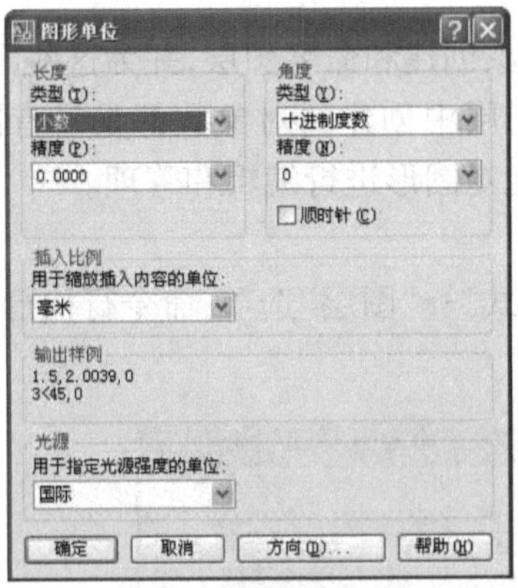

图 3-4 “图形单位”对话框

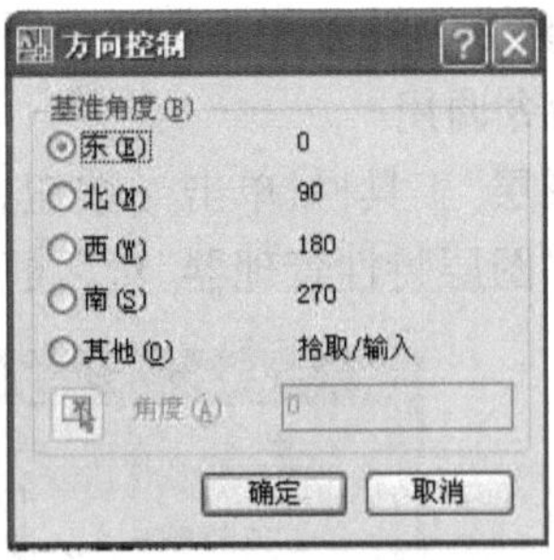

图 3-5 “方向控制”对话框

④ 对话框左下角是“光源选项区”，可以选择光源单位的类型。

AutoCAD 2008 提供了三种光源单位：标准（常规）、国际（国际标准）和美制。标准（常规）光源流程相当于 AutoCAD 2008 之前的版本中 AutoCAD 的光源流程。AutoCAD 2008 的默认光源流程是基于国际（国际标准）光源单位的光度控制流程，此选项将产生真实准确的光源。

⑤ 设置完成后，单击“确定”按钮。

3.3 图层的创建与管理

在 AutoCAD 中，图层就像工程绘图中层层重叠的透明图纸。分别在不同的透明图纸上绘制不同的对象，然后将这些透明图纸重叠起来，最终形成复杂的图形。在 AutoCAD 中绘图，利用图层可以很好地组织不同类型的图形信息，并对整个图形进行综合控制。如图 3-6 所示。

说明：绘制复杂的平面图形时，一般要创建几个图层来组织图形，可以将构造线、文字、标注和标题栏置于不同的图层上，而不是将整个图形均创建在图层“0”上。这样可以控制各图层对象的颜色、线型、线宽、可见性等特性。

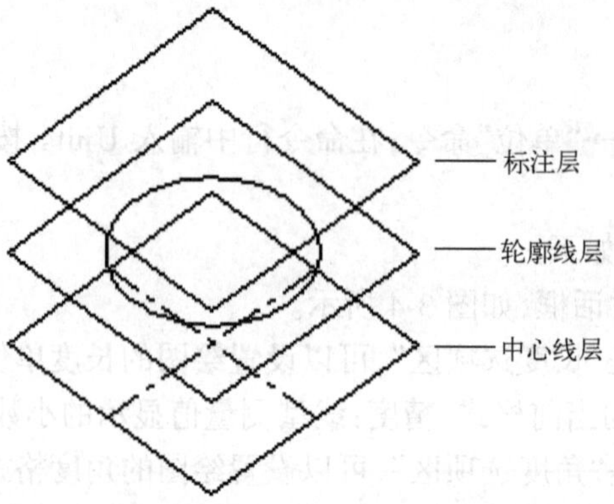

图 3-6　图层

3.3.1　创建和命名图层

1. 功能

在绘图设计中，用户可以为设计概念相关的一组对象创建和命名图层，并为这些图层指定通用特性。对于一个图形，可创建的图层数和在每个图层中创建的对象数都是没有限制的。只要将对象分类并置于各自的图层中，即可方便、有效地对图形进行编辑和管理。

2. 命令调用

在“图层”工具栏，单击按钮；从菜单依次单击“格式”→“图层”选项；命令行执行 layer。打开“图层特性管理器”对话框，如图 3-7 所示。

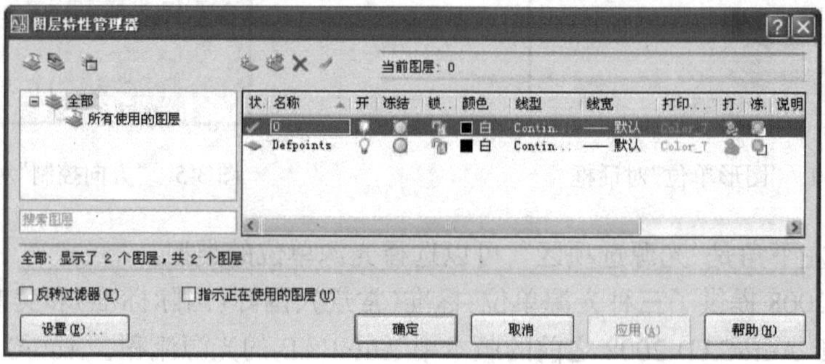

图 3-7　图层特性管理器

3. 操作示例

要求新建一个图形文件并创建 5 个新图层，名称分别为轴线、墙体、门窗、家具、标注。

步骤如下：

① 在“图层特性管理器”中，单击按钮。图层列表中将自动添加名为“图层 1”的图层，所添加图层呈被选中即高亮显示状态。如图 3-8 所示。

② 在“名称”列为新建的图层命名为“轴线”。图层名最多可包含 255 个字符，其中包括字母、数字和特殊字符，如人民币符号（¥）和连字符（—）等。

③ 通过多次单击按钮，创建其余各图层，并以同样的方法为每个新建图层命名。

④ 设置完成后，单击 确定 按钮即可。图 3-9 是新创建和命名的图层。

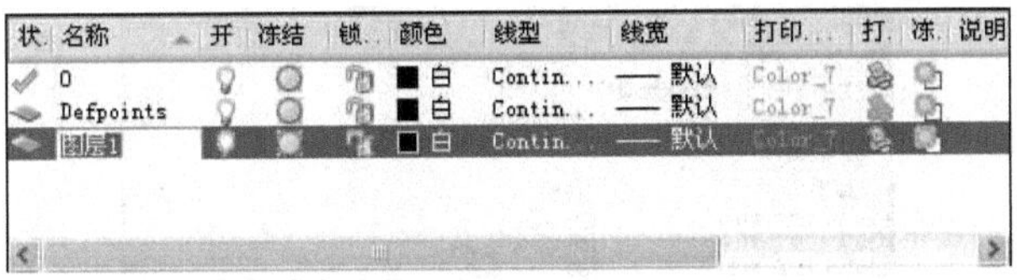

图 3-8　新建的图层

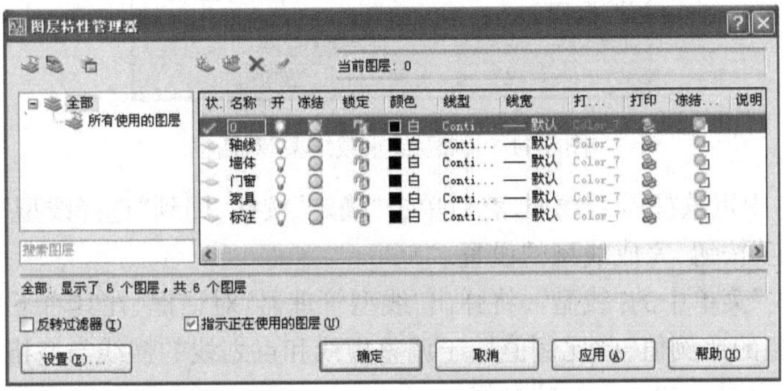

图 3-9　创建和命名图层

每个新图层的特性都被指定为默认设置：颜色为编号 7 的颜色（白色或黑色，由背景色决定）；线型为 continuous 线型；线宽为默认值；打印样式为“普通”打印样式。用户可以使用默认设置，也可以给每个图层指定新的颜色、线型、线宽和打印样式。如果在创建新图层之前选中了一个现有的图层，新建的图层将继承所选定图层的特性。

3.3.2　设置线型

线型是指在图层上绘图时所使用的线型。在绘图过程中要用到不同的线型，每种线型在图形中所代表的含义也各不相同。默认状态下的线型为“Continuous”线型（实线型），因此需要根据实际情况修改线型，同时还可以设置线型比例以控制虚线和点划线等线型的显示。设置线型的操作如下：

① 从“图层特性管理器”对话框（如图 3-7）中单击线型下的“Continuous”按钮，弹出“选择线型”对话框，单击加载按钮，可显示各种线型以供用户选择，如图 3-10 所示。

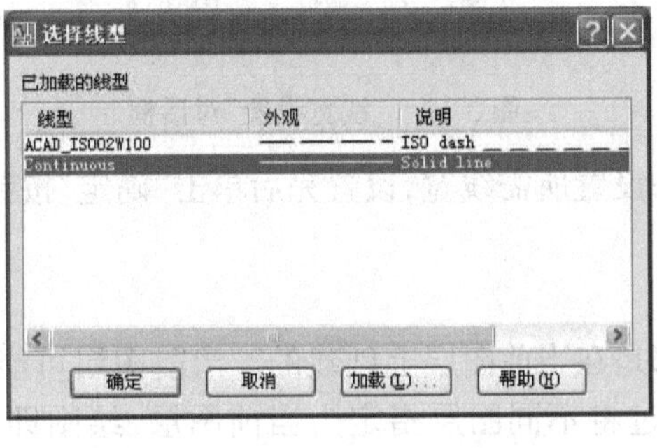

图 3-10　“选择线型”对话框

② 在“选择线型”对话框中，单击“加载”按钮，弹出“加载或重载线型”对话框，如图 3-11 所示。

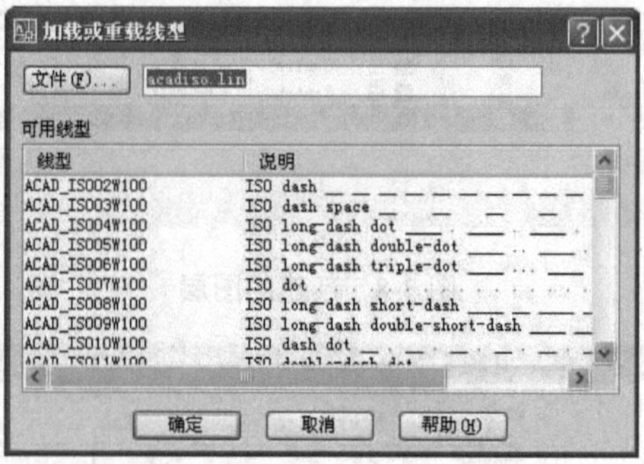

图 3-11 “加载或重载线型”对话框

③ 在图 3-11 中可选择所需线型，然后单击“确定”按钮，回到“选择线型”对话框。

④ 单击“确定”按钮，完成线型的设置。

⑤ 选择“格式”菜单中的“线型”，将弹出“线型管理器”对话框，在其右下角的“全局比例因子”中，可输入线型的比例值，此比例值用于调整虚线和点划线的横线与空格的比例显示，这是一个经验值，一般设置为“0.2～0.5”之间。

说明：还可以用 ltscale 命令设置线型比例因子。

3.3.3 设置线宽

在计算机上显示图样的时候，线的宽度有时显示得不太理想，这是线宽显示设置不合理的缘故。AutoCAD 2008 提供了设置显示线宽的功能。

选择“格式”菜单中的“线宽”选项，将弹出“线宽设置”对话框，用户可根据需要选择“毫米”或“英寸”两种线宽列出单位，并可调整显示比例。如图 3-12 所示。

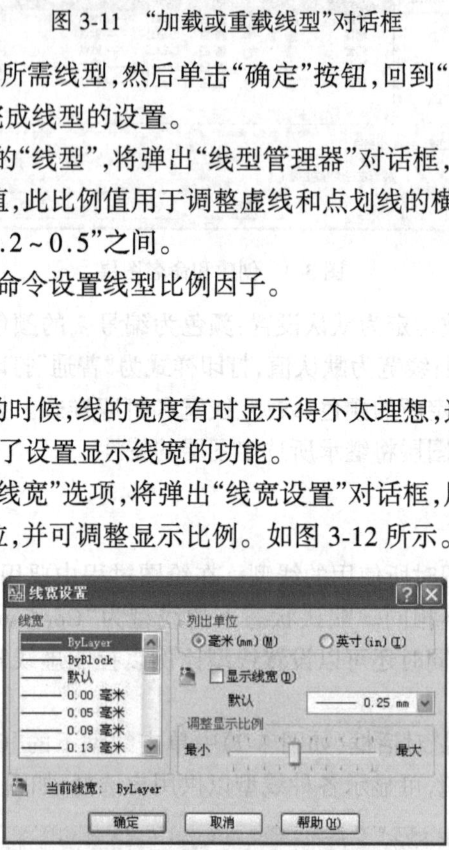

图 3-12 “线宽设置”对话框

用户可根据自己需要，设置所需线宽，设置完后单击“确定”按钮，即可完成设置。

3.3.4 指定当前图层

在绘图时，所有对象都是在当前图层上创建的。当前图层可能是默认的图层 0 或用户自己创建并命名的图层。通过将不同图层指定为当前图层，绘图即可从一个图层切换到另一图层。

在 AutoCAD 中，可通过多种方法将某一个图层指定为当前图层：

① 在“图层”工具栏上的图层控件下拉列表中指定一个图层，该图层即为当前图层。

② 在“图层特性管理器”的图层列表中选某一个图层，然后单击 按钮。或在图层名上双击，或在图层名上右击，从弹出的快捷菜单中执行“置为当前”命令。如图 3-13 所示。

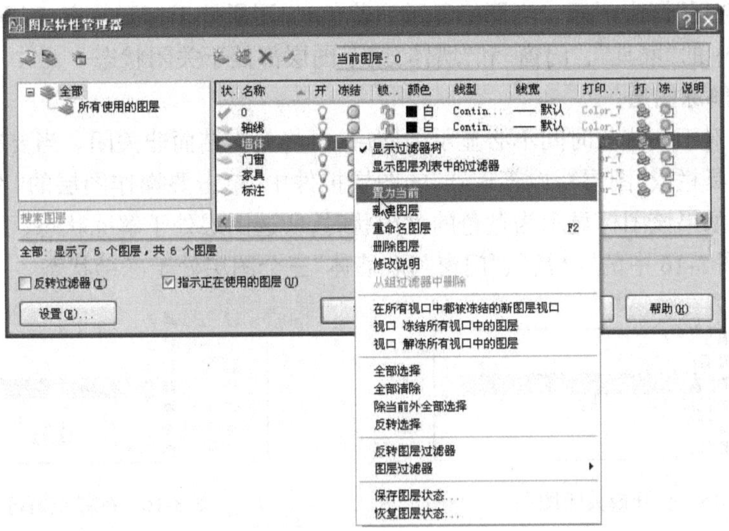

图 3-13 指定当前图层

③ 如果将某个对象所在图层指定为当前图层，在绘图区域先选中该对象，然后在“图层”工具栏上单击“把对象的图层置为当前”按钮 即可。也可以先单击“把对象的图层置为当前”按钮 ，然后再选择一个对象来改变当前图层。如图 3-14 所示。

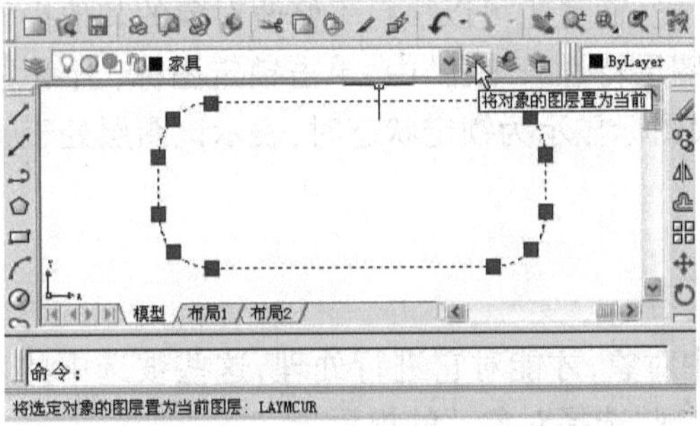

图 3-14 对象所在图层指定为当前图层

说明：并不是所有图层都可被指定为当前图层，被冻结的图层或依赖外部参照的图层不可以设定为当前图层。用户总是在当前图层上进行绘图，当前图层只能有一个。

3.3.5 控制图层的可见性

对图层进行关闭或冻结，可以隐藏该图层上的对象。关闭图层后，该图层上的图形将不能被显示或打印。冻结图层后，AutoCAD 不能在被冻结图层上显示、打印或重新生成对象。打开已关闭的图层时，AutoCAD 将重画该图层上的对象。解冻已冻结的图层时，AutoCAD 将重新生成图形并显示该图层上的对象。关闭而不冻结图层，可避免每次解冻图层时重新生成图形。

1. 打开或关闭图层

当某些图层需要频繁地切换它的可见性时，选择关闭该图层而不冻结。当再次打开已关闭的图层时，图层上的对象会自动重新显示。关闭图层可以使图层上的对象不可见，但在使用

Hide 命令时，这些对象仍会遮挡其他对象。

当要打开或关闭图层时，在“图层”工具栏或“图层特性管理器”的图层控件中，单击要操作图层的“开/关图层”灯泡图标。当图标显示为黄色时，图层处于打开状态，否则，图层处于关闭状态。图 3-15 中的“家具”、“门窗”和“墙体”三个图层都处于关闭状态。

2. 冻结和解冻图层

在绘图中，对于一些长时间不必显示的图层，可将其冻结而非关闭。当要冻结或解冻图层时，在“图层”工具栏或“图层特性管理器”的图层控件中，单击要操作图层的“在所有视口中冻结解冻”图标。如果该图标显示为黄色的太阳状时，所选图层处于解冻状态；否则，所选图层处于冻结状态。图 3-16 中的“家具”、“门窗”和“墙体”三个图层处于冻结状态。

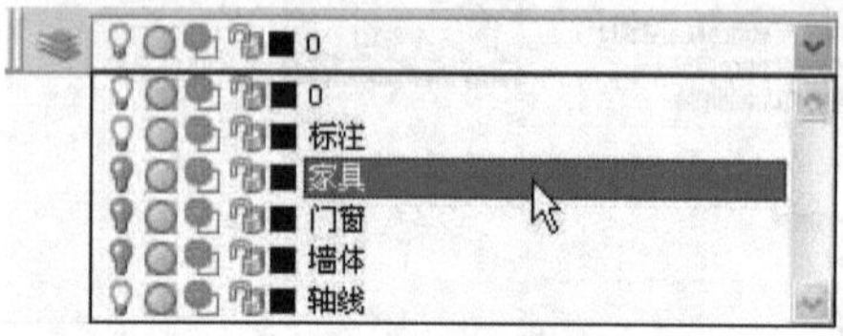

图 3-15　打开或关闭图层

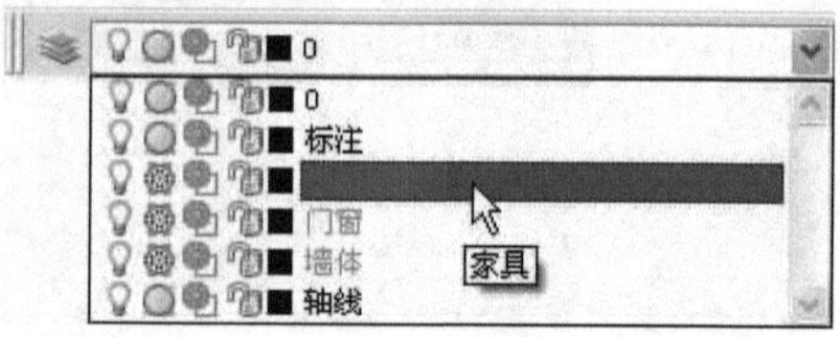

图 3-16　冻结或解冻图层

3. 锁定图层

在编辑对象的过程中，要编辑与特殊图层相关联的对象，同时对其他图层上的对象只想查看但不编辑。此时，就可以将不需编辑的图层锁定。锁定图层时，它上面的对象均不可被修改，直到为该图层解锁。锁定图层可以降低意外修改该图层对象的可能性。对锁定图层上的对象仍然可以使用捕捉功能，而且也可以执行不修改对象的其他操作。

在“图层”工具栏或“图层特性管理器”中，单击锁定图标，当锁图标显示为打开状态时，表示该图层未被锁定。当锁图标显示为锁定状态时，表示该图层处于锁定状态。

3.4　对象的选择

AutoCAD 必须先选中对象，才能对它进行处理，这些被选中的对象称为选择集。在许多命令的执行过程中都会出现“选择对象：”的提示。

3.4.1　拾取框单选模式

AutoCAD 默认的是单选模式，如当执行“删除”命令后，当前十字光标变成拾取框，用拾取框压住被选对象，被选对象就会加粗显示，此时单击鼠标左键，对象就被选中并呈高亮度显示，并由原来的实线变成虚线，按 Enter 键确定后，圆被删除，如图 3-17 所示。

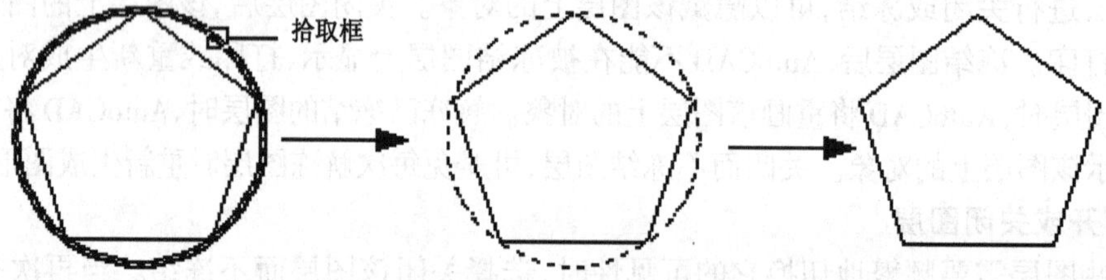

图 3-17　单个选择

说明:单选模式简单实用,还可以一次连续选择多个对象。

3.4.2 其他各种选择模式

下面通过“select”命令来了解各种选择模式的使用。

命令行提示如下:

命令:select (在命令行中输入 select,按 Enter 键)
选择对象:? (输入“?”,按 Enter 键,系统将显示所有可用的选择模式)
需要点或窗口(W)/上一个(L)/窗交(C)/框(BOX)/全部(ALL)/栏选(F)/圈围(WP)/圈交(CP)/编组(G)/添加(A)/删除(R)/多个(M)/前一个(P)/放弃(U)/自动(AU)/单个(SI)

1. “窗口(W)”模式

在该模式下,用户可使用光标在屏幕上指定两个点来定义一个矩形窗口。如果某些可见对象完全包含在该窗口之中,则这些对象将被选中。

操作示例:如图 3-18 所示,删除中间的 2 个圆。

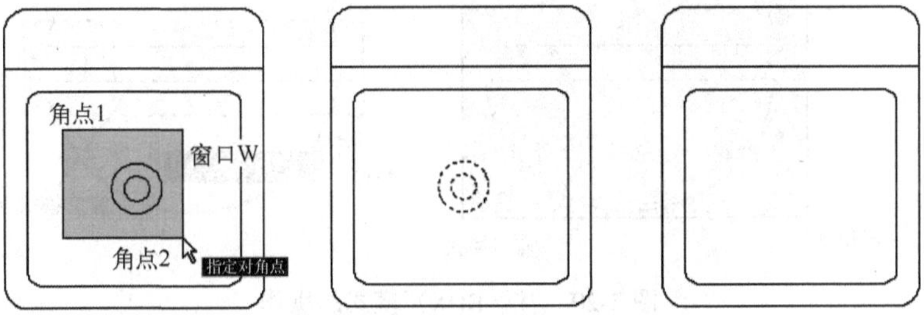

图 3-18 “窗口(W)”模式操作

命令行提示如下:

命令: _ erase (执行“删除”命令)
选择对象: w (输入 w,按 Enter 键,表示选择“窗口”方式)
指定第一个角点:(拾取点 1)
指定对角点: 找到 2 个(拖拽光标到角点 2)
选择对象:(按 Enter 键,结束选择)

2. “窗交(C)”模式

与“窗口(W)”模式类似,该模式同样需要我们在屏幕上指定两个点来定义一个矩形窗口。不同之处在于,该矩形窗口显示为虚线的形式,而且在该窗口之中所有可见对象均将被选中,而无论其是否完全位于该窗口中。

操作示例:如图 3-19 所示,删除圆内所有图形。

命令: _ erase
选择对象: c (输入 c,按 Enter 键,表示选择窗交的方式)
指定第一个角点:(拾取角点 1)
指定对角点: 找到 2 个(拖拽光标到对角点)
选择对象:(按 Enter 键,结束选择)

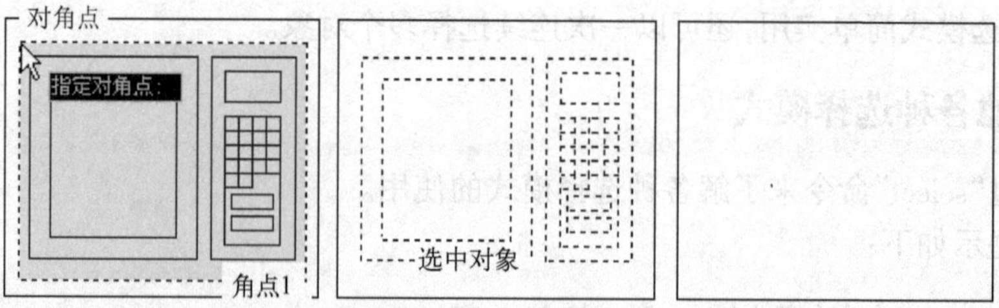

图 3-19　“窗交(C)”模式操作

3. “框(BOX)”模式

“窗口(W)”模式和“窗交(C)”模式的组合。如果在屏幕上以从左向右的顺序来定义矩形的角点,则为“窗口(W)”模式;反之,则为“窗交(C)”模式。

操作示例:两种模式的操作比较如图 3-20 所示。

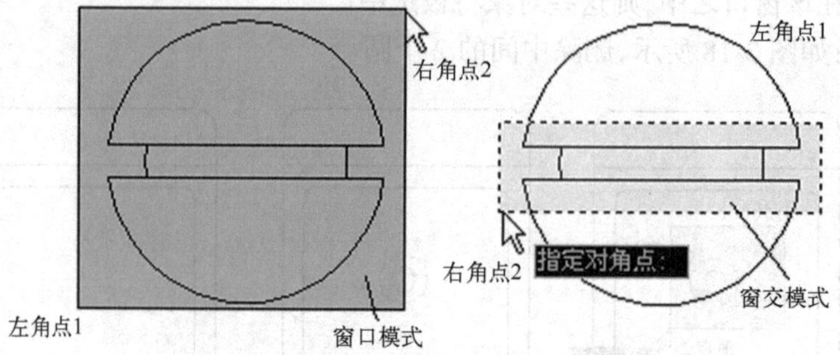

图 3-20　“框(BOX)”模式的操作

说明:在实际应用中,“框(BOX)”模式因其灵活、方便而被用得最多。

4. 自动(AU)

在该模式下,可直接选择某个对象,或使用“框(BOX)”模式进行选择。该模式为默认模式。

5. 全部(ALL)

选择非冻结图层上的所有对象。

6. 栏选(F)

在该模式下,可指定一系列的点来定义一条任意的折线作为选择栏,并以虚线的形式显示在屏幕上,所有与其相交的对象均被选中。

7. 圈围(WP)

在该模式下,可指定一系列的点来定义一个任意形状的多边形,如果某些可见对象完全包含在该多边形之中,则这些对象将被选中。注意,该多边形不能与自身相交或相切。

8. 圈交(CP)

与“窗口(W)”模式类似,但多边形显示为虚线,而且在该多边形之中,所有可见对象均将被选中,无论其是否完全位于该多边形中。如图 3-21 所示。

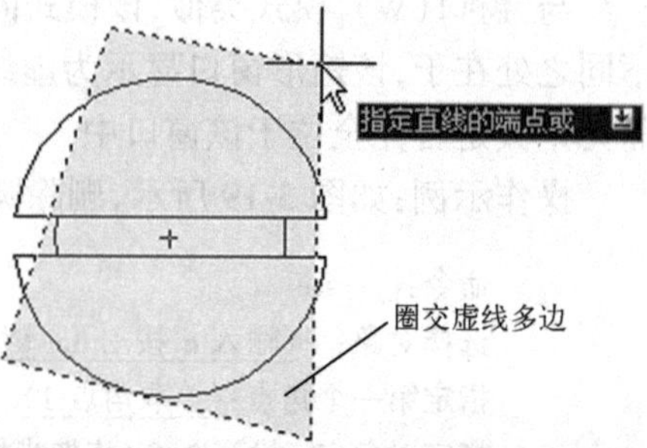

图 3-21　“圈交(CP)”模式

9. 编组(G)

选择指定组中的全部对象。

10. 添加(A)

在该模式下,可以通过任意对象选择方法将选定的对象添加到选择集中。该模式为缺省模式。

11. 删除(R)

在该模式下,可以使用任何对象选择方式将对象从当前选择集中删除。

12. 多个(M)

指定多次选择而不高亮显示对象,从而加快对复杂对象的选择过程。

13. 前一个(P)

选择最近创建的选择集。如果图形中删除对象后将清除该选择集。

14. 放弃(U)

放弃选择最近加到选择集中的对象。

15. 上一个(L)

选择最近一次创建的可见对象。

16. 单个(SI)

在该模式下,可选择指定的一个或一组对象,而不是连续提示进行更多的选择。

3.5 草图设置

在绘制工程图样时,为了确保绘图的准确、快速,往往需要借助一些辅助工具。

3.5.1 正交、栅格和捕捉

1. 正交

用鼠标画水平和垂直线时,会发现要真正画直并不容易。仅凭肉眼观察把握,稍有偏差,水平线不水平,垂直线也不垂直。AutoCAD 提供了正交功能模式,用于约束光标在水平或垂直方向上的移动。如果打开正交模式,则使用光标所确定的相邻两点的连线必须垂直或平行于坐标轴。因此,如果要绘制的图形完全由水平或垂直的直线组成时,那么使用这种模式是非常方便的。打开或关闭正交的方式如下:

① 在状态栏上使用正交按钮。

② 使用功能键“F8”进行切换。

③ 在状态栏中正交按钮上使用快捷菜单(鼠标移动到正交按钮上,单击鼠标右键)。

④ 在命令行中使用 ortho 命令。

说明:正交模式受当前栅格的旋转角影响。正交模式并不影响从键盘上输入点。不能同时打开“极轴追踪”模式和“正交”模式,但可同时关闭或者只打开其中的一个模式。

2. 栅格

用户可以指定栅格在 X 轴方向和 Y 轴方向上的间距。在“草图设置”对话框中,“捕捉 X 轴间距”编辑框和“捕捉 Y 轴间距”编辑框分别用于指定栅格在 X 轴方向和 Y 轴方向上的间距。其中,如果用户先设置了 X 轴间距值,则系统会自动将同样的值赋予 Y 轴间距;而如果用户先设置 Y 轴间距值,这时 X 轴间距值仍保持不变。利用这种办法用户可设置一个 X 轴间距与 Y 轴间距不等的栅格。打开或关闭栅格的方式为:

① 在状态栏上使用栅格按钮。

② 使用功能键 F7 进行切换。

③ 在状态栏中栅格按钮上使用快捷菜单。

④ 在“草图设置”对话框中设置。

⑤ 在命令行中使用 grid 命令。

3. 捕捉

捕捉功能可以直接使用鼠标快捷准确地定位目标点。捕捉模式有几种不同的形式:

① 栅格捕捉,可分为矩形捕捉和“等轴测捕捉”两种类型。缺省设置为矩形捕捉,即捕捉点的阵列类似于栅格,用户可以指定捕捉模式在 X 轴方向和 Y 轴方向上的间距,也可改变捕捉模式与图形界限的相对位置。与栅格不同之处在于捕捉间距的值必须为正实数;另外捕捉模式不受图形界限的约束。

② 极轴捕捉,用于捕捉相对于初始点、且满足指定的极轴距离和极轴角的目标点。用户选择极轴捕捉模式后,将激活“Polar spacing(极轴距离)”项,来设置捕捉增量距离。

打开或关闭捕捉的方式有:

- 在状态栏上使用捕捉 按钮;
- 使用功能键“F9”进行切换;
- 在状态栏中捕捉 按钮上使用快捷菜单;
- 在“草图设置”对话框中设置;
- 命令行中使用 snap 命令。

③ 等轴测捕捉

在“草图设置”对话框中,选择“捕捉和栅格”选项卡。在“捕捉类型和样式”区内,选中“等轴测捕捉”单选框,该模式可以创建表现三维对象的二维等轴测图样。

4. 设置捕捉和栅格

① 选择菜单“工具”→“草图设置”,弹出“草图设置”对话框,并选择“捕捉和栅格”选项卡,如图3-22所示。

② 分别选中“启用捕捉”和“启用栅格”开关,打开捕捉和栅格模式,并按图 3-22 所示内容进行设置,然后点击确定按钮进行确认。

现在屏幕上出现了一个点的阵列,也就是栅格。当用户移动光标时会发现,光标只能停在其附近的栅格点上,而且可以精确地选择这些栅格点,但却无法选择栅格点以外的地方,这个功能称为捕捉,如图 3-23 所示。

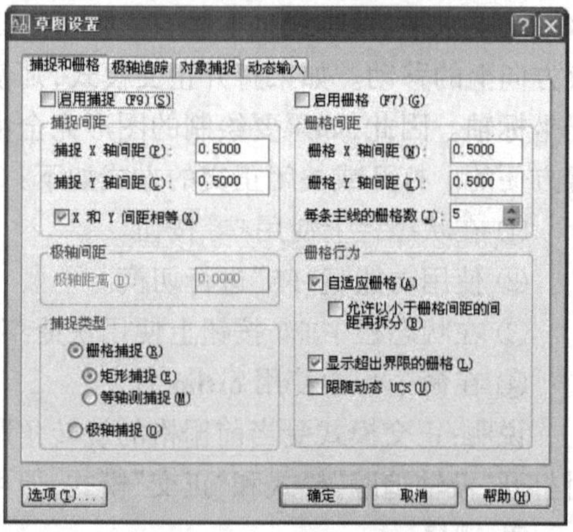

图 3-22 设置捕捉和栅格

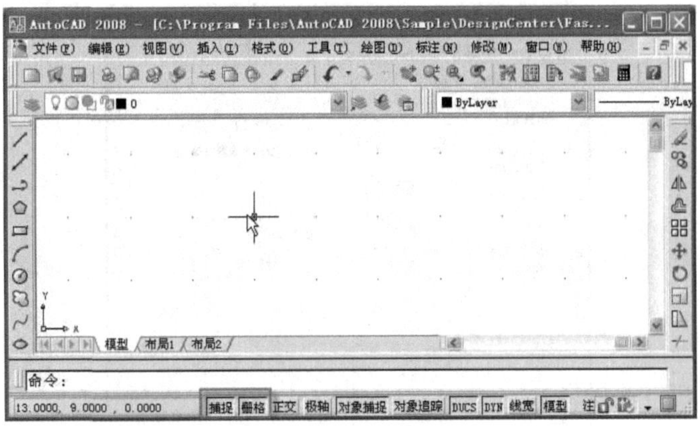

图 3-23　栅格和捕捉

3.5.2　极轴追踪

1. 功能

使用极轴追踪的功能可以用指定的角度来绘制对象。

2. 命令调用

按 F10 键可启用极轴追踪；单击绘图区状态栏内的 极轴 按钮；右键单击 极轴 按钮→"设置"→选中"启用极轴追踪"复选框。

3. 操作示例

用户在极轴追踪模式下确定目标点时，系统会在光标接近指定的角度方向上显示临时的对齐路径，并自动地在对齐路径上捕捉距离光标最近的点（即极轴角固定、极轴距离可变），同时给出该点的信息提示，用户可据此准确地确定目标点。如图 3-24 所示。

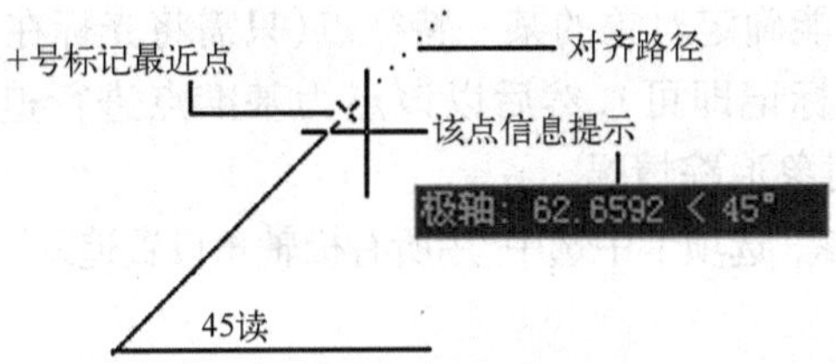

图 3-24　极轴追踪

从图 3-24 中可以看到，使用极轴追踪关键是确定极轴角的设置。在"草图设置"对话框的"极轴追踪"选项卡中可以对极轴角进行设置，如图 3-25 所示。

"增量角"：在框中选择或输入某一增量角后，系统将沿与增量角成整数倍的方向上指定点的位置。例如增量角为 45°，系统沿着 0°、45°、90°、135°、180°、225°、270°和 315°方向指定目标点的位置。

"附加角"：除了增量角以外，用户还可以指定附加角来指定追踪方向。注意，附加角的整数倍方向并没有意义。如用户需使用附加角，可单击 新建(N) 按钮在表中添加，最多可定义 10 个附加角。不需要的附加角可用 删除 按钮删除。

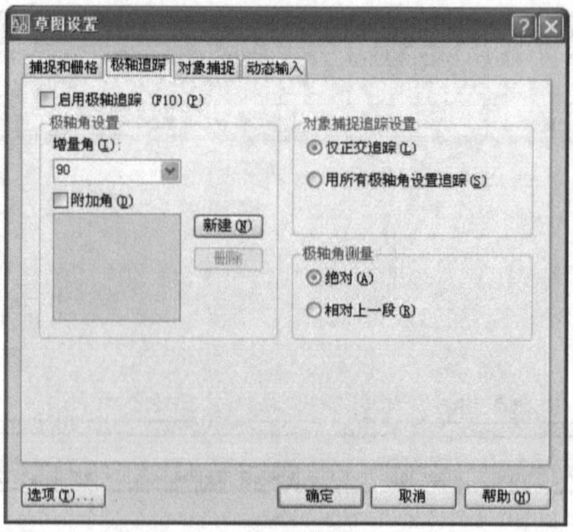

图 3-25 “极轴追踪”选项卡

“极轴角测量”:极轴角的选择测量方法有两种:“绝对”:以当前坐标系为基准计算极轴追踪角;“相对上一段”:以最后创建的两个点之间的直线为基准计算极轴追踪角。如果一条直线以其他直线的端点、中点或最近点等为起点,极轴角将相对该直线进行计算。

3.5.3 对象追踪

1. 功能

在 AutoCAD 中还提供了“对象捕捉追踪”功能,该功能可以看作是“对象捕捉”和“极轴追踪”功能的联合应用。

2. 命令调用

按 F11 键启用对象追踪功能;单击绘图区状态栏内的 对象捕捉 按钮;右键单击 对象捕捉 按钮→“设置”→选中“启用对象追踪捕捉”复选框。

先根据“对象捕捉”功能确定对象的某一特征点(只需将光标在该点上停留片刻,当自动捕捉标记中出现黄色的“+”标记即可),然后以该点为基准点进行追踪,来得到准确的目标点。如图 3-26 所示为正交的对象追踪情况。

用户还可以在“极轴追踪”选项卡中选中“用所有极轴角设置追踪”单选钮,如图 3-27 所示。

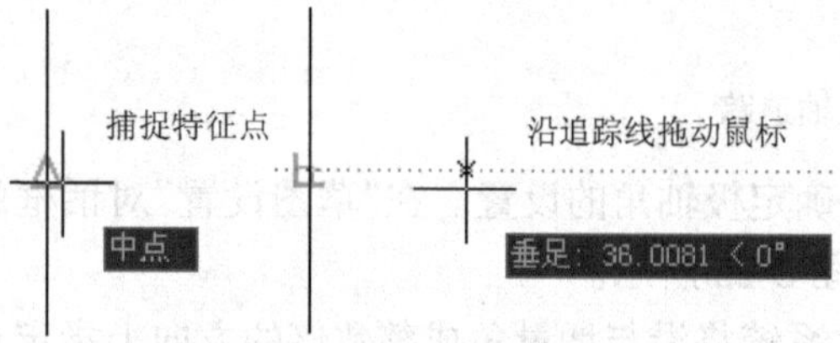

图 3-26 正交对象追踪捕捉

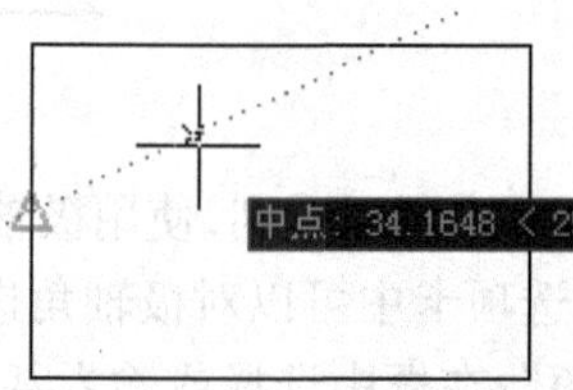

图 3-27 “用所有极轴角设置追踪”

3. 操作示例

画已知矩形的内切椭圆。

① 画矩形。

命令: _ rectang

指定第一个角点或 [倒角(C)/标高(E)/圆角(F)/厚度(T)/宽度(W)]:(任意拾取一点)
指定另一个角点或 [面积(A)/尺寸(D)/旋转(R)]: @150,80 (输入坐标值,按 Enter 键确认)

② 打开对象追踪,画椭圆。

命令: _ ellipse
指定椭圆的轴端点或 [圆弧(A)/中心点(C)]: c
指定椭圆的中心点: <对象捕捉追踪 开>
指定椭圆的中心点:(十字光标分别靠近矩形左边线中点,待出现追踪线时,再移向上边中点,也会出现追踪线,然后移动十字光标到矩形中心附近时,出现追踪线相交,此时点击鼠标,该点就是圆心),如图 3-28(a)图所示。
指定轴的端点:(捕捉矩形左边中点),如图 3-28(b)所示。
指定另一条半轴长度或 [旋转(R)]:(捕捉矩形上边中点)

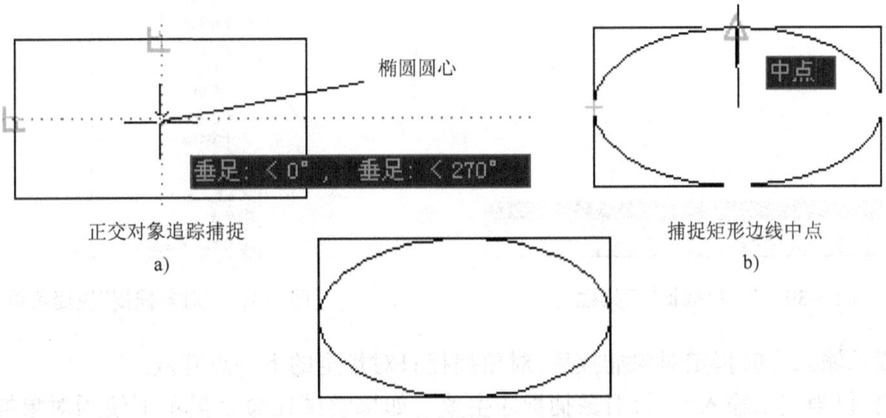

图 3-28 利用对象追踪绘制内切椭圆

3.6 对象捕捉

对象捕捉是 AutoCAD 中最为重要的工具之一,使用对象捕捉可以精确定位,使我们在绘图过程中可直接利用光标来准确地确定目标点,如圆心、端点、垂足,等等。对象捕捉又分为指定对象捕捉和执行对象捕捉两种。

不论何时提示输入点,都可以指定对象捕捉。默认情况下,当光标移到对象的对象捕捉位置时,将显示标记和工具栏提示。此功能称为自动捕捉,提供了视觉提示,指示哪些对象捕捉正在使用,如图 3-29 所示。

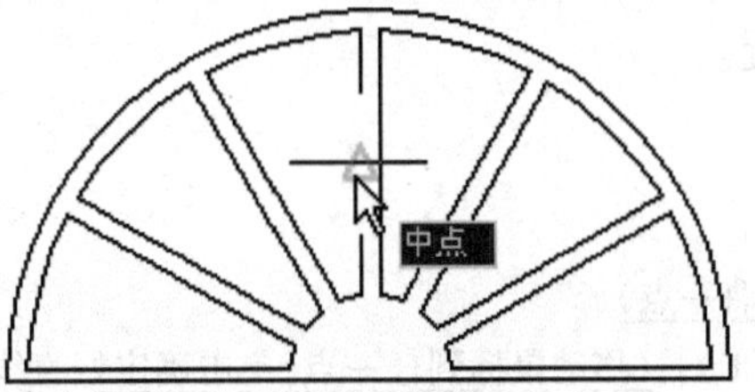

图 3-29 捕捉提示

3.6.1 指定对象捕捉

1. 功能

在提示输入点时指定对象捕捉。

2. 命令调用

使用“对象捕捉”工具栏,如图 3-30 所示;按住“Shift”键的同时单击鼠标右键,弹出快捷菜单,如图 3-31 所示;在命令行中输入对象捕捉的名称,如使用中点捕捉时,可输入 Midpoint,按 Enter 键。

图 3-30 “对象捕捉”工具栏

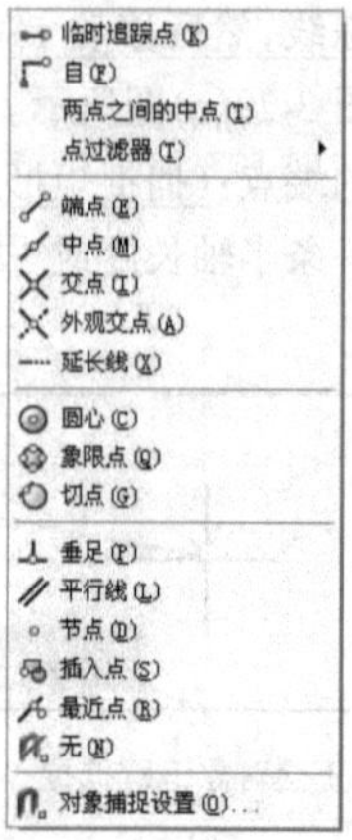

图 3-31 “对象捕捉”快捷菜单

在提示输入点时指定对象捕捉后,对象捕捉只对指定的下一点有效。

说明:仅当提示输入点时,对象捕捉才生效。如果尝试在命令提示下使用对象捕捉,将显示错误信息。

3. 操作示例

示例 1:捕捉对象的垂足、切点、圆心和象限点。

试绘制一条直线段,在绘图区中任意确定一端点,另一端点分别为已知对象的垂足、切点、圆心和象限点。

命令行提示如下:

命令: _ line
指定第一点:(在绘图区中任意确定一点 1)
指定下一点或 [放弃(U)]:(在“对象捕捉”工具栏上单击“垂足”按钮⊥,然后移动十字光标到对象的垂足点附近,待出现垂直捕捉提示符时单击鼠标即可)

如图 3-32 所示,其他几种操作类似。

操作示例 2:平行线捕捉。

首先画出已知直线段。

命令: _ line
指定第一点:(任意拾取一点)
指定下一点或 [放弃(U)]:(移动鼠标到任一点,单击确定好直线的第二点)
指定下一点或 [放弃(U)]:(按 Enter 键,结束绘制)

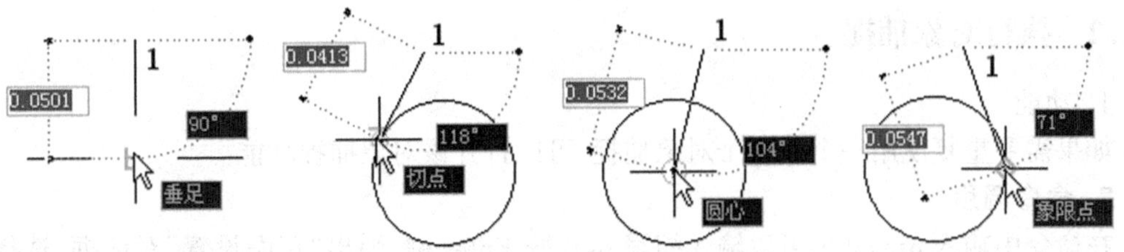

图 3-32　指定对象捕捉

再画平行线。结果如图 3-33 所示。

命令：_ line
指定第一点：(选择已知直线外的一点)
指定下一点或 [放弃(U)]：_ par 到(单击"对象捕捉"工具栏上的"捕捉到平行线"按钮，移动十字光标到已知直线段，出现黄色捕捉标记"//"，此时，十字光标离开该线段到目测平行的位置时，出现一条虚线的轨迹线，沿着轨迹线到合适的位置后单击即可)

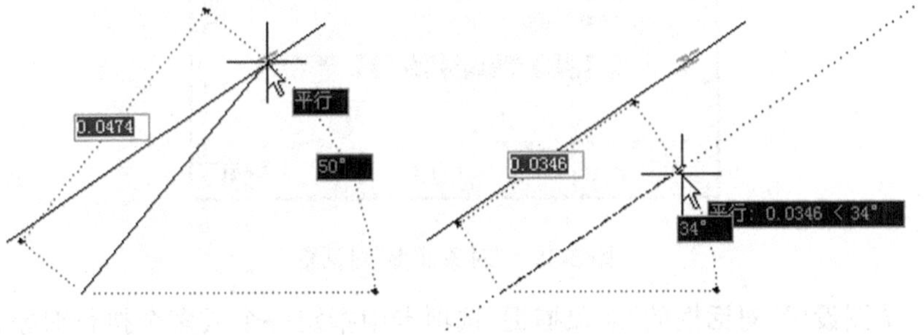

图 3-33　平行线捕捉

操作示例 3：延长线交点捕捉。
首先画一条已知直线段 AB。
再来画交线。

命令：_ line
指定第一点：(在直线段 AB 一侧任意拾取一点)
指定下一点或 [放弃(U)]：_ ext 于(单击捕捉工具栏上的按钮)
指定下一点或 [放弃(U)]：(移动十字光标到 B 点，待出现" + "标记时，沿着 AB 延长线方向拖动光标，到合适位置后确定即可)

操作步骤，参见图 3-34 所示。

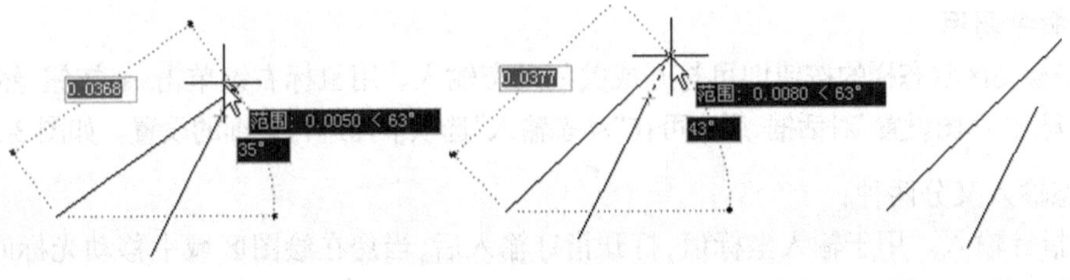

图 3-34　捕捉延长线上一点的过程

3.6.2 执行对象捕捉

1. 功能

如果需要重复使用一个或多个对象捕捉,可以打开该对象捕捉功能。

2. 命令调用

在命令中输入 osnap(也可以输入缩写 os),按 Enter 键,弹出“草图设置”对话框,选择“对象捕捉”;单击“对象捕捉”工具栏上的“对象捕捉设置”按钮;鼠标右键在状态栏单击“对象捕捉”,选择“设置”选项。如图 3-35 所示。

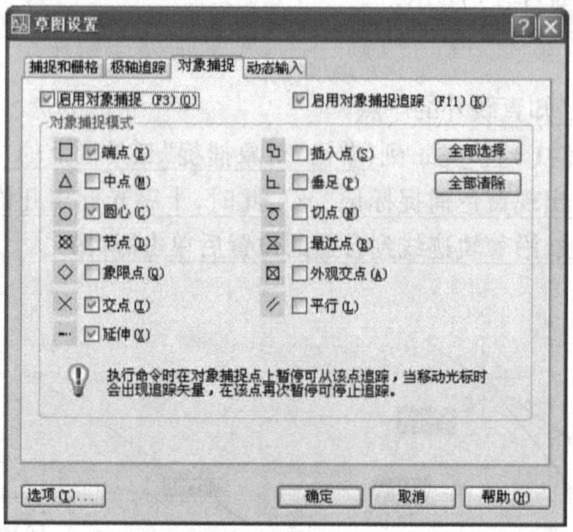

图 3-35 “对象捕捉”对话框

可以在“草图设置”对话框的“对象捕捉”选项卡中指定一个或多个执行对象捕捉,如果启用多个执行对象捕捉,则在一个指定的位置可能有多个对象捕捉符合条件。在指定点之前,按 Tab 键可遍历各种可能选择。

单击状态栏上的“对象捕捉”按钮或按 F3 键可打开和关闭对象捕捉功能。

说明:如果希望对象捕捉忽略图案填充对象,请将 OSNAPHATCH 系统变量设置为 0。

3.7 动态输入

1. 功能

使用动态输入功能可以在工具栏提示中输入坐标值,而不必在命令行中进行输入。

光标旁边显示的工具栏提示信息将随着光标的移动而动态更新。当某个命令处于活动状态时,可以在工具栏提示中输入数值。如图 3-36 所示。

2. 命令调用

单击绘图区状态栏的按钮即可打开或关闭动态输入。用鼠标右键单击 DYN 按钮,然后选中设置,即可调出“草图设置”对话框,用户可在“动态输入”选项卡内进行详细的设置。如图 3-37 所示。

动态输入又分两种:

① 指针输入。用于输入坐标值,打开指针输入后,当您在绘图区域中移动光标时,光标处将显示坐标值。如图 3-38 所示。

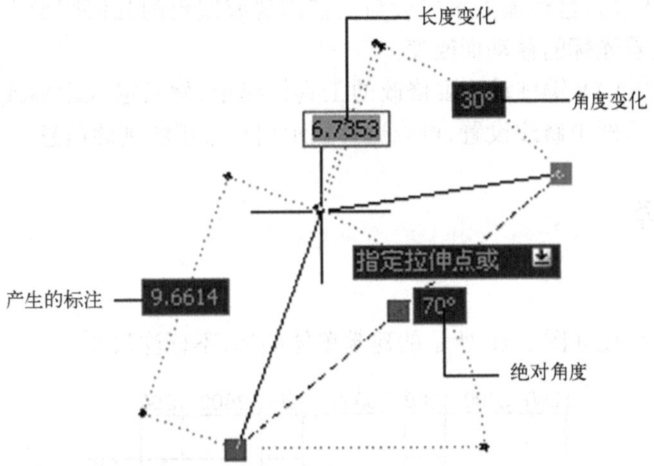

图 3-36　动态输入功能

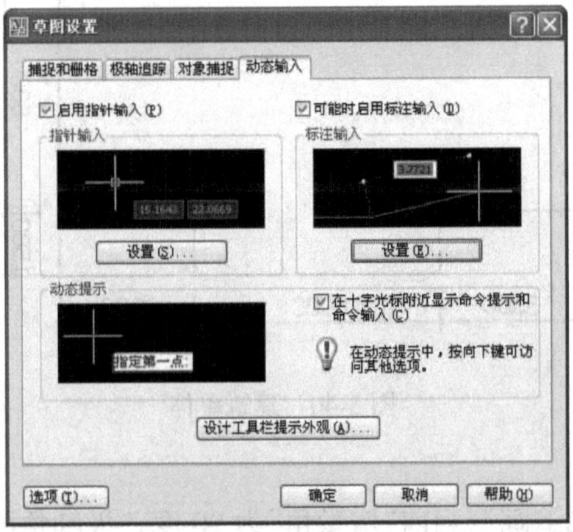

图 3-37　“动态输入”选项卡

说明:要输入坐标,请输入值并按 TAB 键将焦点切换到下一个工具栏提示,然后输入下一个坐标值。在指定点时,第一个坐标是绝对坐标。第二个或下一个点的格式是相对极坐标。如果需要输入绝对值,请在值前加上前缀“#”。

② 标注输入。用于输入距离和角度,如图 3-39 所示。

图 3-38　仅启用指针输入

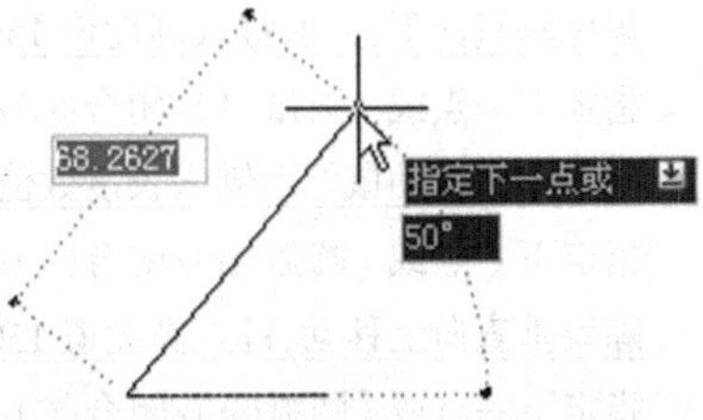

图 3-39　仅启用标注输入

启用“标注输入”后，坐标输入字段会与正在创建或编辑的几何图形上的标注绑定。工具栏提示中的值将随着光标的移动而改变。

要输入值，请按 TAB 键移动到要修改的工具栏提示，然后输入距离或绝对角度。通过在“标注输入设置”对话框中修改设置，可以选择显示用户希望看到的信息。

3.8 实训指导

1. 要求

使用极轴追踪完成如图 3-40 所示的建筑单体图形，不标注尺寸。

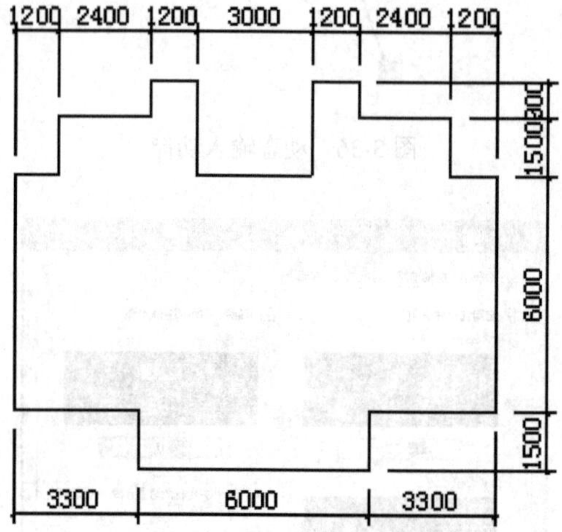

图 3-40 建筑单体

2. 操作指导

首先启用并设置“极轴追踪”，当前“增量角”为 90 度，“极轴角测量”为“绝对”，其它为默认设置。

命令：pline

指定起点：(任意拾取一点)

指定下一个点或［圆弧(A)/半宽(H)/长度(L)/放弃(U)/宽度(W)］：3300（沿极轴追踪线水平向右拖动鼠标后键入长度数值 3300）

指定下一点或［圆弧(A)/闭合(C)/半宽(H)/长度(L)/放弃(U)/宽度(W)］：1500（沿极轴追踪线鼠标垂直向下移动，键入高度值 1500）

指定下一点或［圆弧(A)/闭合(C)/半宽(H)/长度(L)/放弃(U)/宽度(W)］：6000（沿极轴追踪线水平向右拖动鼠标后键入长度数值 6000）

指定下一点或［圆弧(A)/闭合(C)/半宽(H)/长度(L)/放弃(U)/宽度(W)］：1500（鼠标沿极轴追踪线垂直向上移动，键入高度值 1500）

指定下一点或［圆弧(A)/闭合(C)/半宽(H)/长度(L)/放弃(U)/宽度(W)］：3300（沿极轴追踪线水平向右拖动鼠标后键入长度数值 3300）

指定下一点或［圆弧(A)/闭合(C)/半宽(H)/长度(L)/放弃(U)/宽度(W)］：6000（鼠标沿极轴追

踪线垂直向上移动,键入高度值 6000)

指定下一点或［圆弧(A)/闭合(C)/半宽(H)/长度(L)/放弃(U)/宽度(W)］: 1200 (沿极轴追踪线水平向左拖动鼠标后键入长度数值 1200)

指定下一点或［圆弧(A)/闭合(C)/半宽(H)/长度(L)/放弃(U)/宽度(W)］: 1500 (鼠标沿极轴追踪线垂直向上移动,键入高度值 1500)

指定下一点或［圆弧(A)/闭合(C)/半宽(H)/长度(L)/放弃(U)/宽度(W)］: 2400 (沿极轴追踪线水平向左拖动鼠标后键入长度数值 2400)

指定下一点或［圆弧(A)/闭合(C)/半宽(H)/长度(L)/放弃(U)/宽度(W)］: 900 (鼠标沿极轴追踪线垂直向上移动,键入高度值 900)

指定下一点或［圆弧(A)/闭合(C)/半宽(H)/长度(L)/放弃(U)/宽度(W)］: 1200 (沿极轴追踪线水平向左拖动鼠标后键入长度数值 1200)

指定下一点或［圆弧(A)/闭合(C)/半宽(H)/长度(L)/放弃(U)/宽度(W)］: 2400 (鼠标沿极轴追踪线垂直向下移动,键入高度值 2400)

指定下一点或［圆弧(A)/闭合(C)/半宽(H)/长度(L)/放弃(U)/宽度(W)］: 3000 (沿极轴追踪线水平向左拖动鼠标后键入长度数值 3000)

指定下一点或［圆弧(A)/闭合(C)/半宽(H)/长度(L)/放弃(U)/宽度(W)］: 2400 (鼠标沿极轴追踪线垂直向上移动,键入高度值 2400)

指定下一点或［圆弧(A)/闭合(C)/半宽(H)/长度(L)/放弃(U)/宽度(W)］: 1200 (沿极轴追踪线水平向左拖动鼠标后键入长度数值 1200)

指定下一点或［圆弧(A)/闭合(C)/半宽(H)/长度(L)/放弃(U)/宽度(W)］: 900 (鼠标沿极轴追踪线垂直向下移动,键入高度值 900)

指定下一点或［圆弧(A)/闭合(C)/半宽(H)/长度(L)/放弃(U)/宽度(W)］: 2400 (沿极轴追踪线水平向左拖动鼠标后键入长度数值 2400)

指定下一点或［圆弧(A)/闭合(C)/半宽(H)/长度(L)/放弃(U)/宽度(W)］: 1500 (鼠标沿极轴追踪线垂直向下移动,键入高度值 1500)

指定下一点或［圆弧(A)/闭合(C)/半宽(H)/长度(L)/放弃(U)/宽度(W)］: 1200 (沿极轴追踪线水平向左拖动鼠标后键入长度数值 1200)

指定下一点或［圆弧(A)/闭合(C)/半宽(H)/长度(L)/放弃(U)/宽度(W)］: 6000 (鼠标沿极轴追踪线垂直向下移动,键入高度值 6000)

最后完成如图 3-40 所示的图形。

说明:当“极轴追踪”模式设置为打开时,用户仍可以用光标在非对齐方向上指定目标点,这与“捕捉”模式不同。当这两种模式均处于打开状态时,只能以捕捉模式(包括栅格捕捉和极轴捕捉)为准。

3.9 思考与练习

1. 根据以下说明设置绘图的单位

设置 units 为建筑制。

设置角度度量系统为度/分/秒,且角度显示的分数部分为 2 位。

设置角度基准为 0 度(朝东),且逆时针方向测量(角度度量以逆时针为正)。

2．试绘制如图 3-41 所示的大放脚基础详图(不标注尺寸)。

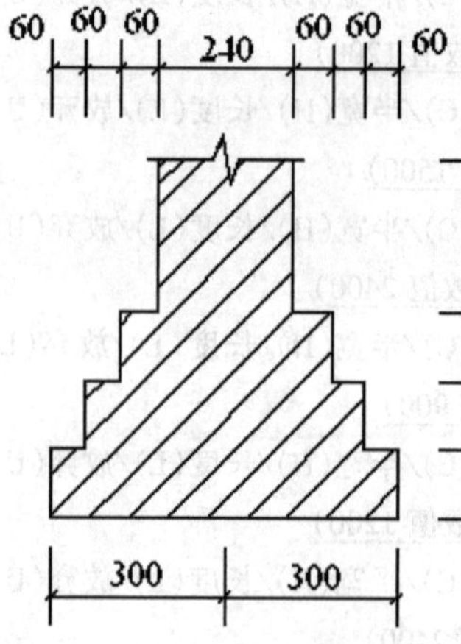

图 3-41　绘图练习

要求:确定并设置图形界限与单位,设置合适的栅格与捕捉值。图形比例为 1:10。

第 4 章　绘制二维图形

在工程制图中，无论多么复杂的图形，都是由基本图形构成的。在本章主要介绍 AutoCAD 2008 的“绘图”菜单栏及工具栏所提供的最基本的图形元素的绘制方法，它们有直线、构造线、射线、多线、圆、圆弧、椭圆、椭圆弧、矩形、正多边形、多段线、圆环、点及其样式、样条曲线等内容。这些命令都是绘制复杂图形和进行三维绘图的基础。

4.1　直线、构造线、射线和多线

4.1.1　直线

1. 功能

绘制直线段、连续折线以及由直线组成的对象轮廓线等。

2. 命令调用

单击“绘图”工具栏上的 ⁄ 工具按钮；在命令行中直接输入 line 命令，按 Enter 键；从菜单中执行命令，依次单击“绘图”→“直线”。

3. 操作示例

① 在绘图区连续拾取 A、B、C 三点，绘制相对独立的直线 AB、BC，如图 4-1 左图所示。

② 输入点的坐标值，最后选取“闭合”选项，即输入 c，按 Enter 键，AutoCAD 将自动连接第一个和最后一个端点，形成一个封闭的图形，如图 4-1 右图所示。

从“绘图”工具栏，单击 ⁄ 按钮画直线，命令提示如下：

命令：_ line
指定第一点：(在绘图区中任意点取一点 A)
指定下一点或［放弃(U)］：(在绘图区中任意点取一点 B)
指定下一点或［放弃(U)］：(在绘图区中任意点取一点 C)
指定下一点或［闭合(C)/放弃(U)］：C (输入字母 c，按 Enter 键图形将自动闭合；或直接按 Enter 键，将结束绘制)

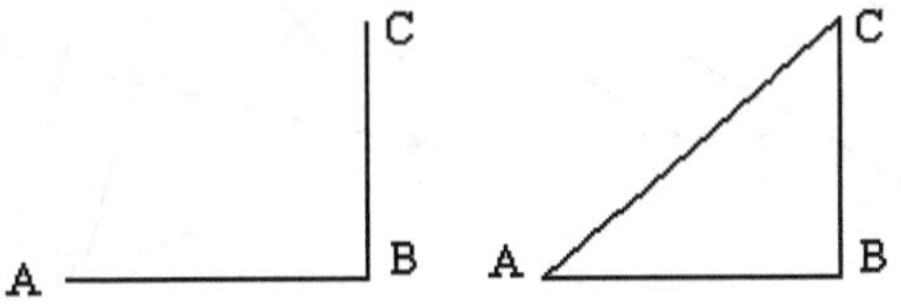

图 4-1　绘制直线

说明：用户在绘制过程中发现错误时，不必取消命令，而可以使用命令提示中的“Undo(放弃)”选项依次取消已经确定了的端点(只需输入选项中大写字母即可，如“Undo”选项可用字母“U”来表示)，然后重新指定。

4.1.2 构造线

向一个或两个方向无限延伸的直线(分别称为射线和构造线),可用作创建其他对象的辅助线参照。例如,可以用构造线查找三角形的中心、准备同一个项目的多个视图或创建临时交点用于对象捕捉。

1. 功能

AutoCAD 中的构造线类似于数学中的直线,可以向两端无限延伸。

2. 命令调用

在“绘图”工具栏上单击“构造线”工具;从菜单中执行“绘图”→“构造线”命令;在命令行中输入 xline,按 Enter 键。

3. 操作示例

命令行内容如下:

命令: _ xline
指定点或 [水平(H)/垂直(V)/角度(A)/二等分(B)/偏移(O)]:(选择画构造线方式或按 Enter 键使用默认的两点法)

示例 1:用定点和通过点法画构造线。

命令: _ xline
指定点或 [水平(H)/垂直(V)/角度(A)/二等分(B)/偏移(O)]:(拾取任意点 1)
指定通过点:(拾取水平一点 2,得到构造线 L1)
指定通过点:(向右下移动光标拾取一点 3,得到构造线 L2)
指定通过点:(向右下再移动光标拾取一点 4,得到构造线 L3)
指定通过点:(按 Enter 键)

结果如图 4-2a 所示。

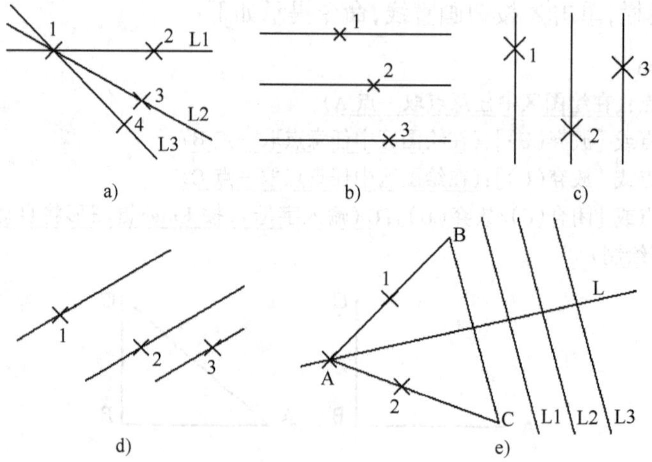

图 4-2 构造线的画法

示例 2:画水平构造线。

命令: _ xline
指定点或 [水平(H)/垂直(V)/角度(A)/二等分(B)/偏移(O)]: h

指定通过点:(拾取任意点 1)
指定通过点:(依次拾取任意点 2、3,最后按 Enter 键完成)

结果如图 4-2(b)所示。

示例 3:用垂直和角度选项画构造线。

命令: _ xline
指定点或 [水平(H)/垂直(V)/角度(A)/二等分(B)/偏移(O)]: v
指定通过点:(拾取任意点 1)
指定通过点:(拾取任意点 2)
指定通过点:(拾取任意点 3)
指定通过点:(按 Enter 键),结果如图 4-2(c)所示。
命令: _ xline
指定点或 [水平(H)/垂直(V)/角度(A)/二等分(B)/偏移(O)]: a
输入构造线的角度 (0) 或 [参照(R)]: 30 (默认与水平或 X 轴的夹角)
指定通过点:(拾取任意点 1)
指定通过点:(拾取任意点 2)
指定通过点:(拾取任意点 3)
指定通过点:(按 Enter 键)

结果如图 4-2(d)所示。

示例 4:用二等分和偏移选项画构造线

首先用直线命令画出任意三角形 ABC,如图 4-2(e)。

命令: _ xline
指定点或 [水平(H)/垂直(V)/角度(A)/二等分(B)/偏移(O)]: b
指定角的顶点:(捕捉拾取顶点 A)
指定角的起点:(在 AB 上任意拾取一点 1)
指定角的端点:(在 AC 上任意拾取一点 2)
指定角的端点:(按 Enter 键)
命令: _ xline
指定点或 [水平(H)/垂直(V)/角度(A)/二等分(B)/偏移(O)]: o
指定偏移距离或 [通过(T)] <10.0000>: 30
选择直线对象:(拾取线段 BC)
指定向哪侧偏移:(在其右侧单击,得到 L1)
选择直线对象:(拾取 L1)
指定向哪侧偏移:(在其右侧单击,得到 L2)
选择直线对象:(拾取 L2)
指定向哪侧偏移:(在其右侧单击,得到 L3)
选择直线对象:(按 Enter 键)

结果如图 4-2(e)所示。

4.1.3 射线

1. 功能

射线是从一个指定点开始并且向一个方向无限延伸的直线。因此,通过指定一个起点和一个通过点即可确定一条射线。

2. 命令调用

从菜单中执行“绘图”→“射线”命令;在命令行中输入 ray,按 Enter 键。

3. 操作示例

执行“射线”命令后,命令行内容如下:

命令: _ ray
指定起点: (指定点 1)
指定通过点:(指定射线要通过的点 2)
指定通过点:(指定射线要通过的点 3)
指定通过点:(指定射线要通过的点 4)
指定通过点:(按 Enter 键)

绘制出的射线如图 4-3 所示。

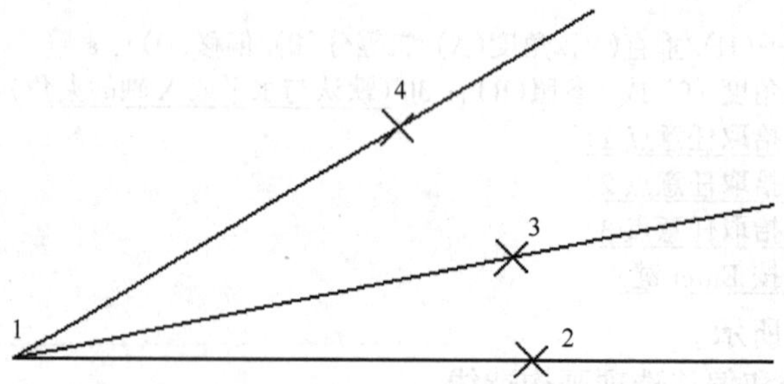

图 4-3 绘制射线

说明:起点和通过点定义了射线延伸的方向,射线在此方向上延伸到显示区域的边界,按 Enter 键可结束绘制。

4.1.4 多线的绘制

多线对象由 1 至 16 条平行线组成,这些平行线称为元素。要修改多线及其元素,可以使用通用编辑命令、多线编辑命令和多线样式。

1. 功能

多线常用于绘制那些由多条平行线组成的实体对象。

多线可具有不同的样式。在创建新图形时,AutoCAD 自动创建一个“标准”多线样式作为默认值,我们也可定义新的多线样式。

2. 命令调用

从菜单中执行“绘图”→“多线”命令;在命令行中输入 mline,按 Enter 键。

3. 操作示例

操作说明和命令行内容如下:

命令: _ mline
当前设置: 对正 = 上,比例 = 20.00,样式 = STANDARD
指定起点或 [对正(J)/比例(S)/样式(ST)]: j (选择改变对正方式选项)
输入对正类型 [上(T)/无(Z)/下(B)] <上>: z (改为无对齐)
当前设置: 对正 = 下,比例 = 20.00,样式 = STANDARD
指定起点或 [对正(J)/比例(S)/样式(ST)]: s (选择更改比例选项)
输入多线比例 <20.00>: 40 (新的比例为 40)

当前设置：对正 = 无，比例 = 40.00，样式 = STANDARD
指定起点或［对正(J)/比例(S)/样式(ST)］：st (选择新的样式)
输入多线样式名或［?］：(选"?"可以看到所有样式，按 Enter 键表示使用默认样式)
当前设置：对正 = 无，比例 = 30.00，样式 = STANDARD
指定起点或［对正(J)/比例(S)/样式(ST)］：(开始画线)

各选项的含义如图 4-4 所示。

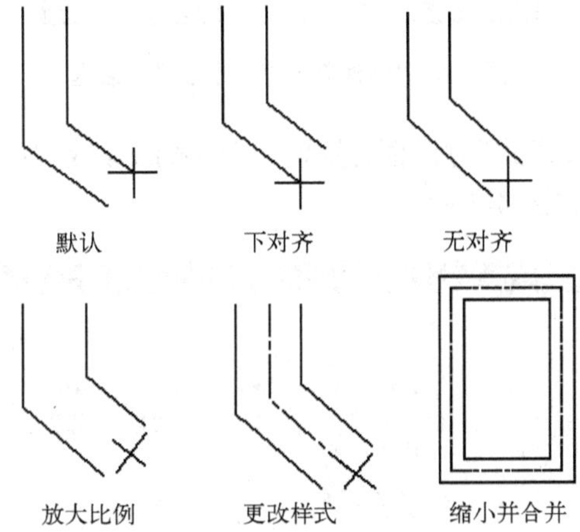

图 4-4　多线的画法

4. 多线样式的设置

(1) 功能

多线样式用于控制多线中直线元素的数目、颜色、线型、线宽以及每个元素的偏移量，还可以修改合并的显示、端点封口和背景填充。

(2) 命令调用

从菜单中执行"格式"→"多线样式"命令；在命令行中输入 mlstyle，按 Enter 键。

(3) 创建多线样式的步骤

① 从菜单执行"格式"→"多线样式"命令，弹出"多线样式"对话框，如图 4-5 所示。

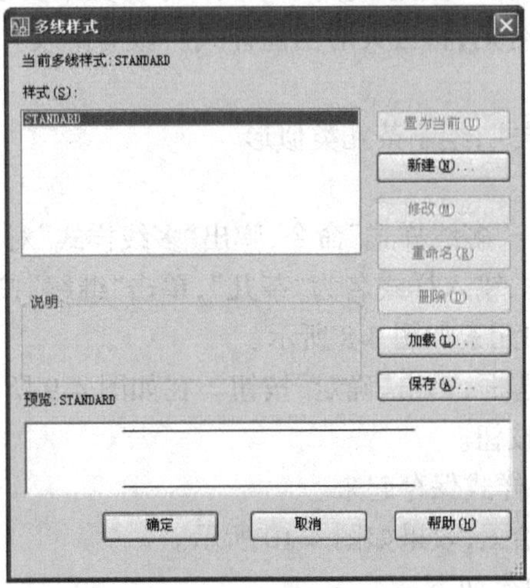

图 4-5　"多线样式"对话框

② 在“多线样式”对话框中，单击“新建”按钮，弹出“创建新的多线样式”对话框，如图 4-6 所示，输入多线样式的名称并选择开始绘制的多线样式，设置完后单击“继续”。

图 4-6 “创建新的多线样式”对话框

③ 此时弹出“新建多线样式”对话框，选择多线样式的参数，“说明”是可选的，最多可以输入 255 个字符，包括空格，如图 4-7 所示。

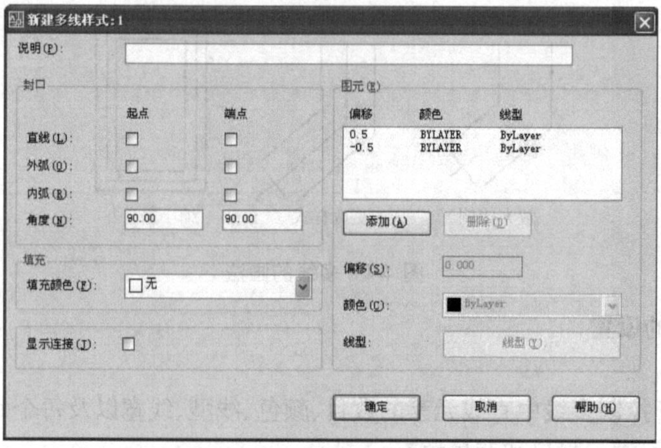

图 4-7 “新建多线样式”对话框

设置完后单击“确定”按钮。

④ 在“多线样式”对话框中，单击“保存”按钮，可将多线样式保存到文件（默认文件为“acad.mln”）。可以将多个多线样式保存到同一个文件中。如果要创建多个多线样式，请在创建新样式之前保存当前样式，否则，将丢失对当前样式所做的修改。

5. 操作示例

设置一个四元素多线样式，绘制茶几类似形。

操作步骤如下：

① 从菜单执行“格式”→“多线样式”命令，弹出“多线样式”对话框，单击“新建”按钮，弹出“创建新的多线样式”对话框，输入样式名为“茶几”，单击“继续”按钮，弹出“新建多线样式”对话框，单击“添加”按钮，添加元素如图 4-8 所示。

② 选中“显示连接”复选框，单击“确定”按钮。在如图 4-9 所示的对话框中选中新建的样式“茶几”，单击“置为当前”按钮。

③ 单击“保存”按钮，将样式保存起来。

④ 用新建的多线样式绘图，效果如图 4-10 所示。

绘制过程中的命令行内容如下：

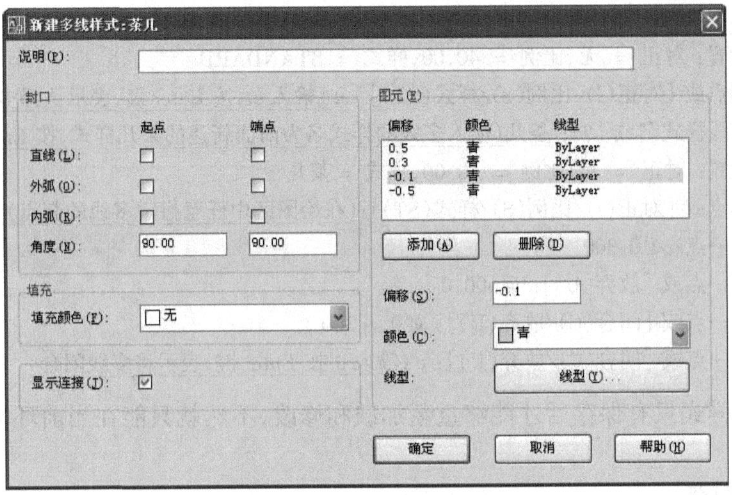

图 4-8　新建的多线样式

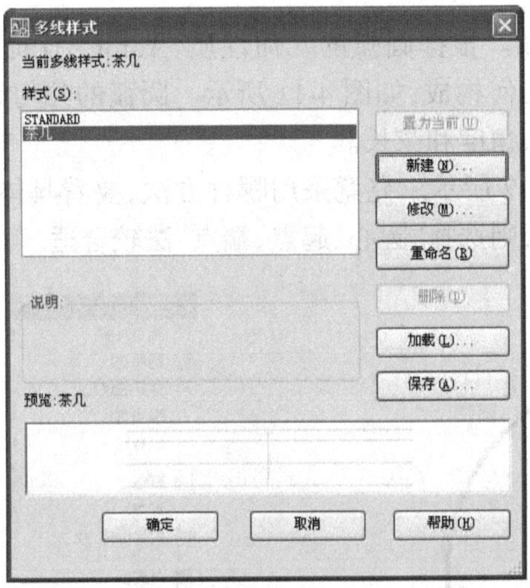

图 4-9　将新建的样式置为当前

图 4-10　多线图例

命令：_ mline
当前设置：对正 = 无,比例 = 40.00,样式 = STANDARD
指定起点或 [对正(J)/比例(S)/样式(ST)]：st (输入 st,按 Enter 键,表示选择多线的样式)
输入多线样式名或 [?]：茶几(输入多线的样式名为前面新建的茶几样式,按 Enter 键确定。)
当前设置：对正 = 无,比例 = 40.00,样式 = 茶几
指定起点或 [对正(J)/比例(S)/样式(ST)]：(在绘图区中任意指定多线的起点)
指定下一点：@0,300
指定下一点或 [放弃(U)]：@600,0
指定下一点或 [闭合(C)/放弃(U)]：@0,-300
指定下一点或 [闭合(C)/放弃(U)]：c (输入 c,按 Enter 键,表示将多线闭合)

说明:多线样式只有保存后才能够重新加载和修改,不然就只能在当前环境中有效。

4.2 绘制圆弧

1. 功能

使用该命令可以绘制圆弧。根据圆弧的几何性质,AutoCAD 提供了多种绘制圆弧的方法。首先来了解一下圆弧的几何构成,如图 4-11 所示。圆弧的几何元素除了起点、端点和圆心外,还可由这三点得到半径、角度和弦长。

圆弧有多种画法,如图 4-12 所示。究竟采用哪种方法,要看具体的情况来定。如果圆弧的圆心、起点和端点可以确定,则选择“圆心、起点、端点”法较合适。

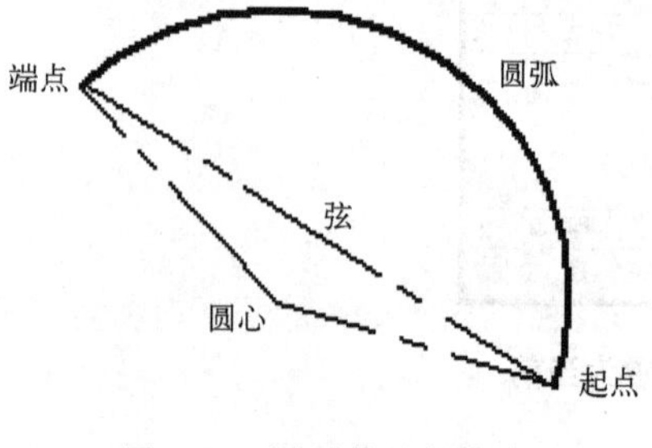

图 4-11　圆弧的几何构成

图 4-12　画圆弧的多种方式

2. 命令调用

在“绘图”工具栏上选择“圆弧”工具 ;执行菜单“绘图”→“圆弧”中的命令;在命令行中输入 arc,按 Enter 键。

3. 操作示例

示例 1:通过指定三点绘制圆弧。

命令：_ arc
指定圆弧的起点或 [圆心(C)]：(捕捉左边垂线端点 1)
指定圆弧的第二个点或 [圆心(C)/端点(E)]：(捕捉大圆弧顶点 2)
指定圆弧的端点：(捕捉右边垂线端点 3)

结果如图 4-13 所示。

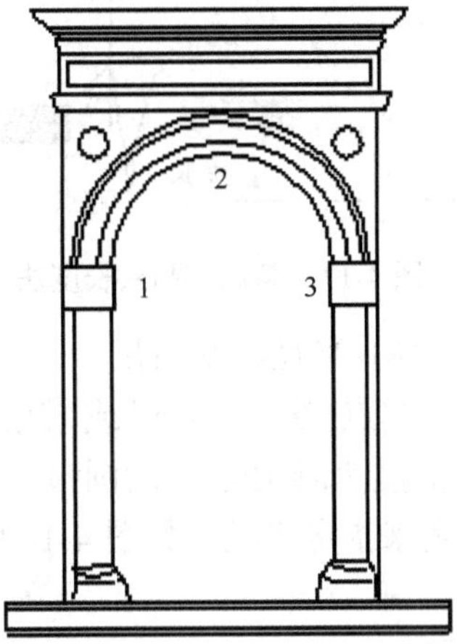

图 4-13　三点绘制圆弧

示例 2:通过指定起点、圆心、端点绘制圆弧。

如果已知起点、中心点和端点,可以通过指定起点或中心点来绘制圆弧。中心点是指圆弧所在圆的圆心,如图 4-14 所示。

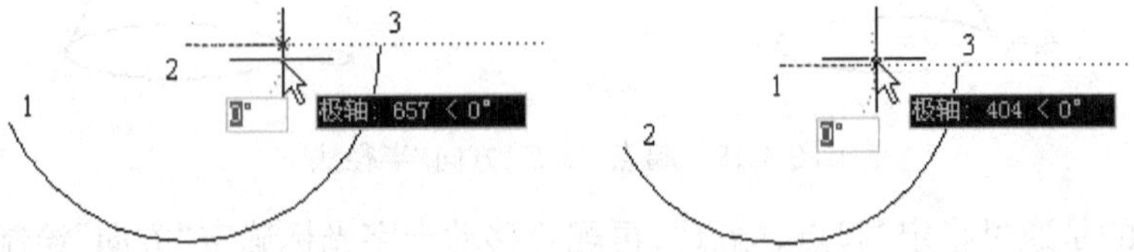

1 起点，2 圆心，3 端点　　1 圆心，2 起点，3 端点

图 4-14　起点、圆心、端点绘制圆弧

示例 3:通过指定起点、圆心、角度绘制圆弧。

如果存在可以捕捉到的起点和圆心点,并且已知包含角度,请使用"起点、圆心、角度"或"圆心、起点、角度"选项。如图 4-15 所示。

包含角度决定圆弧的端点。如果已知两个端点但不能捕捉到圆心,可以使用"起点、端点、角度"法。如图 4-16 所示。

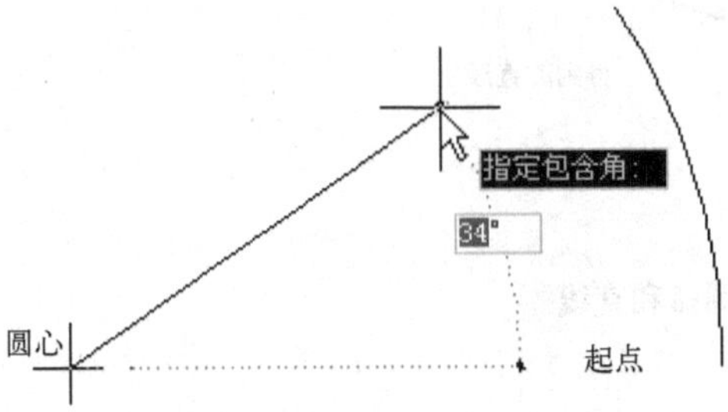

图 4-15　起点、圆心、角度绘制圆弧

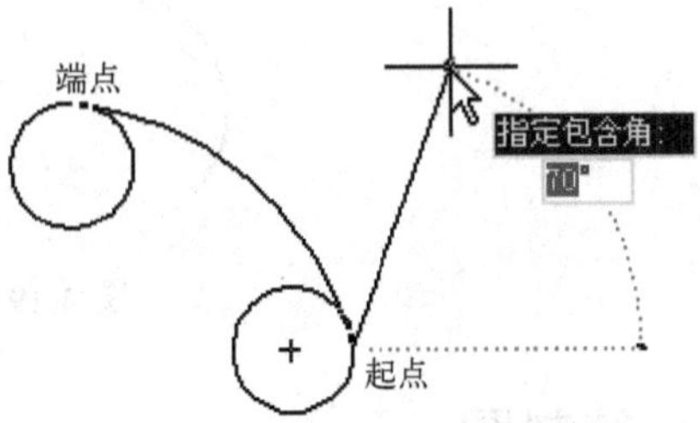

图 4-16　起点、端点、角度法

示例 4:通过指定起点、圆心、长度绘制圆弧。

如果存在可以捕捉到的起点和中心点,并且已知弦长,请使用起点、圆心、长度或圆心、起点、长度选项，弧的弦长决定包含角度。如图 4-17 所示。

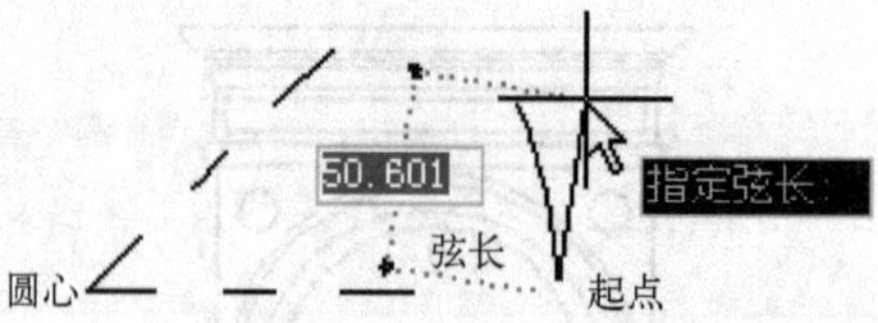

图 4-17　起点、圆心、长度法

示例 5：通过指定起点、端点、方向/半径绘制圆弧。

如果存在起点和端点，请使用“起点、端点、方向”或“起点、端点、半径”选项。

左图显示的是通过指定起点、端点和半径绘制的圆弧。可以通过输入长度，或者通过顺时针或逆时针移动定点设备一定距离来指定半径。如图 4-18 所示。

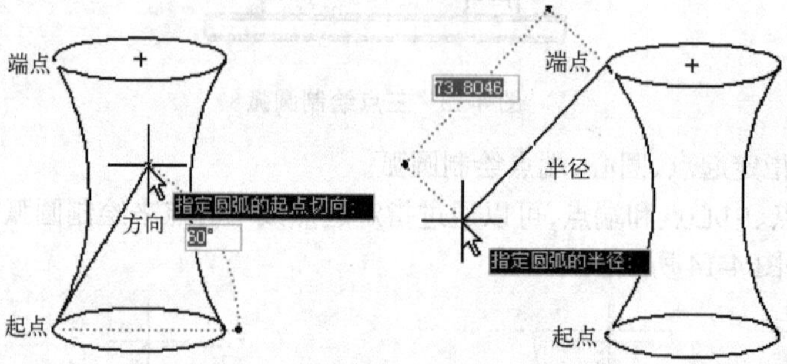

图 4-18　起点、端点、方向/半径法

右图显示的是通过指定“起点、端点”，再配合移动十字光标确定“方向”绘制的圆弧。向起点和端点的右侧移动光标将绘制右凸的圆弧，向左移动光标将绘制左凹的圆弧。

示例 6：绘制邻接圆弧和直线。

绘制圆弧后，选择“绘图”工具栏上的“直线”工具，在“指定第一点”提示下，按 Enter 键，可以绘制一端与圆弧相切的直线，只需指定线长即可，如图 4-19 所示。

同理，完成直线的绘制后，选取“圆弧”工具，在“指定第一点”提示下，按 Enter 键，可以绘制一端与直线相切的圆弧，只需指定圆弧的另一端点即可。

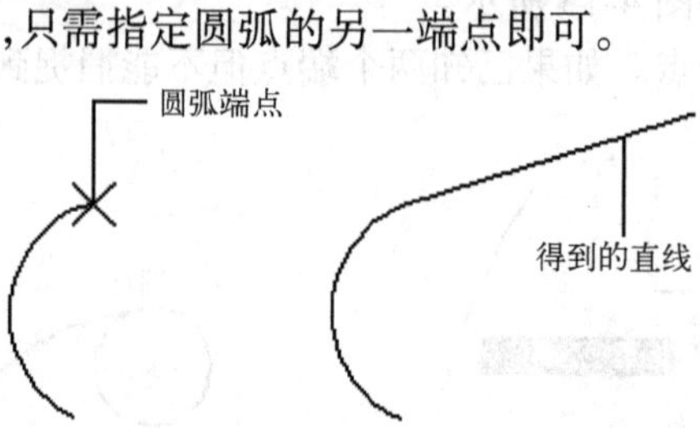

图 4-19　绘制邻接圆弧和直线

4.3　绘制圆

1．功能

该命令按指定的方式画圆，AutoCAD 提供了 6 种画圆方式：

方法 1:圆心、半径法(CEN、R)。

方法 2:圆心、直径(CEN、D)。

方法 3:两点(2P)法。

方法 4:三点(3P)法。

方法 5:相切、相切、半径法(TTR)。

方法 6:相切、相切、相切(TAN)。

2. 命令调用

从"绘图"工具栏单击"圆"按钮;从"绘图"下拉菜单选取"圆"命令,再从级联子菜单中选一种画圆方式;从键盘输入 circle 或 C,按 Enter 键。结果如图 4-20 所示。

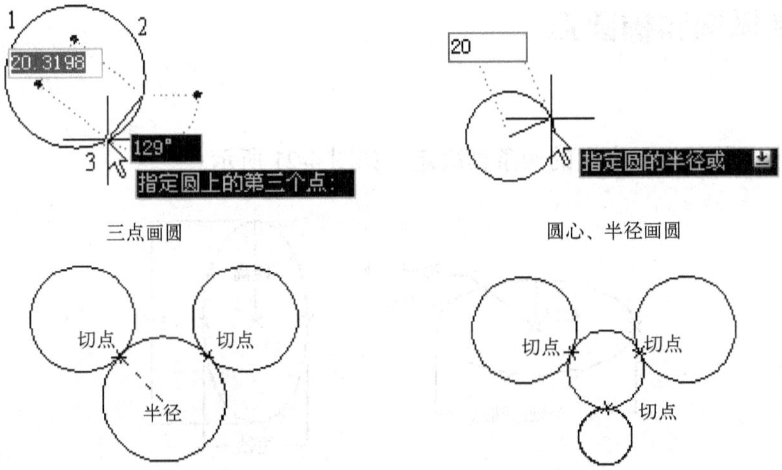

图 4-20 圆的绘制方法

3. 操作示例

示例 1:三点方式画圆。

命令:(从工具栏输入命令,然后在绘图区单击鼠标右键,从弹出的右键菜单中选择"三点"项;或直接从下拉菜单选取"绘图"→"圆"→"三点"命令)

-3P 指定圆的第一点:(给圆上第 1 点)

指定圆的第二点:(给圆上第 2 点)

指定圆的第三点:(给圆上第 3 点,按 Enter 键)

示例 2:给定圆心、半径画圆(默认项)。

命令:circle

指定圆的圆心或[三点(3P) 两点(2P) 相切、相切、半径(T)]:(给圆心)

指定圆的半径[直径(D)]〈30〉:(给半径值或拖动,按 Enter 键)

示例 3:切点、切点、半径画圆。

命令:(从工具栏输入命令,然后在绘图区单击鼠标右键,从弹出的右键菜单中选择"相切、相切、半径"项;或直接从下拉菜单中选取"绘图"→"画圆"→" 切点、切点、半径"命令)

－ttr 指定对象与圆的第一个切点：(指定第一个相切实体)
指定对象与圆的第二个切点：(指定第二个相切实体)
指定圆的半径 <12.5478>：(给公切圆半径,按 Enter 键)

示例 4:切点、切点、切点画圆。

命令：(从下拉菜单中选取“绘图”→“圆”→“ 切点、切点、切点”命令)
指定圆上的第一个点：_ tan 到(指定第一个相切实体)
指定圆上的第二个点：_ tan 到(指定第二个相切实体)
指定圆上的第三个点：_ tan 到(指定第三个相切实体)

4.4 绘制椭圆和椭圆弧

1. 功能

椭圆由定义其长度和宽度的两条轴决定。如图 4-21 所示。

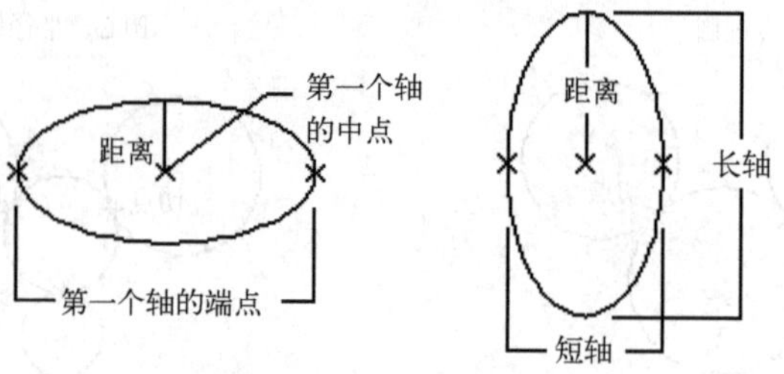

图 4-21 椭圆的定义

图 4-22 显示了通过指定轴和距离创建的两个不同的椭圆。第三点仅指定距离,不必指明轴端点。

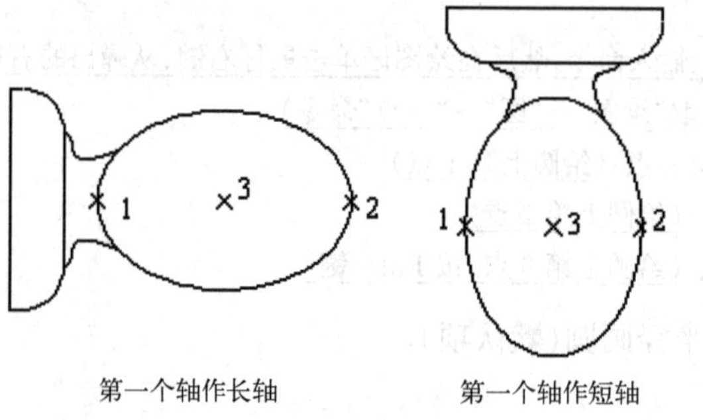

图 4-22 椭圆的绘制

2. 命令调用

在“绘图”工具栏上选择“椭圆”工具 ；从菜单中执行“绘图”→“椭圆”命令；在命令行中输入 ellipse,按 Enter 键。

3. 操作示例

示例 1:轴、端点法。

根据两个端点定义椭圆的第一条轴。第一条轴的角度确定了整个椭圆的角度。第一条轴既可定义椭圆的长轴也可定义短轴。

命令:ellips

指定椭圆的轴端点或[圆弧(A)/中心(C)/等轴测圆(I)]:(指定点 1 或输入选项)

指定轴的另一个端点:(指定点 2)

指定另一条半轴长度或[旋转(R)]:(通过输入值或定位点 3 来指定距离,或者输入 r 后按 Enter 键,选择旋转方式)

指定绕长轴旋转的角度:(指定点 3 或输入一个介于 0 至 89.4 的角度值。输入值越大,椭圆的离心率就越大,输入 0 将为圆形)

结果如图 4-23 所示。

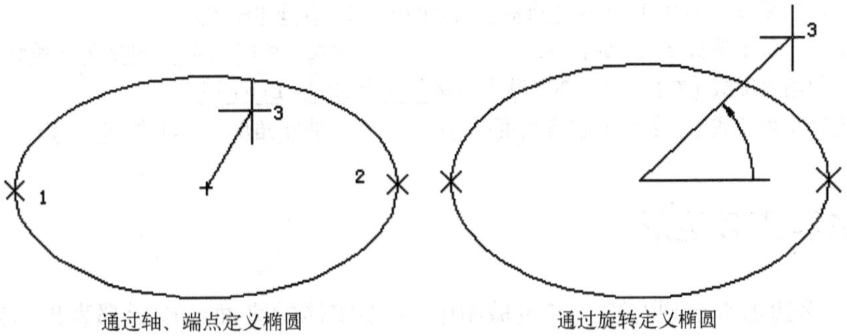

图 4-23　定义椭圆法

示例 2:通过指定的中心点来创建椭圆。

指定椭圆的中心点:(指定点 1)

指定轴端点:(指定点 2)

指定另一条半轴长度或[旋转(R)]:(通过输入值或定位点 3 来指定距离,或者输入 r,按 Enter 键,选择旋转方式)

① 另一条半轴长度:定义第二条轴为从椭圆弧中心点(即第一条轴的中点)到指定点的距离。

② 旋转:通过绕第一条轴旋转圆来创建椭圆。

指定绕长轴旋转的角度:(指定点或输入一个有效范围为 0 至 89.4 的角度值)

指定起始角度或[参数(P)]:(指定角度或输入 p)

绕椭圆中心移动十字光标并单击。输入值越大,椭圆的离心率就越大。输入 0 则定义一个圆。如图 4-24 所示。

示例 3:创建一段椭圆弧。

第一条轴的角度确定了椭圆弧的角度。第一条轴既可定义椭圆弧长轴也可定义椭圆弧短轴,如图 4-25 所示。

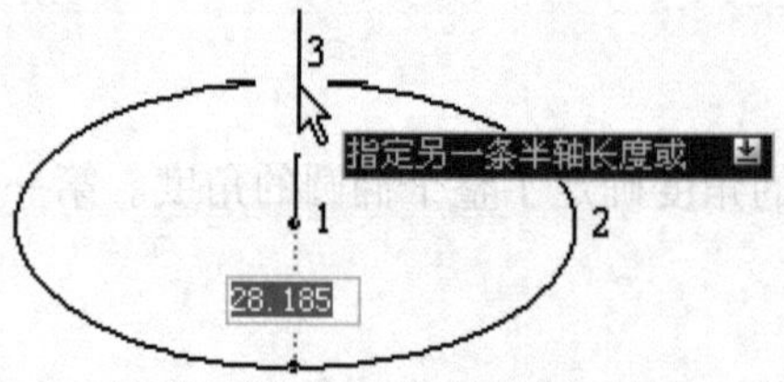

图 4-24　中心点创建椭圆

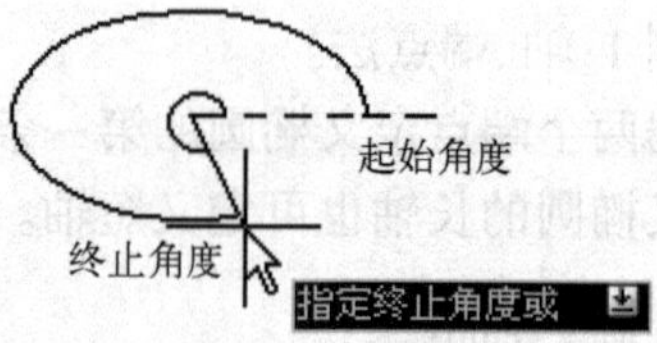

图 4-25　绘制椭圆弧

命令行内容如下：

命令：_ellipse（在“绘图”工具栏上选择“椭圆”工具）
指定椭圆的轴端点或 [圆弧(A)/中心点(C)]：a（输入 a，按 Enter 键，表示选择圆弧方式）
指定椭圆弧的轴端点或 [中心点(C)]：c（输入 c，按 Enter 键，表示选择中心点）
指定椭圆弧的中心点：（在绘图中点取椭圆的中心点）
指定轴的端点：@80,0（输入椭圆轴一端点的坐标值，按 Enter 键）
指定另一条半轴长度或 [旋转(R)]：@-80,150（输入一点的坐标值，确定另一条轴的长度）
指定起始角度或 [参数(P)]：30（输入起始角度为 30，按 Enter 键）
指定终止角度或 [参数(P)/包含角度(I)]：280（输入终止角度为 280，按 Enter 键）

4.5　矩形和正多边形

矩形和正多边形常出现在建筑和机械图中，很多实体的表面或投影都表现为矩形或正多边形。掌握这两种基本图元的作图对绘制复杂图形有很大帮助。

4.5.1　绘制矩形

1. 功能

使用“矩形”命令可创建矩形形状，可以指定长度、宽度、面积和旋转参数。还可以控制矩形角点的类型（圆角、倒角或直角）。

2. 命令调用

在“绘图”工具栏上单击“矩形”按钮；从菜单中执行“绘图”→“矩形”命令；在命令行中输入 rectang，按 Enter 键。

3. 操作示例

示例 1：指定两对角点。

命令：_rectang
指定第一个角点或 [倒角(C)/标高(E)/圆角(F)/厚度(T)/宽度(W)]：（拾取角点 1）
指定另一个角点或 [面积(A)/尺寸(D)/旋转(R)]：（拾取对角点 2）

示例 2：角点加倒角。

命令：RECTANG
指定第一个角点或 [倒角(C)/标高(E)/圆角(F)/厚度(T)/宽度(W)]：c
指定矩形的第一个倒角距离 <0.0000>：10

指定矩形的第二个倒角距离 <10.0000>:(按 Enter 键)
指定第一个角点或[倒角(C)/标高(E)/圆角(F)/厚度(T)/宽度(W)]:(拾取角点 1)
指定另一个角点或[面积(A)/尺寸(D)/旋转(R)]:(拾取对角点 2)

示例 1、2 结果如图 4-26 所示。

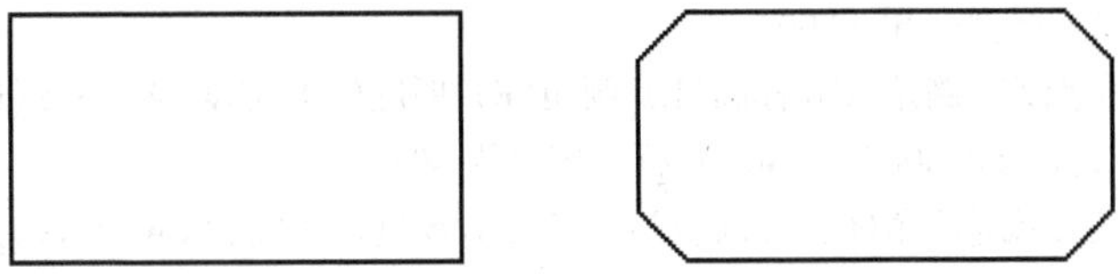

图 4-26　矩形的画法

示例 3:角点加圆角。

命令:rectang
当前矩形模式: 倒角 = 10.0000 x 75.5419
指定第一个角点或[倒角(C)/标高(E)/圆角(F)/厚度(T)/宽度(W)]: f
指定矩形的圆角半径 <10.0000>: (按 Enter 键)
以下指定角点 1、角点 2 绘制矩形。

示例 4:指定线宽。

命令:rectang
当前矩形模式: 圆角 = 10.0000
指定第一个角点或[倒角(C)/标高(E)/圆角(F)/厚度(T)/宽度(W)]: w
指定矩形的线宽 <0.0000>: 2
指定第一个角点或[倒角(C)/标高(E)/圆角(F)/厚度(T)/宽度(W)]: c
指定矩形的第一个倒角距离 <10.0000>: 0
指定矩形的第二个倒角距离 <10.0000>: 0
以下指定角点 1、角点 2 绘制矩形。

示例 3、4 结果如图 4-27 所示。

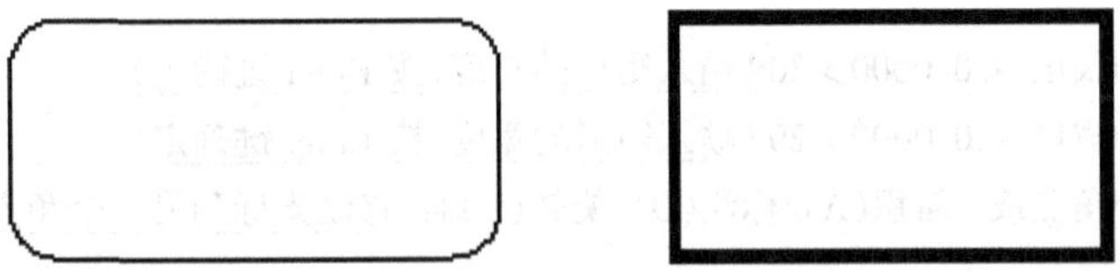

图 4-27　矩形的画法

说明:每次的选项或设置都会影响到下一次的画图,除非再次清除设置。

示例 5:指定标高和厚度。

通过确定矩形的厚度可绘制长方体,“厚度(T)”选项可绘制一个在 Z 轴方向上有一定高度的矩形。如绘制一个厚度为 40 的矩形,可得到一个高度为 40 的长方体(如图 4-28 所示)。

如果指定标高为 40,就可以在原来的长方体顶面上再绘制一个长方体,如图 4-28 所示。

命令: _ rectang

指定第一个角点或［倒角(C)/标高(E)/圆角(F)/厚度(T)/宽度(W)］: t (选择厚度设置选项)
指定矩形的厚度 <0.0000>: 40 (将厚度定义为40)
指定第一个角点或［倒角(C)/标高(E)/圆角(F)/厚度(T)/宽度(W)］:(任取一点)
指定另一个角点或［面积(A)/尺寸(D)/旋转(R)］:(任取一对角点)
命令: _ rectang
当前矩形模式: 厚度 = 40.0000
指定第一个角点或［倒角(C)/标高(E)/圆角(F)/厚度(T)/宽度(W)］: e (选择标高设置选项)
指定矩形的标高 <0.0000>: 40 (将标高定义为40)
指定第一个角点或［倒角(C)/标高(E)/圆角(F)/厚度(T)/宽度(W)］:(捕捉长方体一个角点)
指定另一个角点或［面积(A)/尺寸(D)/旋转(R)］: (任取一对角点)

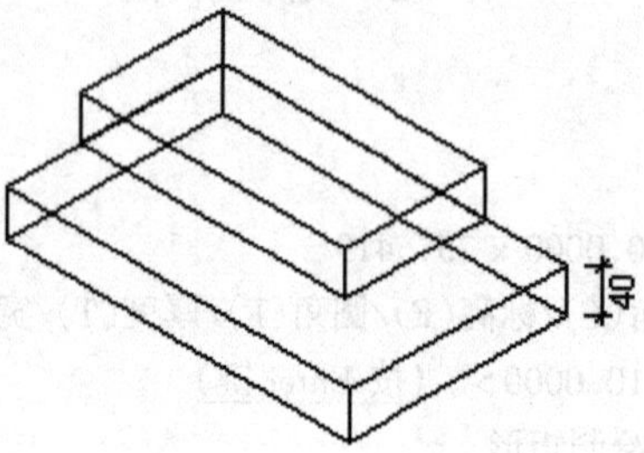

图 4-28 标高和厚度画矩形

示例 6:指定"［面积(A)/尺寸(D)/旋转(R)］"。

① 使用面积与长度或宽度创建矩形。

命令: _ rectang
指定第一个角点或［倒角(C)/标高(E)/圆角(F)/厚度(T)/宽度(W)］:(任意拾取一点)
指定另一个角点或［面积(A)/尺寸(D)/旋转(R)］: a
输入以当前单位计算的矩形面积 <100.0000>: 500
计算矩形标注时依据［长度(L)/宽度(W)］<长度>: L
输入矩形长度 <20.0000>: 30 (按 Enter 键,即可画出矩形)

② 尺寸(D),即使用长和宽创建矩形。

指定矩形的长度 <0.0000> 30 (输入矩形的长度,按 Enter 键确定)
指定矩形的宽度 <0.0000> 20 (输入矩形的宽度,按 Enter 键确定)
指定另一个角点或［面积(A)/标注(D)/旋转(R)］:(移动光标到另一个角点的位置处,并单击)

③ 旋转(R),即按指定的旋转角度创建矩形。

命令: _ rectang
指定第一个角点或［倒角(C)/标高(E)/圆角(F)/厚度(T)/宽度(W)］: (任意拾取一点)
指定另一个角点或［面积(A)/尺寸(D)/旋转(R)］: r (通过输入旋转角度值度)
指定旋转角度或［拾取点(P)］<0>: 30
指定另一个角点或［面积(A)/尺寸(D)/旋转(R)］: (移动光标到另一个角点的位置处,并单击)

以上绘制结果如图 4-29 所示。

说明:用"矩形"命令画出的矩形是一个实体,其四条边是一条多段线,不能单独编辑。要

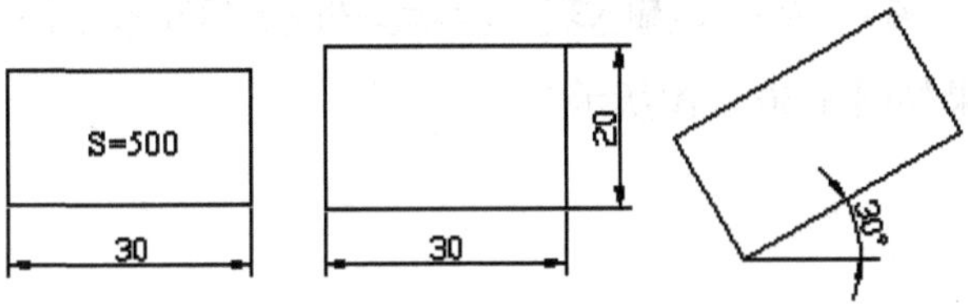

图 4-29 指定面积、长宽、角度画矩形

对各条边分别进行编辑，需要用到“分解”命令。

4.5.2 绘制正多边形

1. 功能

在 AutoCAD 中可使用“正多边形”命令绘制正多边形，其边数最少为 3，即正三角形。

2. 命令调用

在“绘图”工具栏上单击“正多边形”按钮；从菜单中执行“绘图”→“正多边形”命令；在命令行中输入 polygon，按 Enter 键。

AutoCAD 系统提供了两种方式来绘制正多边形，一种是实例中所示的通过其“内接于圆(I)”或“外切于圆(C)”来确定。另一种方式为选择“边(E)”选项，指定一条边的起点与终点。

3. 操作示例

用两种方式绘制正五边形，如图 4-30 所示。

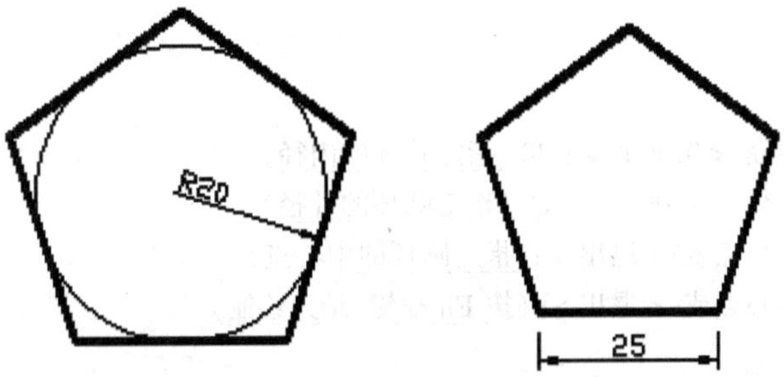

图 4-30 用两种方式绘制五边形

命令行内容如下：

> 命令：_ polygon 输入边的数目 < 4 > ：5 (选择“绘图”工具栏上的“正多边形”工具，输入多边形的边数为 5，按 Enter 键确定)
> 指定正多边形的中心点或 [边(E)]：(任意拾取一点 A，作为正多边形的中心点)
> 输入选项 [内接于圆(I)/外切于圆(C)] < I > ：c (输入 c，按 Enter 键，选择“外切于圆”的方式)
> 指定圆的半径：20 (输入圆的半径为 20，按 Enter 键确定)

绘制完成后，结果如图 4-30 左图所示。

> 命令：_ polygon 输入边的数目 < 5 > ：5 (选择“绘图”工具栏上的“正多边形”工具，直接按 Enter 键，表示设置多边形的边数为默认的 5)
> 指定正多边形的中心点或 [边(E)]：e (输入 e，按 Enter 键，表示选择“边”方式)
> 指定边的第一个端点：(拾取一点 B)

指定边的第二个端点：@25,0 (输入第二个端点的相对坐标值,按 Enter 键)

绘制完成后,结果如图 4-30 右图所示。

4.6 画圆环

1. 功能

圆环有填充环和实体填充圆两种形式,它们均为带有宽度的闭合多段线。要创建圆环,请指定它的内外直径和圆心。通过指定不同的中心点,可以继续创建具有相同直径的多个副本。要创建实体填充圆,请将内径值指定为 0,如图 4-31 所示。

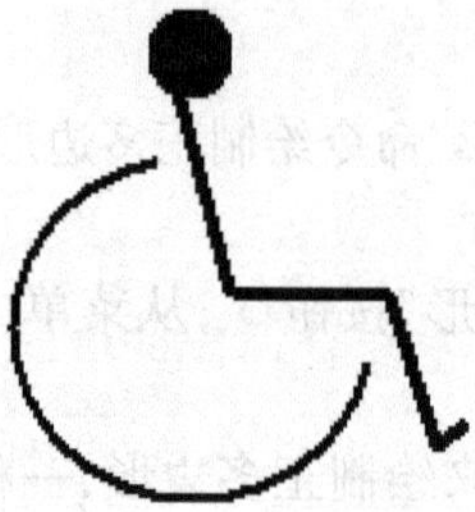

图 4-31 圆环的用处

2. 命令调用

从菜单中执行"绘图"→"圆环"命令;在命令行输入 donut(或别名 do),按 Enter 键。

3. 操作示例

命令：_ donut
指定圆环的内径 <0.5000>：30 (指定圆环的内径)
指定圆环的外径 <1.0000>：80 (指定圆环的外径)
指定圆环的中心点或 <退出>：(指定圆环的中心点)
指定圆环的中心点或 <退出>：(按 Enter 键,结束绘制)

结果如图 4-32 所示。

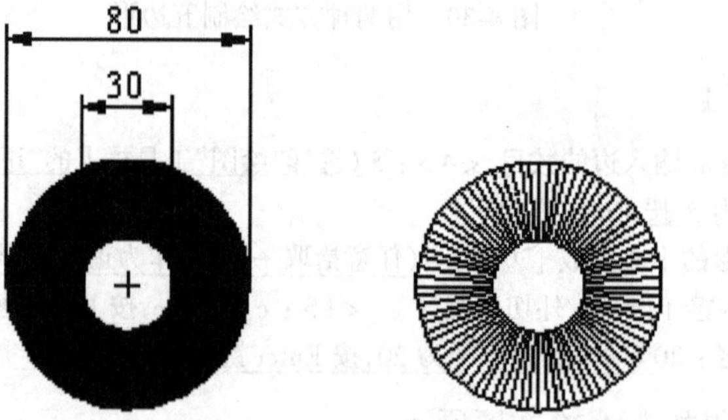

图 4-32 绘制圆环

说明：圆环内的填充图案显示与否取决于 FILL 命令的设置。如将填充关闭,命令行内容如下：

命令：fill
输入模式［开(ON)/关(OFF)］<开>：off

此时再次绘制出的圆环如图 4-32 右图所示。

4.7 绘制多段线

1. 功能

多段线是作为单个对象创建的相互连接的序列线段。可以创建直线段、弧线段或两者的组合线段。使用“矩形”、“正多边形”、“圆环”等命令绘制的矩形、正多边形和圆环等均属于多段线对象，如图 4-33 所示。

图 4-33 多段线对象

多段线提供了单条直线所不具备的编辑功能。例如，可以调整多段线的宽度和曲率。创建多段线之后，可以使用“多段线编辑”命令对其进行编辑，也可使用“分解”命令将其转换成单独的直线段和弧线段，然后再进行编辑。

2. 命令调用

在“绘图”工具栏上单击“多段线”工具；从菜单中执行“绘图”→“多段线”命令；在命令行中输入 pline，按 Enter 键。

3. 操作示例

调用该命令后，系统首先提示指定多段线的起点，然后显示当前的线宽，并提示用户指定下一点或选择如下选项。

指定下一个点或［圆弧(A)/半宽(H)/长度(L)/放弃(U)/宽度(W)］：

其中常用的选项有“圆弧”、“宽度”、“长度”等，“圆弧”选项下面有许多的画法供选择，这里就不一一介绍了。下面以实例来说明，实例效果如图 4-34 所示。

操作步骤及命令行内容如下：

命令：_ pline
指定起点：
当前线宽为 10.0000
指定下一个点或［圆弧(A)/半宽(H)/长度(L)/放弃(U)/宽度(W)］：w (选择宽度设置选项)
指定起点宽度 <10.0000>：20 (指定起点宽度为 20)
指定端点宽度 <10.0000>：20 (指定端点宽度为 20)

指定下一点或［圆弧(A)/闭合(C)/半宽(H)/长度(L)/放弃(U)/宽度(W)］：l (选择长度设置选项)

指定直线的长度：100 (指定直线长度为 100)

指定下一点或［圆弧(A)/闭合(C)/半宽(H)/长度(L)/放弃(U)/宽度(W)］：a (选择圆弧选项)

指定圆弧的端点或[角度(A)/圆心(CE)/闭合(CL)/方向(D)/半宽(H)/直线(L)/半径(R)/第二个点(S)/放弃(U)/宽度(W)]：a (选择圆弧角度设置选项)

指定包含角：180 (指定包含角为 180)

指定圆弧的端点或［圆心(CE)/半径(R)］：60

指定圆弧的端点或[角度(A)/圆心(CE)/闭合(CL)/方向(D)/半宽(H)/直线(L)/半径(R)/第二个点(S)/放弃(U)/宽度(W)]：l (选择直线选项)

指定下一点或［圆弧(A)/闭合(C)/半宽(H)/长度(L)/放弃(U)/宽度(W)］：80

指定下一点或［圆弧(A)/闭合(C)/半宽(H)/长度(L)/放弃(U)/宽度(W)］：w (选择宽度设置选项)

指定起点宽度 <20.0000>：40 (指定起点宽度为 40)

指定端点宽度 <40.0000>：1 (指定端点宽度为 1)

指定下一点或［圆弧(A)/闭合(C)/半宽(H)/长度(L)/放弃(U)/宽度(W)］：l (选择长度设置选项)

指定直线的长度：30 (按 Enter 键,结束绘制)

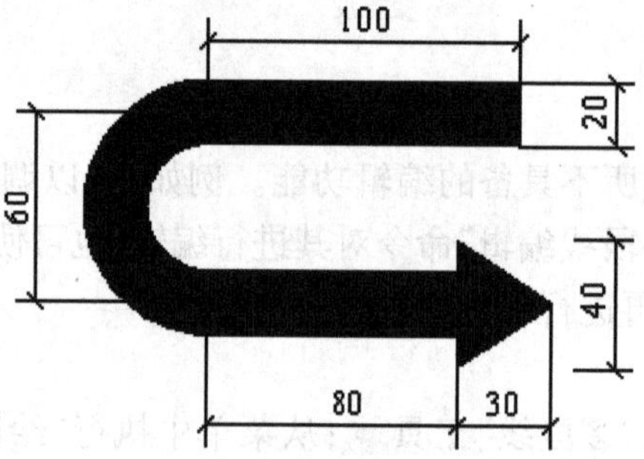

图 4-34　多段线图案

4.8　点的样式与绘制

1. 功能

在 AutoCAD 中,点的属性有两种,分别为点的样式和点的大小。

2. 命令调用

从菜单中执行“格式”→“点样式”命令;在命令行中输入 ddptype,按 Enter 键。

3. 操作示例

调用该命令后,弹出“点样式”对话框,如图 4-35 所示。该对话框中提供了 20 种点样式,可根据需要来选择其中的一种。

此外,还可以在该对话框中设置点的大小,设置方式有两种:

相对于屏幕设置尺寸:即按屏幕尺寸的百分比设置点的显示大小。当执行显示缩放时,显示出的点的大小不改变。

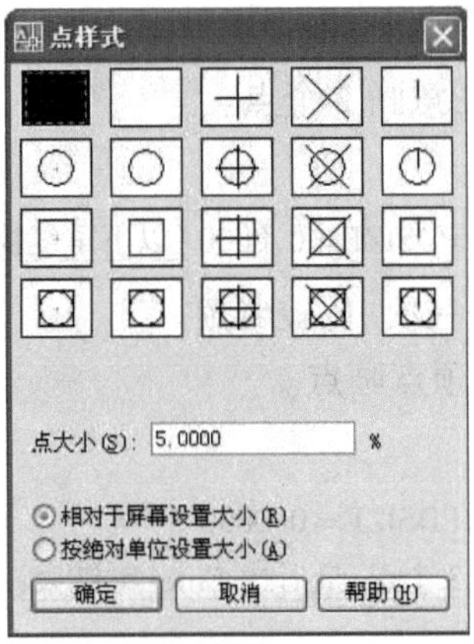

图 4-35 “点样式”对话框

用绝对单位设置尺寸:即按实际单位设置点的显示大小。当执行显示缩放时,显示出的点的大小随之改变。

4.8.1 点的绘制

1. 功能

点的绘制又分为:

单点法:调用一次命令只绘制一个点。

多点法:调用一次命令可绘制多个点。

定数等分法:将指定的对象等分为指定的段数,并用点进行标记。

定距等分法:将指定的对象按指定的距离等分,并用点进行标记。

2. 命令调用

在“绘图”工具栏上单击“点”;从菜单中执行“绘图”→“点”命令;在命令行中输入 point (或别名 po),按 Enter 键。如图 4-36 所示。

3. 操作示例

分别用单点法和多点法绘制如图 4-37 所示的图形。

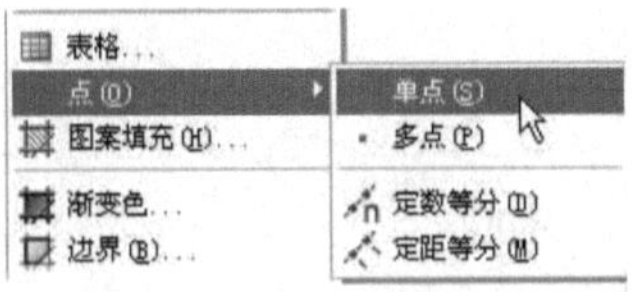

图 4-36 “点”菜单

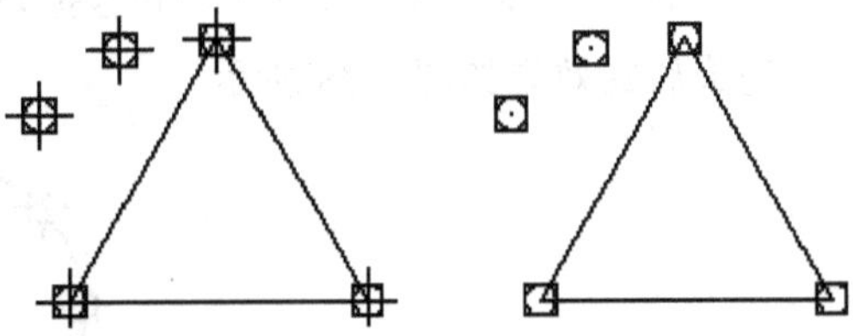

图 4-37 点的画法

① 打开“点样式”对话框,选择第 4 行第 3 列的点样式为“⊞”图案。

② 画出一个正三角形。

命令: _ polygon

输入边的数目 <4> : 3 (设定多边形边数为 3)

指定正多边形的中心点或 [边(E)]:(在绘图区中指定一点,作为正多边形的中心)

输入选项 [内接于圆(I)/外切于圆(C)] <I> : c (选择外切于圆)

指定圆的半径：20 (将外切圆半径设为 20)

③ 用单点画法，在三角形外任意画 2 个点。

命令：_ point

当前点模式：PDMODE = 98 PDSIZE = 0.0000 (以下重复执行 2 次)

可见，画三个点就要调用命令三次，比较麻烦。

④ 再用多点画法在三角形的顶点画点。

命令：_ point

当前点模式：PDMODE = 98 PDSIZE = 0.0000

指定点：(捕捉顶点连续画出 3 个点，最后按 Enter 键结束)

调用一次命令，可连续画点。

⑤ 在"点样式"对话框中，如果将点的样式修改为第 4 行第 1 列的样式，则整个绘图区的点都会改变，如图 4-37 的右图所示。

4.8.2 点的定数等分

1．功能

将点对象或块对象沿其长度或周长等间隔排列。

2．命令调用

从菜单中执行"绘图"→"点"→"定数等分"命令；在命令行输入 divide，按 Enter 键。

3．操作示例

试用点的定数等分法，将一个半径为 80 的圆八等分。

首先将点样式改为小正方形形状，画出半径为 80 的圆，然后将其等分。操作如下：

命令：_ circle

指定圆的圆心或［三点(3P)/两点(2P)/相切、相切、半径(T)］：(在绘图中指定所要绘制圆的圆心)

指定圆的半径或［直径(D)］<60.0000>：100 (输入圆的半径为 100，按 Enter 键)

命令：_ divide (执行"定数等分"命令)

选择要定数等分的对象：(拾取圆)

输入线段数目或［块(B)］：8 (输入等分数目为 8，按 Enter 键)

完成后的效果如图 4-38 所示。

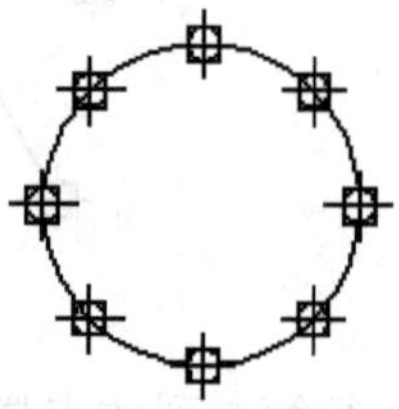

图 4-38　定数等分法的应用

4.8.3 定距等分

1．功能

可以从选定对象的一个端点划分出相等的长度；可以使用 measure 命令以指定的间隔标

记对象;可以使用点或块标记间隔。如图 4-39 所示。

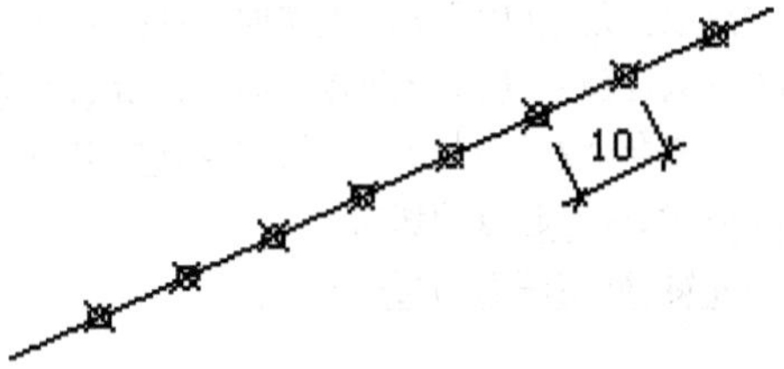

图 4-39　定距等分

命令: _ measure
选择要定距等分的对象:(拾取已知斜线)
指定线段长度或 [块(B)]: 10 (输入所要等分的长度,按 Enter 键)

2. 命令调用

操作方式与定数等分相同,这里不再赘述。

说明:等分对象的最后一段可能要比指定的间隔短,如图 4-39 中剩余 9 个单位不够分。

4.9　样条曲线

1. 功能

通过指定的一系列控制点,可以在指定的允差(Fit tolerance)范围内把控制点拟合成光滑的 NURBS 曲线。

2. 命令调用

在"绘图"工具栏上单击"样条曲线"工具;从菜单中执行"绘图"→"样条曲线"命令;在命令行中输入 spline,按 Enter 键。

3. 操作示例

画一条多段线如图 4-40,再以各个转折点画一条样条曲线。

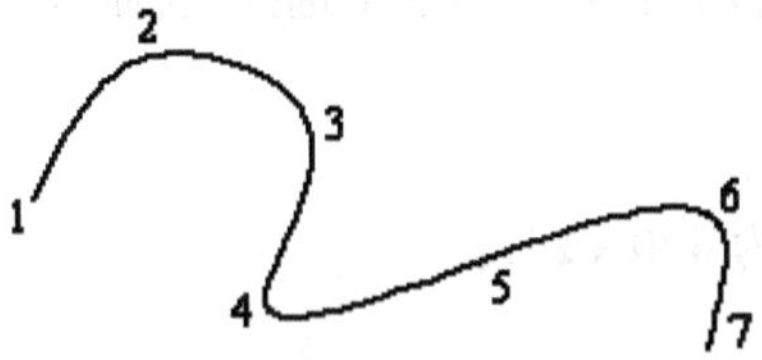

图 4-40　样条线的画法

操作及命令行内容如下:

首先绘制出一条多段线,由点 1、2、3、4、5、6、7 组成。

命令: _ spline
指定第一个点或 [对象(O)]:(拾取点 1)
指定下一点:(拾取点 2)
指定下一点或 [闭合(C)/拟合公差(F)] <起点切向>:(拾取点 3)

指定下一点或[闭合(C)/拟合公差(F)] <起点切向>:(拾取点 4)
指定下一点或[闭合(C)/拟合公差(F)] <起点切向>:(拾取点 5)
指定下一点或[闭合(C)/拟合公差(F)] <起点切向>:(拾取点 6)
指定下一点或[闭合(C)/拟合公差(F)] <起点切向>:(拾取点 7)
指定下一点或[闭合(C)/拟合公差(F)] <起点切向>:(按 Enter 键结束样条曲线的绘制)
指定起点切向:(按 Enter 键,确定起点的切向)
指定端点切向:(按 Enter 键,确定端点的切向)

4.10 实训指导

1. 要求

① 按如图 4-41 图形中的尺寸精确绘图(不需尺寸标注、文字注释)。

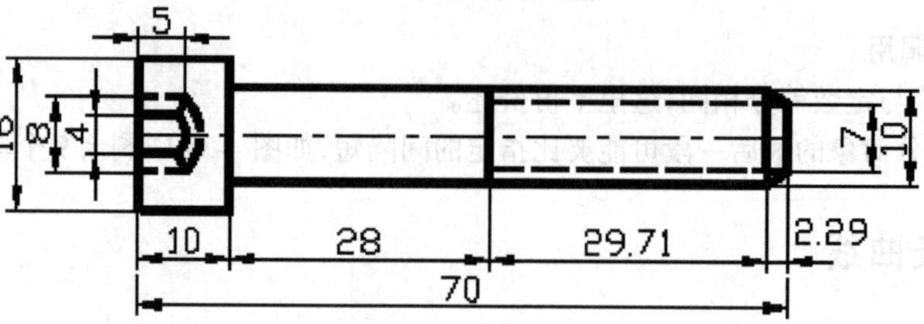

图 4-41 绘图练习

② 创建 A4 大小图形界面,图形必须放置在模型空间范围内。

③ 图中的中心线应放在 Z1 层上,线型为 CENTER,线宽为 0.2 mm,颜色为红色。粗实线应放在 L1 层,线型为 Continuous,线宽为 0.3 mm,颜色为黑色。

④ 将完成的图形以名字"图形 1.DWG"保存。

2. 操作指导

步骤 1:新建图形。

单击工具栏按钮,在"新建图形"对话框中选择"公制"。

步骤 2:绘图环境设置。

设置绘图界限及缩放显示。

根据要求,定义新的界限为 420 × 297。

命令: limits
指定左下角点或[开(ON)/关(OFF)] <0.0000,0.0000>:)(按 Enter 键)
指定右上角点 <12.0000,9.0000>:420,297
命令: '_ zoom
指定窗口的角点,输入比例因子 (nX 或 nXP),或者
[全部(A)/中心(C)/动态(D)/范围(E)/上一个(P)/比例(S)/窗口(W)/对象(O)] <实时>: _ all
(全部缩放显示)

步骤 3:创建新层。

单击"图层特性管理器"按钮,在打开的对话框中,单击按钮,创建"中心线"Z1 层,加

载“center”线型，颜色为“red”，线宽为 0.2mm；设置辅助线层“L1”，颜色为“黑色”，线型为“连续线”线宽为 0.3mm。如图 4-42 所示。

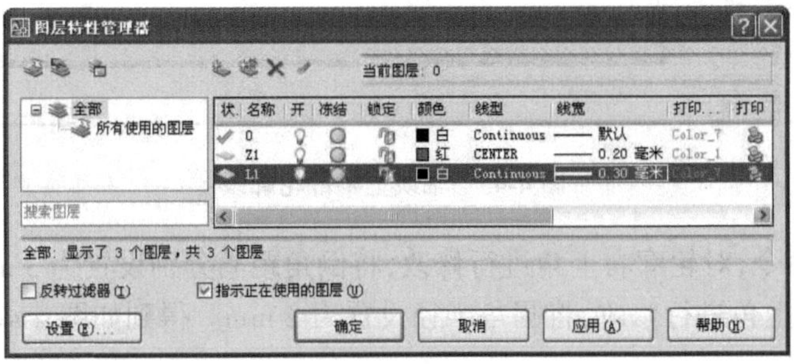

图 4-42　创建新层

步骤 4：绘制中心线。

① 置“Z1”为当前层。

② 单击“绘图”工具栏的按钮，在绘图区左中部取一点作为起点，水平拖动光标，用指明方向，输入距离的形式，指明水平方向，输入距离 100，完成水平中心线的绘制。

步骤 5：绘制外部轮廓直线。

① 置“L1”为当前层。

② 单击“绘图”工具栏的按钮，用对象追踪的方式捕捉到端点 A 后，拖动光标，沿水平方向移动，当出现一条点状直线后，在中心线上点击一点，作为图形左侧轮廓线的起始点。如图 4-43 所示。

图 4-43　轮廓起始点绘制

③ 利用指明方向输入距离的形式，绘制直线（此时应将极轴按钮打开）。指明垂直方向，并输入距离 8 mm，然后，接着用指明方向，输入距离的形式，指明水平方向，输入距离 10 mm，如图 4-44 所示。

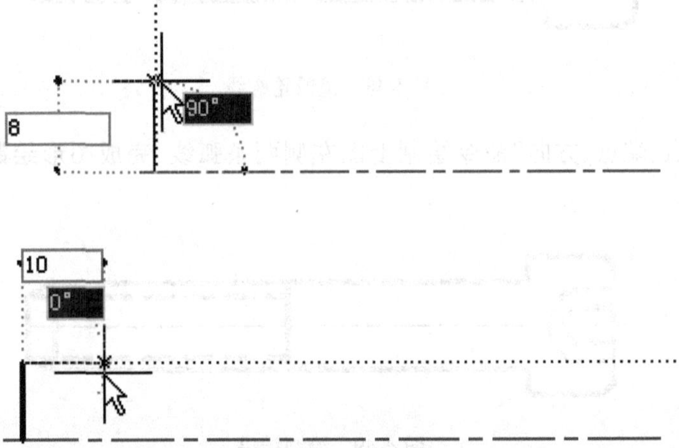

图 4-44　绘制轮廓线

④ 连续利用同样的方法，指明竖直方向输入 3 mm，指明水平方向，输入 28 mm，指明水平方向，输入 30 mm，再指明垂直方向输入 5 mm，得到如图 4-45 所示图形。

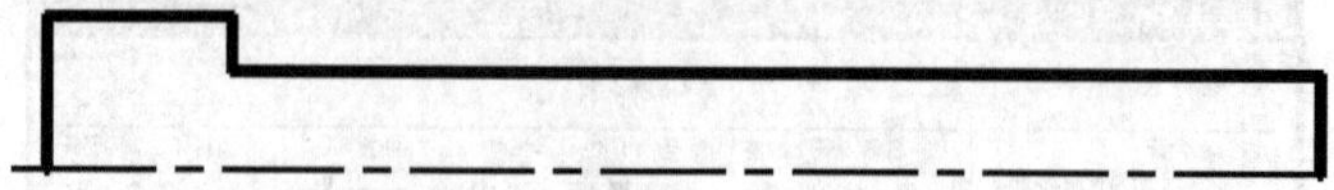

图 4-45　轴线上半部轮廓线

⑤ 利用倒角命令，对轮廓右上角进行修改，将倒角距离分别设置为 3 mm 和 1.5 mm；利用圆角命令对轮廓左上角进行修改，将圆角半径设置为 2 mm。得到如图 4-46 所示图形。

图 4-46　倒角、圆角操作

⑥ 根据图 4-41 所提供的尺寸，利用"直线"命令和"捕捉"功能进行细部内容的绘制，注意虚线线型的设置与使用。得到如图 4-47 所示图形。

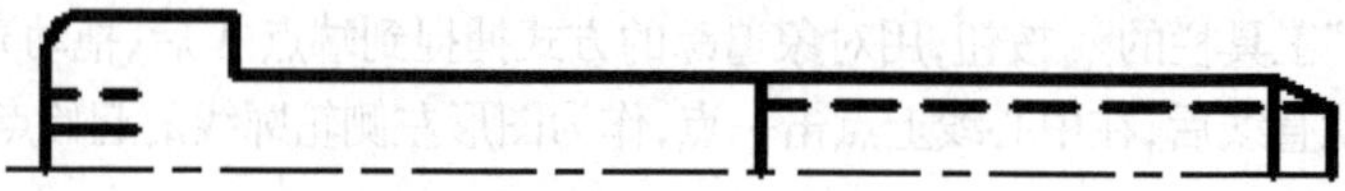

图 4-47　绘制轮廓线

⑦ 选中轴线上半部轮廓线，利用镜像命令，得出全部轮廓线，如图 4-48 所示。

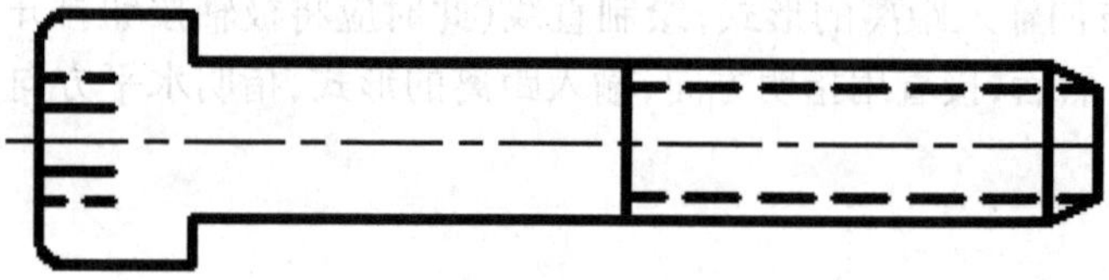

图 4-48　镜像轮廓线

⑧ 利用"起点、端点、方向"命令绘制上图左侧两条弧线，完成图形绘制。最终结果如图 4-49所示。

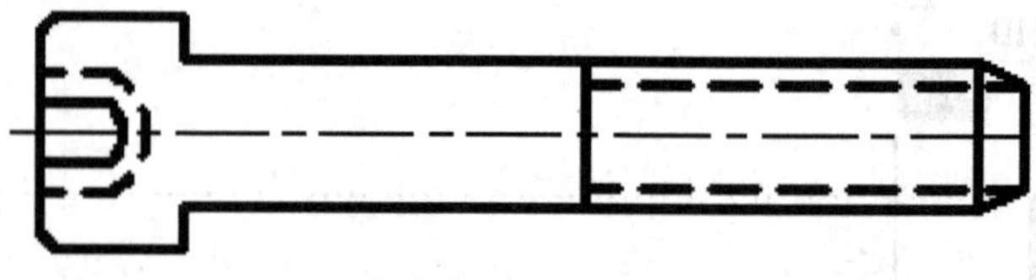

图 4-49　绘制结果

4.11 思考与练习

利用前几章所学的工具和命令完成如图 4-50、图 4-51 所示图形，尺寸可按目测比例。

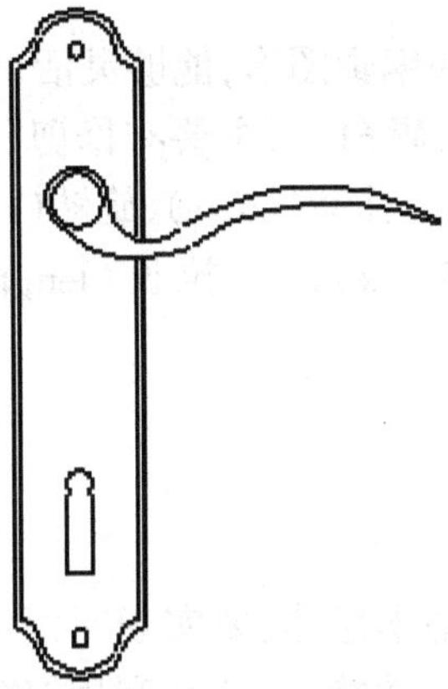

图 4-50 练习

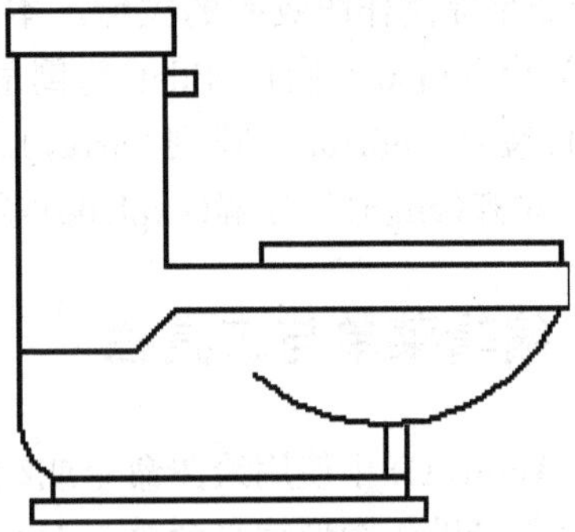

图 4-51 练习

第5章 编辑图形

AutoCAD2008 提供了功能强大的编辑工具,用来修改和编辑图形,能够灵活、快捷地使用编辑命令是提高作图效率的关键。本章主要学习常用的编辑命令,主要有修剪(trim)、断开(break)、合并(join)、圆角(fillet)与倒角(chamfe)、复制(copy)、移动(move)、旋转(rotate)、偏移(offset)、镜像(mirror)、阵列(array)、拉伸(strecth)、延伸(extend)、拉长(lengthen)、比例(scale)、对齐(align)与分解(explode)等。

5.1 编辑菜单与工具栏

在 AutoCAD 中使用绘图命令或绘图工具可以创建出基本形体,要实现对复杂形体的绘制,就必须借助于图形编辑命令。AutoCAD 具有强大的编辑功能,用户可利用"修改"工具栏或"修改"菜单中的命令编辑、修改图形,简化绘图操作,提高绘图效率。如图 5-1 所示。

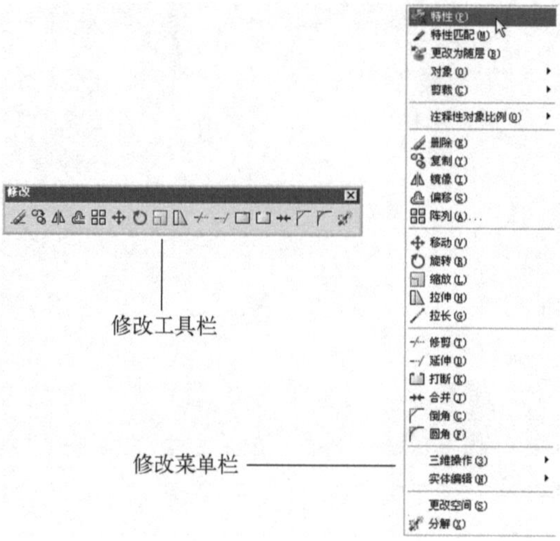

图 5-1 基本编辑工具

AutoCAD 的编辑工具或命令,可分为三大类:一是对图形的擦除,操作命令有删除、修剪、断开、倒角和圆角等;二是改变图形对象的位置和大小,操作命令有移动、缩放、旋转、合并、拉长、拉伸和延伸到边界等;三是对图形的复制,命令有复制、镜像、偏移和阵列等。

5.2 删除

1. 功能

该命令可以从已有的图形中删除所指定的图形对象。

2. 命令调用

在"修改"工具栏上单击"删除"按钮；从菜单中执行"修改"→"删除"命令；在命令行中输入 Erase，按 Enter 键。

3. 操作示例

输入命令后，当提示行出现"选择对象："时，AutoCAD 处于让用户选择实体的状态，此时屏幕上的十字光标就变成了一个活动的小方框"口"，即"对象拾取框"。

通过"对象拾取框"可以选择被删除的实体，选择实体有以下 3 种默认方式：

(1) 直接点取方式

该方式一次只可以选择一个实体。在出现"选择对象"提示时，直接移动鼠标，让对象拾取框"口"移到所选择的实体上并单击鼠标左键，该实体就变成虚像显示，即都被选中，单击鼠标右键，该实体即被删除。

(2) W 窗口方式

该方式可以选中完全处在窗口内的实体。在出现"选择对象"提示时，先给出窗口左角点，再给出窗口右角点，完全处于窗口内的实体变成虚像显示即被选中，单击鼠标右键，该实体即被删除。

(3) C 交叉窗口方式

该方式能够选中完全和部分在窗口内的所有实体。在出现"选择对象"提示时，先指定窗口右角点，再指定窗口左角点，完全和部分处于窗口内的所有实体都变成虚像显示，即都被选中，然后单击鼠标右键，该实体将被删除。

说明：各种选取实体的方式可在同一命令中交叉使用。

5.3 对象复制

1. 功能

可以从原对象以指定的角度和方向创建对象的副本。若使用坐标、栅格捕捉、对象捕捉和其他工具还可以精确复制对象。

2. 命令调用

从菜单中执行"修改"→"复制"命令；单击"修改"工具条中"复制"按钮；在命令行中输入 C(单词 copy 的第一个字母)，按 Enter 键。

3. 操作示例

如图 5-2，我们需要复制图形到指定位置，命令行提示如下：

命令：_ copy (也可单击"修改"工具条中"复制"按钮)

选择对象：指定对角点：找到 4 个(选择左边四个矩形)

选择对象：(按 Enter 键结束选择)

当前设置：复制模式 = 多个

指定基点或 [位移(D)/模式(O)] <位移>：

指定第二个点或 <使用第一个点作为位移>：(用鼠标指定复制位置，也可直接输入距离数据进行复制)

指定第二个点或 [退出(E)/放弃(U)] <退出>：(按 Enter 键，退出)

图 5-2 复制形体

说明：如果在指定基点或[位移(D)/模式(O)] < 位移 > 选择位移(D)，输入位移坐标，例如指定位移 < 30, 40, 0 >，输入的坐标值指定相对距离和方向，指定的坐标给出了要复制对象将从当前位置复制到沿 X 方向 30 个单位，Y 方向 40 个单位的位置；若选择模式(O)，则可进一步选择[单个(S)/多个(M)]两种复制模式，例如选用"多个(M)"，即可连续复制出多个副本。

5.4 镜像命令

在实际绘图过程中，经常会遇到一些对称图形，AutoCAD 提供了图形镜像功能，即只需绘出对称图形的一部分，利用"镜像""mirror"命令可复制出对称的另一部分。

1. 功能

将指定的对象按一定的轴作对称复制。

2. 命令调用

在"修改"工具栏上单击"镜像"工具；从菜单中执行"修改"→"镜像"命令；在命令行中输入 mirror(或别名 mi)，按 Enter 键。

3. 操作示例

如图 5-3 所示。操作过程中的命令行内容如下：

图 5-3 图形镜像

命令：_ mirror (在"修改"工具栏上单击"镜像"工具)
选择对象：指定对角点：找到 209 个
选择对象：(选择要镜像的对象，按 Enter 键，结束选择)

指定镜像线的第一点:(拾取点 1)
指定镜像线的第二点:(拾取点 2)
是否删除源对象? [是(Y)/否(N)] < N > : n (不删除原对象,按 Enter 键确定)

说明:如果在进行镜像操作的选择集中包括文字对象,则文字对象的镜像效果取决于系统变量 MIRRTEXT,如果该变量取值为 1(缺省值),则文字也镜像显示;而如果取值为 0,则镜像后的文字仍保持原方向。

5.5 偏移命令

1. 功能

AutoCAD 可利用两种方式对选中的对象进行偏移操作,从而创建新的对象:一种是按指定的距离进行偏移;另一种则是通过指定点来进行偏移。该命令常用于创建同心圆、平行线和平行曲线等。

2. 命令调用

在"修改"工具栏上单击"偏移"工具;从菜单中执行"修改"→"偏移"命令;在命令行中输入 offset(或别名 o),按 Enter 键。

3. 操作示例

调用该命令后,系统首先要求指定偏移的距离或选择"通过(T)"选项指定"通过点"方式。然后提示选择需要进行偏移操作的对象或选择"退出"结束命令。命令操作如下:

命令: _ offset
当前设置: 删除源 = 否 图层 = 源 OFFSETGAPTYPE = 0
指定偏移距离或 [通过(T)/删除(E)/图层(L)] < 1.0000 > : 50 (输入要偏移的距离为 50)
选择要偏移的对象,或 [退出(E)/放弃(U)] < 退出 > :(拾取源对象)
指定要偏移的那一侧上的点,或 [退出(E)/多个(M)/放弃(U)] < 退出 > :(在源对象的右侧单击)
选择要偏移的对象,或 [退出(E)/放弃(U)] < 退出 > :(按 Enter 键)

如图 5-4 所示:

说明:使用"offset"命令时必须先启动命令,后选择要编辑的对象;启动该命令时已选择的对象将自动取消选择状态。"offset"命令不能用在三维面或三维对象上。系统变量 OFFSETDIST 自动存储当前偏移值。

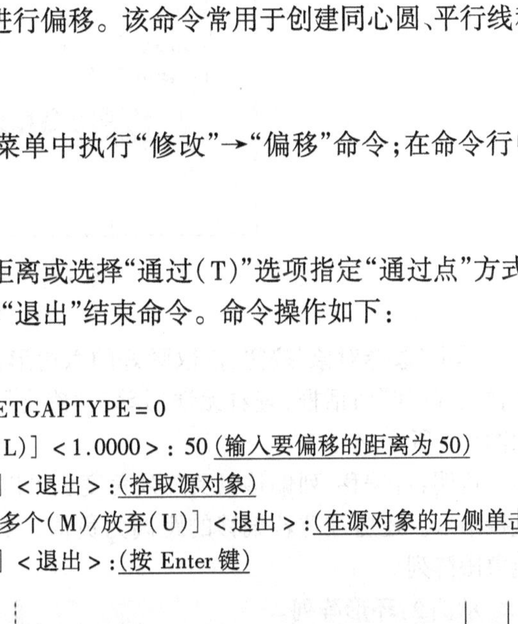

图 5-4 偏移操作方式的比较

5.6 阵列命令

1. 功能

可以按矩形或环形图案复制对象,创建一个阵列。在创建矩形阵列时,通过指定行、列的数量以及它们之间的距离,可以控制阵列中副本的数量。在创建一个环形阵列时,可以控制阵列中副本的数量以及是否旋转副本。可以使用"先执行后选择"或者"先选择后执行"的对象选择方式。

2．命令调用

从“修改”菜单，选择“阵列”选项；在“修改”工具栏，单击按钮；在命令行输入 array 或-array，并按 Enter 键。

3．操作示例

示例 1：矩形阵列。

首先绘制一个正六角形；在“修改”工具栏，单击按钮；在弹出的“阵列”对话框中，作如图 5-5 所示的设置。

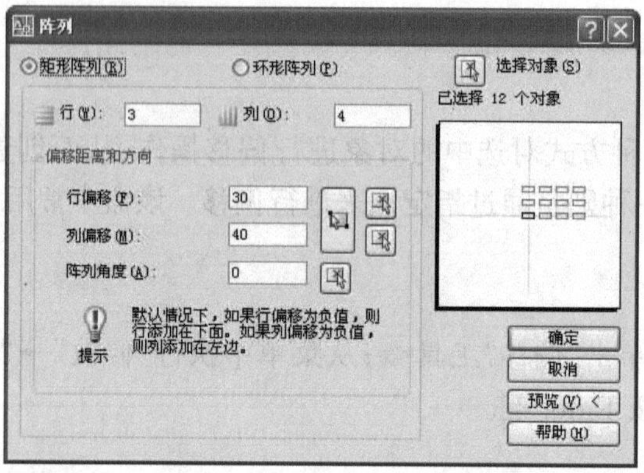

图 5-5 “阵列”对话框

单击“选择对象”按钮，拾取画好的六边形，按 Enter 键后再次弹出“阵列”对话框，查看无误后单击“确定”按钮即可。结果如图 5-6 所示。

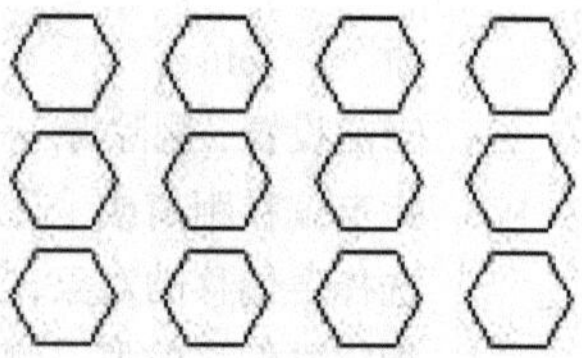

图 5-6 矩形阵列

说明：行偏移、列偏移以及阵列角度也可以用鼠标在图形中直接拾取。还应注意若偏移的距离为负值，则图形对象将向其他象限阵列。

示例 2：环形阵列。

用环形阵列完成如图 5-7 右图所示效果。

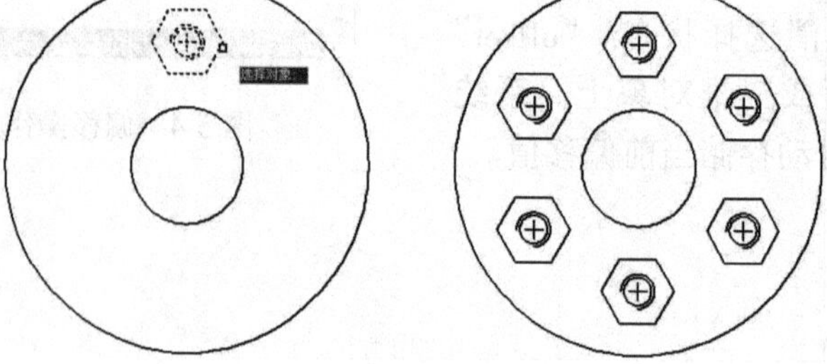

图 5-7 环形阵列

在打开的“阵列”对话框中，作如下图 5-8 所示设置，注意“中心点”应捕捉已知圆的圆心，然后选择“圆形”对象，单击“确定”按钮即可得到。

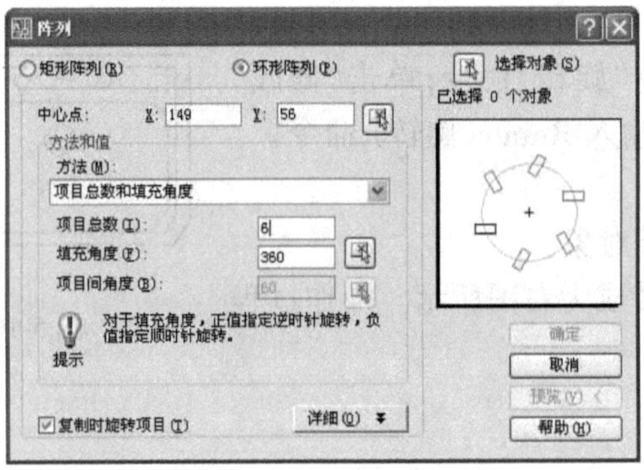

图 5-8　环形阵列设置

5.7　移动命令

1. 功能

利用 AutoCAD 绘图，布置图纸时，不必像手工绘图那样精确计算每个视图在图纸上的位置，若发现某部分图形布图不合理，也不必将其擦掉，只需用“移动”工具就可轻而易举地将它们平移到所需的位置。

2. 命令调用

在“修改”工具栏上单击“移动”按钮；从菜单中执行“修改”→“移动”命令；选中对象后单击鼠标右键，在弹出的菜单中选择“移动”命令；在命令行中输入 move(或别名 m)，按 Enter 键。

3. 操作示例

如图 5-9 所示，零件画好后，只是位置不合适，用“移动”命令将其从 1 位置摆放到 2 位置。

操作与命令提示如下：

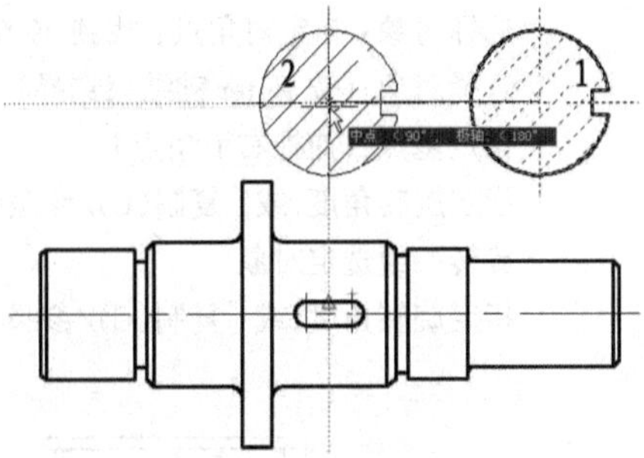

图 5-9　“移动”命令

命令：move
选择对象：<u>找到 1 个(选择一个三通零件)</u>
选择对象：<u>(按 Enter 键结束选择)</u>
指定基点或［位移(D)］＜位移＞：<u>(捕捉三通零件右下角点 1)</u>
指定第二个点或 ＜使用第一个点作为位移＞：<u>(捕捉 2 点)</u>

结果如上图所示。

5.8　旋转命令

1. 功能

该命令将选中的对象绕指定的基点进行旋转，可供选择的转角方式有复制旋转和参照方式旋转对象。

2. 命令调用

从菜单执行“修改”→“旋转”命令;单击“修改”工具条中的按钮;键盘输入 Rotate(旋转) 命令。

3. 操作示例

示例 1:角度方式旋转对象。

将图 5-10 中左图旋转成为右图所示。操作过程中的命令行提示如下:

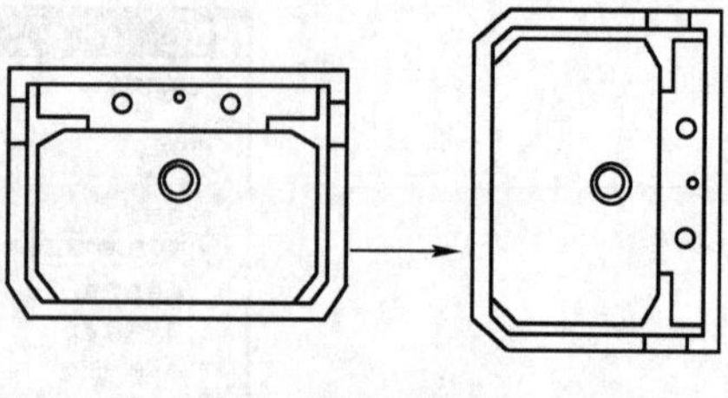

图 5-10 将图形旋转 270°

命令: _ rotate
UCS 当前的正角方向: ANGDIR = 逆时针 ANGBASE = 0
选择对象: 指定对角点: 找到 39 个(选中所有需要旋转的对象后,按 Enter 键结束选择)
指定基点:(捕捉右下角点)
指定旋转角度,或 [复制(C)/参照(R)] < 30 > : 270 (输入旋转的角度 270°,按 Enter 键)

说明:在给定角度时,角度的大小是有方向之分的,默认时以逆时针角度为正,顺时针角度为负。

示例 2:复制旋转对象。

选择要旋转的对象后,如果选择“复制(C)”选项,能实现复制后的旋转,如图 5-11 所示。

命令: _ rotate
UCS 当前的正角方向: ANGDIR = 逆时针 ANGBASE = 0
选择对象: 指定对角点: 找到 39 个
选择对象:(按 Enter 键结束选择)
指定基点:(捕捉右下角点)
指定旋转角度,或 [复制(C)/参照(R)] < -90 > : c (选择“复制(C)”选项)
旋转一组选定对象
指定旋转角度,或 [复制(C)/参照(R)] < -90 > : -90

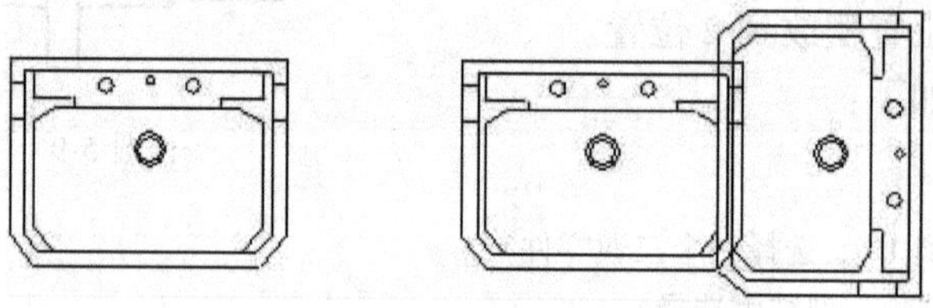

图 5-11 复制旋转

示例 3:用“Reference(参照)”方式旋转局部图形对象,如图 5-12 所示。

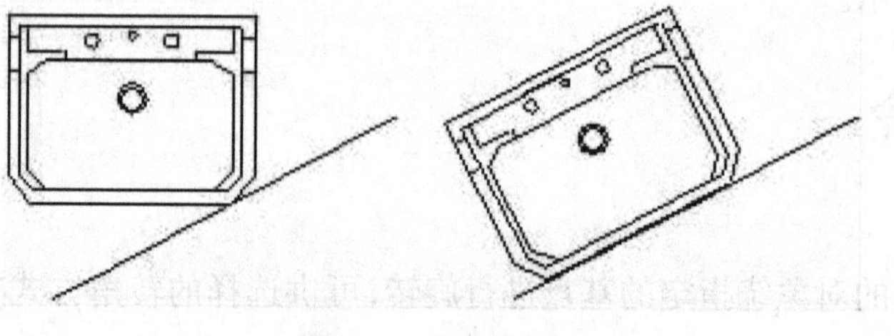

图 5-12 参照旋转

命令行提示如下：

命令：_ rotate
UCS 当前的正角方向：ANGDIR = 逆时针　ANGBASE = 0
选择对象：(选择需要旋转的对象)
选择对象：(按 Enter 键结束选择)
指定基点：(捕捉对象的右下角端点)
指定旋转角度，或 [复制(C)/参照(R)] <100> : r (输入 r，按 Enter 键，表示选择参照方式)
指定参照角 <0> :(按 Enter 键，表示指定参照角度为默认的 0 度)
指定新角度或 [点(P)] <60> :(用光标捕捉到斜边上的端点)

以上操作过程参见图 5-13 所示。

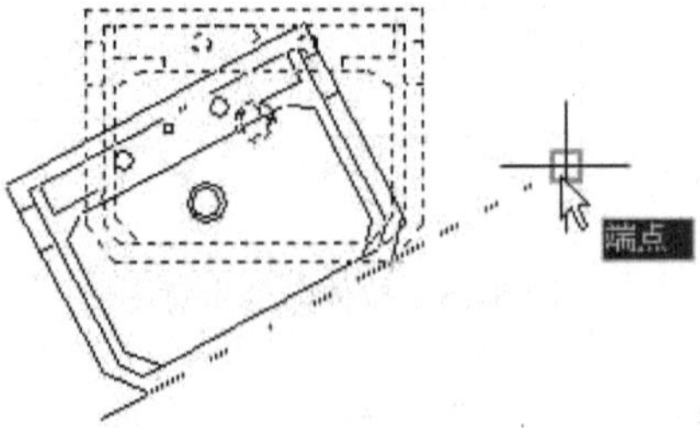

图 5-13　参照旋转操作

5.9　缩放

1. 功能

使用“缩放”命令可以改变所选的一个或多个对象的大小，即在 X、Y 和 Z 方向上等比例放大或缩小对象。

2. 命令调用

在“修改”工具栏上单击“缩放”工具；从菜单中执行“修改”→“缩放”命令；在命令行中输入 scale(或别名 sc)，按 Enter 键。

说明：调用该命令后，系统首先提示选择对象，可构造要比例缩放对象的选择集，按 Enter 键确定。系统进一步提示指定一个基点，即进行缩放时的中心点，然后指定比例因子，有两种方式可供选择：

直接指定比例因子：大于 1 的比例因子使对象放大，而介于 0 和 1 之间的比例因子将使对象缩小。

选择“Reference(参照)”：选择该选项后，系统首先提示我们指定参照长度(缺省为 1)，然后再指定一个新的长度，并以新的长度与参照长度之比作为比例因子。

3. 操作示例

在一幅图形中为了更清楚的表达某些局部细节，以利于标注等工作，往往要经过局部放大，这时就要用到“比例”命令，如图 5-14 所示。

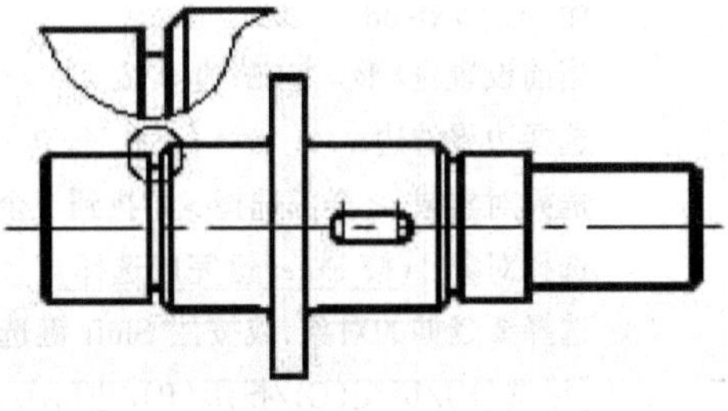

图 5-14　变化对象比例

5.10 拉伸、延伸与拉长

图形对象的“拉伸”、“延伸”和“拉长”命令都能方便地改变图形对象的大小。

5.10.1 拉伸

1. 功能

拉伸命令用于将图形拉伸变形，可用于该命令的对象包括圆弧、椭圆弧、直线、多段线线段、射线和样条曲线等，如图 5-15 所示。

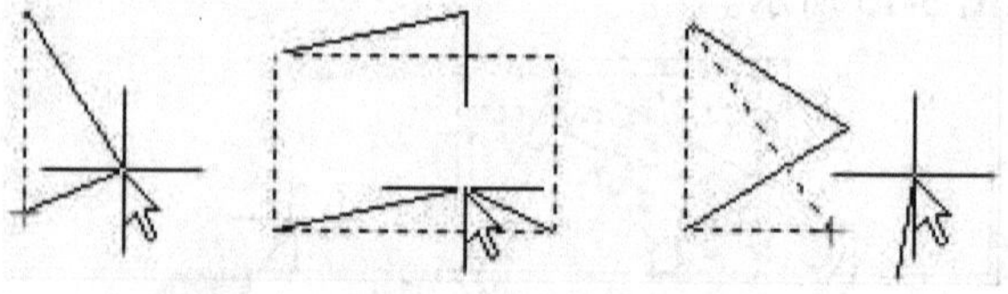

图 5-15　拉伸命令示意图

2. 命令调用

在“修改”工具栏上单击“拉伸”按钮；从菜单中执行“修改”→“拉伸”命令；在命令行中输入 stretch(或别名 s)，按 Enter 键。

说明：对闭合的多边形，在提示选择拉伸对象时，必须用“交叉窗口”进行选择，如图 5-16 所示。

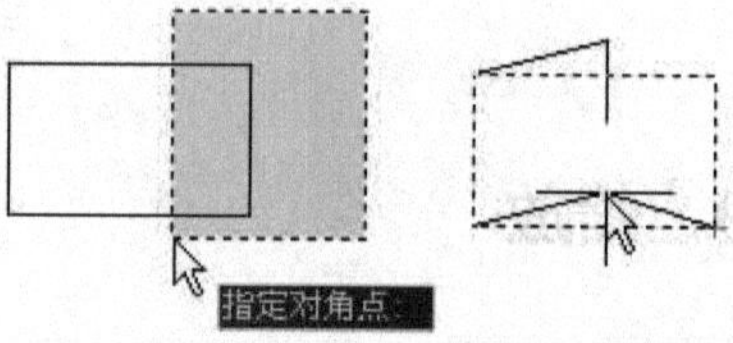

图 5-16　“交叉窗口”选择示意图

5.10.2 延伸

1. 功能

延伸命令可用来将图形对象延伸到其它对象定义的某一边界处。

2. 命令调用

在“修改”工具栏上单击“延伸”工具；从菜单中执行“修改”→“延伸”命令；在命令行中输入 extend(或别名 ex)，按 Enter 键。

3. 操作示例

选择“修改”工具栏上的“延伸”工具，命令行内容如下：

命令：_ extend
当前设置：投影 = UCS，边 = 无
选择边界的边...
选择对象或 <全部选择>：找到 1 个(选择边界对象)
选择对象：(按 Enter 键完成选择)
选择要延伸的对象，或按住 Shift 键选择要修剪的对象，或
[栏选(F)/窗交(C)/投影(P)/边(E)/放弃(U)]：(依次点选所要延伸的对象)
选择要延伸的对象，或按住 Shift 键选择要修剪的对象，或

[栏选(F)/窗交(C)/投影(P)/边(E)/放弃(U)]:
选择要延伸的对象,或按住 Shift 键选择要修剪的对象,或
[栏选(F)/窗交(C)/投影(P)/边(E)/放弃(U)]:
选择要延伸的对象,或按住 Shift 键选择要修剪的对象,或
[栏选(F)/窗交(C)/投影(P)/边(E)/放弃(U)]:
选择要延伸的对象,或按住 Shift 键选择要修剪的对象,或
[栏选(F)/窗交(C)/投影(P)/边(E)/放弃(U)]:
选择要延伸的对象,或按住 Shift 键选择要修剪的对象,或
[栏选(F)/窗交(C)/投影(P)/边(E)/放弃(U)]:
命令: 指定对角点:

效果如图 5-17 右图所示。

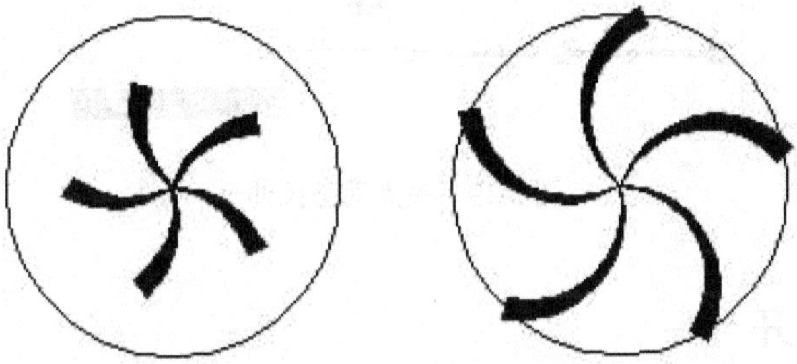

图 5-17 延伸操作

5.10.3 拉长

1. 功能

拉长命令用于改变圆弧的角度,或改变非闭合对象的长度,包括直线、圆弧、非闭合多段线、椭圆弧和非闭合样条曲线等。

2. 命令调用

从菜单执行“修改”→“拉长”命令;在命令行输入 lengthen(或别名 len),按 Enter 键。

3. 操作示例

示例 1:用“增量”方式拉长一条水平直线。

命令行提示如下:

命令: _ lengthen
选择对象或 [增量(DE)/百分数(P)/全部(T)/动态(DY)]:(选择直线)
当前长度: 230
选择对象或 [增量(DE)/百分数(P)/全部(T)/动态(DY)]: de (输入 de,按 Enter 键,表示选择“增量”方式)
输入长度增量或 [角度(A)] <10.0000>: 50 (输入增加的长度为 50,按 Enter 键)
选择要修改的对象或 [放弃(U)]:(在需要拉长端的直线上单击,即可在该端处拉长直线,完成操作后,按 Enter 键)

效果如图 5-18 所示。

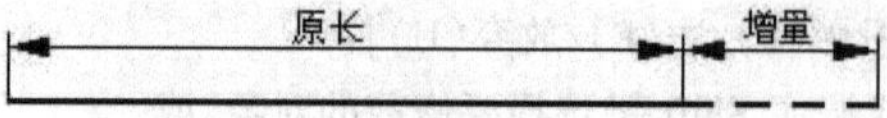

图 5-18　以增量的方式拉长直线

说明：如果输入的增量为正值，则对象从距离选择点最近的端点开始增加一个增量长度（角度）；而如果指定的增量为负值，则对象从距离选择点最近的端点开始缩短一个增量长度（角度）。

示例 2：夹点动态拉伸方式。

实际绘图中，也可以先选中要拉伸的对象，点击某一夹点，然后移动鼠标即可。如图 5-19 所示。

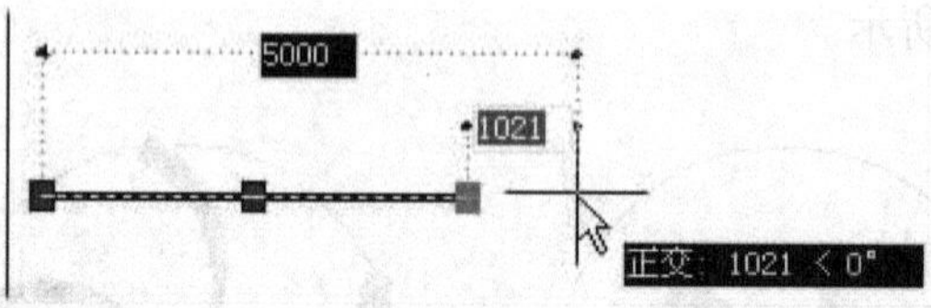

图 5-19　夹点动态拉伸

5.11　修剪与断开

修剪和断开命令是 AutoCAD 中最常用的编辑工具。

5.11.1　图形修剪

1. 功能

修剪命令是所有编辑命令中使用频率最高的一个命令。该命令的用法很多，不仅可以修剪相交或不相交的二维对象，还可以修剪三维对象。

2. 命令调用

在“修改”工具栏上单击“修剪”按钮；从菜单中执行“修改”→“修剪”命令；在命令行中输入 trim，按 Enter 键。

3. 操作示例

用 trim 命令将图 5-20 中左图修剪成为右图。

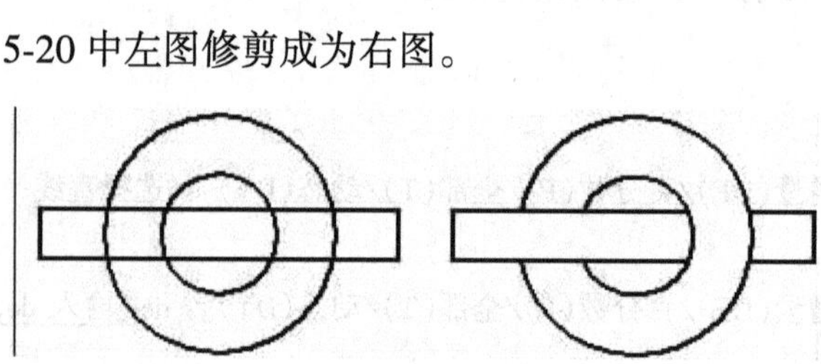

图 5-20　修剪命令

操作过程与提示如下：

命令：_ trim (在“修改”工具栏上单击“修剪”按钮)

当前设置:投影 = UCS,边 = 无

选择剪切边 ...

选择对象或 <全部选择>: 指定对角点: 找到 3 个(选取修剪对象)

选择对象: (按 Enter 键或右键结束选择)

选择要修剪的对象,或按住 Shift 键选择要延伸的对象,或

[栏选(F)/窗交(C)/投影(P)/边(E)/删除(R)/放弃(U)]:(拾取大圆左侧在矩形内的圆弧)

选择要修剪的对象,或按住 Shift 键选择要延伸的对象,或

[栏选(F)/窗交(C)/投影(P)/边(E)/删除(R)/放弃(U)]: (拾取小圆左侧在矩形内的圆弧)

选择要修剪的对象,或按住 Shift 键选择要延伸的对象,或

[栏选(F)/窗交(C)/投影(P)/边(E)/删除(R)/放弃(U)]:(分别拾取矩形右侧在圆环内的部分)

选择要修剪的对象,或按住 Shift 键选择要延伸的对象,或

[栏选(F)/窗交(C)/投影(P)/边(E)/删除(R)/放弃(U)]:(分别拾取矩形右侧在圆环内的部分)

选择要修剪的对象,或按住 Shift 键选择要延伸的对象,或

[栏选(F)/窗交(C)/投影(P)/边(E)/删除(R)/放弃(U)]:

最后按 Enter 键确定,修剪过程如图 5-21 所示。

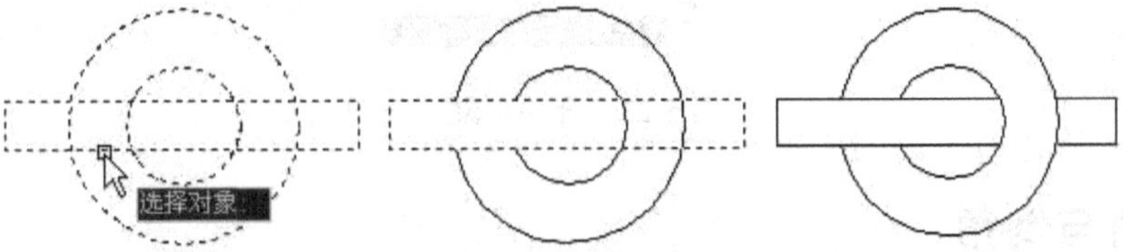

图 5-21 修剪过程

说明:在实际使用中,选择边界时,常用窗口或交叉窗口方式。另外,有时修剪边界的一部分也是被剪对象,这要在实践中慢慢体会。

选择要修剪的对象可用以下方式:

① 直接用鼠标拾取被修剪的对象,即单选法。如以上操作示例。

② 按住"Shift"键的同时来选择对象,这种情况下可作为"Extend(延伸)"命令使用。所确定的修剪边界即作为延伸的边界。

③ "Project(投影)"选项:指定修剪对象时是否使用投影模式。

④ "Edge(边)"选项:指定修剪对象时是否使用延伸模式。

其中"Extend"选项可以在修剪边界与被修剪对象不相交的情况下,假定修剪边界延伸至被修剪对象并进行修剪。而同样的情况下,使用"No Extend"模式则无法进行修剪。

⑤ "Undo(放弃)"选项:放弃由"trim"命令所作的最近一次修改。

5.11.2 断开与合并

1. 功能

可以将一个对象打断为两个部分,在打断对象的过程中,将一部分对象清除,在对象上创建一个间隙。

2. 命令调用

在"修改"工具栏上单击"打断"按钮;从菜单中执行"修改"→"打断"命令;在命令行中

输入 break，按 Enter 键。

3. 操作示例

调用该命令后，系统将提示选择对象，选择某个对象后，系统把选择点作为第一断点，并提示选择第二个断点，如图 5-22 所示。

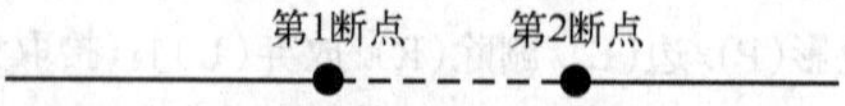

图 5-22　选择断点

要打断对象而不创建间隙，请在相同的位置指定两个打断点。完成此操作的最快方法是在提示输入第二点时输入 @0,0。

利用"合并"(Join)命令可将断开的对象合二为一，如图 5-23 所示。选取"修改"工具栏上的"合并"按钮，分别选择源对象和合并对象即可实现合并。利用此命令，用户也可以使用圆弧和椭圆弧命令来创建完整的圆或椭圆。要注意的是，需合并的对象必须位于相同的平面上。

图 5-23　合并对象

5.12　圆角与倒角

在工程制图中，经常会遇到绘制圆角和倒角。AutoCAD 提供了"圆角""Fillet"命令和"倒角""Chamfer"命令分别完成这两类操作。

5.12.1 圆角

1. 功能

"圆角"命令用来创建圆角，可以通过一个指定半径的圆弧来光滑地连接两个对象。可以进行圆角处理的对象包括直线、多段线的直线段、样条曲线、构造线、射线、圆、圆弧和椭圆等。

2. 命令调用

在"修改"工具栏上单击"圆角"工具；从菜单中执行"修改"→"圆角"命令；在命令行中输入 fillet，按 Enter 键。

3. 操作示例

分别设置圆角半径为 100、200，画出圆角。如图 5-24 所示，

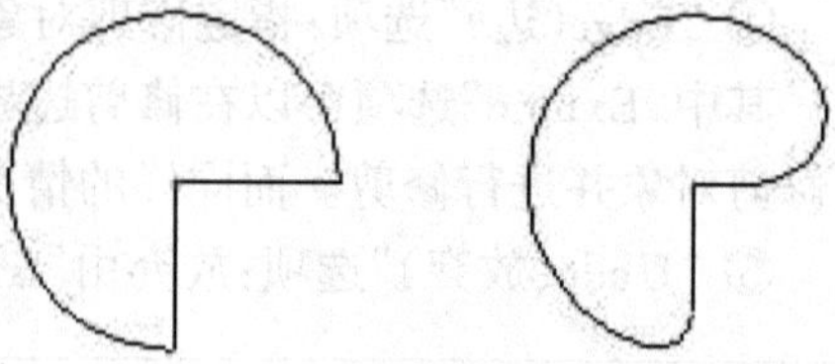

图 5-24　圆角命令

命令提示如下：

命令：_ fillet (在"修改"工具栏上单击"圆角"按钮)
当前设置：模式 = 修剪，半径 = 0
选择第一个对象或 [放弃(U)/多段线(P)/半径(R)/修剪(T)/多个(M)]：r
指定圆角半径 <0>：100 (输入圆角半径为 100)

选择第一个对象或［放弃(U)/多段线(P)/半径(R)/修剪(T)/多个(M)］:(拾取对象 1)

选择第二个对象,或按住 Shift 键选择要应用角点的对象:(拾取对象 2)

命令:fillet

当前设置:模式 = 修剪,半径 = 100

选择第一个对象或［放弃(U)/多段线(P)/半径(R)/修剪(T)/多个(M)］: r

指定圆角半径 <100>: 200 (输入圆角半径为 200)

选择第一个对象或［放弃(U)/多段线(P)/半径(R)/修剪(T)/多个(M)］:(拾取对象 1)

选择第二个对象,或按住 Shift 键选择要应用角点的对象:(拾取对象 2)

说明:默认情况下“圆角”为“修剪”模式。用户可以使用“修剪”选项指定是否修剪选定的对象、将对象延伸到创建的圆弧端点,或不作修改。

5.12.2 倒角

1. 功能

“倒角”(Chamfer)命令用来创建倒角,即将两个非平行的对象,通过延伸或修剪使它们相交或利用斜线连接。

2. 命令调用

在“修改”工具栏上单击“倒角”工具;从菜单中执行“修改”→“倒角”命令;在命令行中输入 chamfer,按 Enter 键。

3. 操作示例

可使用两种方法来创建倒角,一种是指定倒角两端的距离;另一种是指定一端的距离和倒角的角度,如图 5-25 所示。

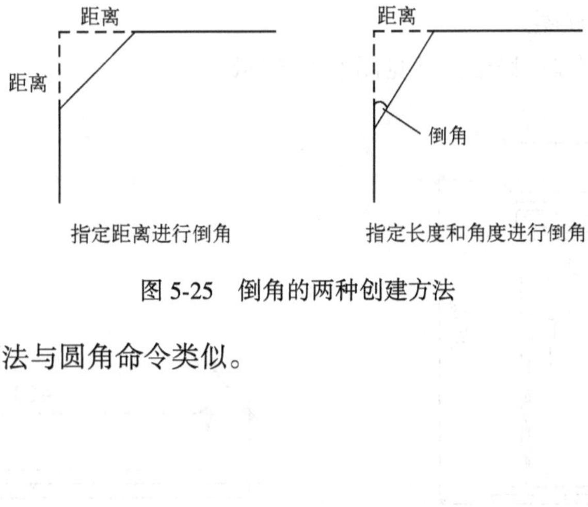

图 5-25　倒角的两种创建方法

说明:该命令的用法与圆角命令类似。

5.13 分解

1. 功能

“分解”命令用于分解组合对象,组合对象即由多个基本对象组合而成的复杂对象,例如多段线、多线、标注、块、面域、多面网格、多边形网格、三维网格以及三维实体等等。

2. 命令调用

在“修改”工具栏上单击“分解”工具;从菜单中执行“修改”→“分解”命令;在命令行中输入 explode(或别名 x),按 Enter 键。

3. 操作示例

如图 5-26 所示,该图形为一整体图块,将其分解进行修改,并注意对象选择的区别。

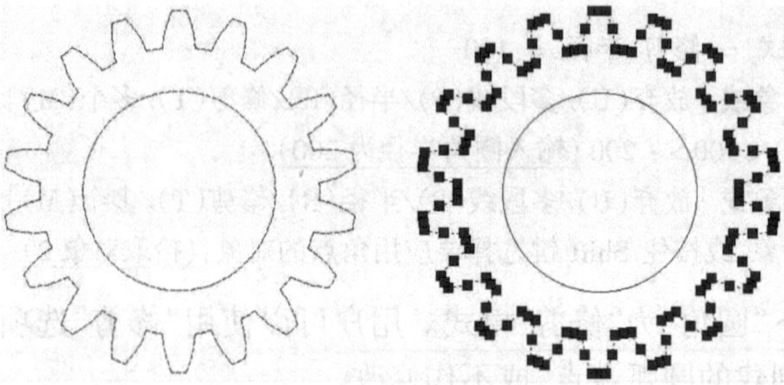

图 5-26 图形的分解

5.14 实训指导

5.14.1 实例一

1. 要求

试用所学的基本绘图命令和本章的修改命令,完成如图 5-27 所示的图形,不标尺寸。

2. 操作指导

步骤及命令提示如下:

① 以“公制”创建新图,设定图形界限为“420,297”,并设定“圆心”、“端点”、“交点”等捕捉模式,打开“极轴追踪”状态。

② 绘制下部两层台阶,详细尺寸见图 5-28 所示。

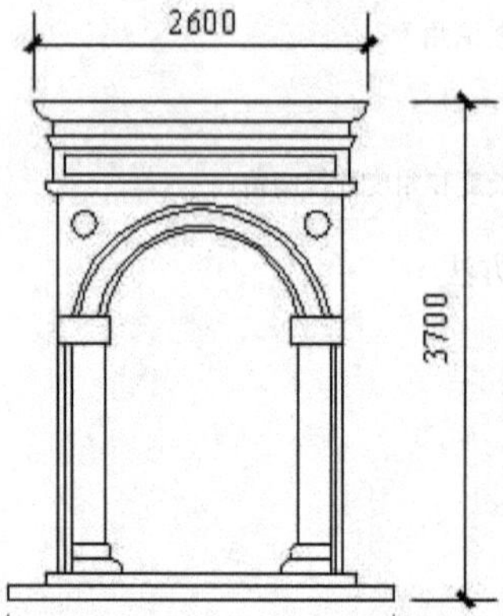

图 5-27 实训练习

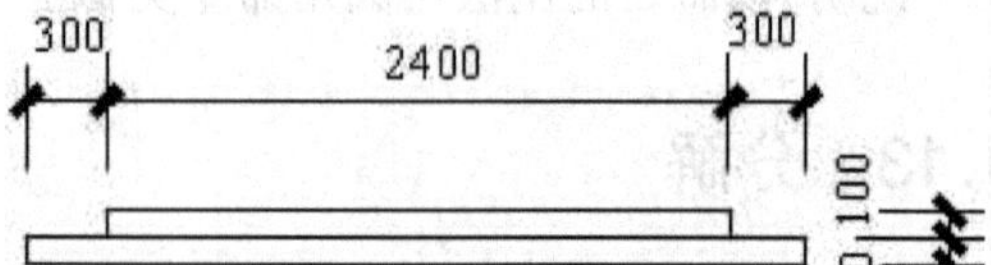

图 5-28 绘制台阶

③ 绘制柱子,命令提示如下:

命令: _ rectang

指定第一个角点或［倒角(C)/标高(E)/圆角(F)/厚度(T)/宽度(W)]：200 (捕捉台阶左上角点，利用极轴追踪向右平移 200mm，指定柱墩第一点)

指定另一个角点或［面积(A)/尺寸(D)/旋转(R)]：@400,100 (柱墩宽 400mm，高 100 mm)

命令：_ rectang

指定第一个角点或［倒角(C)/标高(E)/圆角(F)/厚度(T)/宽度(W)]:(绘制第二节柱墩，方法同上)

指定另一个角点或［面积(A)/尺寸(D)/旋转(R)]：@300,100 (柱墩宽 300 mm，高 100 mm)

命令：_ rectang

指定第一个角点或［倒角(C)/标高(E)/圆角(F)/厚度(T)/宽度(W)]:(绘制柱身)

指定另一个角点或［面积(A)/尺寸(D)/旋转(R)]：@250,1500 (柱子直径 250 mm，高 1500 mm)

命令：_ rectang

指定第一个角点或［倒角(C)/标高(E)/圆角(F)/厚度(T)/宽度(W)]：100 (捕捉柱顶左上角点，利用极轴追踪向左平移 100 mm，指定矩形第一点)

指定另一个角点或［面积(A)/尺寸(D)/旋转(R)]：@400,200 (柱顶矩形宽 400 mm，高 200 mm)

命令：_ line 指定第一点：(绘制柱左侧竖线)

指定下一点或［放弃(U)]：

指定下一点或［放弃(U)]：

命令：copy

选择对象：找到 1 个

选择对象：

当前设置：复制模式 = 单个

指定基点或［位移(D)/模式(O)/多个(M)] <位移>：指定第二个点或 <使用第一个点作为位移>：@50<0 (利用复制命令得到柱左侧第二根竖线)

命令：_ fillet (利用圆角命令绘制柱墩弧线)

当前设置：模式 = 修剪，半径 = 100

选择第一个对象或［放弃(U)/多段线(P)/半径(R)/修剪(T)/多个(M)]：r (设置弧线半径)

指定圆角半径 <100>：100 (弧线半径设置为 100 mm)

选择第一个对象或［放弃(U)/多段线(P)/半径(R)/修剪(T)/多个(M)]:(用鼠标点选要修圆角的两条直线边)

选择第二个对象，或按住 Shift 键选择要应用角点的对象：

命令：_ fillet (再次选择圆角命令，也可直接按 Enter 键重复命令，修改第二层柱墩的弧线)

当前设置：模式 = 修剪，半径 = 100

选择第一个对象或［放弃(U)/多段线(P)/半径(R)/修剪(T)/多个(M)]：r

指定圆角半径 <100>：50 (将柱墩圆角半径设置为 50 mm)

选择第一个对象或［放弃(U)/多段线(P)/半径(R)/修剪(T)/多个(M)]：

选择第二个对象，或按住 Shift 键选择要应用角点的对象：

命令：_ mirror (利用镜像命令得到右侧柱子)

选择对象：指定对角点：找到 6 个(利用框选来选择已绘制的左侧柱子)

选择对象：

指定镜像线的第一点：_ mid 于 指定镜像线的第二点：

要删除源对象吗？［是(Y)/否(N)] <N>:(按 Enter 键完成镜像命令)

结果如图 5-29 所示。

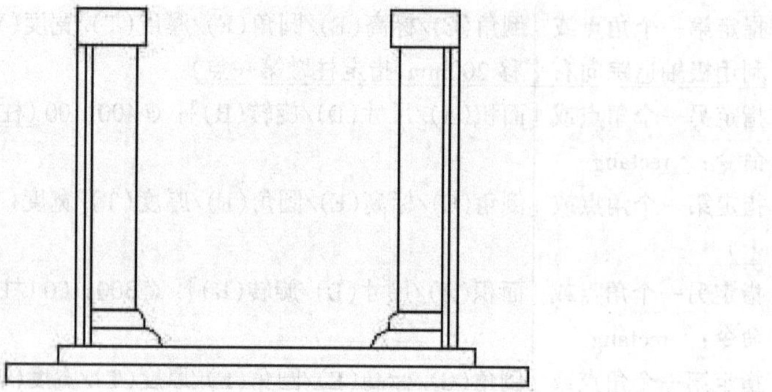

图 5-29　柱的绘制

④ 利用 rectang、arc、circle 等命令绘制柱顶修饰物。命令提示如下：

命令：_ line 指定第一点：(绘制柱子上部轮廓线)
指定下一点或［放弃(U)］：900 (输入 900，确定轮廓线高度，按 Enter 键完成命令)
LINE 指定第一点：
指定下一点或［放弃(U)］：900
指定下一点或［放弃(U)］：(按 Enter 键完成命令)
命令：_ rectang
指定第一个角点或［倒角(C)/标高(E)/圆角(F)/厚度(T)/宽度(W)］：(捕捉到竖线顶端点，利用极轴追踪向左平移 100 mm 指定矩形第一个角点)
指定另一个角点或［面积(A)/尺寸(D)/旋转(R)］：@2400，100 (输入尺寸确定矩形)
命令：_ chamfer (利用倒角命令进行修改)
(“修剪”模式) 当前倒角距离 1 = 100，距离 2 = 100
选择第一条直线或［放弃(U)/多段线(P)/距离(D)/角度(A)/修剪(T)/方式(E)/多个(M)］：d
指定第一个倒角距离 <100>：50　　指定第二个倒角距离 <50>：50
选择第一条直线或［放弃(U)/多段线(P)/距离(D)/角度(A)/修剪(T)/方式(E)/多个(M)］：
选择第二条直线，或按住 Shift 键选择要应用角点的直线：

重复矩形和倒角命令，利用捕捉和追踪功能绘制出如图 5-30 所示图形。

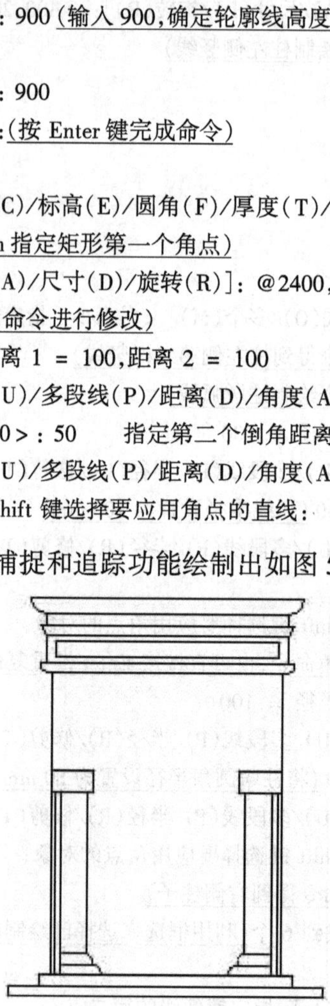

图 5-30　轮廓绘制

⑤ 用“起点、端点、方向”的方式绘制四条圆弧，命令操作如下：

命令：_ arc 指定圆弧的起点或 [圆心(C)]：(捕捉到左柱顶矩形角点，利用极轴追踪向右平移 100 mm，指定圆弧起点，见图 5-31 左)

指定圆弧的第二个点或 [圆心(C)/端点(E)]：_ e

指定圆弧的端点：(捕捉到右柱顶矩形角点，利用极轴追踪向左平移 100 mm，指定圆弧端点)

指定圆弧的圆心或 [角度(A)/方向(D)/半径(R)]：_ d 指定圆弧的起点切向：80 (输入 80，指定圆弧切向，见图 5-31 右)

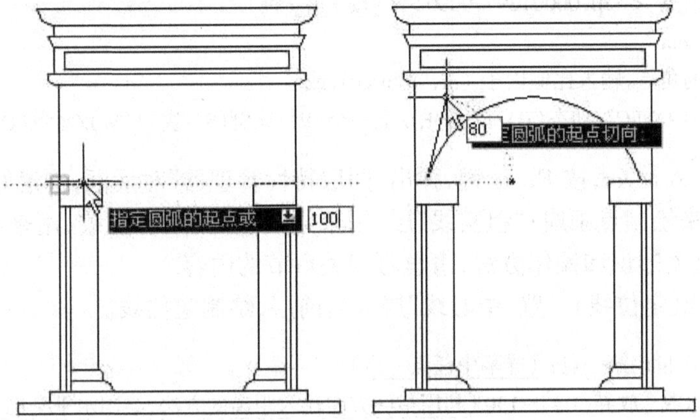

图 5-31　绘制圆弧

按 Enter 键完成第一条弧线的绘制，其他弧线可依次类推。

⑥ 绘制两个半径为 100mm 的圆形，距离边线各 100mm。结果如图 5-27。

5.14.2　实例二

1. 要求

综合运用前面学过的“矩形”、“直线”、“多段线”、“修剪”、“复制”、“偏移”、“阵列”等命令，完成如图 5-32 所示的组合体零件三视图的绘制。图中尺寸不需标注。

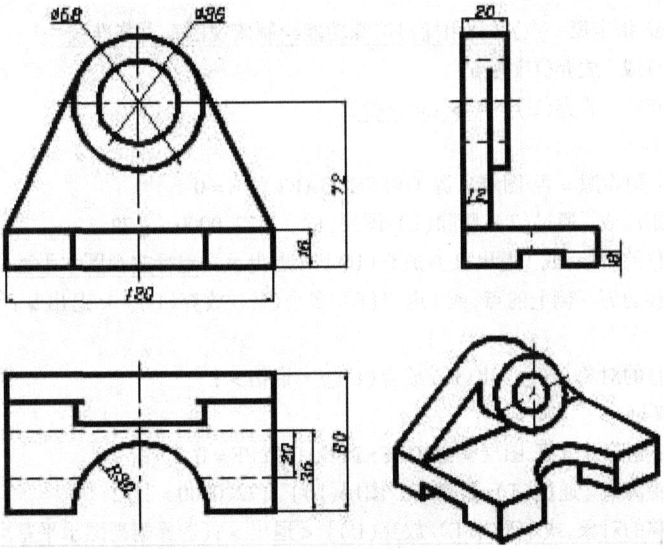

图 5-32　组合体零件

2. 操作指导

① 绘图环境设置,操作步骤及命令行内容如下:

命令: ′_ limits
重新设置模型空间界限:
指定左下角点或[开(ON)/关(OFF)] <0.0000,0.0000>:(按 Enter 键)
指定右上角点 <420.0000,297.0000>:(按 Enter 键)
命令: ′_ zoom
指定窗口的角点,输入比例因子 (nX 或 nXP),或者
[全部(A)/中心(C)/动态(D)/范围(E)/上一个(P)/比例(S)/窗口(W)/对象(O)] <实时>: a

在命令行中输入 layer,按 Enter 键,弹出"图层特性管理器"对话框,创建好 4 个图层,分别为"中心线"层,用来绘制点画线;"粗实线"层,用来绘制组合体线;虚线,用来画孔;尺寸线,用来标注。图层的有关知识和操作方法,请学习相关章节的内容。

② 绘制中心线(定位线)。置"中心线"层为当前层,绘制定位线。

命令: _ line 指定第一点:(屏幕中任点一点)
指定下一点或[放弃(U)]: 130(利用指明方向输入距离的方法,绘制水平基准线)
指定下一点或[放弃(U)]:(按 Enter 键)
命令: _ line 指定第一点:(利用追踪功能在刚绘制的水平基准线右侧点一点)
指定下一点或[放弃(U)]: 65(利用指明方向输入距离的方法,绘制水平基准线)
指定下一点或[放弃(U)]:(按 Enter 键)
命令: _ line 指定第一点: 105(利用追踪功能在刚绘制的水平基准线中心向上追踪一点)
指定下一点或[放弃(U)]:(在主视图水平基准线下方点击一点)
指定下一点或[放弃(U)]:(按 Enter 键)
命令:_ line 指定第一点:(利用捕捉追踪功能捕捉主视图水平基准线左侧点并向下点击一点)
指定下一点或[放弃(U)]:(利用捕捉追踪功能捕捉主视图水平基准线右侧点并沿水平方向单击一点)
命令: _ line 指定第一点:(利用捕捉追踪功能绘制俯视图垂直基准线)
指定下一点或[放弃(U)]: 65
指定下一点或[放弃(U)]:(按 Enter 键)
命令: _ offset
当前设置: 删除源 = 否 图层 = 源 OFFSETGAPTYPE = 0
指定偏移距离或[通过(T)/删除(E)/图层(L)] <72.0000>: 72
选择要偏移的对象,或[退出(E)/放弃(U)] <退出>:(选择主视图水平基准线)
指定要偏移的那一侧上的点,或[退出(E)/多个(M)/放弃(U)] <退出>:(在水平基准线上方单击一点)
选择要偏移的对象,或[退出(E)/放弃(U)] <退出>:
命令: _ offset
当前设置: 删除源 = 否 图层 = 源 OFFSETGAPTYPE = 0
指定偏移距离或[通过(T)/删除(E)/图层(L)] <72.0000>: 72
选择要偏移的对象,或[退出(E)/放弃(U)] <退出>:(选择俯视图水平基准线)
指定要偏移的那一侧上的点,或[退出(E)/多个(M)/放弃(U)] <退出>:(在水平基准线上方点

击一点)

选择要偏移的对象,或[退出(E)/放弃(U)]<退出>:

得到如图 5-33 所示的图形。

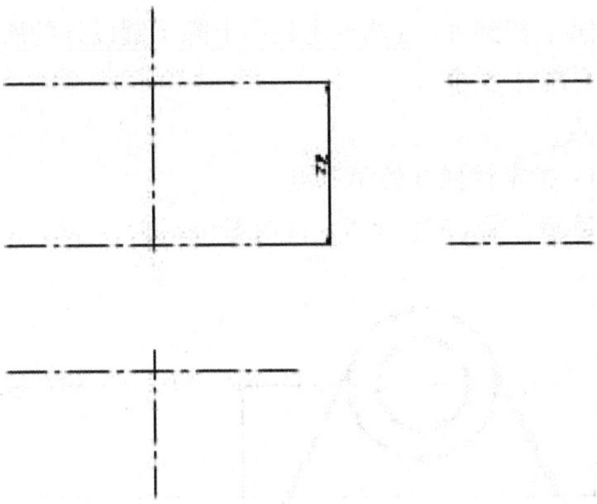

图 5-33 绘出三视图定位线

③ 绘制主视图。将“粗实线”层,置为当前层,绘制主视图的图形。

命令: _ circle 指定圆的圆心或[三点(3P)/两点(2P)/相切、相切、半径(T)]:(选择主视图上方水平基准线和垂直基准线的交点处)

指定圆的半径或[直径(D)]:18

命令: _ circle 指定圆的圆心或[三点(3P)/两点(2P)/相切、相切、半径(T)]:(选择主视图上方水平基准线和垂直基准线的交点处)

指定圆的半径或[直径(D)]<18.0000>:29

命令: _ line 指定第一点:(选择主视图下方水平基准线和垂直基准线的交点处)

指定下一点或[放弃(U)]:60(用指明方向输入距离的方法,指明向左方向,输入距离 60)

指定下一点或[放弃(U)]:16(用指明方向输入距离的方法,指明向上方向,输入距离 16)

命令: _ line 指定第一点:

指定下一点或[放弃(U)]: _ tan 到(用临时捕捉法捕捉直径是 58 的圆的切点)

得到主视图部分图形如图 5-34 所示:

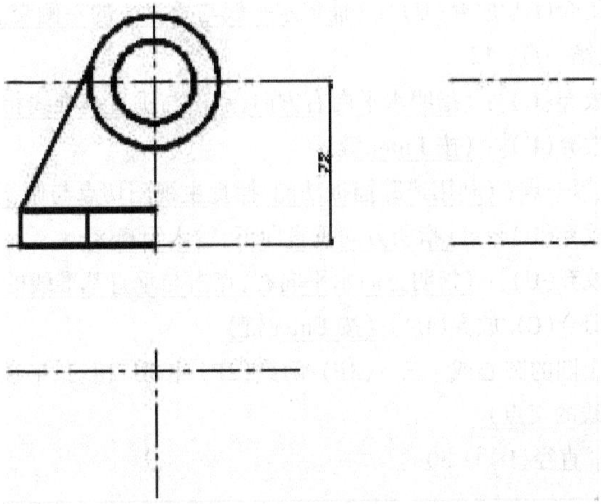

图 5-34 绘制主视图

再将主视图垂直中心线左侧已绘制出的图形元素进行镜像，以完成主视图的绘制，如图5-35所示。

命令：_ mirror
选择对象：指定对角点：找到 4 个(选择主视图上除了圆以外的所有图素)
选择对象：找到 1 个，总计 5 个
选择对象：(按 Enter 键)
指定镜像线的第一点：指定镜像线的第二点：
要删除源对象吗？[是(Y)/否(N)] <N> ：(按 Enter 键)

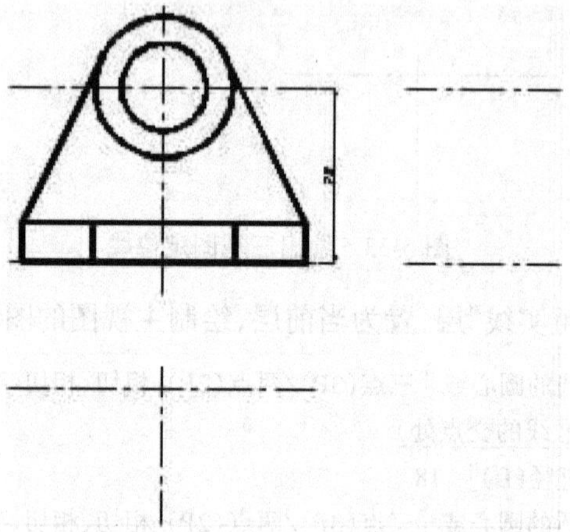

图 5-35　镜像

④ 绘制俯视图。将"粗实线"层置为当前层，绘制俯视图图形。

命令：_ line 指定第一点：(选择俯视图水平基准线与垂直基准线的交点)
指定下一点或 [放弃(U)]：60 (指明方向水平向左，输入距离 60)
指定下一点或 [放弃(U)]：60 (指明方向垂直向下，输入距离 60)
指定下一点或 [闭合(C)/放弃(U)]：(指明方向水平向右，点击与垂直基准线的交点)
指定下一点或 [闭合(C)/放弃(U)]：(捕捉水平线与垂直线的左侧交点)
命令：_ line 指定第一点：12
指定下一点或 [放弃(U)]：(指明水平向右方向，点击与垂直基准线相交的交点)
指定下一点或 [放弃(U)]：(按 Enter 键)
命令：_ line 指定第一点：(利用追踪捕捉功能，捕捉主视图切点与俯视图水平线交点)
指定下一点或 [放弃(U)]：8 (指明方向垂直向下，输入距离 8)
指定下一点或 [放弃(U)]：(指明方向水平向右，点击与垂直基准线的交点)
指定下一点或 [闭合(C)/放弃(U)]：(按 Enter 键)
命令：_ circle 指定圆的圆心或 [三点(3P)/两点(2P)/相切、相切、半径(T)]：(点击俯视图下方水平线与垂直基准线的交点)
指定圆的半径或 [直径(D)]：30

得到俯视图部分图形如图 5-36 所示：

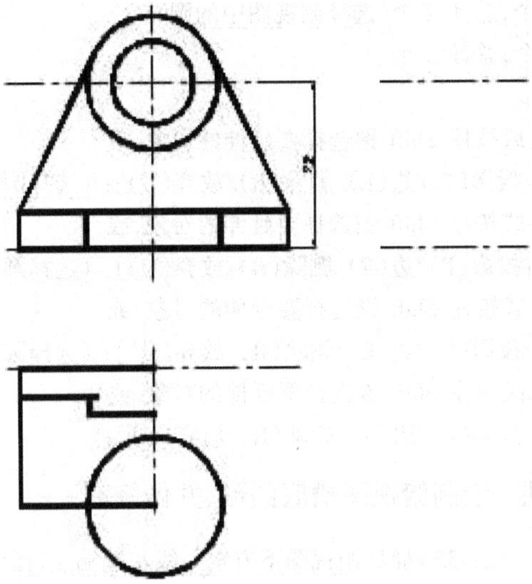

图 5-36　绘制俯视图

镜像后修剪得到俯视图右侧图形，并绘制槽底图形，如图 5-37 所示：

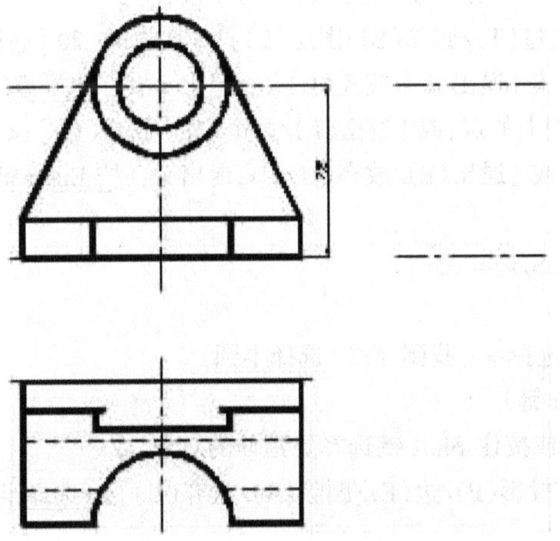

图 5-37　绘制俯视图

命令：_ mirror

选择对象：指定对角点：找到 4 个(选择俯视图除圆以外的所有图素)

选择对象：指定对角点：找到 1 个，总计 5 个

选择对象：找到 1 个，总计 6 个

选择对象：(按 Enter 键)

指定镜像线的第一点：指定镜像线的第二点：(选择垂直基准线的两个端点)

要删除源对象吗？［是(Y)/否(N)］<N>：(按 Enter 键)

命令：_ trim

当前设置：投影 = UCS，边 = 无

选择剪切边 ...

选择对象或 <全部选择>：找到 1 个(选择俯视图下方水平线)

选择对象：找到 1 个，总计 2 个(选择俯视图中的圆)
选择对象：找到 1 个，总计 3 个
选择对象：
选择要修剪的对象，或按住 Shift 键选择要延伸的对象，或
[栏选(F)/窗交(C)/投影(P)/边(E)/删除(R)/放弃(U)]：(选择圆中间左边水平线)
选择要修剪的对象，或按住 Shift 键选择要延伸的对象，或
[栏选(F)/窗交(C)/投影(P)/边(E)/删除(R)/放弃(U)]：(选择圆中间右边水平线)
选择要修剪的对象，或按住 Shift 键选择要延伸的对象，或
[栏选(F)/窗交(C)/投影(P)/边(E)/删除(R)/放弃(U)]：(选择圆下方圆弧)
选择要修剪的对象，或按住 Shift 键选择要延伸的对象，或
[栏选(F)/窗交(C)/投影(P)/边(E)/删除(R)/放弃(U)]：

将“虚线”层置为当前层，绘制俯视图槽底图形，并做修剪

命令：_ line 指定第一点：35 (捕捉俯视图下方水平线左端端点，指明方向向上输入 35)
指定下一点或 [放弃(U)]：(指明方向右点选与右侧垂直线的交点位置)
指定下一点或 [放弃(U)]：(按 Enter 键)
命令：_ offset
当前设置：删除源 = 否 图层 = 源 OFFSETGAPTYPE = 0
指定偏移距离或 [通过(T)/删除(E)/图层(L)] <通过>：20 (选择刚才绘制的水平虚线)
选择要偏移的对象，或 [退出(E)/放弃(U)] <退出>：(在水平虚线下方点击一点)
指定要偏移的那一侧上的点，或 [退出(E)/多个(M)/放弃(U)] <退出>：
选择要偏移的对象，或 [退出(E)/放弃(U)] <退出>：(按 Enter 键)
命令：_ trim
当前设置：投影 = UCS，边 = 无
选择剪切边 ...
选择对象或 <全部选择>：找到 1 个(选择半圆)
选择对象：(按 Enter 键)
选择要修剪的对象，或按住 Shift 键选择要延伸的对象，或
[栏选(F)/窗交(C)/投影(P)/边(E)/删除(R)/放弃(U)]：(选择半圆中的虚线)

⑤ 绘制左视图。将“粗实线”层置为当前层，绘制左视图图形，如图 5-38 所示。

命令：_ line 指定第一点：(选择左视图水平中心线左端点)
指定下一点或 [放弃(U)]：(指明方向向上，捕捉主视图最高点)
指定下一点或 [放弃(U)]：20 (指明方向水平向右，输入距离 20)
指定下一点或 [闭合(C)/放弃(U)]：(捕捉主视图圆柱底点)
指定下一点或 [闭合(C)/放弃(U)]：(指明方向水平向左，点选与刚才绘制的垂直线交点)
指定下一点或 [闭合(C)/放弃(U)]：(按 Enter 键)
命令：_ line 指定第一点：
指定下一点或 [放弃(U)]：60 (选择俯视图垂直线左下端点，指明方向水平向右，输入距离 60)
指定下一点或 [放弃(U)]：16 (指明方向垂直向上，输入距离 16)
指定下一点或 [闭合(C)/放弃(U)]：(指明方向水平向左，点选与左侧垂直线交点)
指定下一点或 [闭合(C)/放弃(U)]：(按 Enter 键)
命令：_ line 指定第一点：12 (捕捉刚绘制的水平线左端点，指明方向水平向右，输入距离 12)

指定下一点或 [放弃(U)]: (指明方向垂直向上,捕捉主视图肋板与大圆的相贯点)
指定下一点或 [放弃(U)]:(按 Enter 键)

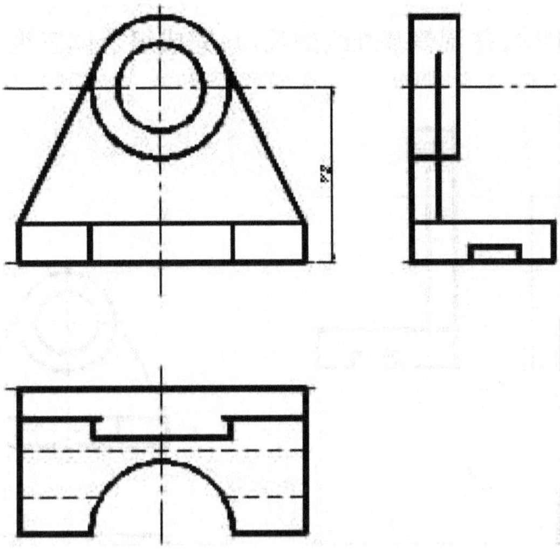

图 5-38　绘制左视图

将“虚线”层置为当前层,绘制左视图中孔和圆缺口虚线图素,并对图形进行修剪,如图5-39所示。

命令: _ line 指定第一点: (捕捉主视图直径为 36 的圆顶点,指明方向水平向右,与左视图左侧垂直线交点)
指定下一点或 [放弃(U)]: (指明方向水平向右与右侧垂直线的交点位置)
指定下一点或 [放弃(U)]: (按 Enter 键)
命令: _ line 指定第一点: (捕捉主视图直径为 36 的圆底点,指明方向水平向右,与左视图左侧垂直线交点)
指定下一点或 [放弃(U)]: (指明方向水平向右与右侧垂直线的交点位置)
指定下一点或 [放弃(U)]: (按 Enter 键)
命令: _ line 指定第一点: 30 (捕捉左视图右侧垂直线上端点,指明方向水平向左,输入距离 30)
指定下一点或 [放弃(U)]: (指明方向垂直向下与槽水平线交点位置)
命令: _ trim
当前设置:投影 = UCS,边 = 无
选择剪切边 ...
选择对象或 <全部选择>: 找到 1 个(选择槽左侧垂直线)
选择对象: 找到 1 个,总计 2 个(选择槽右侧垂直线)
选择对象: 找到 1 个,总计 3 个(选择左视图圆投影的底部水平线)
选择对象:
选择要修剪的对象,或按住 Shift 键选择要延伸的对象,或
[栏选(F)/窗交(C)/投影(P)/边(E)/删除(R)/放弃(U)]: (选择左视图底部水平线)
选择要修剪的对象,或按住 Shift 键选择要延伸的对象,或
[栏选(F)/窗交(C)/投影(P)/边(E)/删除(R)/放弃(U)]: (选择左视图圆投影的底部右侧水

平线)
选择要修剪的对象,或按住 Shift 键选择要延伸的对象,或
[栏选(F)/窗交(C)/投影(P)/边(E)/删除(R)/放弃(U)]: (按 Enter 键)

将多余的图形元素删除,并调整基准线的长短,完成组合体三视图的绘制,效果如图 5-40 所示。

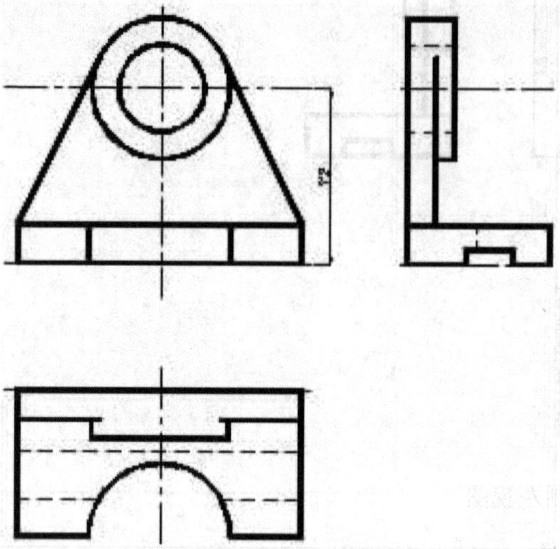

图 5-39　绘制左视图

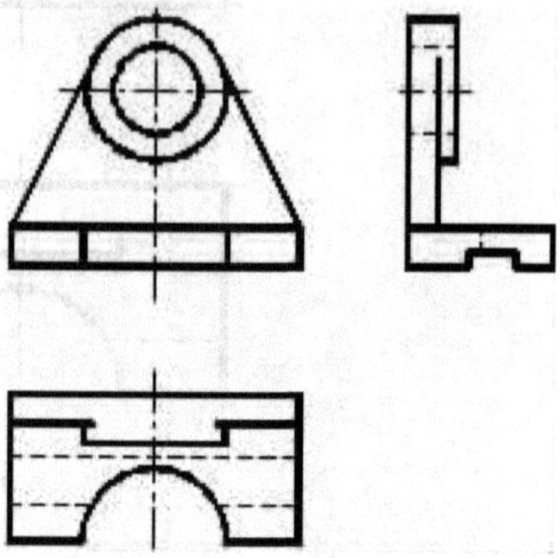

图 5-40　组合体三视图

5.15　思考与练习

1. 综合利用所学的绘图和编辑命令,完成如图 5-41 所示柱子的绘制,不标注尺寸。
2. 综合利用所学的绘图和编辑命令,完成如图 5-42 所示的座体零件图绘制,不标注尺寸。

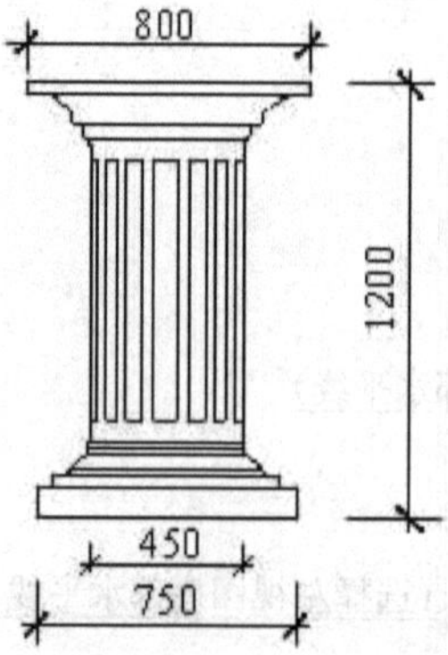

图 5-41　柱子

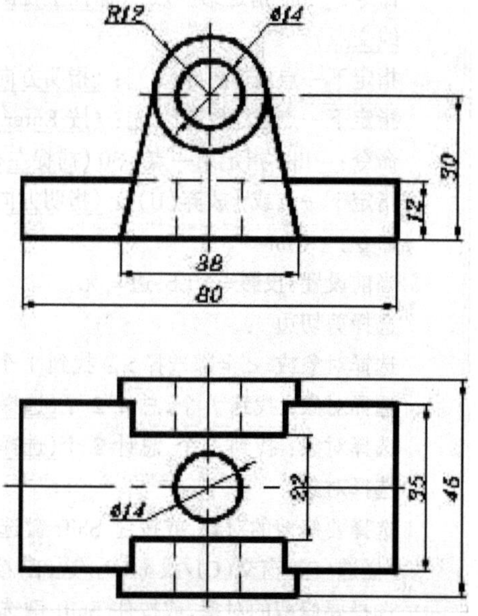

图 5-42　座体零件

第6章 显示控制与视图管理

本章主要学习在 AutoCAD2008 中图形对象的重画(redraw)、重生成(regen)、缩放显示(zoom)、平移视图(pan)、鸟瞰视图、多视口、图形信息查询、多视口的创建及管理等内容。用户可以根据需要来设置绘图环境,然后再进行绘图。设置合适的绘图环境,不仅可以减少大量的调整、修改工作,而且有利于统一格式,便于图形的绘制和管理。

6.1 图形重画与重生成

可以用 regen(重生成)命令重新生成图形,用 redraw(重画)命令刷新屏幕。

6.1.1 重画

重画命令用于刷新屏幕显示。在编辑图形时屏幕上有时会显示一些临时标记或者显示不正确,在这种情况下可以使用重画命令来刷新屏幕显示,以显示正确的图形。

重画命令有两种:

1. 用来刷新当前视口的显示

命令行执行 redraw。

如图 6-1 所示圆形放大显示时,轮廓不光滑,刷新当前视口后,圆形轮廓即可变得光滑。

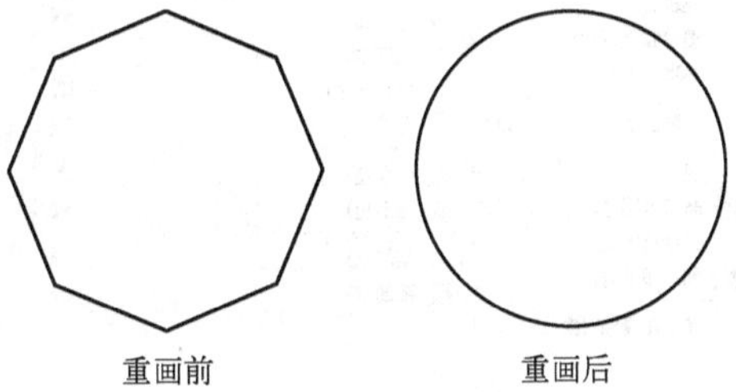

图 6-1 刷新当前视口

2. 用来刷新所有视口的显示

从菜单依次单击“视图”→“重画”;命令行执行 redrawall。

如果用重画命令刷新屏幕后仍不能正确显示图形,则可调用重生成命令。

6.1.2 重生成

与重画命令一样,重生成命令也有两种:

1. 重新生成图形并刷新当前视口

从菜单依次单击“视图”→“重生成”;命令行执行 regenwall。

如图 6-2 右所示为重生成前,绘图区留下操作后的残点标记,当执行“重生成”操作后,清除了当前视口的残点标记。

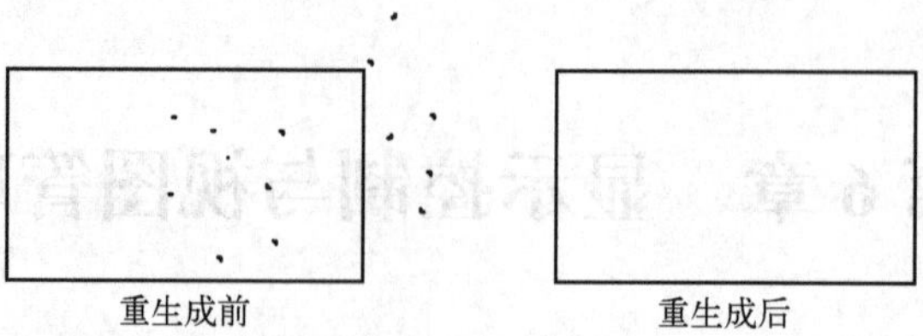

图 6-2 重生成图形

2. 重新生成图形并刷新所有视口

从菜单依次单击“视图”→“全部重生成”；命令行执行 regenall。

可使用如下命令来关闭自动重新生成功能：

命令行：regenauto

调用该命令后，用户可将自动重新生成图形模式相应设置为“开”或“关”。

说明：redraw 和 redrawall 命令均可透明地使用。

6.2 缩放、平移和鸟瞰视图

为方便观察幅面较大且复杂的图形，AutoCAD 提供了缩放、平移、鸟瞰视图等一系列图形显示控制工具，可以用来放大、缩小或移动屏幕上的图形显示，或者同时从不同的角度、不同的部位来显示图形。用户可从“视图”菜单或快捷工具栏调用命令，如图 6-3 所示。

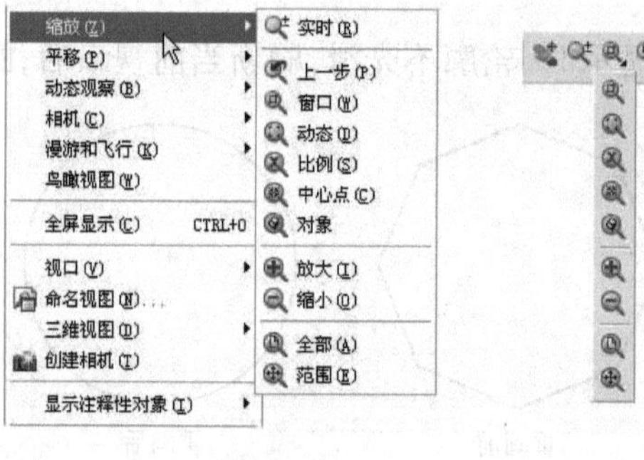

图 6-3 图形显示菜单和工具栏

说明：这里所提到的诸如放大、缩小或移动的操作，仅仅是对图形在屏幕上的显示效果进行控制，图形本身并没有任何改变。

6.2.1 缩放显示

1. 功能

“缩放”类似于可调焦的照相机镜头，可以放大或缩小屏幕所显示的范围，又称视窗的缩放，但对象的实际尺寸并不发生变化。可谓“远观全貌，近察细节”，目的是为了绘制实体、捕捉目标等操作。

2. 命令调用

从菜单单击“视图”→“缩放”子菜单；命令行执行 zoom；单击工具栏 按钮。

3. 操作示例

示例 1:实时缩放

单击“缩放”工具栏的按钮，移动鼠标到绘图区，上下划动鼠标滚轮，即可对图形进行缩放显示，如图 6-4 所示。

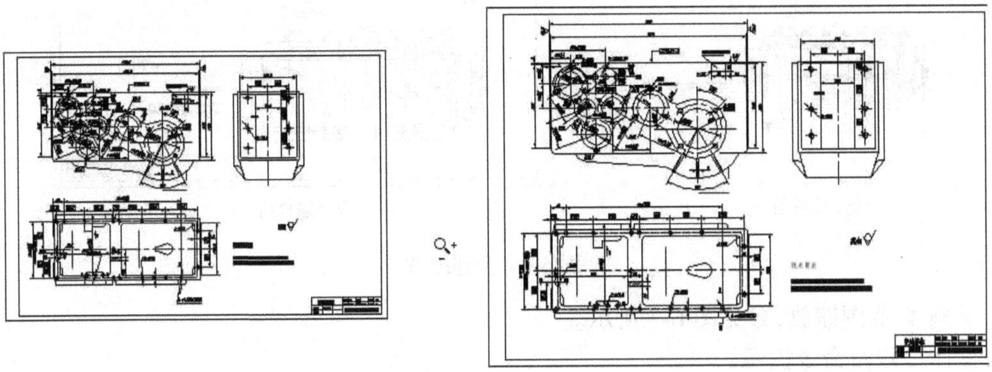

图 6-4　实时缩放

示例 2:中心缩放，参见图 6-5 所示。

命令: '_ zoom (缩放、平移、鸟瞰视图都属于透明命令，都可以透明地操作，即在绘图的任何过程中都可穿插进行。)

指定窗口的角点，输入比例因子 (nX 或 nXP)，或者

[全部(A)/中心(C)/动态(D)/范围(E)/上一个(P)/比例(S)/窗口(W)/对象(O)] <实时>: _ c

指定中心点:(指定中心点，如图所示)

输入比例或高度 <8000>: 5000 (指定适当的比例或高度值)

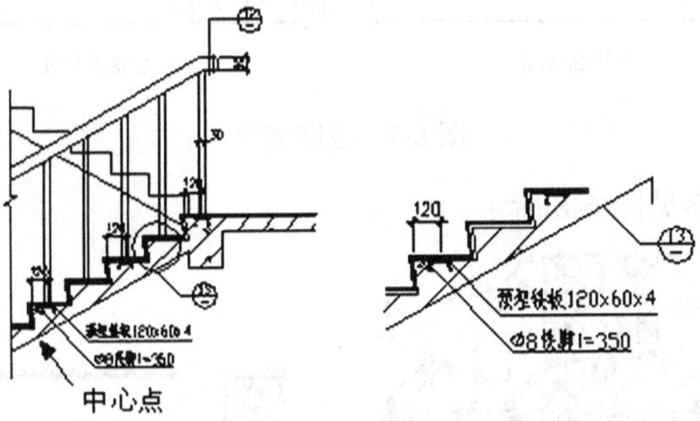

中心缩放前　　　　中心缩放后

图 6-5　中心缩放

说明:中心点缩放便于固定图形在屏幕内的位置。

示例 3:全部缩放，参见图 6-6 所示。

操作步骤及命令提示:

命令: '_ zoom

指定窗口的角点，输入比例因子 (nX 或 nXP)，或者

[全部(A)/中心(C)/动态(D)/范围(E)/上一个(P)/比例(S)/窗口(W)/对象(O)] <实时>:(键入选项缩写字母，如 A，表示全部缩放)

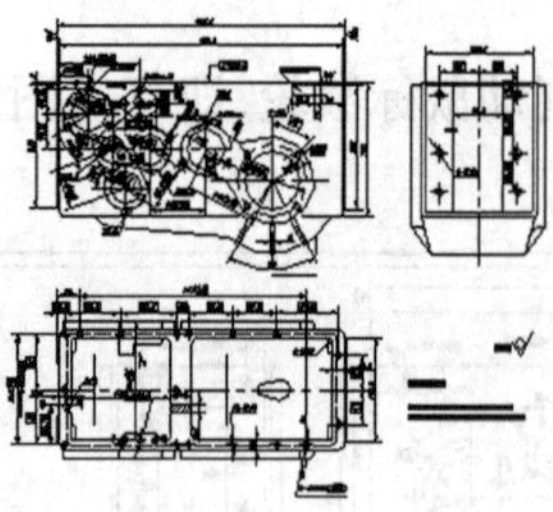

全部缩放前

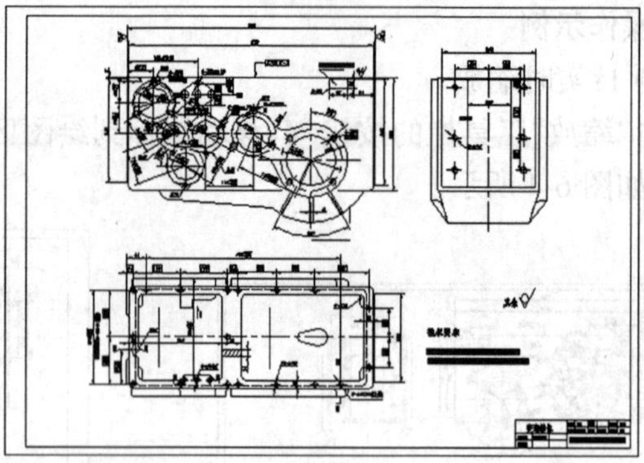

全部缩放后

图 6-6　全部缩放

示例 4:范围缩放,参见图 6-7 所示。

操作步骤及命令提示:

命令: '_ zoom

指定窗口的角点,输入比例因子 (nX 或 nXP),或者

[全部(A)/中心(C)/动态(D)/范围(E)/上一个(P)/比例(S)/窗口(W)/对象(O)] <实时>: _ e

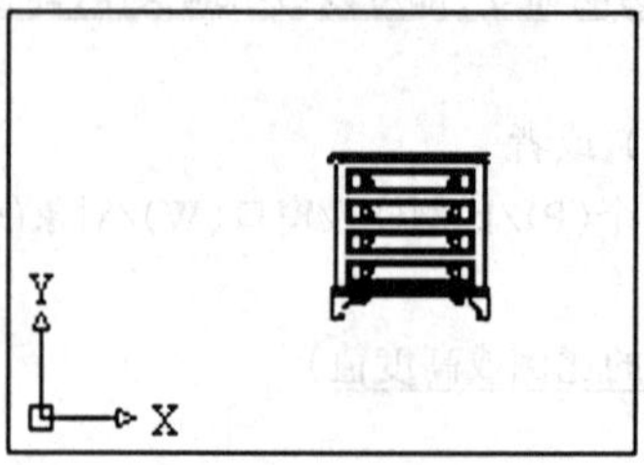

范围缩放前

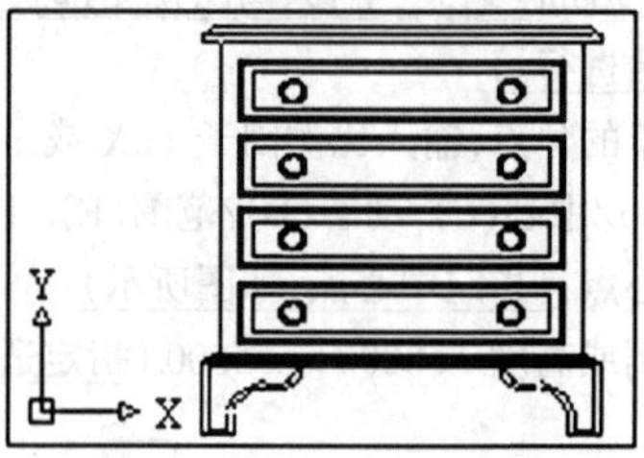

范围缩放后

图 6-7　范围缩放

示例 5:窗口缩放,参见图 6-8 所示。

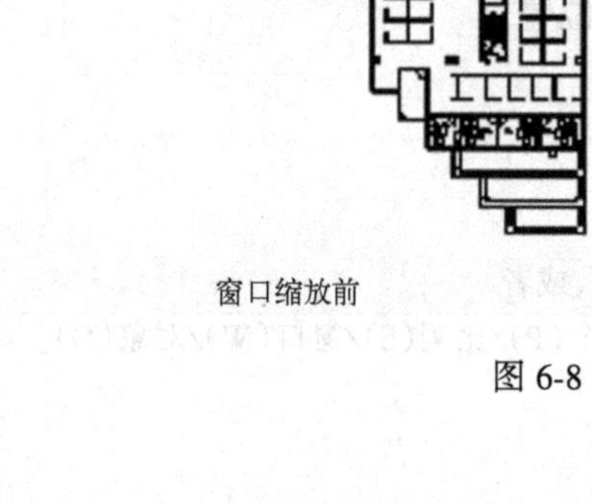

窗口缩放前

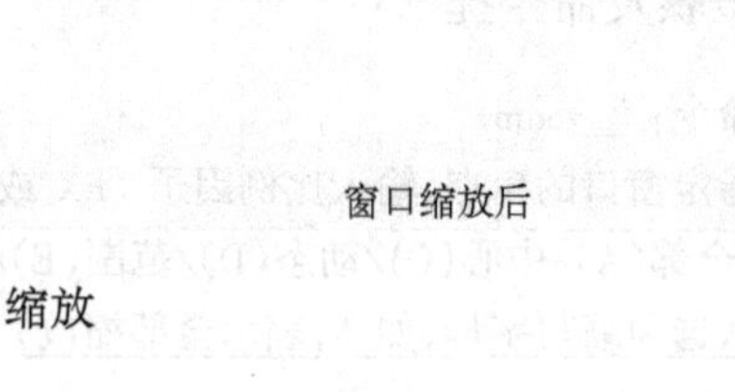

窗口缩放后

图 6-8　窗口缩放

操作步骤及命令提示：

命令：'_ zoom
指定窗口的角点，输入比例因子（nX 或 nXP），或者
［全部(A)/中心(C)/动态(D)/范围(E)/上一个(P)/比例(S)/窗口(W)/对象(O)］＜实时＞：_ w
指定第一个角点：指定对角点：(拖出如图 6-8 内部所示的窗口)

6.2.2 平移视图

1. 功能

用于在不改变图形的显示大小的情况下通过移动图形来观察当前视图中的不同部分。

2. 命令调用

从菜单依次单击“视图”→“平移”子菜单，如图 6-9 所示；单击工具栏的按钮；命令行执行 pan。

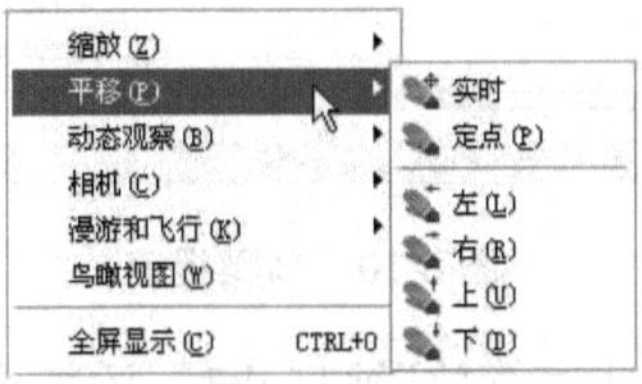

图 6-9 平移菜单

3. 操作示例

命令：'_ pan
按 Esc 或 Enter 键退出，或单击右键显示快捷菜单。(压住鼠标左键平移鼠标到需要的位置)
命令：'_-pan 指定基点或位移：鼠标单击一点 指定第二点：(在第一点的右侧单击另一点，图形立即向右移)。

说明：使用“平移”命令前，必须先知道所要查看的图形大体在哪个位置，否则利用该方式很难找寻。

另外，还有两种方式平移图形，一个使用垂直与水平滚动条；另一个是鼠标在绘图区时，压下滚轮再平移鼠标即可。

6.2.3 鸟瞰视图

1. 功能

使用“鸟瞰视图”的功能，可以使我们快速找出并放大图形中的某一部分，这在大型图纸的绘制中非常有用。

2. 命令调用

从菜单依次单击“视图”→“鸟瞰视图”；命令行执行 dsviewer。

3. 操作示例

启动“鸟瞰视图”后，屏幕将自动产生一个小型视窗，如图 6-10 所示。

单击视窗标题栏，按住左键，可将鹰眼视窗拖至屏幕上任何位置。其视窗大小可以用双箭

头光标进行调节。

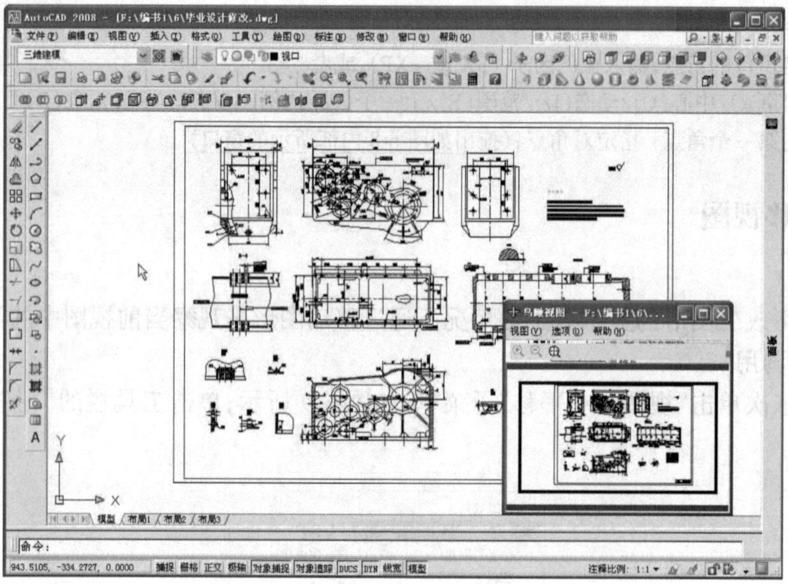

图 6-10　鸟瞰视窗

说明:只有“选项”菜单下的“实时缩放”被打开时,平移或缩放视框中的图形才会适时地出现在主视窗屏幕上。另外鸟瞰视图只有在图形范围较大时才能体现其优越性。

6.3　视口与命名视图

AutoCAD 提供了可以将绘图区域拆分为多个单独的视口,并且可以重复利用,这样在绘制较复杂的图形时,可以缩短在单一视图中平移或缩放的时间。还可以通过对某一视图进行命名和保存,以利于下次能够迅速打开并进行编辑。

6.3.1　创建多视口

1. 功能

在 AutoCAD 默认情况下,绘图区域将作为一个单独的视口存在。所谓视口,是图形屏幕中用于绘制、显示图形的区域。

2. 命令调用

在“视图”→“视口”子菜单和“视口”工具栏中都提供了用于创建和编辑视口的命令,如图 6-11 所示。

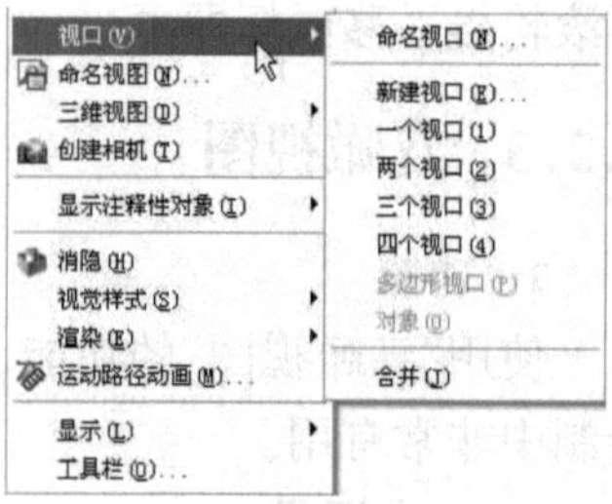

图 6-11　视口菜单

3. 操作示例

如果需要用到多个视口时,可执行“视图”→“视口”→“新建视口”对话框,如图 6-12 所示。在该对话框中可以创建新的视口配置,或命名和保存模型视口配置。

如在“新名称”栏内输入“我的视口”,在“标准视口”选项栏中选择“四个:相等”,单击确定即可创建多视口。

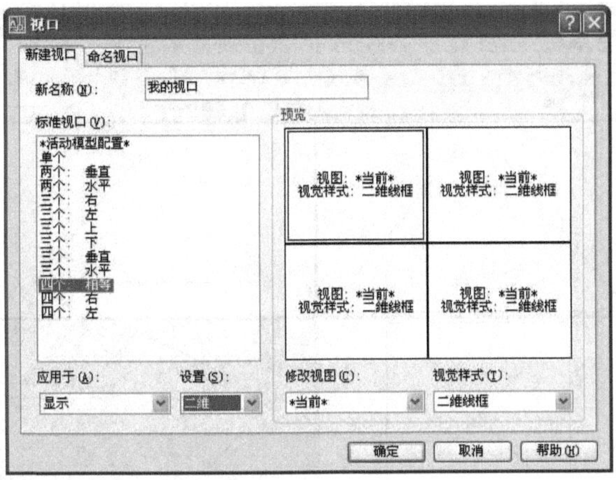

图 6-12 “视口”对话框

6.3.2 命名视口

在“视口”菜单中单击“命名视口”标签，即可切换到该选项卡，其表框中将显示当前视口配置的名称，如“w3”、“我的视口”等。

当完成设置之后，单击 确定 按钮即可，如图 6-13 所示。

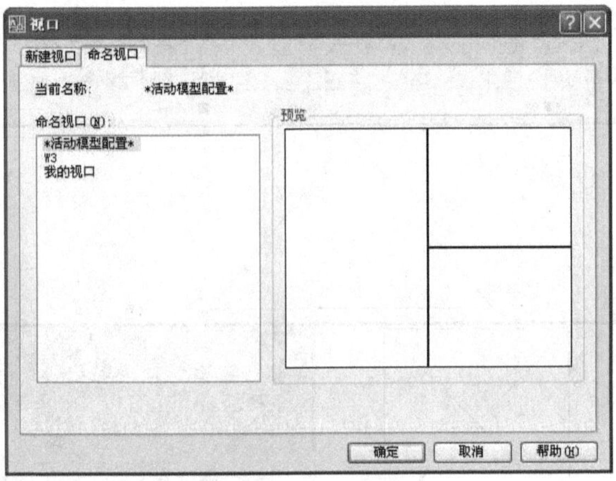

图 6-13 命名视口

当创建多个视口之后，可以在任意一个视口中平移或缩放视图、设置栅格捕捉和 ucs 图标模式、恢复命名视图等，并且可以使用单独的视口保存用户坐标系方向，如图 6-14 所示。

6.3.3 管理视口

当使用多视口时，可通过 AutoCAD 所提供的命令对视口进行管理。

命令行操作如下：

命令：-vports
输入选项［保存(S)/恢复(R)/删除(D)/合并(J)/单一(SI)/? /2/3/4］<3>：j (合并)

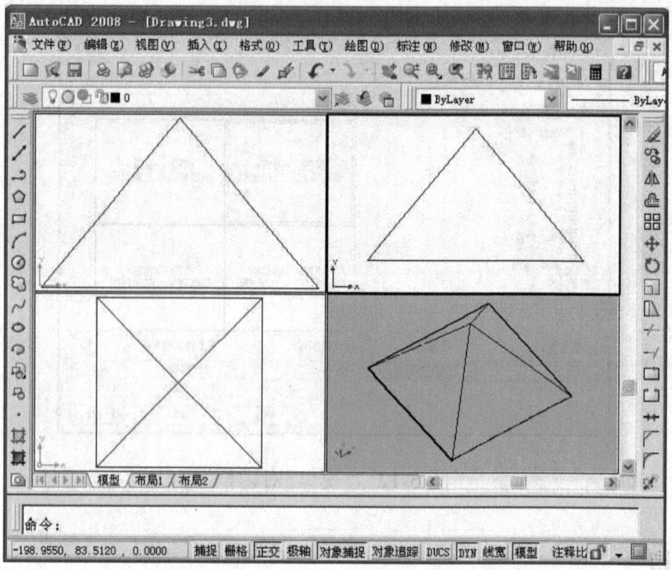

图 6-14　多个视口显示

如“合并”视口，该项功能可将两个邻接的视口合并为一个较大的视口，这时可分别选择所要合并的视口，所得到的视口将继承主视口的视图，效果如图 6-15 所示。

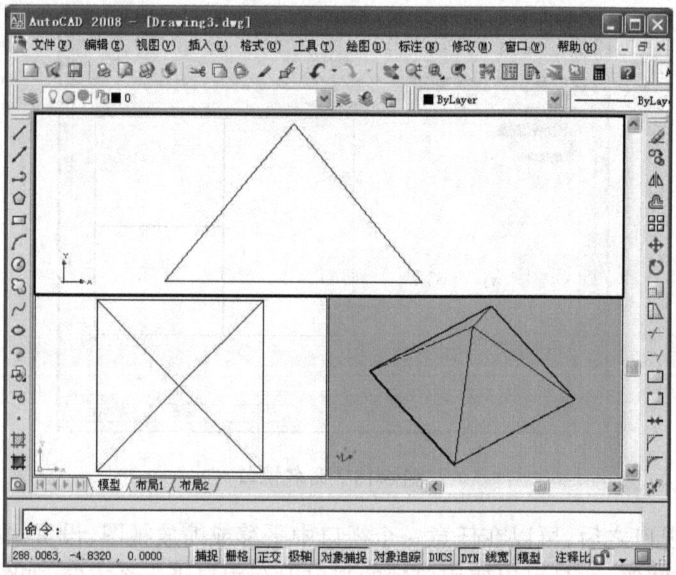

图 6-15　合并的视口

再如“2/3/4”选项，这 3 个选项分别表示将当前视口拆分为相应数量的视口，例如选择 3 之后，将出现下列提示：

输入配置选项水平(H)垂直(v)/上(A)/下[B]/左(L)/右(R)]:

当选择“水平”和“垂直”选项时，可将该区域拆分为相等的 3 部分，而选择“上”、“下”、“左”和“右”选项时，可指定较大视口的位置，如将上图 6-15 所示的活动视口拆分为 3 个，选择“垂直”选项，得到如图 6-16 所示的多视口状态。

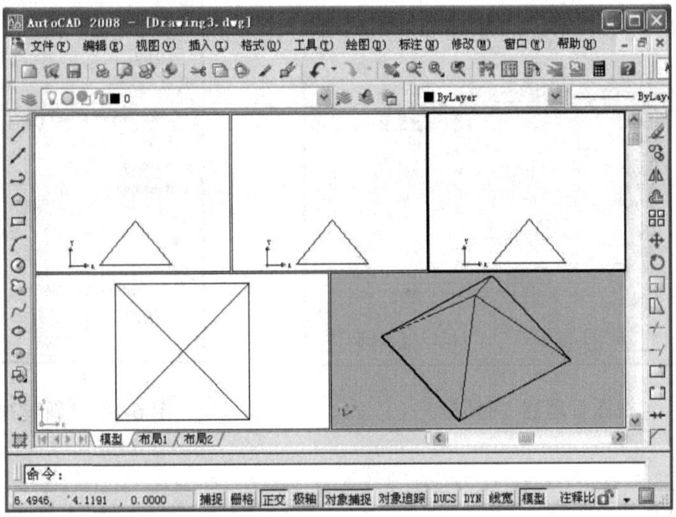

图 6-16　视口拆分

6.3.4　切换视口

如果需要将一个视口设置为当前视口时，只要在该视口边界内的任意位置单击，其转换为当前视口。重复按组合键 Ctrl + R，可循环切换当前文档中的所有视口。

说明：目前为止，我们工作的空间都在模型空间中，后面章节要学到图纸空间，这是两个重要的概念。通俗的讲，我们只能在模型空间里绘图或设计，在图纸空间进行布局出图的工作。

在模型空间里创建的多视口只能以平铺的形式显示，视口的边框大小固定，不能创建多边形视窗。

6.3.5　命名视图

1. 功能

创建、设置、重命名、修改和删除命名视图。按一定比例、位置和方向显示的图形称为视图。命名视图随图形一起保存并可以随时使用。在构造布局时，可以将命名视图恢复到布局的视口中。

2. 命令调用

从“视图”菜单，单击“命名视图”；在命令行执行 view，按 Enter 键。

3. 操作示例

从“视图”菜单，单击“命名视图”，弹出“视图管理器”对话框，如图 6-17 所示。

单击 新建(N)... 按钮，弹出“新建视图”对话框，在“视图名称”文本框内输入名称“我的视图”、视图类别为“三维”，如图 6-18 所示。

图中可以看到，在模型视图中新增了一个“我的视图”项，若将它“置为当前”，确定后即可打开以“我的视图”保存过的视图。

另外，还可以对创建好的命名视图进行“更新图层”、“ 编辑边界”和“删除”等操作。

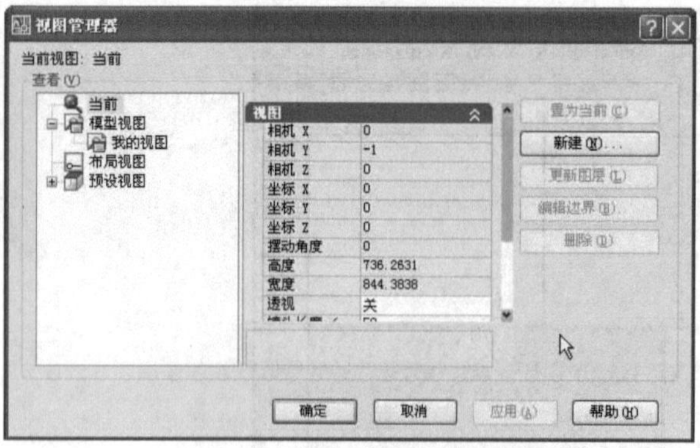

图 6-17 “视图管理器”对话框

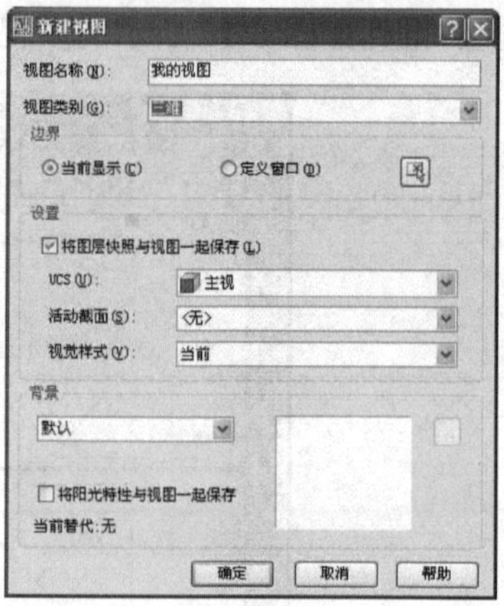

图 6-18 “新建视图”对话框

6.4 实训指导

6.4.1 实例一

根据本章所学的内容,完成如图 6-19 的视图设置。

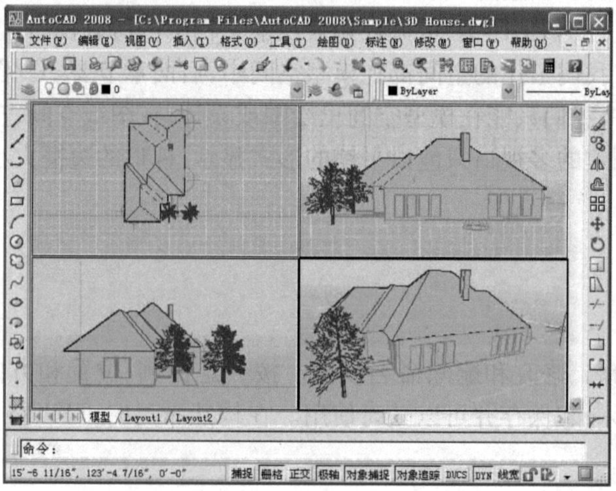

图 6-19 视图设置

① 打开路径“C: \ Program Files \ AutoCAD 2008 \ Sample \ 3D House.dwg”的图形文件,如图 6-20 所示。

② 将视觉样式设为“三维隐藏”, 可执行“视图”→“视觉样式”→“三维隐藏”命令,命令行操作如下:

命令: _ vscurrent

输入选项 [二维线框(2)/三维线框(3)/三维隐藏(H)/真实(R)/概念(C)/其他(O)] <三维隐藏>:

结果如图 6-21 所示。

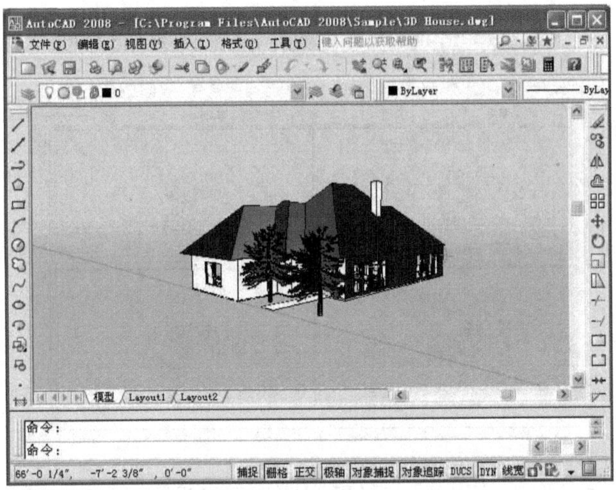

图 6-20　视图设置

图 6-21　三维隐藏

③ 将视口设为“四个视口”，可执行“视图”→“视口”→“四个视口”命令，命令行操作如下：

命令：_-vports

输入选项 [保存(S)/恢复(R)/删除(D)/合并(J)/单一(SI)/？/2/3/4] <3>：_4

结果如图 6-22 所示。

④ 将左上视口设为“俯视”，可执行“视图”→“三维视图”→“俯视”命令，命令行操作如下：

命令：_-view 输入选项 [？/删除(D)/正交(O)/恢复(R)/保存(S)/设置(E)/窗口(W)]：_top (首先激活左上视口)

结果如图 6-23 所示。

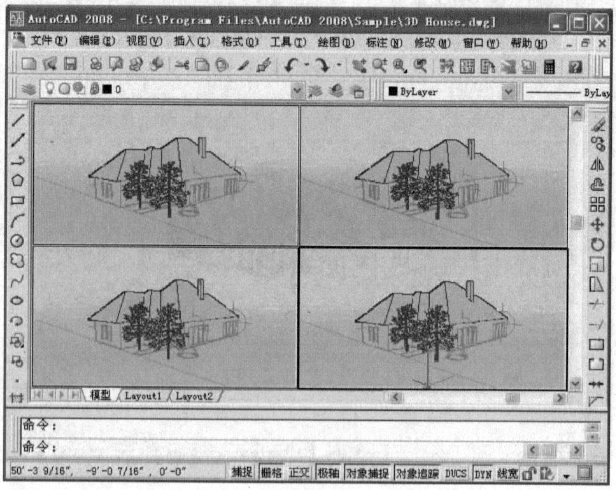

图 6-22　四个视口

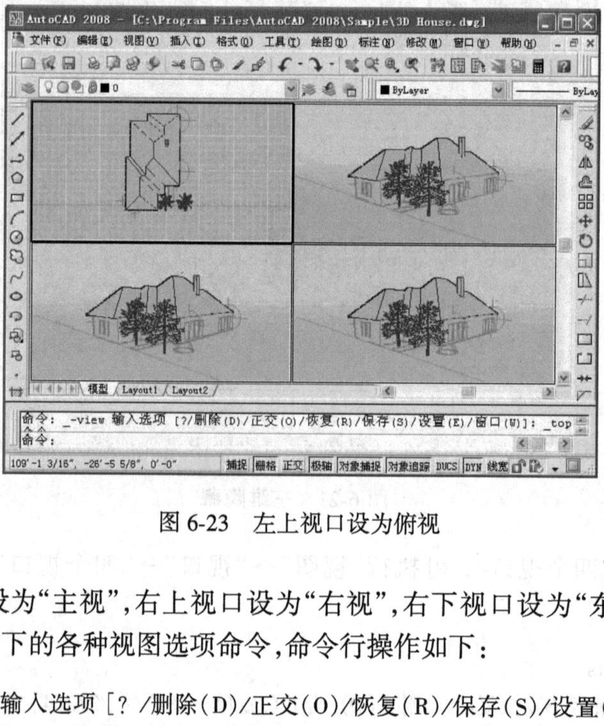

图 6-23　左上视口设为俯视

⑤ 将左下视口设为“主视”，右上视口设为“右视”，右下视口设为“东南等轴测”，可执行“视图”→“三维视图”下的各种视图选项命令，命令行操作如下：

命令：_-view 输入选项［？/删除(D)/正交(O)/恢复(R)/保存(S)/设置(E)/窗口(W)］：_ front
(首先激活左下视口，然后设置为“主视”)

命令：_-view 输入选项［？/删除(D)/正交(O)/恢复(R)/保存(S)/设置(E)/窗口(W)］：_ right
(首先激活右上视口，然后设置为“右视”)

命令：_-view 输入选项［？/删除(D)/正交(O)/恢复(R)/保存(S)/设置(E)/窗口(W)］：_ seiso
(首先激活右下视口，然后设置为“东南等轴测”)

结果如图 6-24 所示。

⑥ 利用动态观察命令将右下视口调整到合适位置，最终效果如图 6-19 所示。

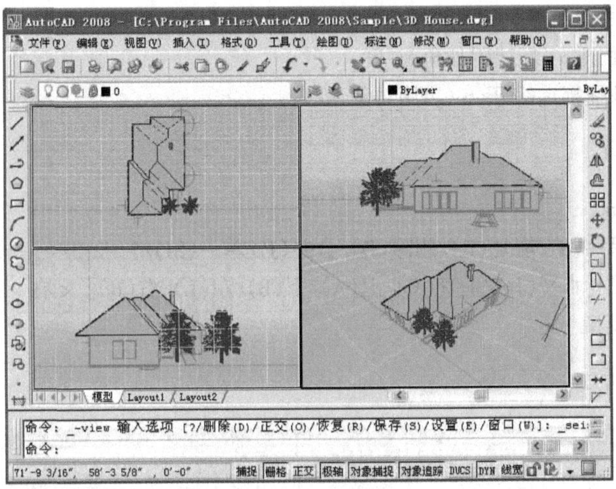

图 6-24　视图设置结果

6.4.2 实例二

根据前面学习过的内容，完成如图 6-25 所示扳手的绘制，不标尺寸。

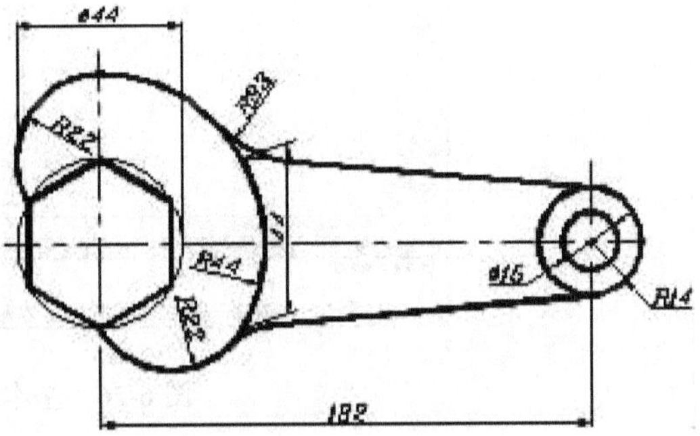

图 6-25　扳手

1. 新建图形和单位

① 创建新图形。

命令：new

在弹出的“创建新图形”对话框内选择“公制”单位。

② 单位精度。

命令：'_ units

“长度单位”选择小数，精度为小数点后两位即“0.00”，角度为小数，精度为“0”

2. 设置绘图界限和缩放显示

命令：'_ limits

重新设置模型空间界限：

指定左下角点或 [开(ON)/关(OFF)] <0.00,0.00>：

指定右上角点 <420.00,297.00>：210,150 (绘图界限应大于图形长度和宽度最大尺寸)

命令：'_ zoom

指定窗口的角点，输入比例因子 (nX 或 nXP)，或者

[全部(A)/中心(C)/动态(D)/范围(E)/上一个(P)/比例(S)/窗口(W)/对象(O)] <实时>：

_ all 正在重生成模型

3. 草图设置

① 开启对象捕捉与追踪。

命令：< 对象捕捉 开 >（设置"圆心"、"端点"、"切点"、"交点"和"垂足"捕捉）
命令：< 极轴 开 >（新建附加角 80 度）
命令：< 对象捕捉追踪 开 >（启用对象追踪）

② 开启 3 个视口。

命令：_-vports
输入选项［保存(S)/恢复(R)/删除(D)/合并(J)/单一(SI)/？/2/3/4］< 3 >：_3
输入配置选项［水平(H)/垂直(V)/上(A)/下(B)/左(L)/右(R)］< 右 >：
正在重生成模型

结果如图 6-26 所示。

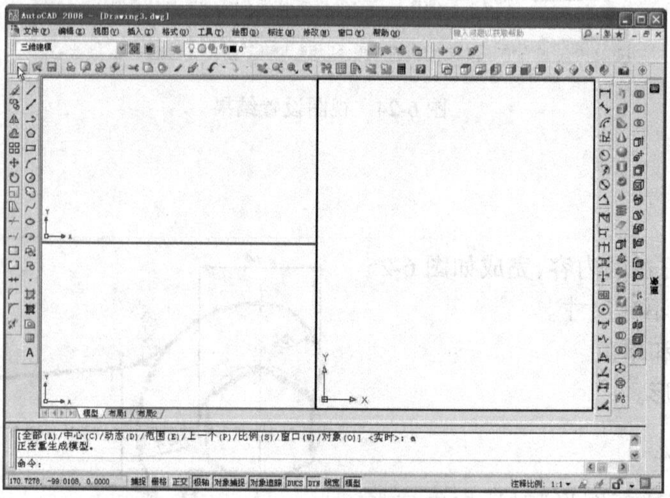

图 6-26　基本绘图环境设置

③ 保存为"扳手 .dwg"。

4. 图层和线型比例的设置

按图 6-27 所示创建 3 个新图层。

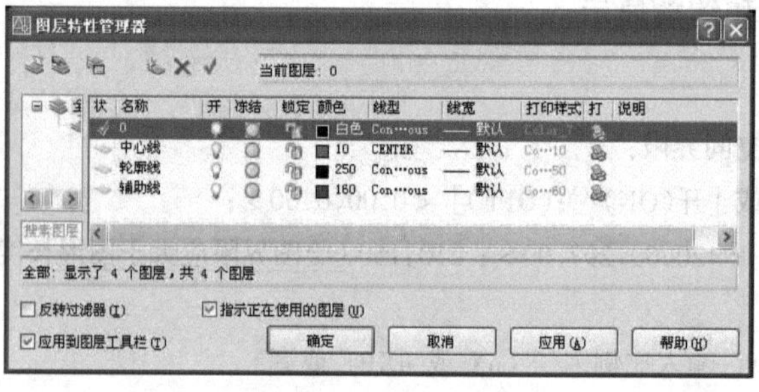

图 6-27　图层设置

5. 开始绘图

① 绘制定位中心线。激活右视口，并把中心线层设置为当前层。

命令：_ line 指定第一点：100,150
指定下一点或［放弃(U)］：100,195
指定下一点或［放弃(U)］：(按 Enter 键)
命令：_ line 指定第一点：186,200
指定下一点或［放弃(U)］：186,100
指定下一点或［放弃(U)］：(按 Enter 键)
命令：_ offset
当前设置：删除源 = 否 图层 = 源 OFFSETGAPTYPE = 0
指定偏移距离或［通过(T)/删除(E)/图层(L)］< 1.00 >：132
选择要偏移的对象，或［退出(E)/放弃(U)］<退出>：(选择垂直中心线)
指定要偏移的那一侧上的点，或［退出(E)/多个(M)/放弃(U)］<退出>(单击右侧一点)
选择要偏移的对象，或［退出(E)/放弃(U)］<退出>：(按 Enter 键)

结果如图 6-28 所示。

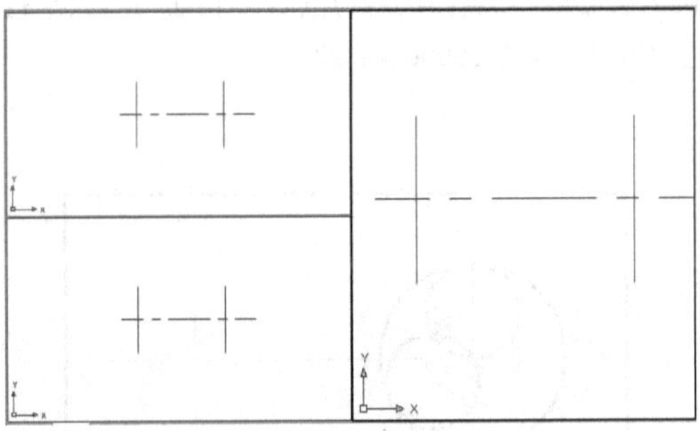

图 6-28　绘制定位中心线

② 绘制扳手辅助圆及六边形钳口。激活左上视口，并窗口放大显示中部中心线。

命令：'_ zoom
指定窗口的角点，输入比例因子 (nX 或 nXP)，或者
［全部(A)/中心(C)/动态(D)/范围(E)/上一个(P)/比例(S)/窗口(W)/对象(O)］<实时>：_ w
指定第一个角点：指定对角点：

接着画扳手辅助圆及六边形钳口。

命令：_ circle 指定圆的圆心或［三点(3P)/两点(2P)/相切、相切、半径(T)］：(单击左侧十字中心线交点)
指定圆的半径或［直径(D)］<44.0000>：22
命令：_ polygon 输入边的数目 <4>：6 (确定多边形的边数)
指定正多边形的中心点或［边(E)］：(单击辅助圆圆心)
输入选项［内接于圆(I)/外切于圆(C)］<I>：I
指定圆的半径：22

结果如图 6-29 所示。

③ 绘制扳手外形轮廓。更换当前图层为粗实线层。

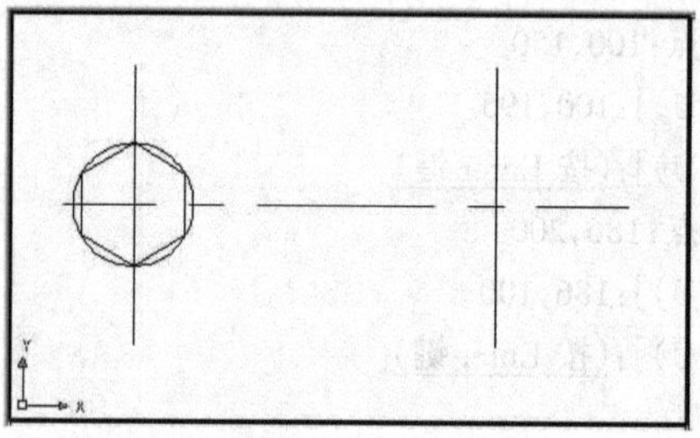

图 6-29　绘制辅助圆及六边形钳口

命令: _ circle 指定圆的圆心或 [三点(3P)/两点(2P)/相切、相切、半径(T)]: (单击左侧十字中心线交点)
指定圆的半径或 [直径(D)] <22.0000>: 44
命令: _ circle 指定圆的圆心或 [三点(3P)/两点(2P)/相切、相切、半径(T)]: (单击六边形的顶点)
指定圆的半径或 [直径(D)] <44.0000>: 22
命令:_ circle 指定圆的圆心或[三点(3P)/两点(2P)/相切、相切、半径(T)]:(单击六边形右下顶点)
指定圆的半径或 [直径(D)] <22.0000>: 22

结果如图 6-30 示。

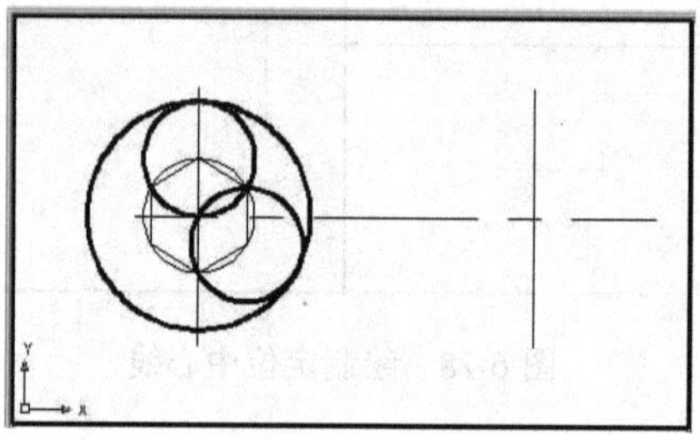

图 6-30　绘制钳口外形轮廓

接着进行修剪:

命令: _ trim
当前设置:投影 = UCS,边 = 无
选择剪切边 ...
选择对象或 <全部选择>: 找到 1 个(选择半径是 44 的圆)
选择对象: 找到 1 个,总计 2 个(选择半径是 22 的圆)
选择对象: 找到 1 个,总计 3 个(选择半径是 22 的圆)
选择对象: 找到 1 个,总计 4 个(选择六边形)
选择对象:
选择要修剪的对象,或按住 Shift 键选择要延伸的对象,或
[栏选(F)/窗交(C)/投影(P)/边(E)/删除(R)/放弃(U)]: (选择半径是 44 的圆)
选择要修剪的对象,或按住 Shift 键选择要延伸的对象,或
[栏选(F)/窗交(C)/投影(P)/边(E)/删除(R)/放弃(U)]: (选择半径是 22 的圆)
选择要修剪的对象,或按住 Shift 键选择要延伸的对象,或
[栏选(F)/窗交(C)/投影(P)/边(E)/删除(R)/放弃(U)]: (选择半径是 22 的圆)

选择要修剪的对象,或按住 Shift 键选择要延伸的对象,或
[栏选(F)/窗交(C)/投影(P)/边(E)/删除(R)/放弃(U)]: (选择半径是 22 的圆)
选择要修剪的对象,或按住 Shift 键选择要延伸的对象,或
[栏选(F)/窗交(C)/投影(P)/边(E)/删除(R)/放弃(U)]: (选择半径是 22 的圆)
选择要修剪的对象,或按住 Shift 键选择要延伸的对象,或
[栏选(F)/窗交(C)/投影(P)/边(E)/删除(R)/放弃(U)]: (选择半径是 22 的圆)
选择要修剪的对象,或按住 Shift 键选择要延伸的对象,或
[栏选(F)/窗交(C)/投影(P)/边(E)/删除(R)/放弃(U)]: (选择半径是 22 的圆)
选择要修剪的对象,或按住 Shift 键选择要延伸的对象,或
[栏选(F)/窗交(C)/投影(P)/边(E)/删除(R)/放弃(U)]: (按 Enter 键)

结果如图 6-31 所示。

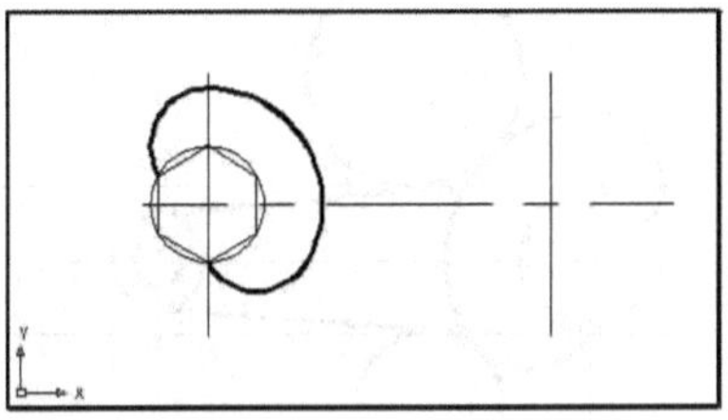

图 6-31 绘制钳口外形

然后绘制扳手手柄。

命令: _ circle 指定圆的圆心或 [三点(3P)/两点(2P)/相切、相切、半径(T)]: (单击右侧十字中心线交点)
指定圆的半径或 [直径(D)] <22.0000>: d
指定圆的直径 <44.0000>: 15
命令:_ circle 指定圆的圆心或[三点(3P)/两点(2P)/相切、相切、半径(T)]:(单击直径是 15 的圆心)
指定圆的半径或 [直径(D)] <7.5000>: 14
命令: _ offset
当前设置: 删除源 = 否 图层 = 源 OFFSETGAPTYPE = 0
指定偏移距离或 [通过(T)/删除(E)/图层(L)] <132.0000>: 22
选择要偏移的对象,或 [退出(E)/放弃(U)] <退出>:(选择水平中心线)
指定要偏移的那一侧上的点,或 [退出(E)/多个(M)/放弃(U)] <退出>:(在水平中心线上方单击一点)
选择要偏移的对象,或 [退出(E)/放弃(U)] <退出>:(选择水平中心线)
指定要偏移的那一侧上的点,或 [退出(E)/多个(M)/放弃(U)] <退出>:(在水平中心线下方单击一点)
选择要偏移的对象,或 [退出(E)/放弃(U)] <退出>: (按 Enter 键)
命令: _ line 指定第一点: (选择偏移后直线与半径为 44 的圆的交点)
指定下一点或 [放弃(U)]: (捕捉半径是 15 的圆的切点)
指定下一点或 [放弃(U)]: (按 Enter 键)
命令: _ line 指定第一点: (选择偏移后直线与半径为 44 的圆的交点)
指定下一点或 [放弃(U)]: (捕捉半径是 15 的圆的切点)

指定下一点或［放弃(U)］：(按 Enter 键)

命令：_ circle 指定圆的圆心或［三点(3P)/两点(2P)/相切、相切、半径(T)］：t

指定对象与圆的第一个切点：(选择半径为 44 的圆)

指定对象与圆的第二个切点：(选择连接线)

指定圆的半径 < 14.0000 > ：33

命令：_ circle 指定圆的圆心或［三点(3P)/两点(2P)/相切、相切、半径(T)］：t

指定对象与圆的第一个切点：(选择半径为 44 的圆)

指定对象与圆的第二个切点：(选择连接线)

指定圆的半径 < 33.0000 > ：22

结果如图 6-32 所示。

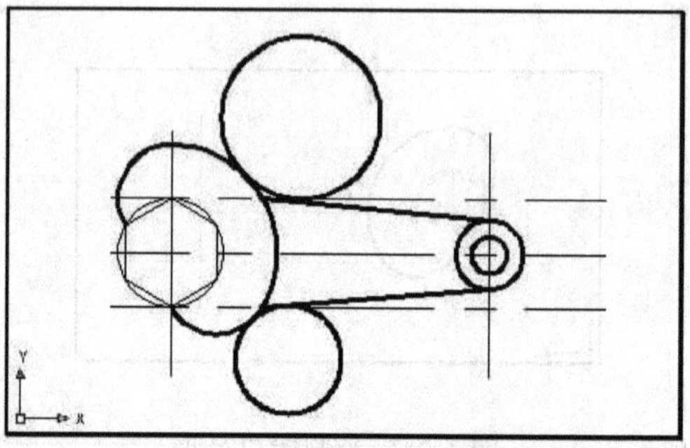

图 6-32　绘制扳手手柄

接着进行修剪。

命令：_ trim

当前设置:投影 = UCS,边 = 无

选择剪切边 ...

选择对象或 < 全部选择 > ：找到 1 个(选择连接线)

选择对象：找到 1 个,总计 2 个(选择半径为 44 的圆)

选择对象：找到 1 个,总计 3 个(选择连接线)

选择对象：找到 1 个,总计 4 个(选择半径为 44 的圆)

选择对象：(按 Enter 键)

选择要修剪的对象,或按住 Shift 键选择要延伸的对象,或

［栏选(F)/窗交(C)/投影(P)/边(E)/删除(R)/放弃(U)］：(选择半径为 33 的圆)

选择要修剪的对象,或按住 Shift 键选择要延伸的对象,或

［栏选(F)/窗交(C)/投影(P)/边(E)/删除(R)/放弃(U)］：(选择半径为 22 的圆)

选择要修剪的对象,或按住 Shift 键选择要延伸的对象,或

［栏选(F)/窗交(C)/投影(P)/边(E)/删除(R)/放弃(U)］：(按 Enter 键)

命令：_ trim

当前设置:投影 = UCS,边 = 无

选择剪切边 ...

选择对象或 < 全部选择 > ：找到 1 个(选择切圆弧)

选择对象：找到 1 个,总计 2 个(选择切圆弧)

选择对象：(按 Enter 键)

选择要修剪的对象,或按住 Shift 键选择要延伸的对象,或

[栏选(F)/窗交(C)/投影(P)/边(E)/删除(R)/放弃(U)]:(选择夹在半径是44的圆和半径是33的圆之间的连接线)
选择要修剪的对象,或按住 Shift 键选择要延伸的对象,或
[栏选(F)/窗交(C)/投影(P)/边(E)/删除(R)/放弃(U)]:(选择夹在半径是44的圆和半径是22的圆之间的连接线)
选择要修剪的对象,或按住 Shift 键选择要延伸的对象,或
[栏选(F)/窗交(C)/投影(P)/边(E)/删除(R)/放弃(U)]:(按 Enter 键)

删除多余图素 调整中心线的长短,更改线型,结果如图6-33所示。

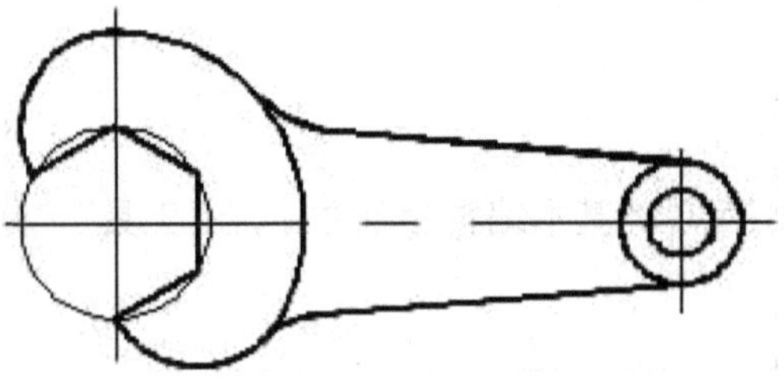

图 6-33 完成绘制

6.5 思考与练习

1. 思考题

① redrawall(重画)与 regen(重生成)命令的作用是什么?有什么不同?

② 什么是显示点?用什么方法可使它们从屏幕上消失?

③ 简述 zoom 命令对绘图工作的重要性?

④ 多视口在绘图过程中起到的作用如何,如何使用“视口”对话框?

⑤ 命名和保存视图时,可保存那些视图设置?

2. 上机实战

使用多视口和命名视图等工具,完成如图6-34的绘制,不标尺寸。

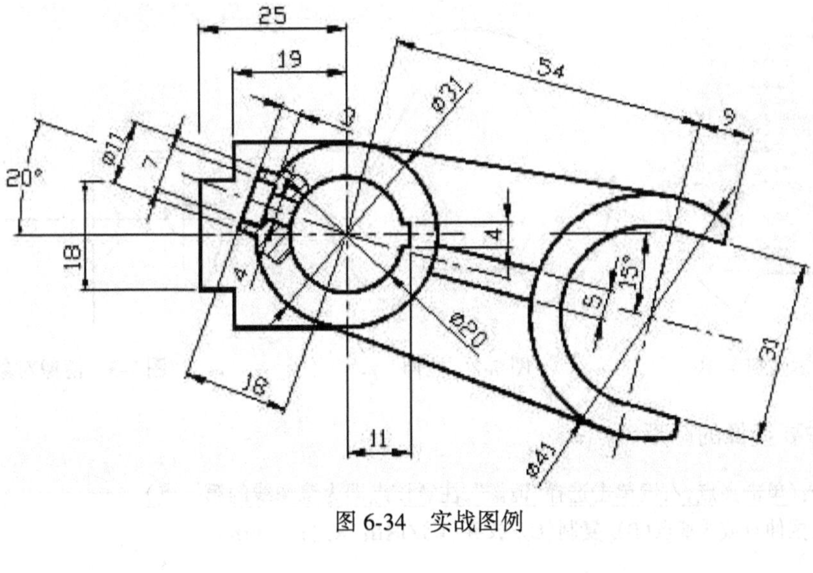

图 6-34 实战图例

第 7 章　高级编辑技巧

通过本章的学习，首先应掌握对象的夹点编辑、快速选择、特性修改、多段线编辑、多线编辑等高级编辑工具，还要学习工具选项板的使用、创建边界和面域、填充图案以及 AutoCAD 设计中心的使用等内容。

7.1　高级编辑

除了前面学习的“修改”菜单的基本编辑命令之外，在“工具”、“修改 II”等菜单还包含有诸多的图形编辑工具。

7.1.1　夹点编辑

在 AutoCAD 中编辑对象时，移动、旋转、缩放、拉伸和镜像是常用的编辑操作。除了使用前面介绍的方法可以实现之外，还可以使用夹点编辑来实现。

1. 功能

利用夹点可进行移动、镜像、旋转、比例缩放、拉伸和复制等操作。

2. 命令调用

当选择了某个对象后，对象的控制点上将出现一些小的蓝色正方形框，这些正方形框被称为对象的夹点。光标与夹点对齐后单击左键可选中夹点（此时夹点改变颜色），再单击右键即弹出“编辑”快捷菜单，如图 7-1 所示。

3. 操作示例

示例 1：如图 7-1 所示，选中“拉伸”，即可进行如图 7-2 的所示拉伸操作。

示例 2：利用夹点编辑，镜像如图 7-3 所示的图形。

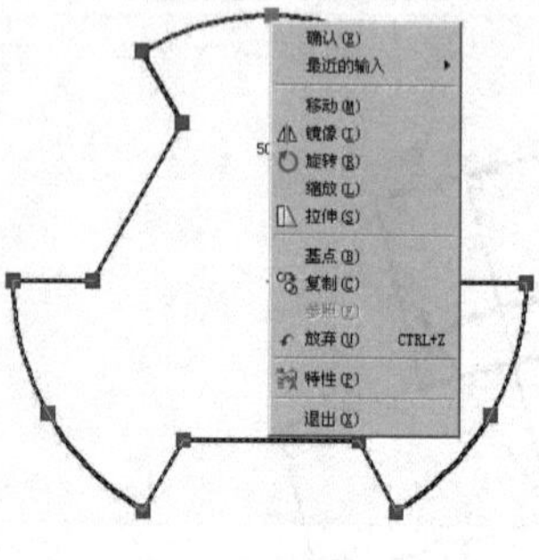

图 7-1　右键快捷菜单

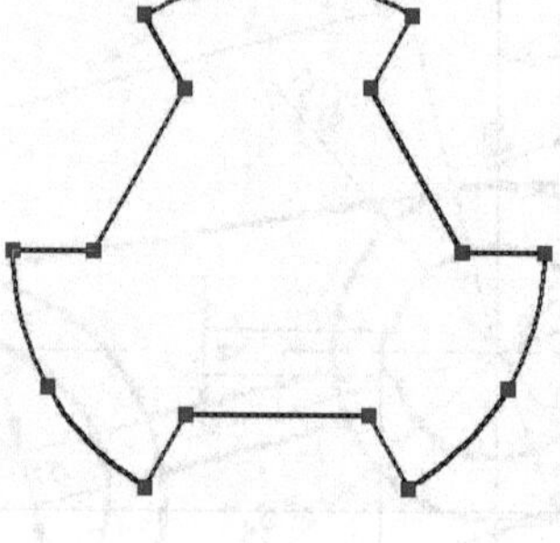

图 7-2　拉伸

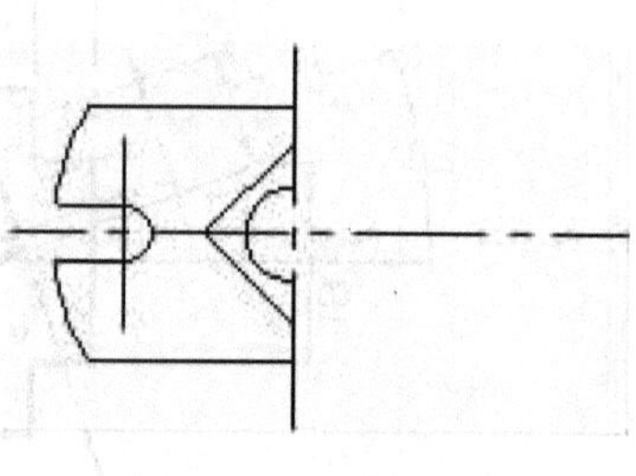

图 7-3　镜像对象

首先选中要镜像的图形。

命令：(单击夹点，右键单击选择“镜像”，注意该点即为镜像线的第一点)

指定拉伸点或［基点(B)/复制(C)/放弃(U)/退出(X)]：_ mirror

指定第二点或［基点(B)/复制(C)/放弃(U)/退出(X)]：c (不删除原对象)
指定第二点或［基点(B)/复制(C)/放弃(U)/退出(X)]：(捕捉镜像线上另一点)
指定第二点或［基点(B)/复制(C)/放弃(U)/退出(X)]：(按 Enter 键)

操作结果如图 7-4 所示。

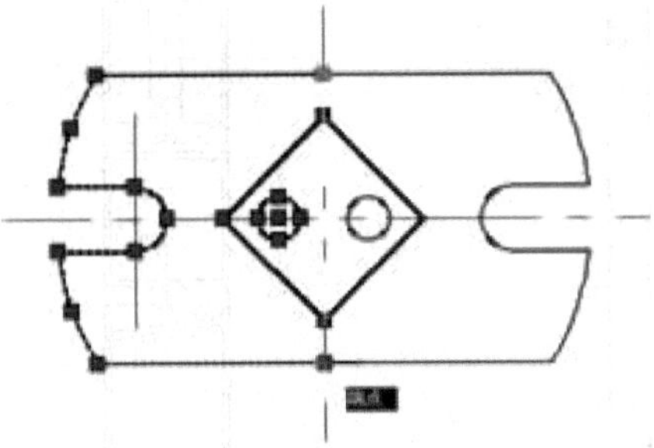

图 7-4　夹点镜像

7.1.2　快速选择

1. 功能

用户可使用 qselect 命令来进行快速选择，该命令可以在整个图形或现有选择集的范围内来创建一个选择集，用户可以利用“对象特性”或“对象类型”来将对象包含在选择集中或将对象从选择集中排除。同时，用户还可以指定该选择集用于替换当前选择集还是将其附加到当前选择集之中。

2. 命令调用

从菜单依次单击“工具”→“快速选择 ...”；从快捷菜单，终止任何活动命令，右键单击绘图区域，选择“快速选择 ...”项；命令行执行 qselect；在“特性”、“块定义”等窗口或对话框中也提供了按钮来访问 qselect 命令。

3. 操作示例

如图 7-5 所示，要求用快速选择的方法，按图层选中剖面线层所有对象，再将其选中，最后作删除操作。

操作步骤及命令提示：

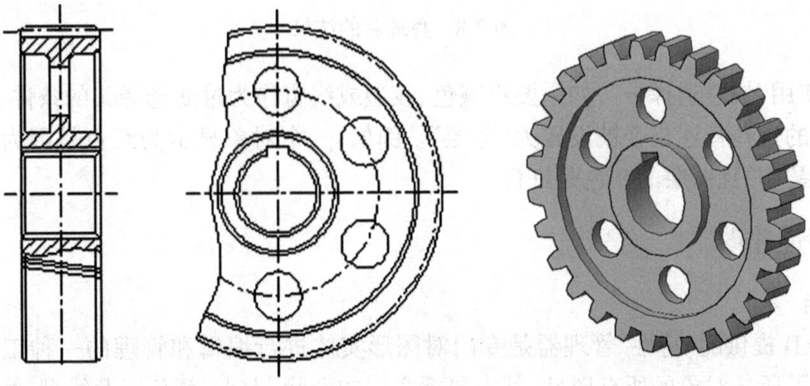

图 7-5　齿轮图

① 选剖面线层。从菜单依次单击“工具”→“快速选择 . . .”,在弹出的“快速选择 . . .”对话框中作如图 7-6 所示的操作。

按 确定 后,查看被快速选中的对象如图 7-7 所示。

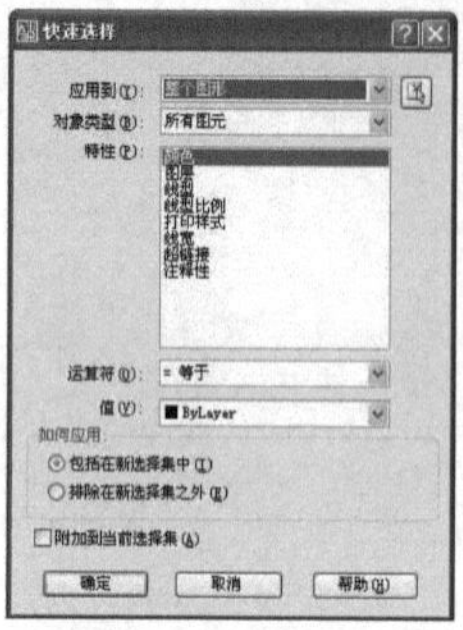

图 7-6　快速选择

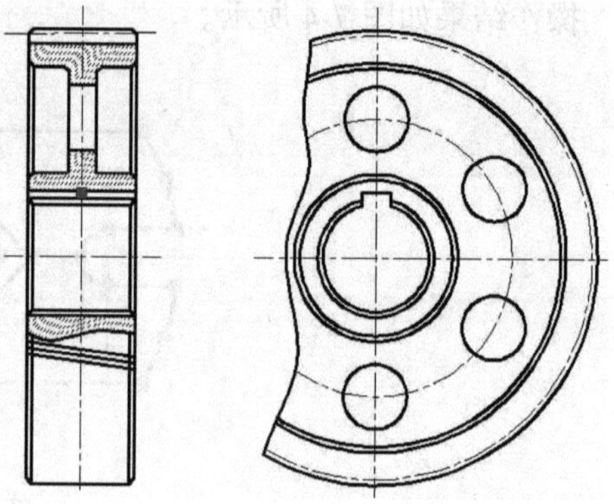

图 7-7　剖面线层被选中

② 删除选择集中的对象。

命令: _ erase 找到 5 个

结果如图 7-8 所示。

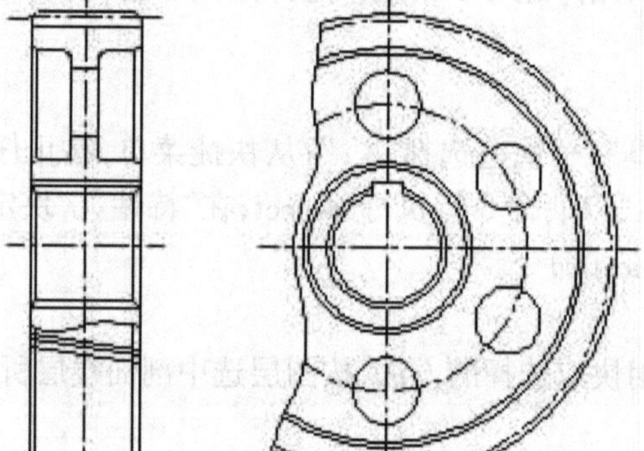

图 7-8　整理后的结果

说明:使用“快速选择…”,如果要将颜色、线型或线宽作为过滤选择集的条件,请首先确定图形中对象的这些特性是否被设置为“随层”。例如,一个对象显示为红色是因为它的颜色被设置为“随层”,并且图层的颜色是红色。

7.1.3　特性修改

1. 功能

AutoCAD 提供的“特性”管理器是专门对图形实体进行编辑和管理的一种工具。在该管理器中列出了所选对象的所有属性,其中包括实体的形状、大小、颜色以及线型、线宽等, 用户可直接对其进行修改。

2. 命令调用

在"标准"工具栏上单击按钮；执行"工具"→"特性"命令；在所选对象上单击右键，从弹出的快捷菜单中选择"特性"选项；在命令行中执行 properties；按快捷键 Ctrl + 1。执行以上任意一种操作，都可打开"特性"管理器选项板，如图 7-9 所示。

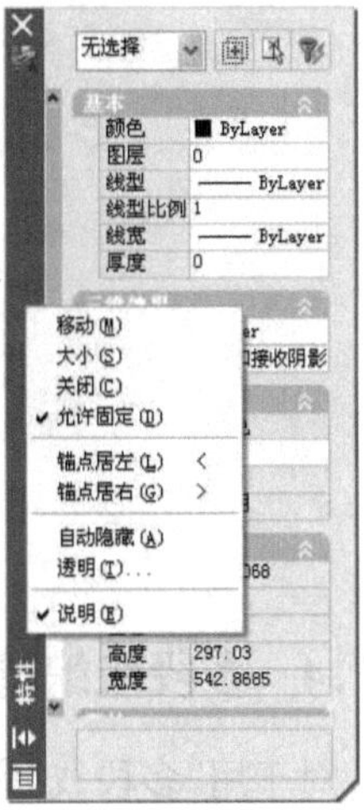

图 7-9 "特性"管理器选项板

在"特性"选项板中，可以单击每个类别右侧的箭头展开或折叠选项列表。

3. 操作示例

如图 7-10 所示，通过在"特性"选项板中修改对象的属性值，将左图改为右图样式。

具体操作过程如下：

① 将中心线的图层改为"中心线"层，如图 7-11 所示。

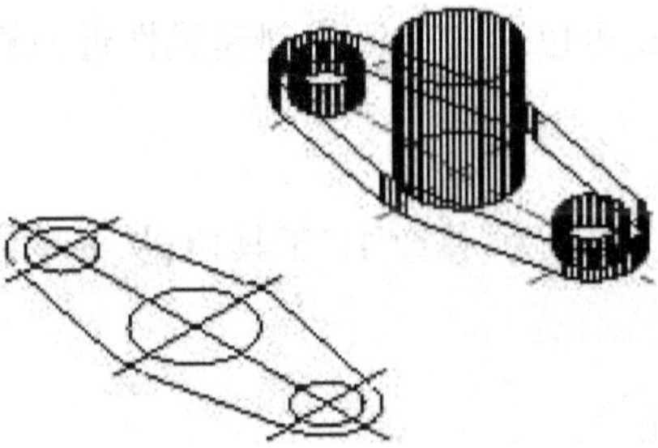

图 7-10 机座

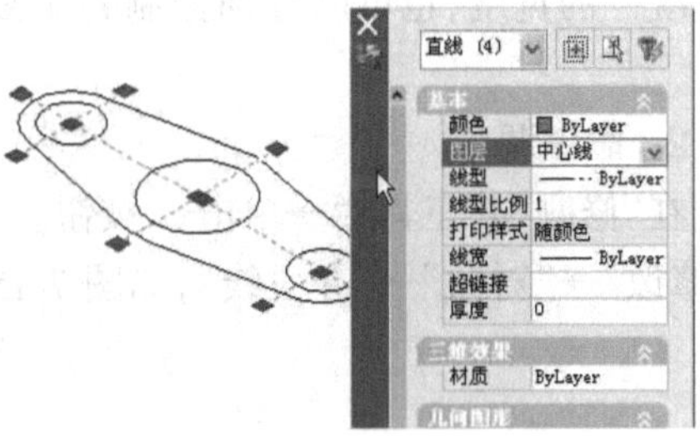

图 7-11 更改中心线对象图层

② 改变多段线对象的厚度为 20，如图 7-12 所示。

③ 改变大圆对象的厚度为 80，如图 7-13 所示。

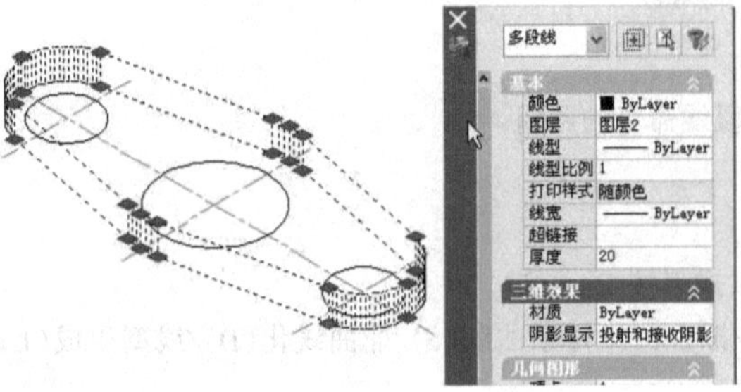

图 7-12 改变多段线对象的厚度

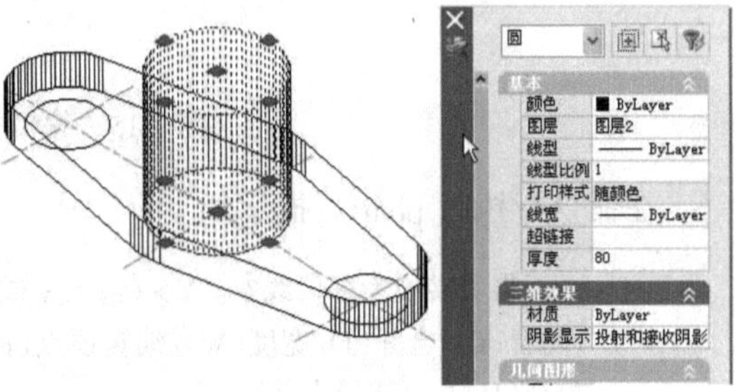

图 7-13 改变大圆对象的厚度

④ 改变内圆对象的厚度为 20，如图 7-14 所示。

说明：每次修改完一个对象的属性后，要按 Esc 键，再重新选择要修改的对象。

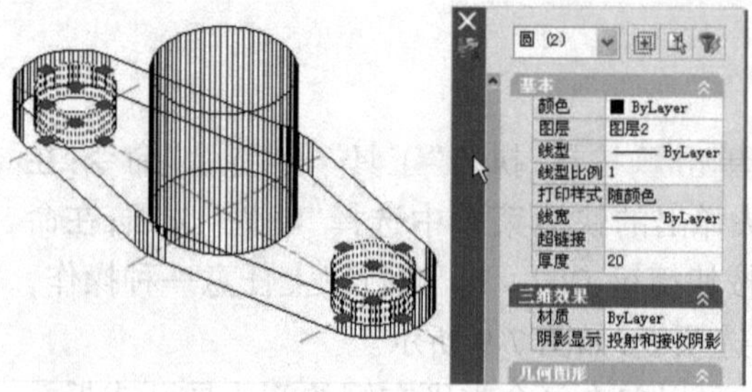

图 7-14　改变内圆对象的厚度

7.1.4　多段线编辑

对于用“多段线”命令创建的多段线对象，用户可使用 pedit 命令来进行修改。

1．功能

通过闭合和打开多段线，以及移动、添加或删除单个顶点来编辑多段线。可以在任何两个顶点之间拉直多段线，也可以切换线型以便在每个顶点前或后显示虚线。可以为整个多段线设置统一的宽度，也可以分别控制各个线段的宽度，还可以通过多段线创建线性近似样条曲线。

2．命令调用

在“修改 II”工具栏→单击按钮。如图 7-15(左)所示为“修改 II”工具栏；从菜单依次单击“修改”→“对象”→“夺段线”，如图 7-15(右)所示。

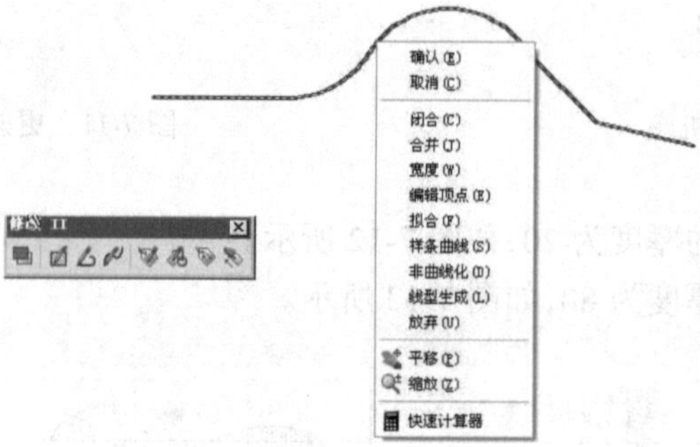

图 7-15　编辑多段线命令的调用

在命令行执行 pedit。提示如下：

是否将其转换为多段线？< Y >(输入 y 或 n，或者按 Enter 键)
[闭合(C)/合并(J)/宽度(W)/编辑顶点(E)/拟合(F)/样条曲线(S)/非曲线化(D)/线型生成(L)/放弃(U)]：j(选择合并)
选择对象：(依次选择要合并的对象)

如果输入 y，则对象被转换为可编辑的单段二维多段线。使用此操作可以将直线和圆弧合并为多段线。

3．操作示例

首先用 line 命令画出一条折线，如图 7-16 所示；

将该折线“合并”为多段线，然后再拟合。

命令：_ pedit 选择多段线或［多条(M)］：(拾取折线)
选定的对象不是多段线
是否将其转换为多段线？< Y >(按 Enter 键确定)
输入选项［闭合(C)/合并(J)/宽度(W)/编辑顶点(E)/拟合(F)/样条曲线(S)/非曲线化(D)/线型生成(L)/放弃(U)］：j
选择对象：指定对角点：找到 5 个
选择对象：(按 Enter 键)
7 条线段已添加到多段线
输入选项［闭合(C)/合并(J)/宽度(W)/编辑顶点(E)/拟合(F)/样条曲线(S)/非曲线化(D)/线型生成(L)/放弃

然后，将图 7-16 多示的多段线拟合，成为一段圆弧。

命令：_ pedit 选择多段线或［多条(M)］：
输入选项［闭合(C)/合并(J)/宽度(W)/编辑顶点(E)/拟合(F)/样条曲线(S)/非曲线化(D)/线型生成(L)/放弃(U)］：F

结果如图 7-17 所示：

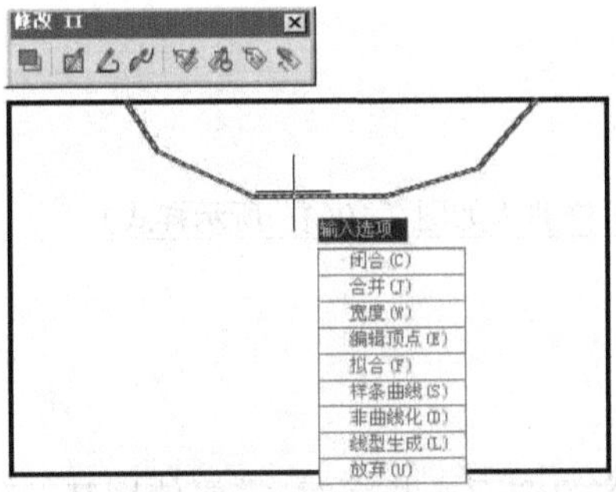

图 7-16　多段线编辑

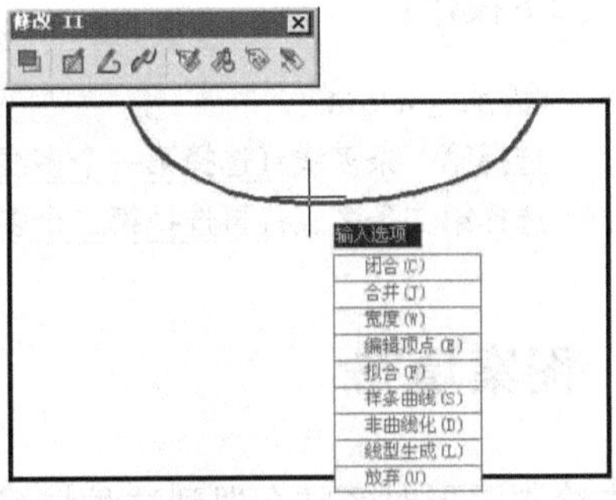

图 7-17　多段线拟合

7.1.5　多线编辑

1. 功能

对于多线对象，可以通过 mledit 命令增加或删除顶点，并且可用多种方法构造多线交点。

2. 命令调用

从菜单依次单击“修改”→“对象”→“多线 ...”；在命令行执行 mledit，并按 Enter 键。

两种操作都将弹出“多线编辑工具”对话框，如图 7-18 所示。

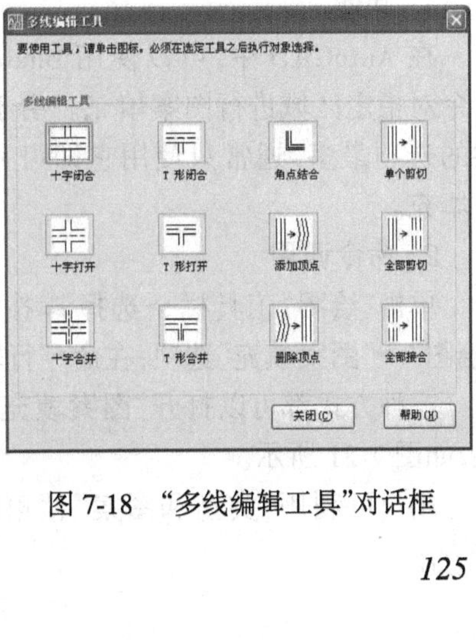

图 7-18　“多线编辑工具”对话框

该对话框显示工具，并以四列显示样例图像。第一列控制交叉的多线，第二列控制 T 形相交的多线，第三列控制角点结合和顶点，第四列控制多线中的打断。

3. 操作示例

① 首先按系统默认多线样式绘制图形，如图 7-19(左)所示。

② 编辑多线。从菜单依次单击“修改”→“对象”→“多线 ...”。在弹出的“多线编辑工具”对话框里，鼠标选中“十字合并打开”，如图 7-20 所示。

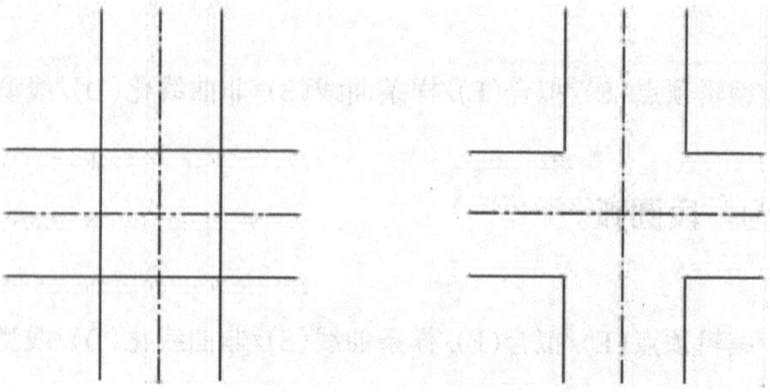

图 7-19　多线

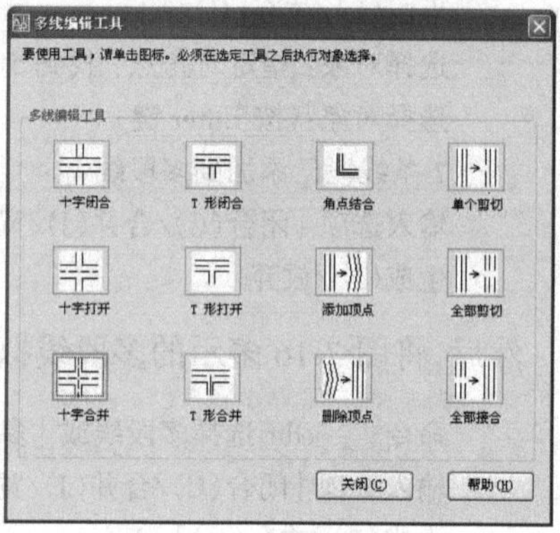

图 7-20　十字合并打开

作如下操作：

命令：_ mledit
选择第一条多线：(选择第一个多线对象)
选择第二条多线：(再选择第二个多线对象，图形即可修剪为如图 7-19(右)所示样式)

7.2　图案填充

在绘制图形时经常会遇到这种情况，比如绘制物体的剖面或断面时，需要使用某一种图案来充满某个指定区域，这个过程就叫做图案填充(Hatch)。

7.2.1　填充图案

1. 功能

在 AutoCAD 中，可以使用 bhatch 命令和 hatch 命令对指定区域进行图案填充。由于 bhatch 命令提供的选项最多，通常只使用它即可完成图形所需要的填充。

2. 命令调用

单击“绘图”工具栏→选择按钮；选择菜单的“绘图”→“图案填充”选项；在命令行输入 bhatch。

三种方式都可以打开“图案填充和渐变色”对话框，如图 7-21 所示。

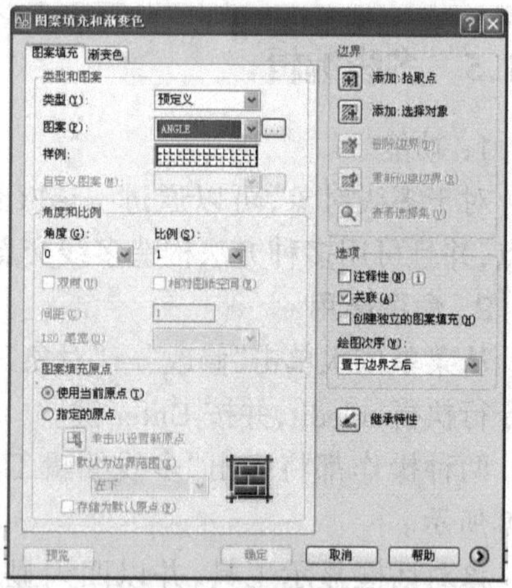

图 7-21　“图案填充和渐变色”对话框

用户可利用“类型和图案”、“角度和比例”、“图案填充原点”、“边界”等各区域的功能选项对图案填充进行设置，可选类型有“预定义”、“用户定义”、“自定义”三种，具体操作如下：

① 预定义。预定义填充图案是由 AutoCAD 系统提供的，包括 69 种填充图案（8 种 ANSI 图案，14 种 ISO 图案和 47 种其他预定义图案）。

选择“预定义”项后，系统将在“图案”和“样例”下拉列表框中分别给出预定义填充图案的名称和相应的图案。用户也可单击“图案”下拉列表框右侧的按钮，弹出“填充图案选项板”对话框（参见图 7-22）来查看所有预定义的预览图像。

对于“预定义”选项，用户还可以通过“角度”和“比例”项来改变填充图案的角度（相对于 UCS 的 X 轴）和比例大小，从而得到更多样式的图案。

② 用户定义。该类型是基于图形的当前线型创建的直线填充图案。选择“用户定义”项后，用户可以通过“角度”和“间距”项来控制用户定义图案中的角度和直线间距。

此外，选择该项后，开关“双向”将被激活。如果选择该开关，则将在用户定义的填充图案中绘制第二组直线，这些直线相对于初始直线成 90°，从而构成交叉填充，如图 7-23 所示。

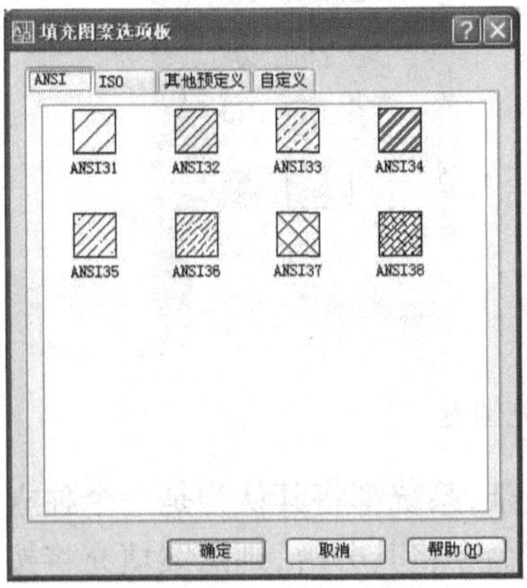

图 7-22 “填充图案选项板”对话框

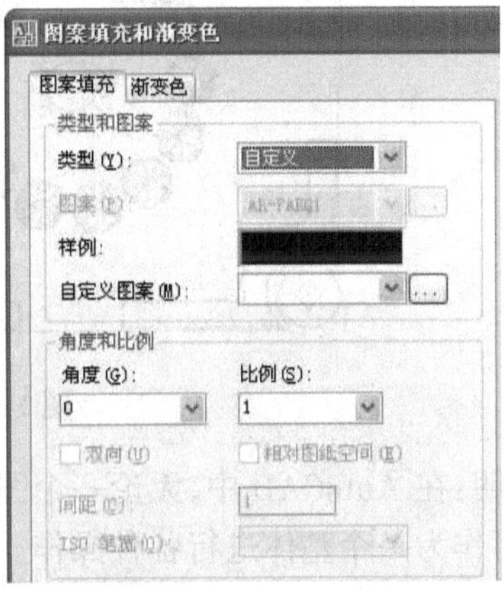

图 7-23 “用户定义”的使用

③ 自定义。可以使用当前线型来定义自己的填充图案，或创建更复杂的填充图案。

3. 操作示例

可以利用多种选择方法指定图案填充的边界。如图 7-24 所示，对左图进行图案填充，得到如右图所示样式。

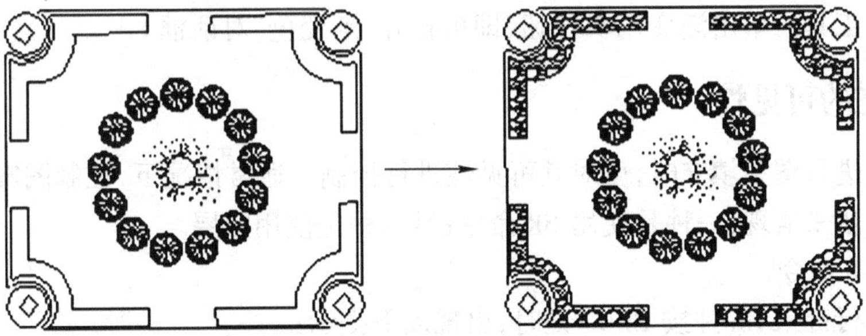

图 7-24 填充图案

① 拾取点：指定对象封闭的区域中的点。

执行 hacth 命令,系统弹出“图案填充和渐变色”对话框;

在“类型”下拉列表中,选择“预定义”,在“图案”下拉列表中选择 GRAVEL,在“比例”下拉列表中选择比例为 3;

然后,在“边界”区域内,单击“添加:拾取点”按钮,系统回到绘图窗口;

移动光标到四个拐角内部,单击拾取一点,按 Enter 键,系统返回到“图案填充和渐变色”对话框,单击“确定”,即可看到填充好的图形。

② 将填充图案从工具选项板或设计中心拖动到封闭区域,如图 7-25 所示。

首先从“标准”工具栏→按钮,打开工具选项板窗口;

在 ISO 填充图案区内,鼠标选中需要的图案,拖动到图形对应的区域,松开鼠标即可完成填充。

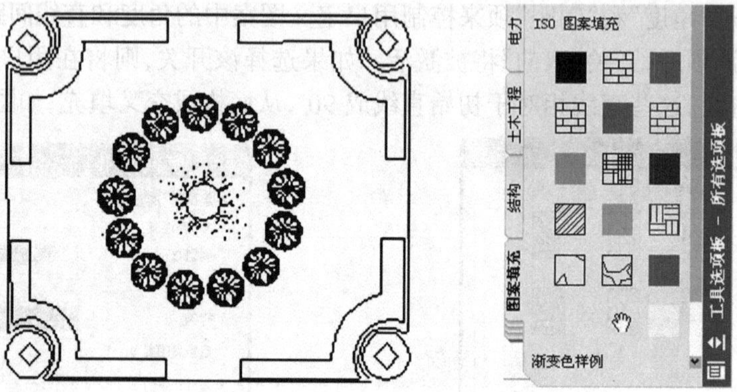

图 7-25　工具选项板填充图案

说明:在 AutoCAD 中,无论一个图案填充是多么复杂,系统都将其认为是一个独立的图形对象,可作为一个整体进行各种操作。但若使用“分解”命令将其分解,则图案填充将按其图案的构成被分解为许多相互独立的直线对象。因此,分解图案填充将大大增加文件的数据量,建议用户除了特殊情况不要将其分解。

7.2.2　填充渐变色

使用“渐变色”选项卡可以对图形区域进行渐变填充。单击该标签,以显示与该选项卡对应的选项,如图 7-26 所示。

从“绘图”工具栏单击渐变色按钮,即可打开“渐变色”对话框。

7.2.3　填充的可见性

在对图形进行图案填充时,可对其可见性进行控制。通常情况下,控制图案填充的可见性可通过两种方法来实现:一种是使用 fill 命令;另一种是使用图层。

1. 使用 fill 命令

当在命令行键入 fill 并按 Enter 键时,出现以下提示:

输入模式[开(ON)/关(OFF)]<ON>:

在该提示下输入 OFF 并按 Enter 键,则再对图形进行图案填充时,填充的图案将不可见。

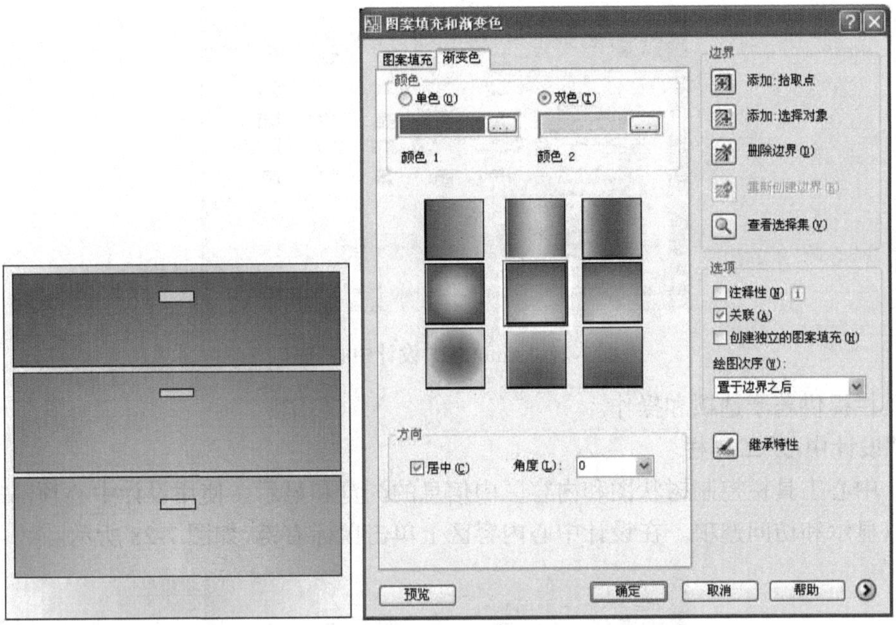

图 7-26　渐变色填充

2. 使用图层

通常情况下,将填充图案单独放在一个图层上。这样,控制图层的可见性就可控制图案填充的可见性。关闭或冻结图层可以使该图层上的填充图案不可见。

7.3　AutoCAD 设计中心

通过 AutoCAD 设计中心,用户可以组织对图形、块、图案填充和其他图形内容的访问;可以将源图形中的任何内容拖动到当前图形中;可以将图形、块和填充拖动到工具选项板上。源图形可以位于用户的计算机上、网络位置或网站上。另外,如果打开了多个图形,则可以通过设计中心在图形之间复制和粘贴其他内容(如图层定义、布局和文字样式)来简化绘图过程。AutoCAD 设计中心使资源得到了再利用和共享,提高了图形管理和图形设计的效率。

7.3.1　设计中心窗口

在 AutoCAD 中,设计中心是一个与绘图窗口相对独立的窗口,因此在使用时应先启动 AutoCAD 设计中心。

在“标准”工具栏→单击按钮;从菜单依次单击“工具”→“AutoCAD 设计中心”;在命令行执行 adcenter,并按 Enter 键。

在绘图区的左边显示的是固定的“设计中心”窗口,如图 7-27 所示。

1. “设计中心”窗口的结构

“设计中心”窗口分为两部分,左边为树状图,右边为内容区。可以在树状图中浏览内容的源,而在内容区显示内容。可以在内容区中将项目添加到图形或工具选项板中。

在内容区的下面,也可以显示选定图形、块、填充图案或外部参照的预览或说明。窗口顶

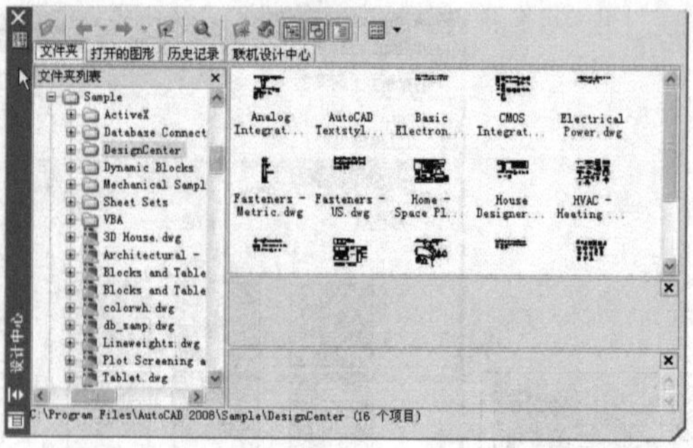

图 7-27　AutoCAD“设计中心”窗口

部的工具栏提供若干选项和操作。

2. “设计中心”工具栏

设计中心工具栏控制树状图和内容区中信息的浏览和显示。使用设计中心顶部的工具栏按钮可以显示和访问选项。在设计中心内容区上单击鼠标右键，如图 7-28 所示。

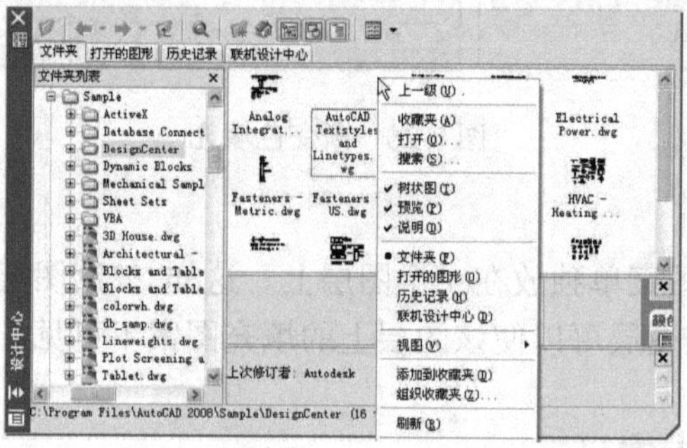

图 7-28　“设计中心”工具栏的菜单显示

3. 控制设计中心的大小、位置和外观。

要调整设计中心的大小，可以拖动内容区和树状图之间的滚动条，或者象拖动其他窗口那样拖动它的一边。

要使固定的设计中心成为浮动窗口，可以通过双击“设计中心”窗口标题栏将其浮动。也可以点击“设计中心”窗口标题栏拖动鼠标将之拽到绘图区，如图 7-29 所示。

再次双击“设计中心”窗口标题栏，又可变回固定的“设计中心”窗口。

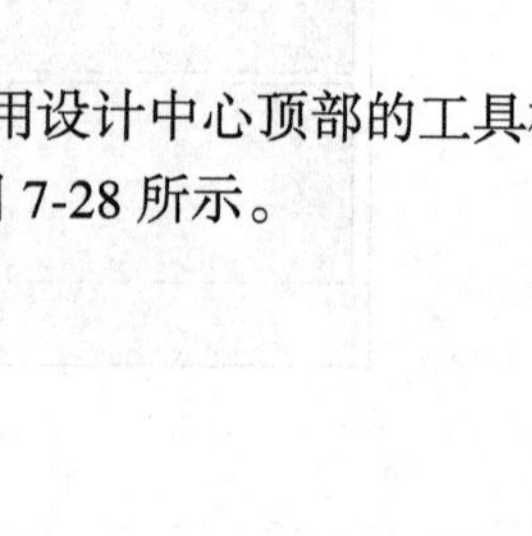

图 7-29　浮动“设计中心”窗口

7.3.2　访问和搜索内容

“设计中心”窗口左侧的树状图和四个设计中心选项卡可以帮助用户查找内容并将内容加载到内容区中。

1. “文件夹”选项卡

“文件夹”选项卡显示导航图标的层次结构，它包括以下内容：

① 网络和计算机。

② Web 地址(URL)。

③ 计算机驱动器。

④ 文件夹。

⑤ 图形和相关的支持文件。

⑥ 外部参照、布局、填充样式和命名对象，包括图形中的块、图层、线型、文字样式、标注样式和打印样式。

单击树状图中的项目，在内容区中显示其内容。单击加号（+）或减号（-）可以显示或隐藏层次结构中的其他层次。双击某个项目可以显示其下一层次的内容。在树状图中单击鼠标右键将显示带有若干相关选项的快捷菜单，如图 7-30 所示。

2．“打开的图形”、“历史记录”和“联机设计中心”选项卡

它们为查找内容提供了一种替代方法，如图 7-31 所示。

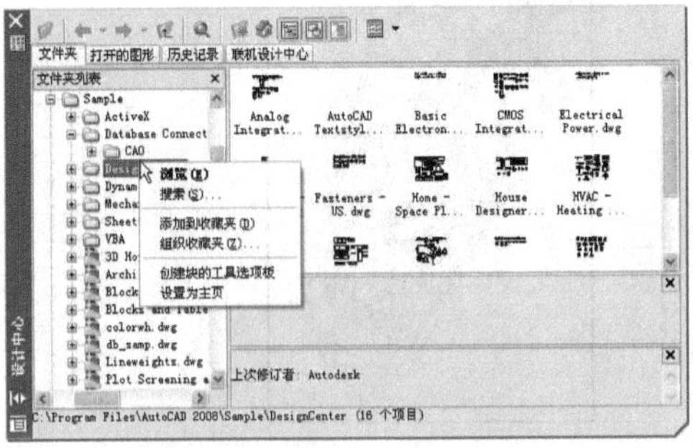

图 7-30　树状图和内容区

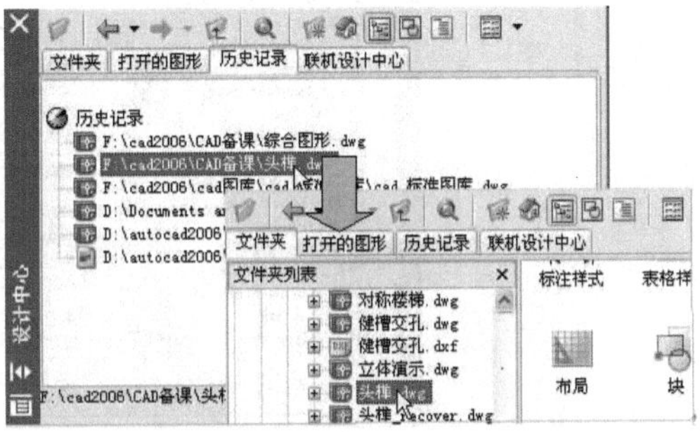

图 7-31　“历史记录”窗口

“打开的图形”显示当前打开的图形的列表。单击某个图形文件，然后单击列表中的一个定义表可以将图形文件的内容加载到内容区中。

“历史记录”显示设计中心中以前打开的文件的列表。双击列表中的某个图形文件，可以在“文件夹”选项卡中的树状视图中定位此图形文件并将其内容加载到内容区中。

“联机设计中心”提供联机设计中心 Web 页中的内容，包括块、符号库、制造商目录和联机目录。

3．使用设计中心进行搜索

利用 AutoCAD 设计中心的搜索功能，可以根据指定条件和范围来搜索图形和其他内容（如块和图层的定义等）。

单击工具栏中的按钮，或在控制板上单击右键弹出快捷菜单，选择“搜索 ...”项，可弹出“搜索”对话框，如图 7-32 所示。

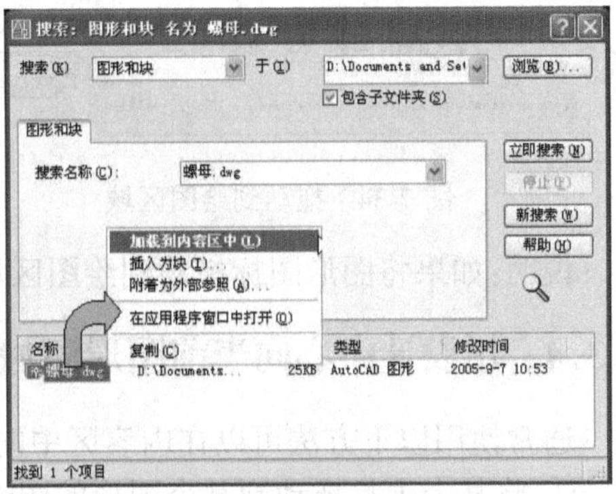

图 7-32　“搜索”对话框

如果查找到了符合条件的项目，则将显示在对话框下部的搜索结果列表中。可通过以下方式将其加载到内容区中：

① 直接双击指定的项目。

② 将指定的项目拖到内容区中。

③ 在指定的项目上单击右键弹出快捷菜单，选择“加载到内容区”。

说明:定义查找时可以输入查找单词的全部或部分内容,也可以使用“ * ”和“?”等标准通配符。

7.3.3 用设计中心打开图形

如果设计中心尚未打开,依次单击“工具”菜单→“选项板”→“设计中心”→ 按钮。

在设计中心中,执行以下操作之一:

① 在设计中心内容区中的图形图标上单击鼠标右键→单击“在应用程序窗口中打开”。操作过程如图 7-33 所示。

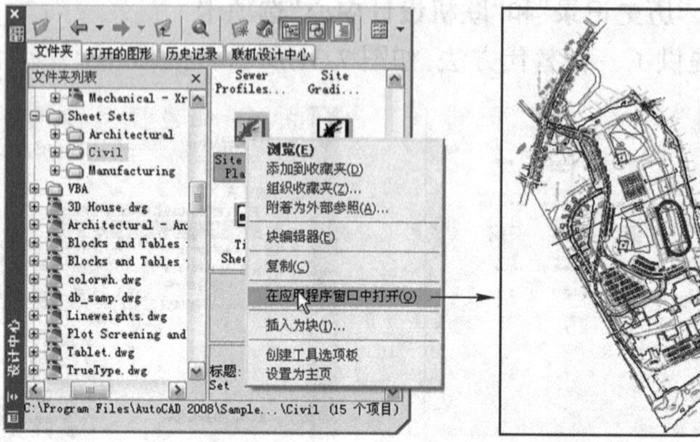

图 7-33 在应用程序窗口中打开

② 按下 Ctrl 键的同时将图形图标从设计中心内容区拖动到绘图区域。操作过程如图 7-34所示。

③ 将图形图标从设计中心内容区拖动到应用程序窗口绘图区域以外的任何位置。操作过程如图7-35所示。

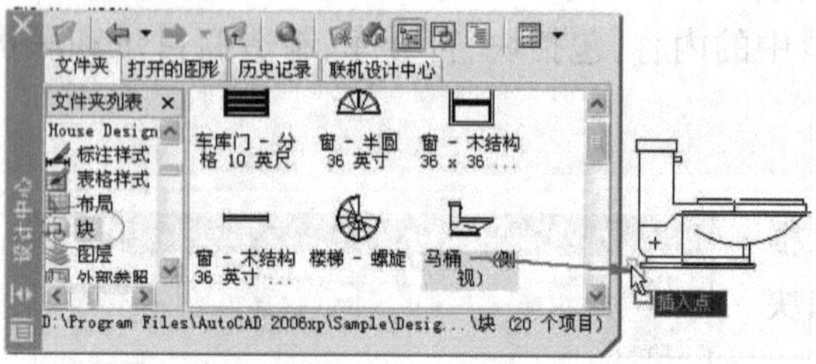

图 7-34 拖动到绘图区域

图 7-35 拖动到绘图区域以外的任何位置

说明:如果将图形图标拖动到绘图区域中,将在当前图形中创建块。

7.3.4 用设计中心向当前图形添加内容

通常使用以下方法可以在内容区中向当前图形添加内容:

① 将某个项目拖动到某个图形的图形区,按照默认设置(如果有)将其插入。操作过程如图 7-36 所示。

② 在内容区中的某个项目上单击鼠标右键,将显示包含若干选项的快捷菜单。操作过程如图 7-37 所示。

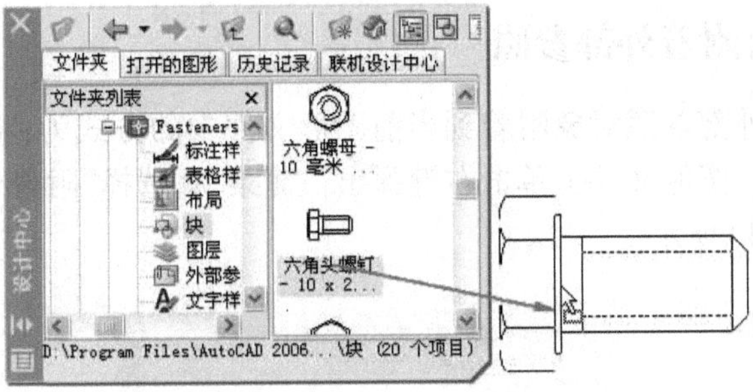

图 7-36　拖动到某个图形的图形区

③ 双击块将显示“插入”对话框，双击图案填充将显示“边界图案填充”对话框。操作过程如图 7-38 所示。

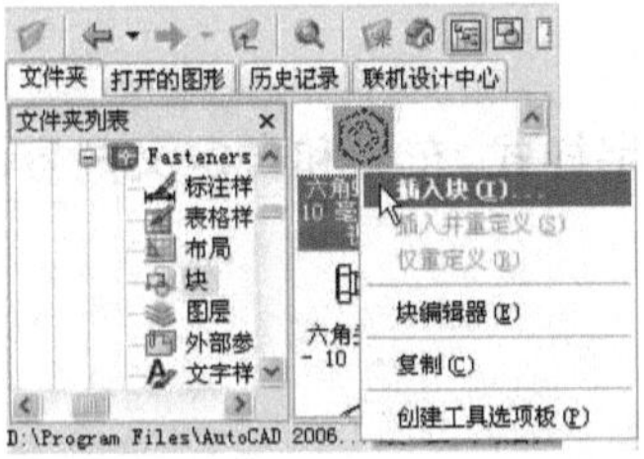

图 7-37　鼠标右键选项的快捷菜单

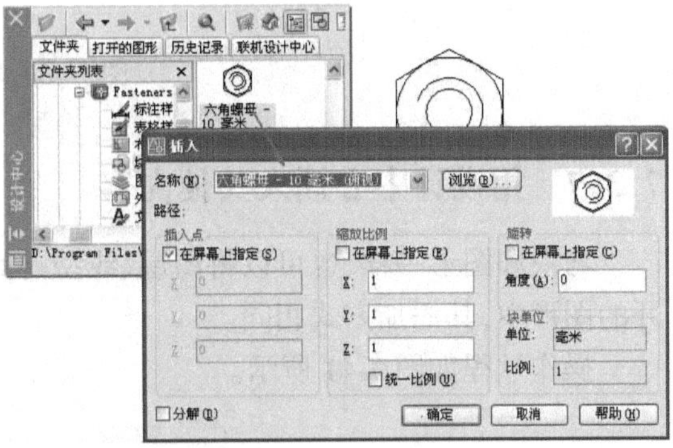

图 7-38　双击块“插入”

7.3.5　使用设计中心更新块定义

与外部参照不同，当更改块定义的源文件时，包含此块的图形的块定义并不会自动更新。通过设计中心，可以决定是否更新当前图形中的块定义。块定义的源文件可以是图形文件或符号库图形文件中的嵌套块。在内容区中的块或图形文件上单击鼠标右键，然后单击显示的快捷菜单中的“仅重定义”或“插入并重定义”，可以更新选定的块。操作过程如图 7-39 所示。

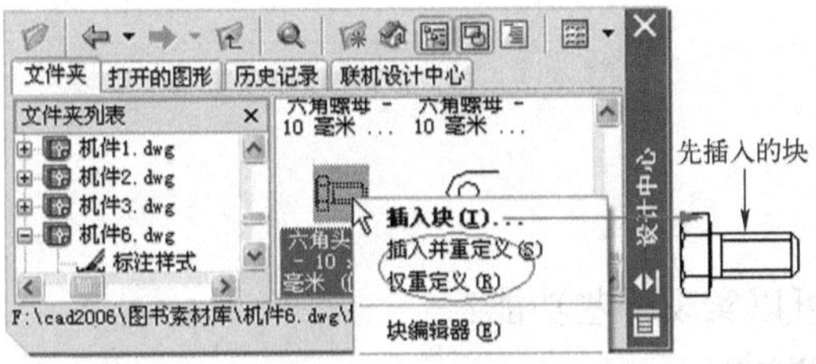

图 7-39　“重定义”块

说明：如果右键单击后，“仅重定义”或“插入并重定义”项显示为灰色，应该选择先插入块，再次选中右键单击即可显示为可选状态。

7.3.6 用设计中心附着外部参照

将图形文件中的外部参照对象附着到当前图形文件中的方式为:将要附着的外部参照对象拖放到当前图形中。图像文件上单击右键弹出快捷菜单,选择“附着外部参照”项。

操作过程如图 7-40 所示。

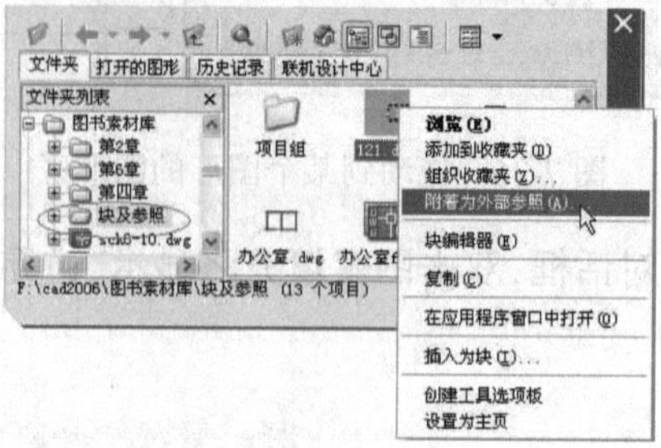

图 7-40 附着外部参照

7.3.7 用设计中心插入其他内容

与块和图形一样,也可以将图层、线型、标注样式、文字样式、布局和自定义内容添加到打开的图形中,其添加方式相同。

操作过程如图 7-41 所示。

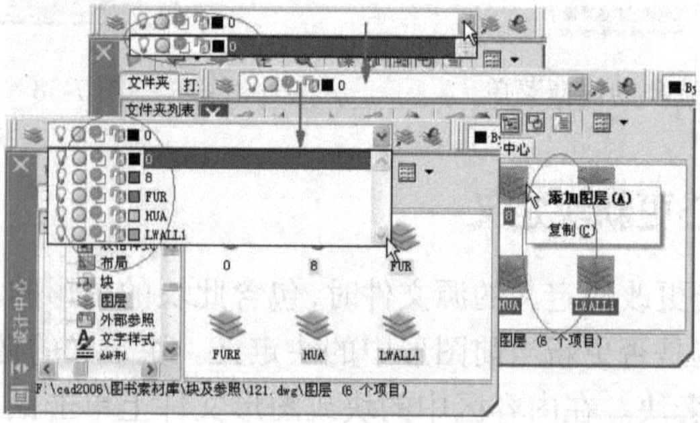

图 7-41 将图层内容添加到打开的图形中

7.4 思考与练习

1. 思考题

① 利用夹点编辑命令可以实现哪些功能?

② 如何调用夹点编辑命令?

③ “快速选择”命令的功能有哪些?

④ 利用“特性”管理器选项板可实现的功能有哪些?

⑤ 多段线编辑与多线编辑命令的区别有哪些?

⑥ AutoCAD2008 的“设计中心”可以实现哪些功能?

2．上机实战

① 如图 7-42 所示，先使用“插入光栅图像参照”命令插入图像，用样条曲线临摹图片，然后使用“渐变色”选项卡对图形区域进行渐变填充。

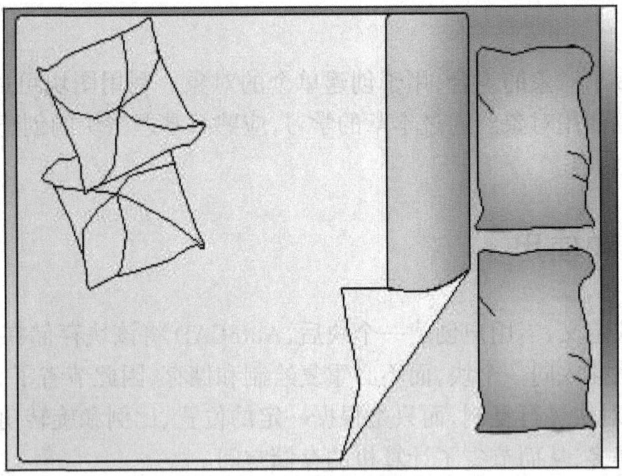

图 7-42　实战图例 1

② 使用“设计中心”完成下图。

如图 7-43 为幼儿园的布置图，首先画出图案，再插入“Design Center”中的“yry.dwg”中对应的图块。

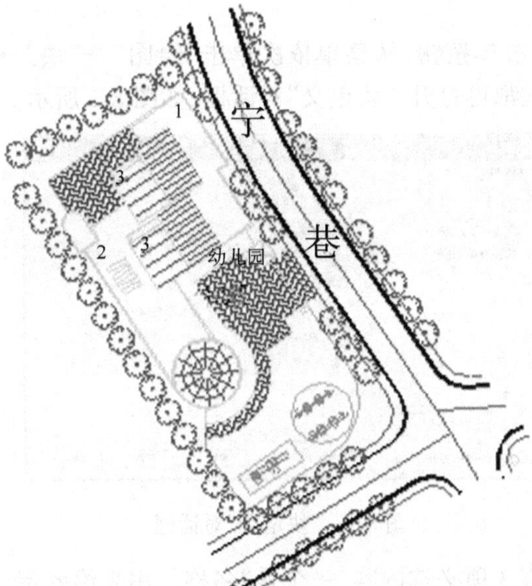

图 7-43　实战图例 2

第 8 章　图块的定义、使用及属性

图块是一个或多个对象的组合，用于创建单个的对象。利用图块可以帮助用户在同一图形或其他图形中重复使用对象。通过本章的学习，应熟练掌握图块的创建和使用，图块属性的建立、编辑和管理等内容。

8.1　块的创建和使用

块创建又称为块定义，当用户创建一个块后，AutoCAD 将该块存储在图形数据库中，此后用户可根据需要多次插入同一个块，而不必重复绘制和储存，因此节省了大量的绘图时间。此外，插入块并不需要对块进行复制，而只是根据一定的位置、比例和旋转角度来引用，因此数据量要比直接绘图小得多，从而节省了计算机的存储空间。

8.1.1　内部块

1. 功能

如果在一次绘图过程中需要反复多次用到某一个图形时，就要考虑创建块。在图形中创建的块，有时又称做内部块，因为它共存于本图形环境之中，只能提供给本图形插入或调用。

2. 命令调用

在“绘图”工具栏→单击按钮；从菜单依次单击“绘图”→“块”→“创建”；在命令行执行 block 命令。以上三种方式都可打开 “块定义”对话框，如图 8-1 所示。

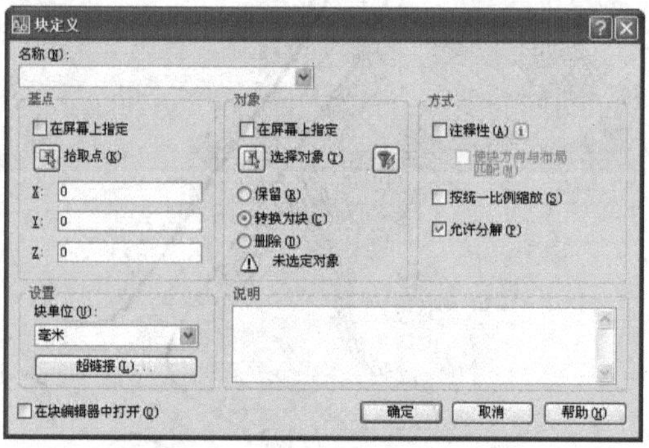

图 8-1　“块定义”对话框

“块定义”对话框中，有 3 项必选内容，一个是“名称”，用来给要定义的块起一个名称；一个是“基点”，需要在块对象上选择一点，它也是将来图块插入的基点；还有一个是“选择对象”，即要定义成块的图形对象，并且可以选择块定义完后对原对象的选择“保留”或是“转换为块”或是“删除”。

3. 操作示例

① 画三角形。

命令：_ polygon 输入边的数目 <4>：3
指定正多边形的中心点或[边(E)]：e
指定边的第一个端点：(任意拾取一点)
指定边的第二个端点：@ - 15,0 (水平向左拖动鼠标)

② 绘制折箭头。

命令：_ pline
指定起点：
指定下一点或:[圆弧(A)/半宽(H)/长度(L)/放弃(U)宽度(W)]:W
指定起点宽度<0.000>:0
指定端点宽度<0.000>:0.5 (45 度向左拖动鼠标)
指定下一点或:[圆弧(A)/半宽(H)/长度(L)/放弃(U)宽度(W)]:W
指定起点宽度<0.000>:0.1
指定端点宽度<0.000>:0.1 (45 度向左拖动鼠标,水平拖动鼠标,45 度向左拖动鼠标)

③ 书写文字。
如图 8-2 所示。

命令：_ mtext:

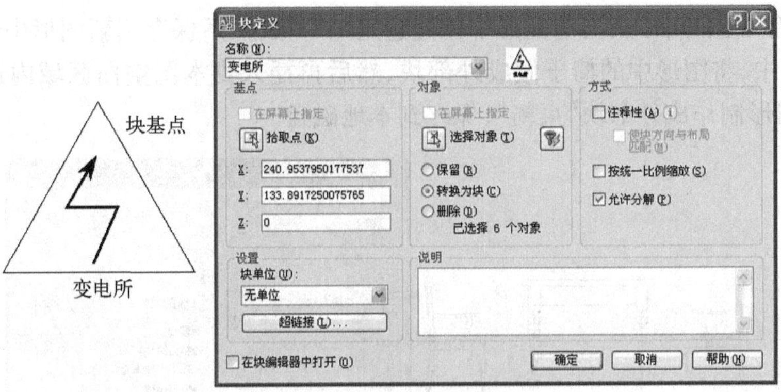

图 8-2 变电所符号及块定义

④ 变电所符号制作成块。
在"绘图"工具栏→单击按钮,在"块定义"对话框中作如图 8-2 所示的设置。

命令：-block
输入块名或[?]:变电所
指定插入基点:(选择顶点 1)
选择对象：指定对角点：找到 6 个(选择全部变电所图形和属性)
选择对象:(按 Enter 键)

8.1.2 外部块

1. 功能

对于那些在设计中多次用到的行业标准图形,一般创建为块形式的图形文件,即外部块,又叫做“写块”。大量的标准块对象组成图形符号库，调用图块仅仅是改变其比例和旋转一定的角度即可。

2. 命令调用

在命令提示下，输入 wblock，并按 Enter 键，打开如图 8-3 所示的“写块”对话框。

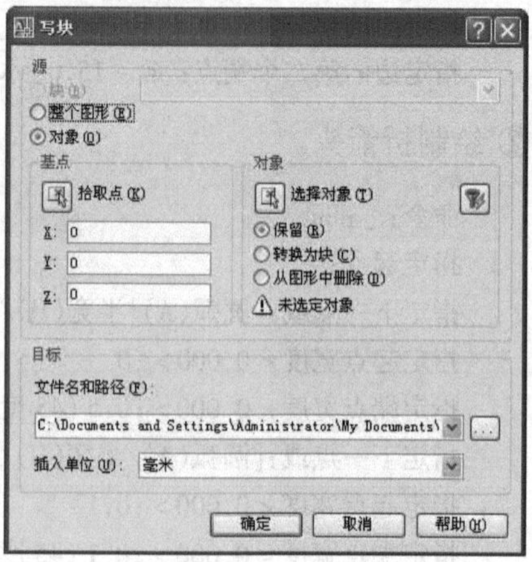

图 8-3 “写块”对话框

“写块”对话框与“块定义”对话框有两处不同，一个是“源”区域，它是指作为写块对象的图形来源可以是现有块(从列表中选取)，可以是当前的整个图形，也可以是整个图形中的某一部分；另一个是“目标”区域，指定文件的新名称和新位置以及插入块时所用的测量单位。

3. 操作示例

示例 1：创建新的图形并使用“保存”或“另存为”保存整个图形文件。

本例旨在说明一种创建“写块”的基本方法，其实前面绘制并保存过的图形都可以作为块对象来插入使用。只是作为块插入时，默认的插入基点为坐标原点(0,0,0)。

示例 2：用 WBLOCK 从当前图形中创建选定的对象，然后保存到新图形中。

如图 8-4 中，将图形中的椅子做成外部块，然后再插入到本图空白区域内进行合并，最后把合并后的图形制作成外部块“桌椅”，保存到本地磁盘。

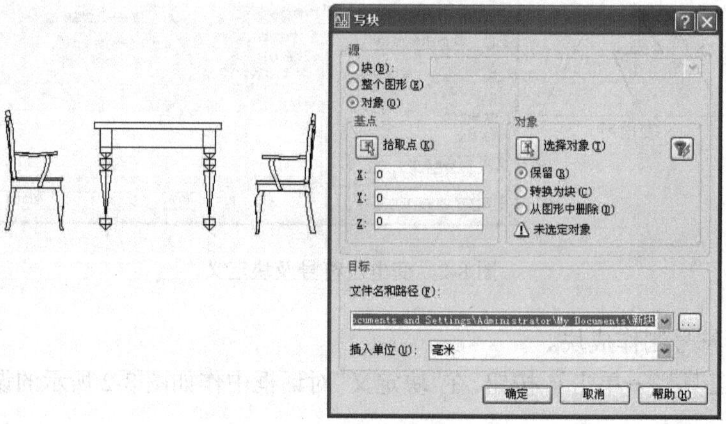

图 8-4 “写块”的创建

操作步骤及命令提示：制作外部块。

命令：wblock
选择对象：找到 1 个(选中椅子)
选择对象：(按 Enter 键)
指定插入基点：(椅子右角点)
命令：wblock

选择对象：找到 1 个(选择桌子)

选择对象：(按 Enter 键)

指定插入基点：(捕捉桌面中点)

以上操作过程如图 8-4 所示。

8.1.3 块的等分插入

1. 功能

可以使用块对象进行“定数等分”和“定距等分”操作。

2. 命令调用

从菜单选择“绘图”→“点”→“定数等分”命令；在命令行执行 divide，按 Enter 键。

3. 操作示例

① 在新图形中插入块，并创建内部块。

命令：qnew (新建一个新图形)

命令：_ insert (插入“沙发”块)

指定插入点或 [基点(B)/比例(S)/X/Y/Z/旋转(R)/预览比例(PS)/PX/PY/PZ/预览旋转(PR)]：(“浏览”名称“沙发”，单击确定按钮)，如图 8-5 所示。

命令：_ block (再将“沙发”制作为内部块)

选择对象：指定对角点：找到 1 个

选择对象：(按 Enter 键)

指定插入基点：(捕捉图形中心)

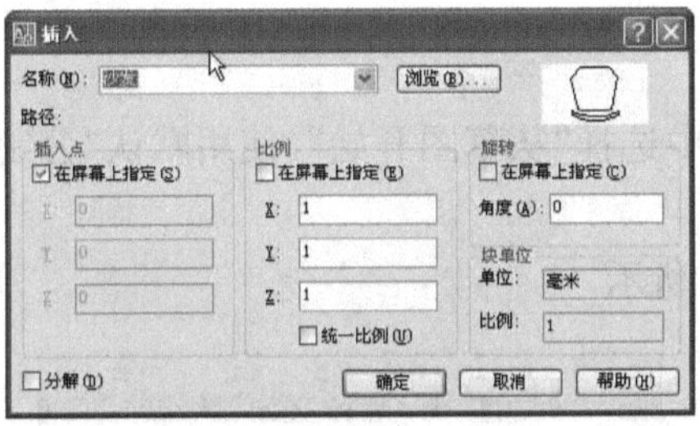

图 8-5 插入沙发块

② 以点(300,200)为圆心，以 100 为半径绘制一个圆。

命令：_ circle 指定圆的圆心或 [三点(3P)/两点(2P)/相切、相切、半径(T)]：190,170

指定圆的半径或 [直径(D)] <28.0000>：100

③ 定数等分插入。

命令：_ divide

选择要定数等分的对象：

输入线段数目或 [块(B)]：b

输入要插入的块名：沙发

是否对齐块和对象？[是(Y)/否(N)] <Y>：(按 Enter 键)

输入线段数目：4

结果如图 8-6 所示。

(4) 定距等分插入。

在上一个图形的下面绘制一条样条曲线。

按下面步骤操作:

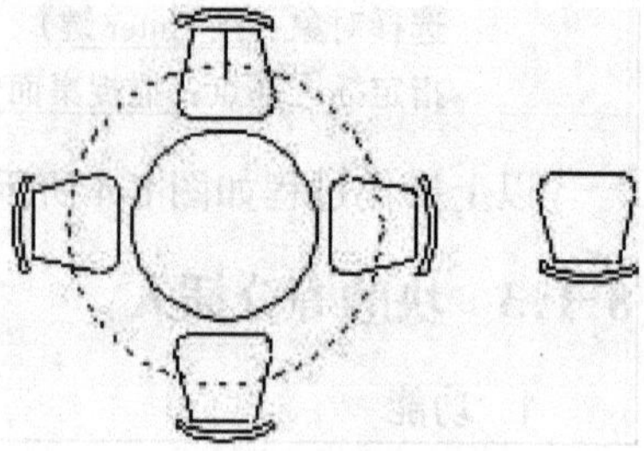

图 8-6　定数等分插入

命令: _ measure

选择要定距等分的对象:(选择画好的样条线)

指定线段长度或 [块(B)]: b

输入要插入的块名: 沙发

是否对齐块和对象? [是(Y)/否(N)] < Y >:(按 Enter 键)

指定线段长度: 25

结果如图 8-7 所示。

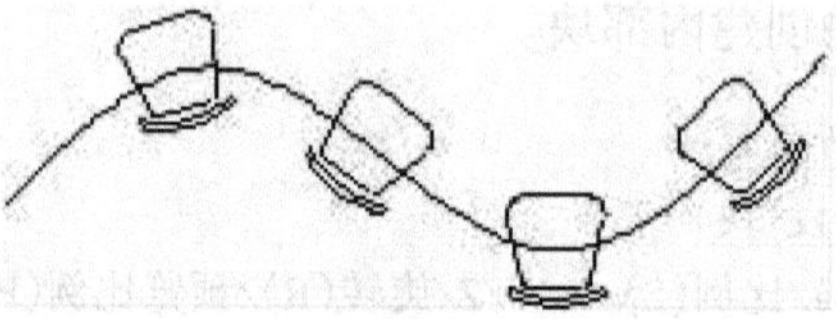

图 8-7　定距等分插入

说明:定数等分插入和定距等分插入使用的块必须为内部块。

8.1.4　综合实训

1. 新建图形文件

命令: qnew

在“创建新图形”对话框中选择“从草图开始”,使用默认“公制”设置。

2. 创建图层

创建三个图层,如图 8-8 所示。

状	名称	开	冻结	锁定	颜色	线型	线宽
✓	0				白	Continuous	—— 默认
	窗				130	Continuous	—— 默认
	辅助线				50	Continuous	—— 默认
	墙线				9	Continuous	—— 默认

图 8-8　创建三个图层

3. 绘制墙体轮廓线

命令: _ rectang

指定第一个角点或 [倒角(C)/标高(E)/圆角(F)/厚度(T)/宽度(W)]:

指定另一个角点或 [面积(A)/尺寸(D)/旋转(R)]: @5000,2800 (绘制墙体轮廓线)

命令: ZOOM

指定窗口的角点,输入比例因子 (nX 或 nXP),或者

[全部(A)/中心(C)/动态(D)/范围(E)/上一个(P)/比例(S)/窗口(W)/对象(O)] <实时>: all

(整图缩放显示,并用 pan 命令将图形平移到中央位置)

命令: _ rectang

指定第一个角点或［倒角(C)/标高(E)/圆角(F)/厚度(T)/宽度(W)］：

指定另一个角点或［面积(A)/尺寸(D)/旋转(R)］：800 (利用对象捕捉快速绘制墙裙)

命令：_ rectang

指定第一个角点或［倒角(C)/标高(E)/圆角(F)/厚度(T)/宽度(W)］：

指定另一个角点或［面积(A)/尺寸(D)/旋转(R)］：100 (利用对象捕捉快速绘制屋檐)

** 拉伸 **

指定拉伸点或［基点(B)/复制(C)/放弃(U)/退出(X)］：100 (选定屋檐左角点向外拉伸 100 mm)

命令：

** 拉伸 **

指定拉伸点或［基点(B)/复制(C)/放弃(U)/退出(X)］：100 (选定屋檐右角点向外拉伸 100 mm)

操作结果如图 8-9 所示。

4. 绘制窗户

命令：_ rectang

指定第一个角点或［倒角(C)/标高(E)/圆角(F)/厚度(T)/宽度(W)］：

指定另一个角点或［面积(A)/尺寸(D)/旋转(R)］：@1000,1500 (绘制窗框)

命令：_ rectang

指定第一个角点或［倒角(C)/标高(E)/圆角(F)/厚度(T)/宽度(W)］：

指定另一个角点或［面积(A)/尺寸(D)/旋转(R)］：@440,440 (绘制左下角小窗扇)

利用矩形、复制、移动等命令完成窗户的绘制，这里不再重述，结果如图 8-10 所示。

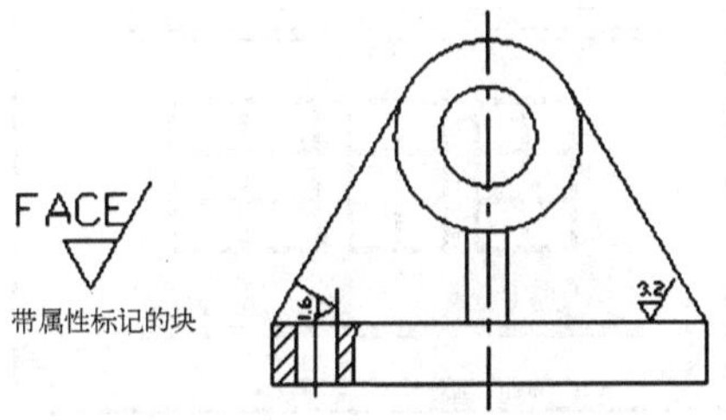

图 8-9　墙体轮廓

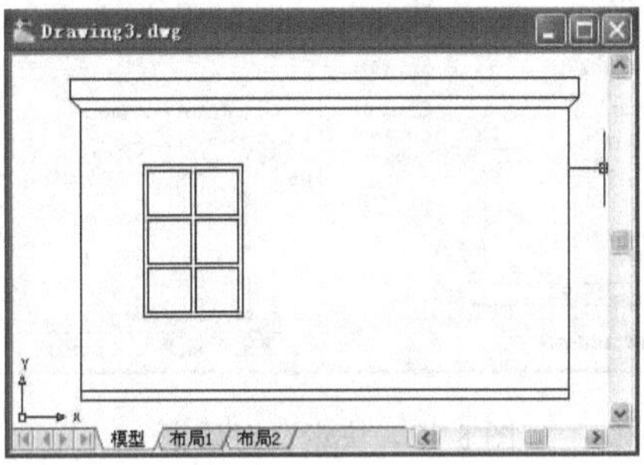

图 8-10　绘制窗户

5. 图案填充

命令：_ gradient (利用图案填充和渐变色命令对窗户填充颜色，窗扇为天蓝色和白色渐变，窗框为红棕色)

拾取内部点或［选择对象(S)/删除边界(B)］：正在选择所有对象 ...

正在选择所有可见对象 ...

正在分析所选数据 ...

正在分析内部孤岛 ...

(依次选取窗扇和窗框进行填充)

结果如图 8-11 所示。

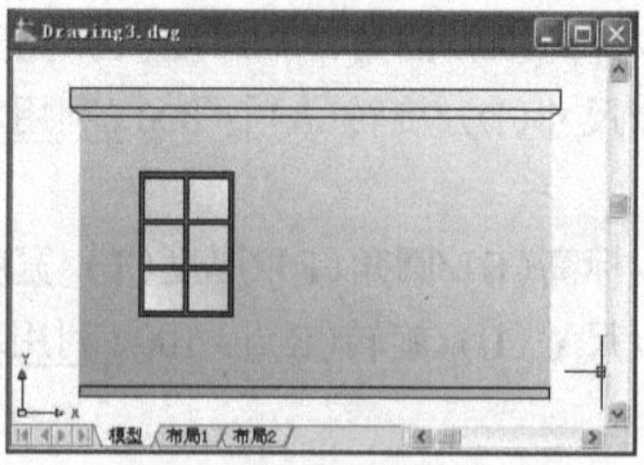

图 8-11　图案填充

6. 创建并插入图块

命令：_ block(创建图块)

选择对象：指定对角点：找到 8 个(选择前述所绘制的窗户，定义为图块名为“窗”的图块)
指定插入基点：(单击窗户左下角点，定为插入基点)
命令：_ insert (插入图块)
指定插入点或[基点(B)/比例(S)/旋转(R)]：(在墙体上新插入一扇尺寸不变的窗户)
命令：_ insert (插入图块)
指定插入点或[基点(B)/比例(S)/X/Y/Z/旋转(R)]：x (在墙体上新插入一扇 1500×1500 的窗户)
指定 X 比例因子 <1>：1.5
指定插入点或[基点(B)/比例(S)/X/Y/Z/旋转(R)]：

块定义对话框设置如图 8-12 所示，并通过插入图块命令完成如图 8-13 所示图形。

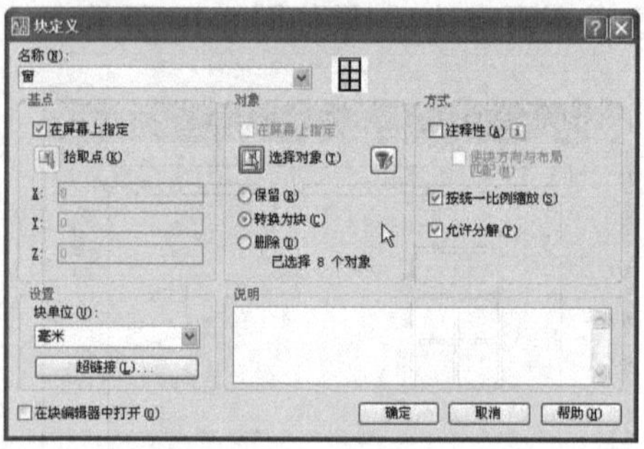

图 8-12　块定义对话框

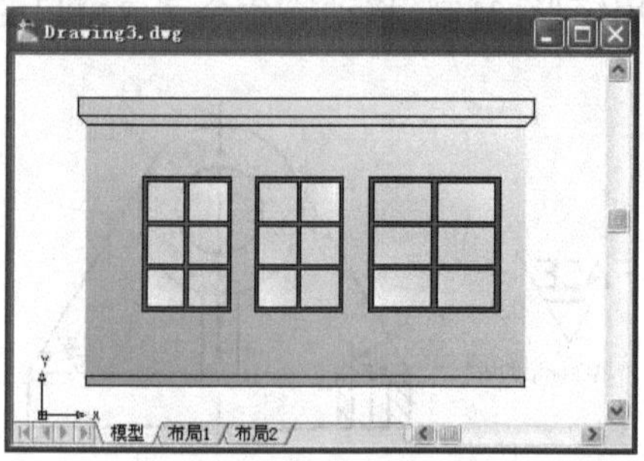

图 8-13　插入图块

8.2　块属性及其管理

前面学习了内部块、写块、动态块的制作和基本应用，为了在图形设计中进一步、高效率地引用块，就需要为块定义属性，对属性进行编辑和使用，以及提取属性。为了减少文件的大小、节省磁盘空间、提高图形的动态更新，外部参照提供了这样一个重要的数据关联与共享的方法。

1. 属性的概念

属性(Attribute)是将数据附着到块上的各种标签或标记，它是一种特殊的文本对象，可包含用户所需要的各种信息。当插入图块时，系统将显示或提示输入属性数据。属性是非图形信息，但它是块的组成部分，可见，块也可以表示为“若干实体对象 + 属性”。

例如，机械图中经常用到的表面粗糙度块，将可变的表面粗糙度值定义为属性；再如样板图中的标题栏块，其栏内的文本信息可以定义为属性。这样，当每次引用附加有属性的块时，

AutoCAD 就会自动提示用户输入需要的文本信息。其应用示意图如 8-14 所示。

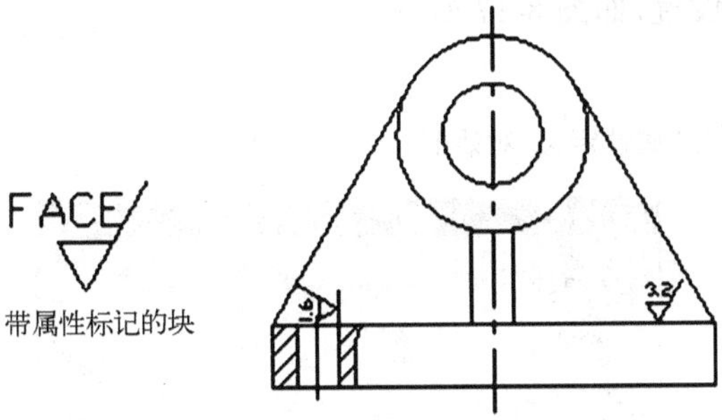

图 8-14　块属性应用示意图

插入带有变量属性的块时，会提示用户输入要与块一同存储的数据。块也可以使用常量属性（即属性值不变的属性）。常量属性在插入块时不提示输入值。

属性也可以选择不可见。若选择不可见，将不能显示和打印该属性值，但其属性信息存储在图形文件中，并且可以写入提取文件供数据库程序使用。

2. 定义块属性

(1) 功能

要创建属性，首先创建描述属性特征的属性定义。特征包括标记（标识属性的名称）、插入块时显示的提示、值的信息、文字格式、位置和任何可选模式（不可见、固定、验证和预置）。创建属性定义后，定义块时可以将属性定义当作一个对象来选择。插入块时都将用指定的属性文字作为提示。对于每个新的插入块，可以为属性指定不同的值。

(2) 命令调用

从“绘图”菜单依次单击“块”→“定义属性”；在命令行执行 ATTDEF，并按 Enter 键。

调用该命令后，AutoCAD 将弹出的“属性定义”对话框，参见图 8-18 所示。

(3) 操作示例

① 创建图形文件。绘制如图 8-15 所示的“办公间”图形文件，并将其另存为 office.dwg。

② 定义属性。在定义属性之前，首先利用“文字样式”对话框，将当前 “标准”文字样式的字体设为“text.shx”，字体高度设为 200。再新建文字样式“属性文本”、文本高度为 200、字体为“仿宋体”。

从菜单栏选择“格式”→“文字样式 ...”，打开如图 8-16 所示的“文字样式”对话框。

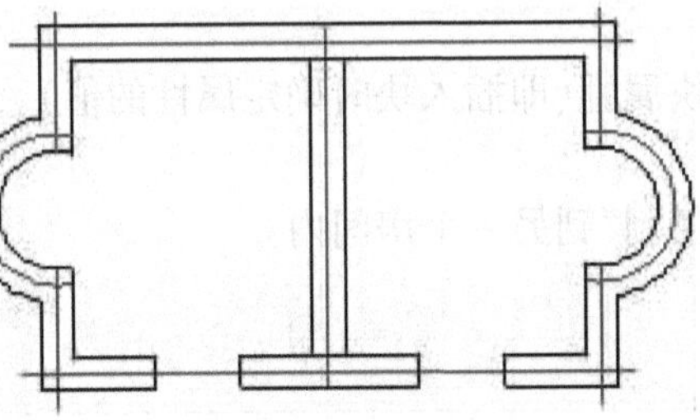

图 8-15　办公间

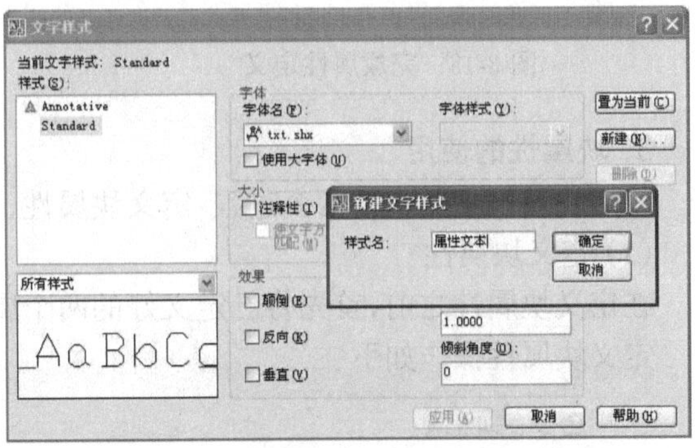

图 8-16　文本样式的设置

③ 定义三种不同的属性。首先选择菜单“绘图”→“块”→“定义属性 ...”，弹出“属性定义”对话框，并进行如下设置，如图 8-17 所示。

命令提示：

命令：_ attdef(弹出“属性定义”对话框)

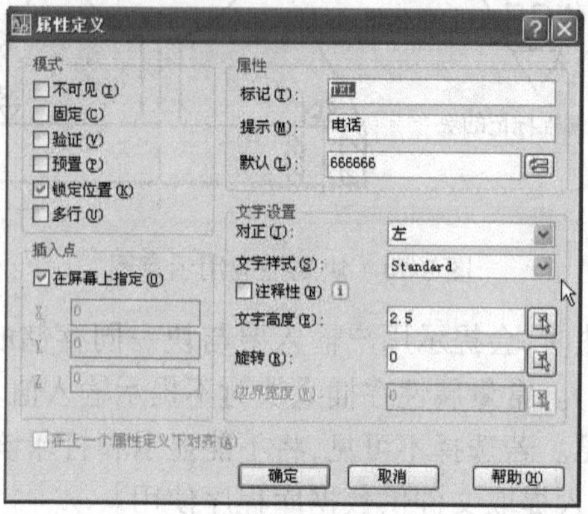

图 8-17　设置属性

各选项设置完成后，单击 确定 按钮，命令提示：

指定起点：(用鼠标在房间中下部拾取一点)

再次调用“属性定义”对话框，并进行如下设置：“标记”分别为“units”、“name”，“提示”分别为“办公室”、“姓名”，“值”分别为“教研室”、“主任”，并选中“再上一个属性下对齐”复选框。如图 8-18 所示。

单击 确定 按钮。关闭“属性定义”对话框后，在定义块之前，如要修改属性定义，鼠标双击属性标记即可弹出对话框，在此可以编辑属性定义的三个重要参数。如图 8-19 所示。

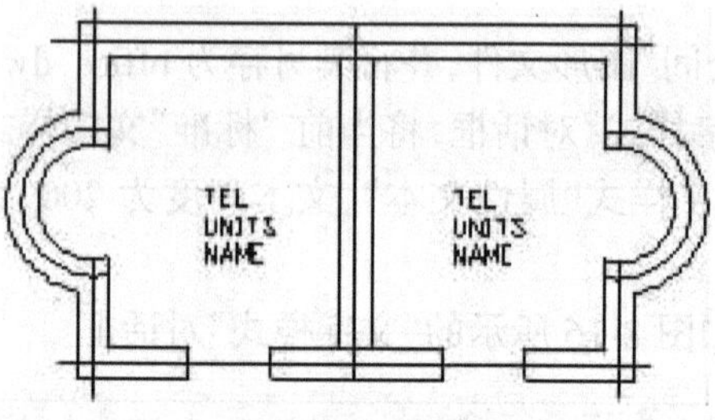

图 8-18　完成属性定义

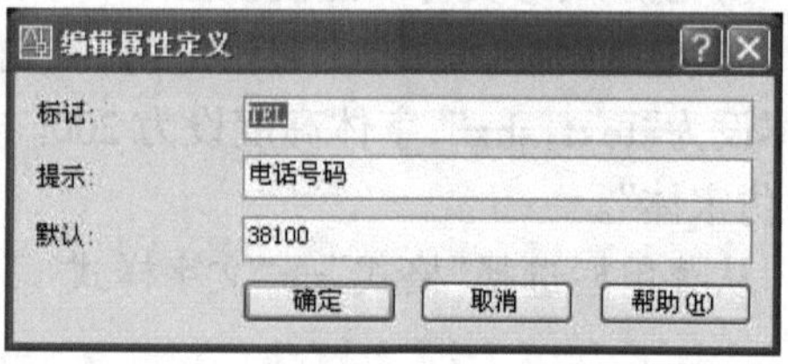

图 8-19　编辑属性定义

3. 块属性的使用

使用块属性主要包括两个过程：定义块属性、引用块属性(即插入块时确定属性的值)。

(1) 定义块属性

在定义块属性之前，首先将已定义好的两个属性“复制”到另一个房间内。

定义块属性操作如下：

命令：wblock

选择对象：指定对角点：找到 40 个(用交叉窗口选中所有图形，包括刚才定义的属性，如图 8-20

所示。且为新块命名为“办公室属性块 .dwg”）

选择对象：（按 Enter 键）

指定插入基点：（选中图形左下角）

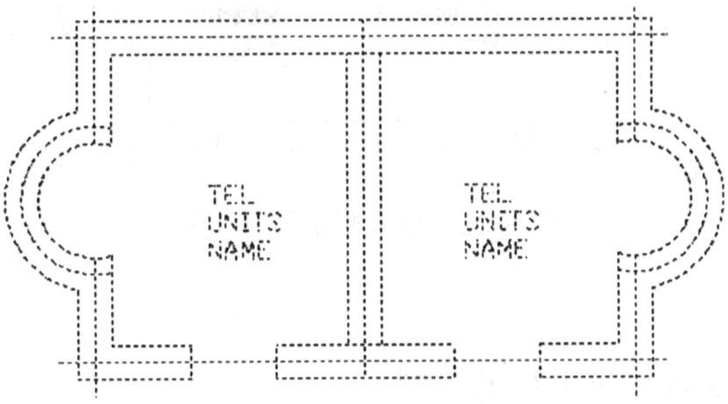

图 8-20 定义的“办公室属性块”对象

（2）引用块属性

新创建一个图形文件，并设置绘图界限和显示方式。

操作及命令提示如下：

命令：qnew

命令：'_ limits

重新设置模型空间界限：（因为新创建的图形界限默认为 A3 幅面）

指定左下角点或［开（ON）/关（OFF）］＜0.0000，0.0000＞：

指定右上角点 ＜420.0000，298.0000＞：10000，6000

命令：'_ zoom

指定窗口的角点，输入比例因子（nX 或 nXP），或者

［全部（A）/中心（C）/动态（D）/范围（E）/上一个（P）/比例（S）/窗口（W）/对象（O）］＜实时＞：a

_ all 正在重生成模型

然后进行块插入及属性值的输入操作。

命令：_ insert

指定插入点或［基点（B）/比例（S）/X/Y/Z/旋转（R）/预览比例（PS）/PX/PY/PZ/预览旋转（PR）］：

（在绘图区左下方拾取一点，并未看到插入的图形，而是进入到下面的属性值的输入操作步骤）

输入属性值

姓名 ＜主任＞：吴琼

办公室 ＜教研室＞：数控教研室

电话号码 ＜38100＞：3810035

姓名 ＜主任＞：杨光

办公室 ＜教研室＞：机电教研室

电话号码 ＜38100＞：3810036（按 Enter 键即可见到结果）

说明：块中属性值的显示为“?”，因为文字样式是“标准（standard）”的原因，这里只需打开“文字样式”对话框，将“字体名”改为“仿宋”即可。还可以用“单个”、“全局”和“块属性管理器”来修改，参见下一小节。

最后结果如图 8-21 所示。

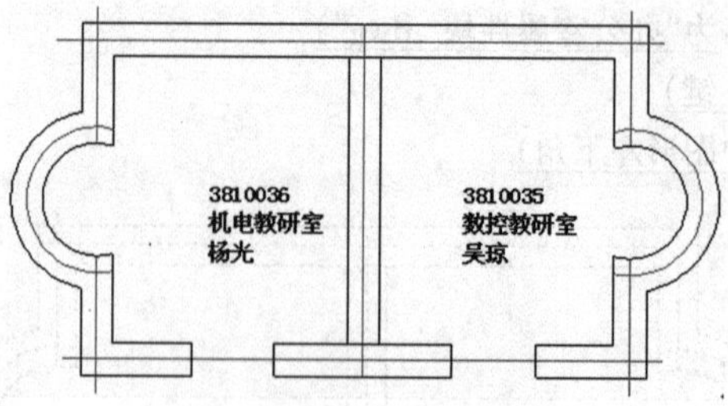

图 8-21　插入附加属性的块

(3)属性显示控制

通过 attdisp 命令来实现对可见性的控制。

从菜单依次单击“视图”→“显示”→“属性显示”;在命令行执行 attdisp,并按 Enter 键。如图 8-22 所示。

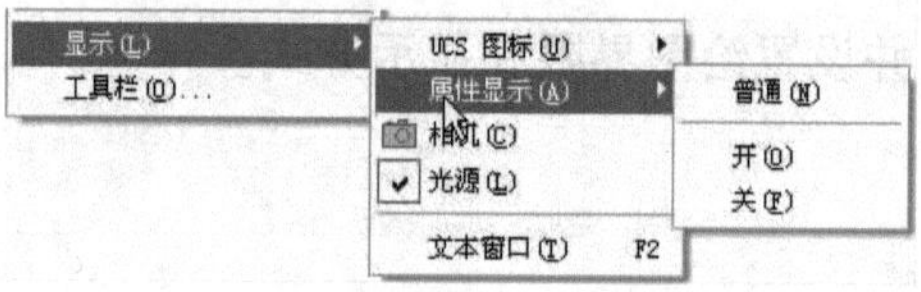

图 8-22　属性显示

说明:ATTMODE 系统变量用于控制属性的可见性,如果该变量取值为 0,则不显示所有属性;取值为 2,则显示所有属性;取值为 1(默认),保持每个属性当前的可见性:即显示可见属性而不显示不可见属性。

(4) 保存图形文件

保存文件名为“引用块 1.dwg”。

8.3　外部参照

如果把图形以块的形式插入到另外一个图形之中,块定义和所有相关联的几何图形都将存储在当前图形数据库中,并且修改原图形后,块不会随之更新。与这种方式相比,外部参照(External Reference,Xref)提供了另一种更为灵活的图形引用方法。

将图形作为外部参照附着时,会将该参照图形链接到当前图形。打开外部参照时,对参照图形所做的任何修改都会显示在当前图形中。一个图形可以作为外部参照同时附着到多个图形中。反之,也可以将多个图形作为外部参照附着到单个图形。

通过在图形中参照其他用户的图形协调用户之间的工作,从而与其他用户所做的修改保持同步。用户也可以使用组成图形装配一个主图形,主图形将随工程的开发而被修改。

确保显示参照图形的最新版本。打开图形时,将自动重载每个外部参照,从而反映参照图形文件的最新状态。

当工程完成并准备归档时,将附着的外部参照和用户图形永久合并(绑定)到一起。

8.3.1 附着外部参照

1. 功能

附着外部参照的过程类似于插入外部块的过程。

2. 命令调用

在“外部参照”工具栏→单击按钮；从菜单依次单击“插入”→“外部参照 ...”；在命令行执行 xattach，并按 Enter 键；或者点击“外部参照管理器”对话框中的 确定 按钮，

系统首先弹出“选择参照文件”对话框。如指定外部参照文件为“新块”，弹出“外部参照”对话框，如图 8-23 所示。

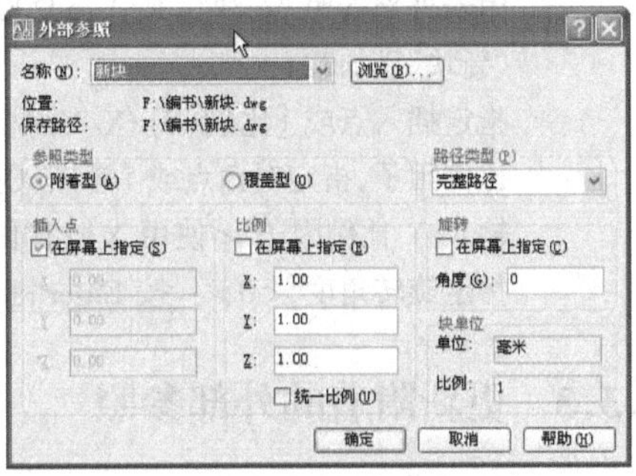

图 8-23 “外部参照”对话框

该对话框中的“插入点”、“比例”和“旋转”等项与“插入”对话框相同，其他几个主要项的作用为：

“保存路径”显示用于定位外部参照的保存路径(如果有)。此路径可以是绝对(完全指定的)路径、相对(部分指定的)路径，也可以无路径。

“参照类型”指定外部参照是“附加型”还是“覆盖型”。“附加型”：在图形中附着附加型的外部参照时，如果其中嵌套有其他外部参照，则将嵌套的外部参照包含在内。“覆盖型”：在图形中附着覆盖型外部参照时，则任何嵌套在其中的覆盖型外部参照都将被忽略，而且其本身也不能显示。

“路径类型”指定外部参照的保存路径是完整路径、相对路径，还是无路径。将路径类型设置为“相对路径”之前，必须保存当前图形。对于嵌套的外部参照而言，相对路径始终参照其直接主机的位置，并不一定参照当前打开的图形。

如果参照的图形位于另一个本地磁盘驱动器或网络服务器上，“相对路径”选项不可用。

8.3.2 外部参照管理器

1. 功能

对于图形中所引用的外部参照，AutoCAD 主要是通过外部参照管理器(Xref Manager)来进行管理的。

2. 命令调用

在“外部参照”工具栏→单击按钮，或“插入”→“外部参照”；从菜单依次单击“插入”→“外部参照管理器 ...”；选择外部参照对象后单击右键，选择“外部参照管理器 ...”；在命令行执行 xref。

系统将弹出“外部参照管理器”对话框，如图 8-24所示。

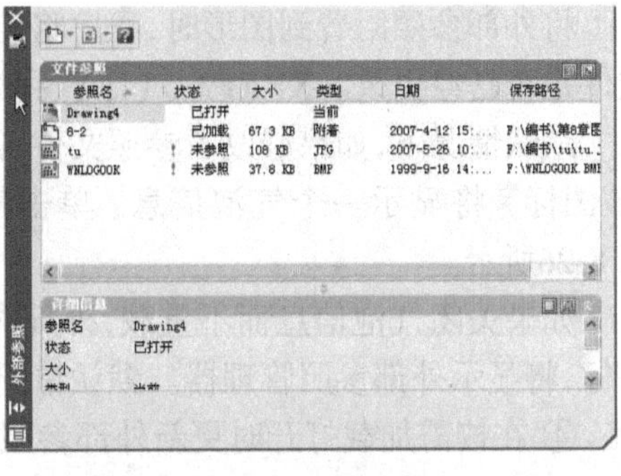

图 8-24 “外部参照管理器”对话框

通过“外部参照管理器”对话框，可以附着、覆盖、列出、绑定、拆离、重载、卸载和重命名当前(或宿主)图形中的外部参照以及修改其路径。

3. 命令行操作

在命令行键入-xref,接着按命令提示进行操作:

命令: -xref

输入选项 [? /绑定(B)/拆离(D)/路径(P)/卸载(U)/重载(R)/覆盖(O)/附着(A)] <附着>:(按 Enter 键后,首先弹出“选择参照文件”对话框,提示用户指定外部参照文件,然后显示“外部参照”对话框。)

附着外部参照 "新块": F: \ cad2006 \ 图书素材库 \ 块及参照 \ 新块 .dwg

“新块”已加载。

指定插入点或 [比例(S)/X/Y/Z/旋转(R)/预览比例(PS)/PX/PY/PZ/预览旋转(PR)]: 输入 X 比例因子,指定对角点或 [角点(C)/XYZ] <1>:(按 Enter 键)

输入 Y 比例因子 <使用 X 比例因子>:(按 Enter 键)

指定旋转角度 <0>:(按 Enter 键)

8.3.3 更新附着的外部参照

更新外部参照的几种情况如下:

① 打开图形时,所有的外部参照将自动更新。

可以随时使用 xref 的“重载”选项更新外部参照,以确保图形中显示最新版本。如图 8-25 所示。

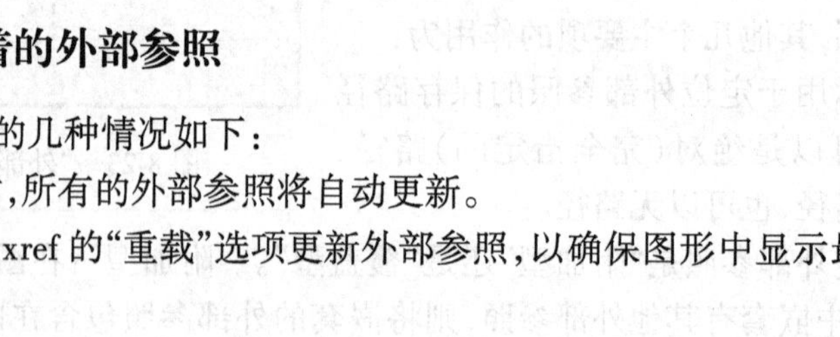

图 8-25 更新外部参照示意图

② 在网络环境中,无论何时修改和保存外部参照图形,其他用户都可以通过在打开的图形中重载外部参照立即访问所做的修改。

③ 更改的外部参照的通知。

将外部参照附着到图形时,程序将定期检查从最后一次加载或重载外部参照时起,参照的文件是否已经更改。XREFNOTIFY 系统变量可以控制外部参照通知。

默认情况下,如果修改了参照文件,则应用程序窗口右下角(状态栏托盘)的“管理外部参照”图标旁将显示一个气泡信息。单击气泡中的链接可以重载所有修改过的外部参照。如图 8-26所示。

如果关闭气泡信息而不重载,外部参照图标将添加一个叹号。如果单击”管理外部参照”图标,将显示外部参照管理器。默认情况下,程序每隔五分钟检查是否有更改的外部参照。

④ 在按需加载打开时更新外部参照。

如果加载或重载外部参照按需加载已打开 XLOADCTL 系统变量设置为 1 时,参照图形处于打开并锁定状态。其他用户不能修改参照图形。

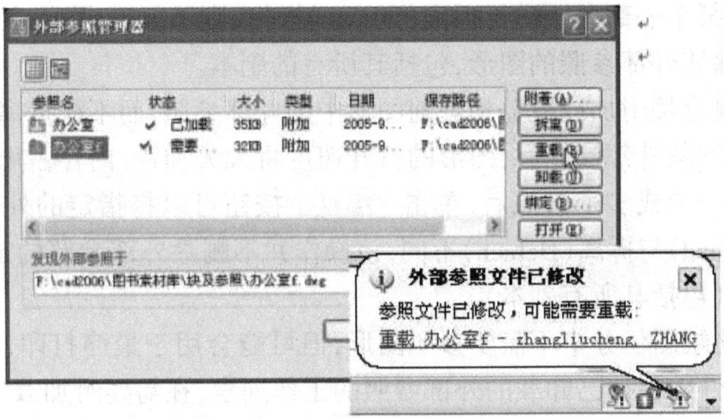

图 8-26　重载外部参照的气泡提示

8.3.4　绑定外部参照

在外部参照列表中选择一个或多个参照后，单击 绑定(B)... 按钮可以将指定的外部参照断开与原图形文件的链接，并转换为块对象，成为当前图形的永久组成部分。选择该按钮后将弹出“绑定外部参照”对话框，如图 8-27 所示。

图 8-27　“绑定外部参照”对话框

“绑定”选项：在绑定时，AutoCAD 将外部参照的已命名对象依赖符号加入到当前图形中。具体方式是保留其前缀，但将“|”符号变为“n”的形式。其中 n 是由 0 开始的数字，在命名对象的名称出现重复时可改变 n 的取值，以确保命名对象名称的唯一性。

例如，如果有一个名为 FLOOR1 的外部参照，它包含一个名为 WALL 的图层，那么在绑定了外部参照后，依赖外部参照的图层 FLOOR1|WALL 将变为名为 FLOOR1$0$WALL 的本地定义图层。如果已经存在同名的本地命名对象，n 中的数字将自动增加。在此样例中，如果图形中已经存在 FLOOR1$0$WALL，依赖外部参照的图层 FLOOR1|WALL 将重命名为 FLOOR1$1$WALL。

“插入”选项：在绑定时，AutoCAD 将外部参照的已命名对象名称中消除外部参照名称，并将多个重名的命名对象合并在一起。如果原内部文件中的命名对象具有与其相同的名称，则将绑定的外部参照中相应的命名对象与其合并，并采用内部命名对象定义的属性。例如，如果有一个名为 FLOOR1 的外部参照，它包含一个名为 WALL 的图层，在用“插入”选项绑定后，依赖外部参照的图层 FLOOR1|WALL 将变为内部定义的图层 WALL。

说明：如果不想绑定整个外部参照图形，而仅仅想绑定外部参照中的命名对象，则可使用 -xbind命令来实现。

8.3.5　拆离、卸载外部参照

在外部参照列表中选择一个或多个参照后，单击 拆离(D) 按钮可以从图形中拆离指定的外部参照。如果对某个外部参照进行拆离(Detach)操作,则 AutoCAD 将在图形中删除该外部参照的定义,并清除该外部参照的图形,包括其所有的副本。

说明:只能拆离直接附加或覆盖到当前图形中的外部参照,而不能拆离嵌套的外部参照。

从当前图形中卸载外部参照后,图形的打开速度将大大加快,内存占用量也会减少。在外部参照列表中选择一个或多个参照后,单击 卸载(U) 按钮可以将指定的外部参照在当前图形中卸载。卸载(Unload)与拆离(Detach)不同,该操作并不删除外部参照的定义,而仅仅取消外部参照的图形显示(包括其所有副本)。

说明:如果当前绘图任务中不需要参照图形,但可能会用于最终打印,应该卸载此参照文件。可以在图形文件中保持已卸载的外部参照的工作列表,在需要时加载。

8.3.6 在位编辑

1. 功能

对于附着在图形中的外部参照和插入的块,AutoCAD 将其统一为参照,来提供在位编辑(In-place Edit)功能,用于对参照中的对象进行修改,并可以将修改结果保存回原来的图形。这样就避免了在不同图形之间来回切换,对于少量的修改工作来说更富有效率。

2. 命令调用

在“参照编辑”工具栏→单击按钮,如图 8-28 所示;从菜单依次单击“工具”→“外部参照和块在位编辑”→“编辑参照”;命令行执行 refedit,并按 Enter 键。

以上几种方式都打开“编辑参照”对话框,选择被编辑的参照,并在参照中选择对象。如果选择的对象是一个或多个嵌套参照的一部分,则此嵌套参照将显示在对话框中。如图 8-29 所示。

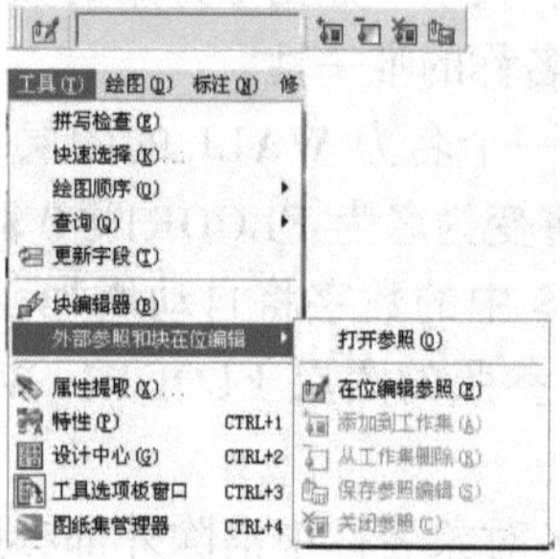

图 8-28 调用“在位编辑参照”

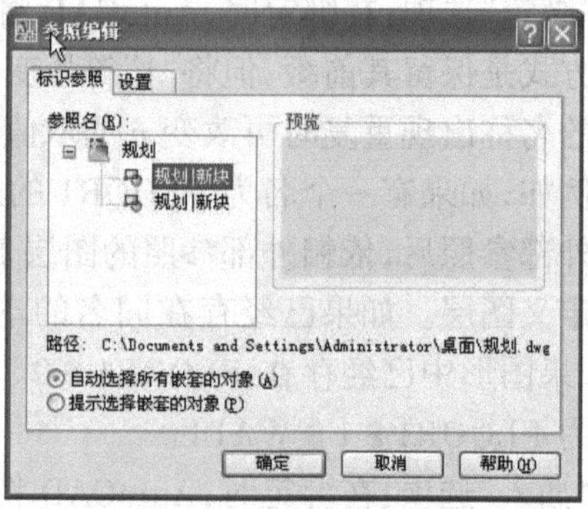

图 8-29 “编辑参照”对话框

“标识参照”为标识要编辑的参照提供视觉帮助并控制选择参照的方式。参照名显示选定要进行在位编辑的参照以及选定参照中嵌套的所有参照。只有选定对象是嵌套参照的一部分时,才会显示嵌套参照。如果显示了多个参照,可从中选择要修改的特定外部参照或块。一次只能在位编辑一个参照。

说明:使用 minsert 命令插入到图形中的参照不能选定进行在位参照编辑;动态块不在列表中显示,并且不可通过此对话框进行编辑。

8.4 思考与练习

利用前面所学知识绘制如图 8-30 所示的过渡轴,不需标注尺寸。

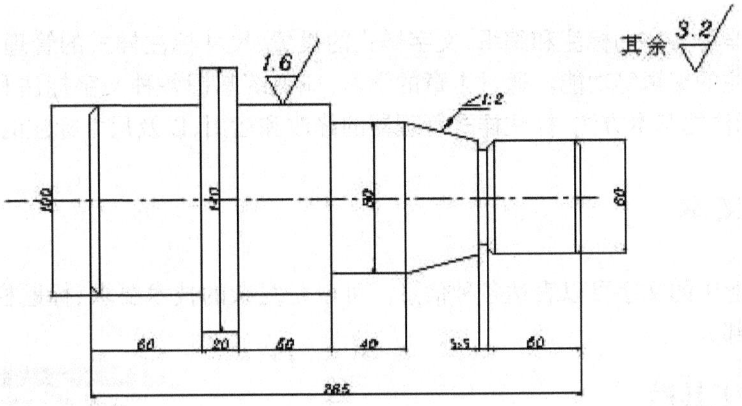

图 8-30　过渡轴

第9章 文本标注与编辑

本章主要学习文字的标注和编辑、文字样式的设置，尺寸标注样式的管理和尺寸标注、公差标注以及标注的编辑等功能。通过本章的学习，应熟练掌握各种文字标注和编辑的基本方法，各种尺寸标注的基本方法，标注样式管理器的修改和运用，以及尺寸标注的编辑等。

9.1 注写文本

添加到图形中的文字可以表达各种信息。可以是复杂的技术要求、标题栏信息、标签，甚至是图形的一部分。

9.1.1 文字工具栏

在“标准”工具栏上，单击鼠标右键，在弹出的菜单上选中“文字”选项，即可打开如图9-1所示的“文字”工具栏。下面将对该工具栏中各个按钮的功能分别进行介绍。

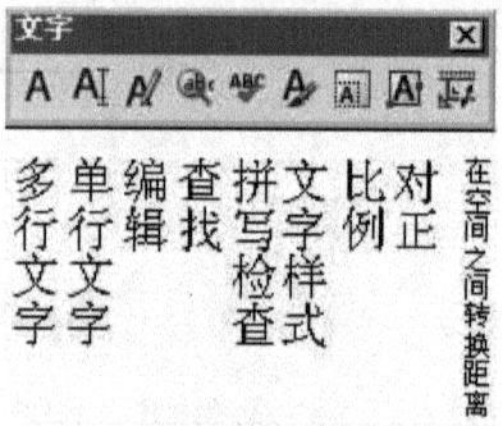

图9-1 文字工具栏

9.1.2 文字样式

1. 功能

在 AutoCAD 中新建一个图形文件后，系统将自动建立一个默认的文字样式“标准(Standard)”，并且该样式会被默认引用。

仅有一个“标准(Standard)”样式是不够的，用户可以使用文字样式命令来创建或修改其他文字样式。

2. 命令调用

在“文字”工具栏→单击按钮；从菜单依次单击“格式”→“文字样式…”；在命令行执行 style，并按 Enter 键。

系统弹出“文字样式”对话框，如图9-2所示。

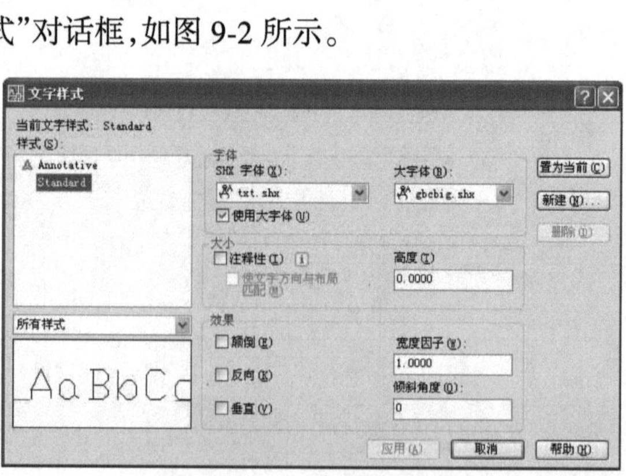

图9-2 “文字样式”对话框

当前文字样式的设置显示在命令行提示中。可以使用或修改当前文字样式,或者创建和加载新的文字样式。一旦创建了文字样式,就可以修改其特征、修改其名称或者是在不需要它时将其删除。

3. 操作示例

(1)使用和修改现有的文字样式

① 新建一个图形,使用默认文字样式。

在"文字"工具栏,单击单行文字按钮。

命令: _ dtext

当前文字样式: Standard 当前文字高度: 2.5000

指定文字的起点或 [对正(J)/样式(S)]:<u>(在绘图区任意拾取一点)</u>

指定高度 <2.5000> :<u>指定(按 Enter 键)</u>

指定文字的旋转角度 <0> :<u>(按 Enter 键)</u>

<u>(输入:"wen zi yu biao zhu")</u>

结果,文本看上去很小。

② 修改默认的高度设置。

在"文字"工具栏→单击按钮,并把"高度"文本框的值改为"8",依次单击 应用(A) 和 关闭(C) 按钮。再在"文字"工具栏中单击"单行文字" 按钮,注写一段文本。

命令: _ dtext

当前文字样式: Standard 当前文字高度: 9.0000

指定文字的起点或 [对正(J)/样式(S)]:<u>(在与前面文本的左下方对齐处拾取一点)</u>

指定文字的旋转角度 <0> :<u>(按 Enter 键)</u>

<u>(输入:"wen zi yu biao zhu",按 Enter 键换行再输入:"文字与标注")。</u>

此时,可以看到文本显示将会变大,但是汉字部分显示为"?",说明默认样式的字体设置不合适。

③ 修改"标准(Standard)"样式的"字体"。

在"文字"工具栏→单击按钮,并把"字体名"文本框的值改为"宋体"后,依次单击 应用(A) 和 关闭(C) 按钮,即可看到汉字将会正常显示。

以上步骤的操作过程如图 9-3 所示。

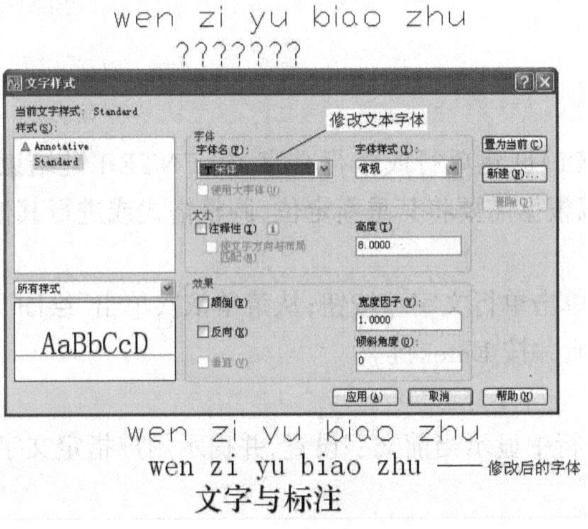

图 9-3　使用和修改文字样式

(2) 创建新的文字样式

除了默认的 STANDARD 文字样式外,用户还必须创建其它所需的文字样式。文字样式名称最长可达 255 个字符,名称中可包含字母、数字和特殊字符,如美元符号($)、下划线(_)和连字符(-)。如果不输入文字样式名,将自动把文字样式命名为“样式 n”,其中 n 是从 1 开始的数字。

在“文字样式”对话框中,单击 按钮后,弹出“新建文字样式”对话框,样式名默认为“样式 1”,可以更改为用户需要的名称,如图 9-4 所示。

通过修改设置,可以在“文字样式”对话框中修改现有的样式。也可以更新使用该文字样式的现有文字来反映修改的效果。按照图 9-5 所示的内容进行修改后,标注的文字效果如图 9-6 所示。

图 9-4 “新建文字样式”对话框

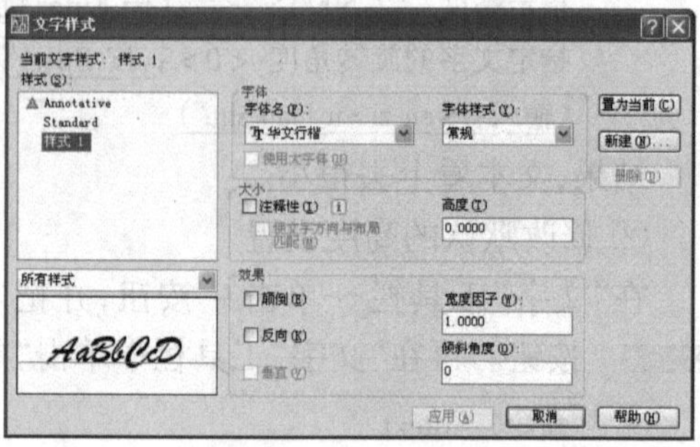

图 9-5 在“文字样式”对话框中修改现有的

图 9-6 修改后的文字样式

某些样式设置对多行文字和单行文字对象的影响不同。例如,修改“颠倒”和“反向”选项对多行文字对象无影响。修改“宽度比例”和“倾斜角度”对单行文字无影响。

如果重命名现有的文字样式,任何使用旧名称的文字都会采用新的文字样式名。

9.1.3 单行文字

1. 功能

使用单行文字(TEXT)创建单行或多行文字,按 ENTER 键结束各行输入。每行文字都是独立的对象,用户可以根据需要将其重新定位、调整格式或进行其他修改。

2. 命令调用

在“文字”工具栏→单击单行文字 按钮;从菜单依次单击“绘图”→“文字”→“单行文字”;在命令行执行 text、dtext,并按 Enter 键。

3. 操作示例

AutoCAD 将在命令行中显示当前文字设置,并提示用户指定文字的起始点:

```
命令: _ dtext
当前文字样式: Standard 当前文字高度: 2.5000
```

指定文字的起点或［对正(J)/样式(S)］:(单击鼠标选择文字起点或选择其它选项)

此时,用户可以进行如下几种选择:

① 直接指定文字的起始点,系统进一步提示用户指定文字的高度、旋转角度和文字内容:

指定高度 <2.5000>:(可以键入新的高度值)
指定文字的旋转角度 <0>:(输入文字旋转角度)
输入文本:(输入文本)

说明:只有在当前文字样式没有固定高度时才提示用户指定文字高度。此外,用户可以连续输入多行文字,每行文字将自动放置在上一行文字的下方。但这种情况下每行文字均是一个独立的对象,其效果等同于连续使用多次“dtext”命令。

② 如果用户选择“样式”项,系统将提示用户指定文字样式:

指定文字的起点或［对正(J)/样式(S)］: s
输入样式名或［?］<Standard>: ?
输入要列出的文字样式 < * >:(按 Enter 键)
文字样式:(按 Enter 键)
样式名:"Standard" 字体文件: txt
高度: 0.0000 宽度比例: 1.0000 倾斜角度: 0
生成方式: 常规
当前文字样式: Standard
当前文字样式: Standard 当前文字高度: 2.5000

用户可选择“?”选项查看所有样式,并选择其中一种,然后将返回上一层提示。

③ 如果用户选择“对正”项(默认方式是左对齐),系统将给出如下选项:

指定文字的起点或［对正(J)/样式(S)］: j
输入选项:
［对齐(A)/调整(F)/中心(C)/中间(M)/右(R)/左上(TL)/中上(TC)/右上(TR)/左中(ML)/正中(MC)/右中(MR)/左下(BL)/中下(BC)/右下(BR)］:

“对齐”:通过指定基线的两个端点来绘制文字。文字的方向与两点连线方向一致,文字的高度将自动调整,以使文字布满两点之间的部分,但文字的宽度比例保持不变。

“调整”:通过指定基线的两个端点来绘制文字。文字的方向与两点连线方向一致。文字的高度由用户指定,系统将自动调整文字的宽度比例,以使文字充满两点之间的部分,但文字的高度保持不变。

“中心”、“中间”和“右”:三个选项均要求用户指定一点,并分别以该点作为基线水平中点、文字中央点或基线右端点,然后根据用户指定的文字高度和角度进行绘制。

9.1.4 多行文字

1. 功能

AutoCAD2008 提供了增强的 Mtext 命令,它是利用一个“在位文字编辑器”,集中完成文字输入和编辑的全部功能,如图 9-7 所示。

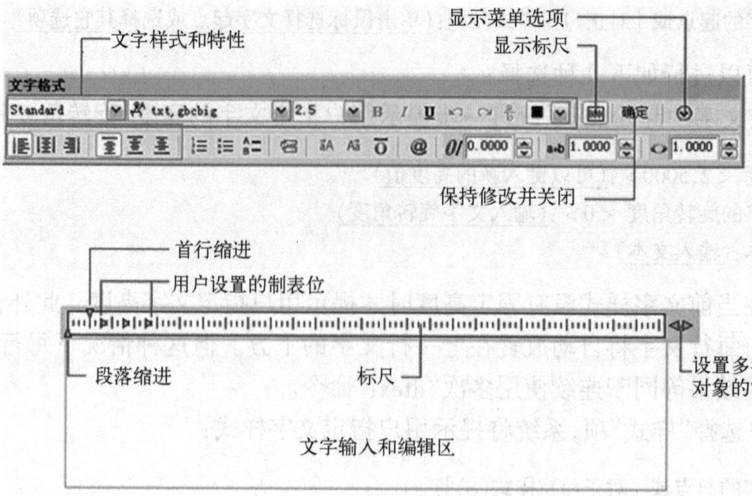

图 9-7 “在位文字编辑器”窗口

2．命令调用

从“绘图”菜单→单击“文字”→“多行文字”；在“绘图”工具栏，单击A按钮；在命令行执行 mtext，并按 Enter 键。

通过以上三种方式执行命令后，确定两个对角点，系统将弹出“在位文字编辑器”，包含“文字格式”工具栏和“选项”菜单。

3．操作示例

打开已知的一个图文件如“千斤顶 .dwg”，要求填写明细表内的文字。

具体步骤及命令提示：

① 从“绘图”菜单→单击“文字”→“多行文字”。

② 指定边框的对角点以定义多行文字对象的宽度。此时将显示在位文字编辑器。如图 9-7 所示。

命令：_ mtext 当前文字样式："Standard" 当前文字高度：2.5
指定第一角点：(任意一点)
指定对角点或［高度(H)/对正(J)/行距(L)/旋转(R)/样式(S)/宽度(W)］：@140,48

③ 要对每个段落的首行设置缩进，需拖动标尺上的第一行缩进滑块。若要对每个段落的其他行缩进，则需拖动段落滑块。如图 9-7 所示。

④ 单击标尺设置制表位。如果制表位不合适，可以用鼠标点击制表符(注意不要松开鼠标)，此时附近显示离开标尺左端的尺寸数值，将其拖动到合适的位置即可。如图 9-8 所示。

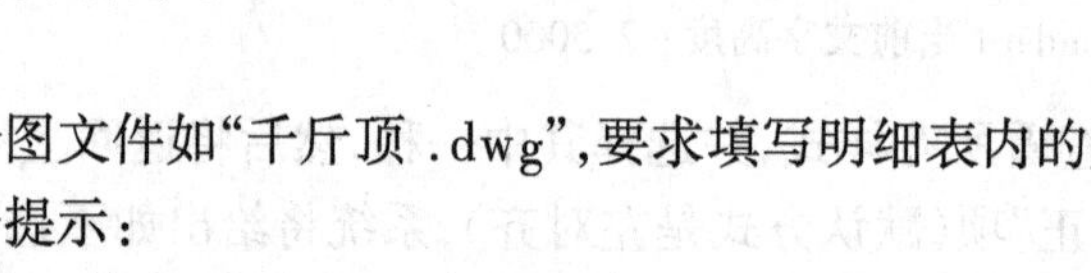

图 9-8 调整制表位

⑤ 如果需要使用其它文字样式而不是默认值，则需要单击工具栏上的“样式”选项旁边的下拉箭头，然后选择所需的样式。

⑥ 通过键盘输入要标注的文字。如图 9-9 所示。

图 9-9　多行文字输入

⑦ 改变所选文字的颜色。从“颜色”列表中选择合适的颜色。如图 9-10 所示。

⑧ 单击工具栏上的“确定”按钮或按“Ctrl + Enter”组合键,保存以上的修改内容,并退出编辑器。

说明:如果输入的文字溢出了定义的边框,将用虚线来表示超出的宽度和高度。如图 9-11 所示。

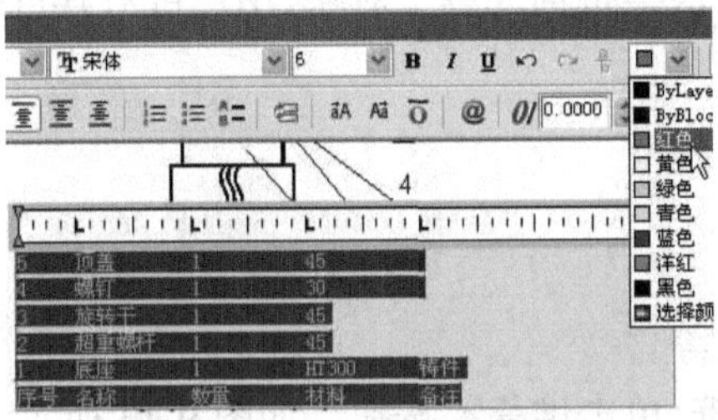

图 9-10　修改文字的颜色

图 9-11　文字溢出定义边框

9.1.5　在文本中插入符号和特殊字符

1. 功能

通过输入控制代码或 Unicode 字符串可以输入以下特殊字符或符号。或在在位文字编辑器中,在展开的工具栏上单击“符号”,见表 9-1 所示。

表 9-1　Unicode 字符串和控制代码

控 制 代 码	Unicode 字符串	结　果
%%d	\ U + 00B0	度符号(°)
%%p	\ U + 00B1	公差符号(±)
%%c	\ U + 2205	直径符号(?)

说明:不支持在垂直文字中使用符号。

2. 操作示例

命令行方式

命令: – mtext
当前文字样式:"Standard" 当前文字高度:2.5
指定第一角点:
指定对角点或 [高度(H)/对正(J)/行距(L)/旋转(R)/样式(S)/宽度(W)]: h
指定高度 <2.5> : 20
指定对角点或 [高度(H)/对正(J)/行距(L)/旋转(R)/样式(S)/宽度(W)]:
MText: 45%%d
MText: 120 \ u + 00b0

MText：%%p25

MText：%%c50

MText：%%c40

MText：%%c60%%p0.02

MText：%%50 \ u + 00b10.03

MText：(按 Enter 键)

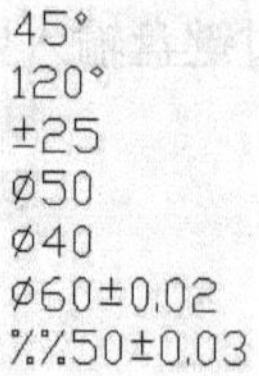

图 9-12　输入控制代码或 Unicode 字符串

结果如图 9-12 所示。

9.2　多行文字的编辑

无论行数是多少，单个编辑任务中创建的每个段落集将构成单个对象，用户可对其进行移动、旋转、删除、复制、镜像或缩放等操作。

9.2.1　文字的堆叠特性

1. 设置堆叠字符

堆叠字符用以标注尺寸的公差、数字的分数形式等。

在“绘图”工具栏单击 A 按钮。选择要堆叠的字符，单击堆叠按钮。如图 9-13 所示。

说明：字符“^”、“#”、“/”分别转换成公差格式、斜分数和水平分数。

例如，设置五分之三的斜分数和四又五分之三的水平分数。

首先在“绘图”工具栏，单击 A 按钮；在文本输入区输入“3#5”、“3/5”；选定要堆叠的文本，单击堆叠按钮。结果如图 9-14 所示。

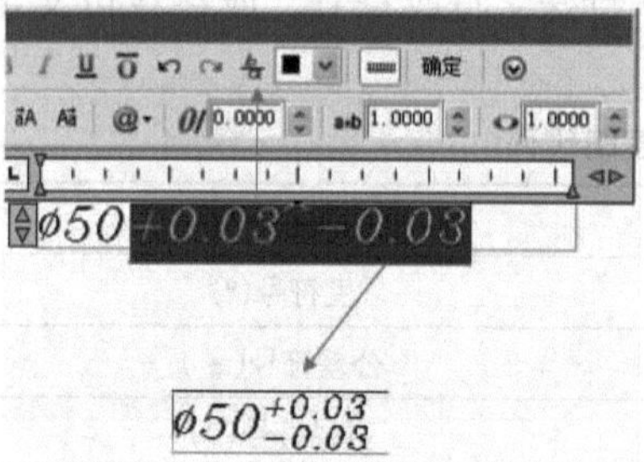

图 9-13　公差堆叠

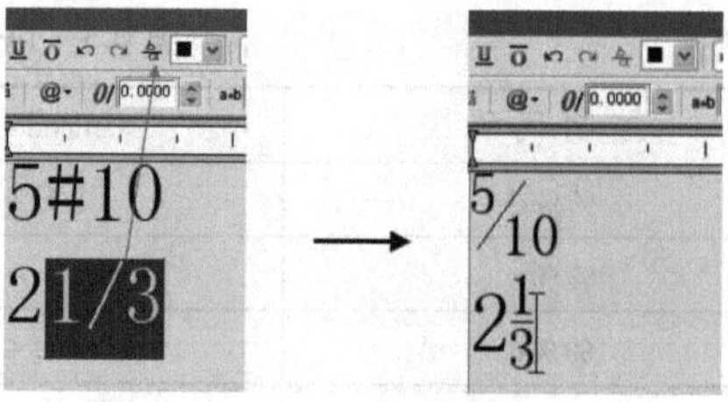

图 9-14　分数堆叠

2. 编辑堆叠文字、堆叠类型、对齐方式和大小

要打开“堆叠特性”对话框，请选择堆叠文字，单击鼠标右键，然后在快捷菜单中单击“特性”按钮。“外观”选项控制堆叠文字的堆叠样式、位置和大小。如图 9-15 所示。

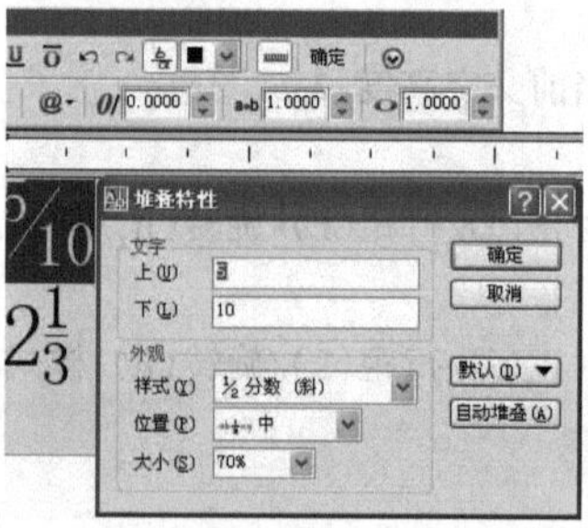

图 9-15　编辑堆叠

9.2.2 文本的基本编辑命令

该命令对多行文字、单行文字以及尺寸标注中的文字均可适用

在“文字”工具栏→单击 按钮；从菜单依次单击“修改”→“对象”→“文字”→“编辑”；在命令行执行 ddedit，并按 Enter 键。

选择多行文字对象或标注中的文字，则出现“在位文字编辑器”对话框，来改变全部或部分文字的高度、字体、颜色和调整位置等。而对于单行的文字对象，被选中的文字将反色显示，再次单击文字，即可编辑。只能修改文字，而不支持字体、调整位置以及文字高度的修改。如图 9-16 所示。

图 9-16　单行文字的修改

说明：默认的文字编辑器是“在位文字编辑器”，但可以选择使用第三方编辑器，该编辑器在“选项”对话框中设置，也可以用 MTEXTED 系统变量设置。

9.2.3 文字特性编辑

在“特性”选项板中，可以查看并修改多行文字对象的对象特性，其中包括仅适用于文字的特性。

选中文字对象后单击鼠标右键，在弹出的快捷菜单中单击“特性”选项。在文字项目内，对各选项的下拉列表进行设置。如图 9-17 所示。

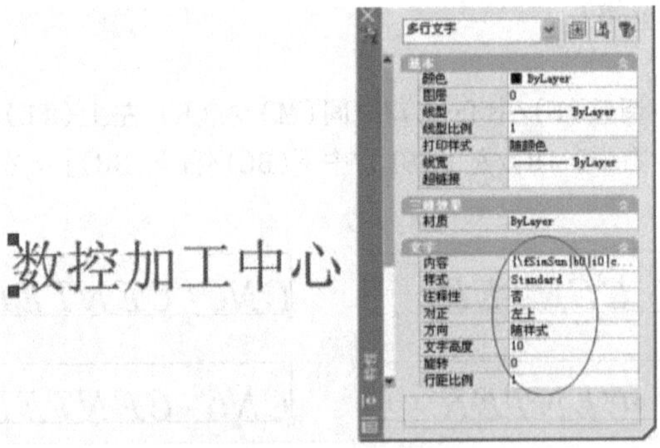

图 9-17　文字特性编辑

9.2.4 多行文字的对正

文字对正分两种情况，一是插入点不变而文字移动位置；另一个是改变插入点而不移动文字位置。

第 1 种情况：对正同时控制相对于文字插入点的文字对齐和文字走向。

文字相对于定义文字宽度的边界框靠左对齐或靠右对齐。文字自插入点排列，插入点可以在结果文字对象的中间、顶部和底部。

AutoCAD2008 提供有九种多行文字的对正方式，如图 9-18 所示。

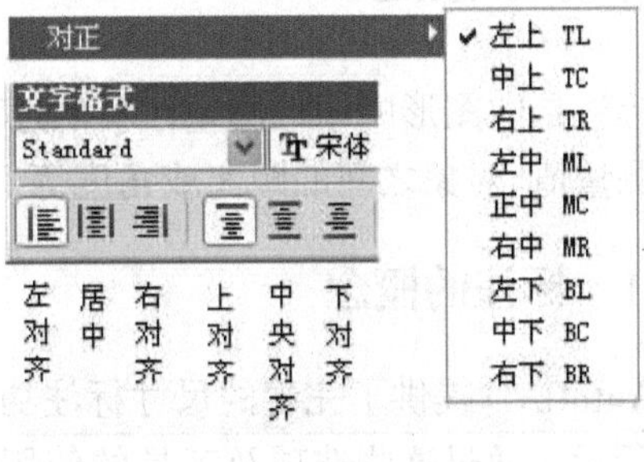

图 9-18　九种对齐方式

或以 text 命令行方式,几种对齐方式示例如图 9-19 所示:

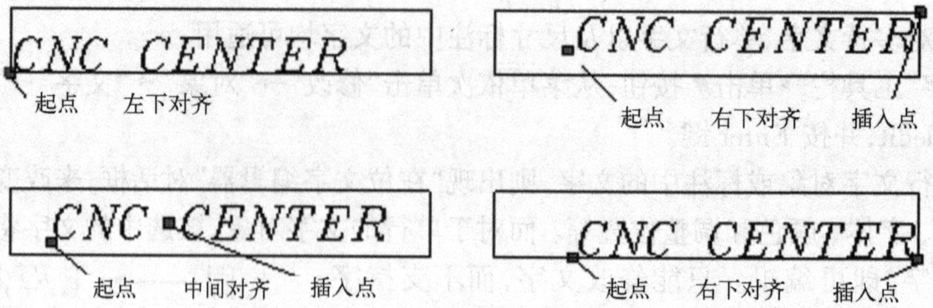

图 9-19　插入点对正

说明:当一个词语长于段落的宽度时,此词语将延伸出段落边界。

第 2 种情况:修改文字对象的对正方式而不修改其位置。

使用 justifytext 命令可以重定义文字的插入点而不移动文字。例如,某个表或表格中包含的文字也许可以正确找到,但是表中的每个文字对象为了将来的条目或修改,必须靠右对齐而不是靠左对齐。如图 9-20 所示,将插入点移到“右上”的命令提示为:

命令: justifytext
选择对象: 找到 1 个
选择对象:<u>(按 Enter 键)</u>
输入对正选项
[左(L)/对齐(A)/调整(F)/中心(C)/中间(M)/右(R)/左上(TL)/中上(TC)/右上(TR)/左中(ML)/正中(MC)/右中(MR)/左下(BL)/中下(BC)/右下(BR)] < 右上 > : tr

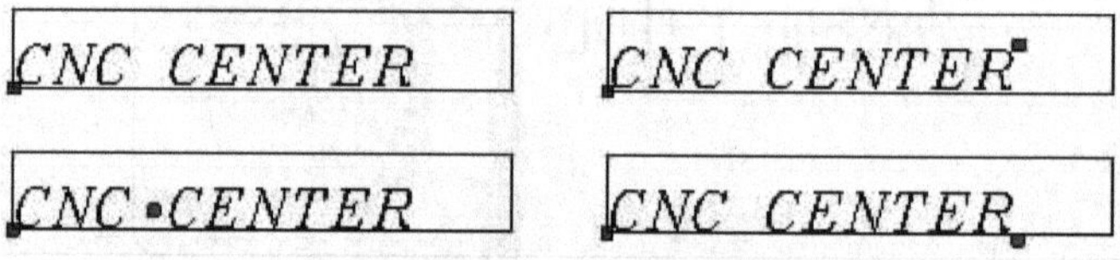

图 9-20　重定义文字的插入点

9.3　标注概述

标注是向图形中添加测量注释的过程。尺寸标注是一种通用的图形注释,它可以显示对象的测量值、对象之间的距离或角度等。

9.3.1　标注的概念

AutoCAD 提供了完善的尺寸标注功能,其“标注”工具栏及其“标注”菜单选项,如图 9-21、9-22 所示。通过这些选项及工具的使用,不仅可以在各个方向上为各类对象创建标注,而且还可以方便快捷地以一定格式创建符合行业或项目标准的标注。

图 9-21　“标注”工具栏

图 9-22　“标注”菜单

其中弧长标注和折弯标注是 AutoCAD2008 版本新增加的标注功能。

9.3.2　标注的元素

为了满足建筑、机械、电子等大多数应用领域的要求，AutoCAD2008 提供了多种类型的尺寸标注，尽管标注在类型和外观上多种多样，但绝大多数标注都由标注文字、尺寸线、箭头和尺寸界线 4 个独特的元素组成，如图 9-23 所示。

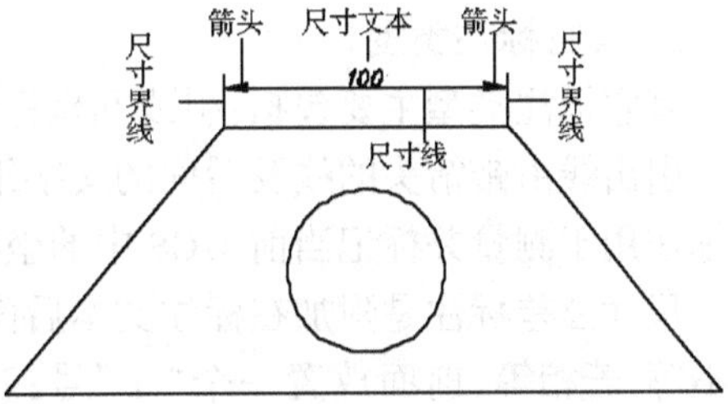

图 9-23　构成标注的基本元素

1. 标注文字

用来表明实际测量值的文字串。用户可以使用自定义的文字或完全不用文字。当使用生成的文字时，文字还可以包含前缀、后续和公差。

2. 尺寸线

用于指示标注的方向和范围。AutoCAD 通常将尺寸线放置在测量区域中，而且尺寸线通常被分割成两条线，标注文字沿尺寸线放置。对于角度标注，尺寸线是一段圆弧。

3. 箭头

箭头显示在尺寸线的两端，用于指出测量的开始和结束位置。AutoCAD 默认使用闭合的填充箭头符号。AutoCAD 还提供了多种符号可供选择，其中包括建筑标记、小斜线箭头、点和斜杠等，而且用户还可以自定义符号。

4. 尺寸界线

尺寸界线一般垂直于尺寸线，并从被标注的对象延伸到尺寸线。用户也可以根据需要使尺寸界线倾斜一定角度。

9.3.3 标注的类型

用户可以为各种对象沿各个方向创建标注，基本的标注类型包括：线性、径向（半径和直径）、角度、弧长等，其它类型还有引线标注、坐标、尺寸公差、形位公差及圆心标注等。

1. 基本标注类型

线性标注可以是水平、垂直、对齐、旋转、基线或连续（链式），还有半径、直径、角度和弧长标注等，参见图 9-24 所示。

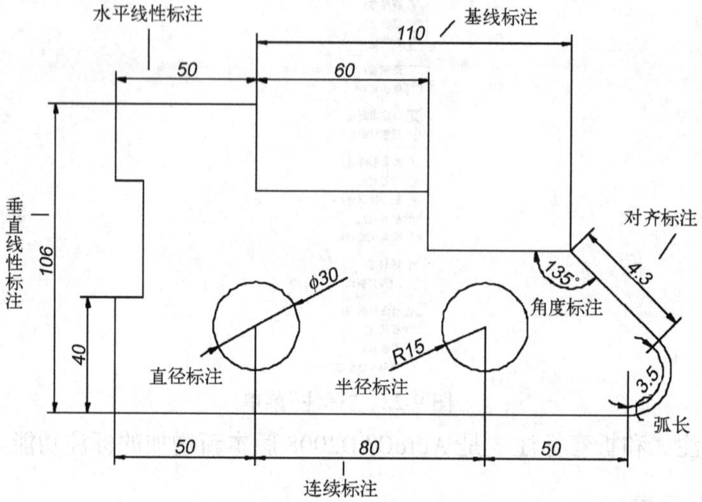

图 9-24 尺寸标注类型

2. 其它标注类型

其它标注类型主要包括：引线和坐标标注、公差标注、圆心标记和中心线标记等等。

引出线由带箭头的线及后面的文字组成。引出线常用来指示图中需注意的特定部分。坐标标注用于测量并标记当前 UCS 中的坐标点。参见图 9-25 所示。

尺寸公差标注是附加在标注文本后面的正负值，用户可指定该正负值，正负值可以相等也可不等，若相等，前面放置一个“±”号；若不等，则上下排列。图 9-26 给出相等和不等两种情况。

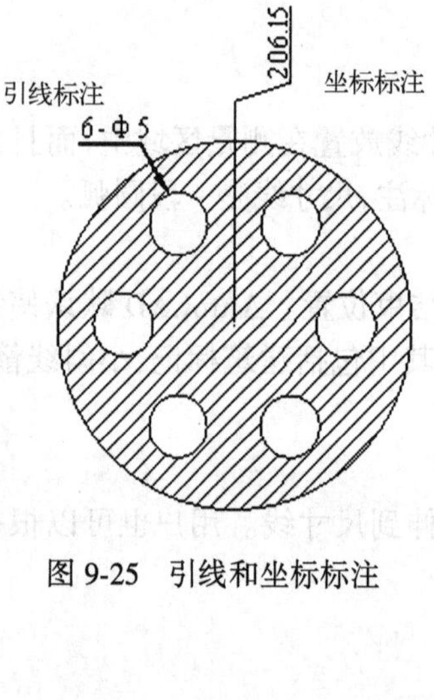

图 9-25 引线和坐标标注

图 9-26 尺寸公差

由于形位公差符号都带有引出线，使用该命令还需另外再添加指引线。如图 9-27 所示。

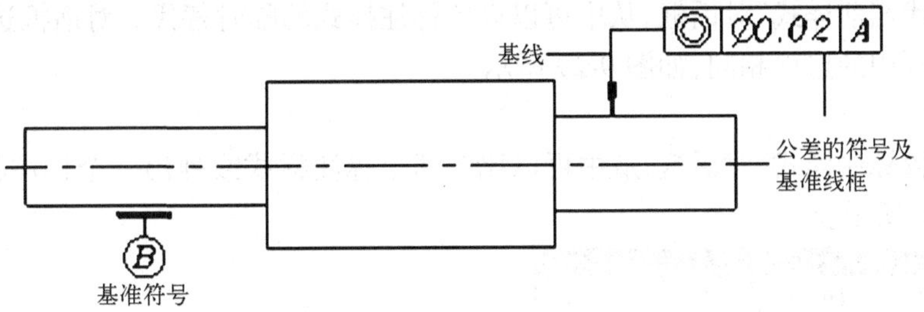

图 9-27　形位公差

9.4　创建标注样式

标注样式是标注设置的命名集合，可用来控制标注的外观，如箭头样式、文字位置和尺寸公差等。用户可以创建标注样式以快速指定标注的格式，并确保标注符合行业或项目标准。

9.4.1　标注样式管理器

1. 功能

用于创建新样式、设置当前样式、修改样式、设置当前样式的替代以及比较样式。

2. 命令调用

在“标注”工具栏→单击按钮；从菜单依次单击“标注”→“标注样式…”；命令行执行 dimstyle，并按 Enter 键。系统弹出“标注样式管理器”对话框，如图 9-28 所示。

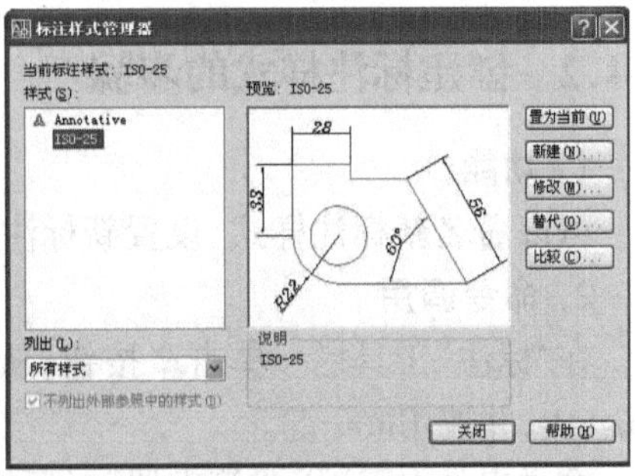

图 9-28　“标注样式管理器”对话框

在此对话框中，各区域及按钮功能如下：

(1) 当前标注样式

显示当前标注样式的名称。默认标注样式为 ISO-25。当前样式将应用于所创建的标注。

(2) 样式

列出图形中的标注样式。当前样式被亮显。

(3) 列出

在“样式”列表中控制样式显示。

(4) 预览和说明

显示“样式”列表中选定的尺寸标注样式。

(5) 置为当前

将在“样式”下选定的标注样式设置为当前标注样式。当前样式将应用于所创建的标注。

(6) 新建

显示“创建新标注样式”对话框，从中可以定义新的标注样式。如图 9-29 所示。

(7) 修改

显示“修改标注样式”对话框，从中可以修改标注样式。对话框选项与“新建标注样式”对话框中的选项相同。如图 9-29 所示。

（8）替代

显示“替代当前样式”对话框，从中可以设置标注样式的临时替代。对话框选项与“新建标注样式”对话框中的选项相同，如图 9-29 所示。

（9）比较

显示“比较标注样式”对话框，从中可以比较两个标注样式或列出一个标注样式的所有特性。如图 9-30 所示。

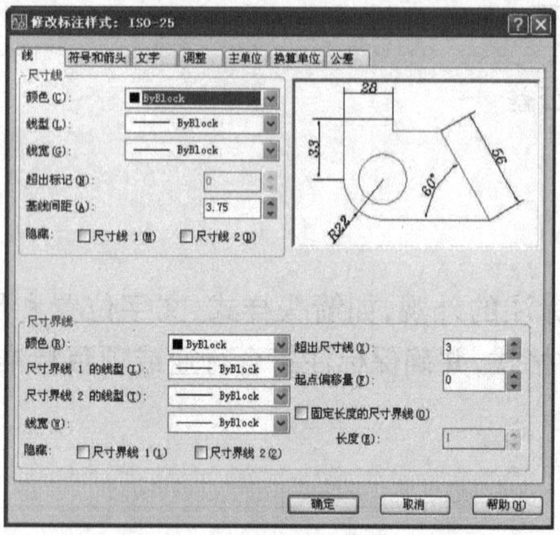

图 9-29 “创建新标注样式”对话框

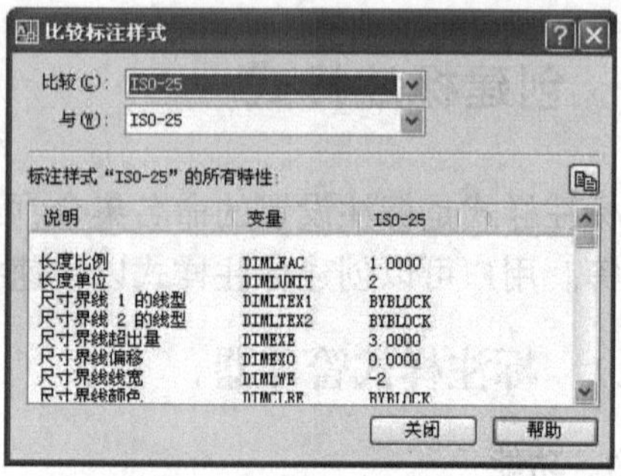

图 9-30 “比较标注样式”对话框

说明：关于标注样式、各选项卡及其具体项目的意义和详细使用方法，请多参考 AutoCAD 2008 的中文“帮助”文件。

9.4.2 创建标注样式的步骤

1. 功能

可以命名新标注样式、设置新标注样式的基础样式和指示要应用新样式的标注类型。

2. 命令调用

在“标注”工具栏→单击 按钮；从菜单依次单击“标注”→“标注样式…”；在命令行执行 dimstyle，并按 Enter 键。

在弹出的“标注样式管理器”对话框中，单击 新建(N)... 按钮，系统弹出“创建新标注样式”对话框，如图 9-31 所示。

可以命名新标注样式、设置新标注样式的基础样式和指示要应用新样式的标注类型。

“新样式名”指定新的标注样式名。“基础样式”设置作为新样式的基础样式。

3. 操作示例

示例 1：创建一个新的样式名“机械标注”，基础样式为“ISO-25”，用于“所有标注”，如图 9-32 所示。

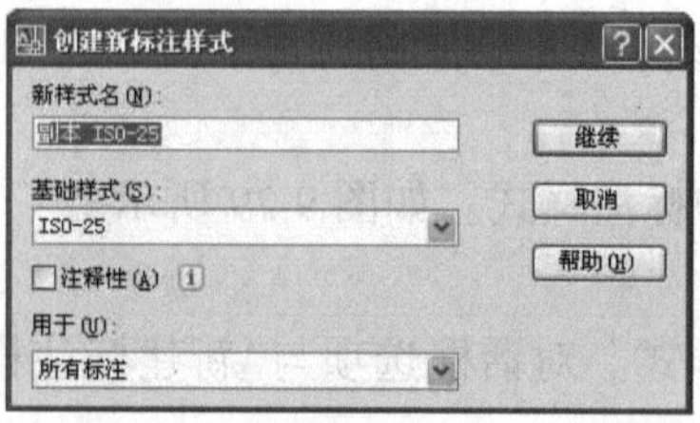

图 9-31 “新建标注样式”对话框

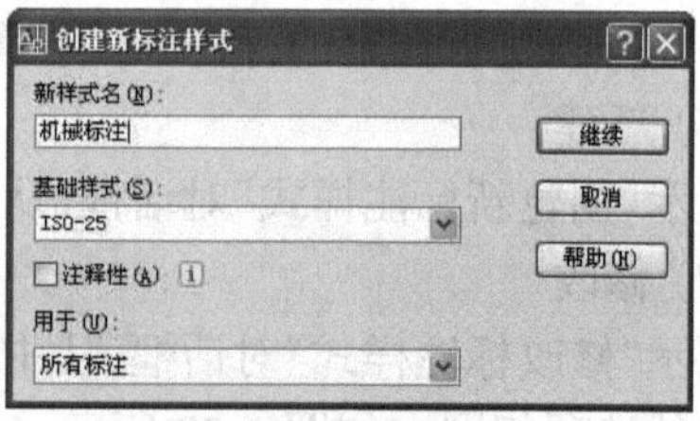

图 9-32 命名新的标注样式

示例 2:创建一个 ISO-25 标注样式的版本,该样式仅用于半径标注。如图 9-33 所示。

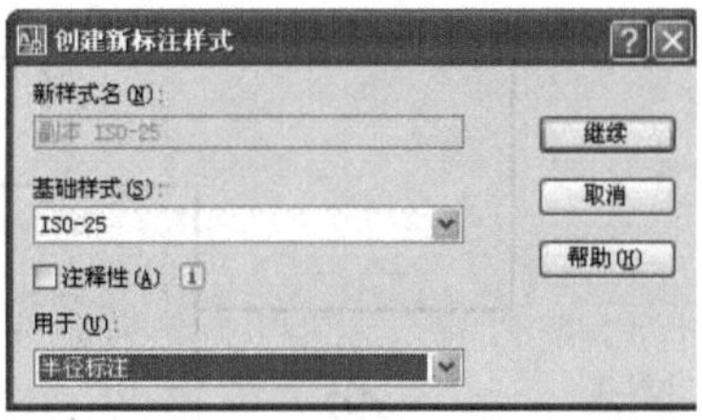

图 9-33　仅用于直径标注的子样式

9.4.3　设置直线和箭头格式

1."直线"选项卡

设置尺寸线、尺寸界线、箭头和圆心标记的格式和特性。

(1) 尺寸线

用于设置尺寸线的特性,诸如颜色、线型、线宽、超出标记等。

指定当箭头使用倾斜、建筑标记、积分和无标记时尺寸线超过尺寸界线的距离。可以通过改变系统变量 DIMDLE 的值来设置,初始值为 0 时,无延伸长度。如图 9-34 所示。

① 基线间距。设置基线标注的尺寸线之间的距离。如图 9-35 所示。

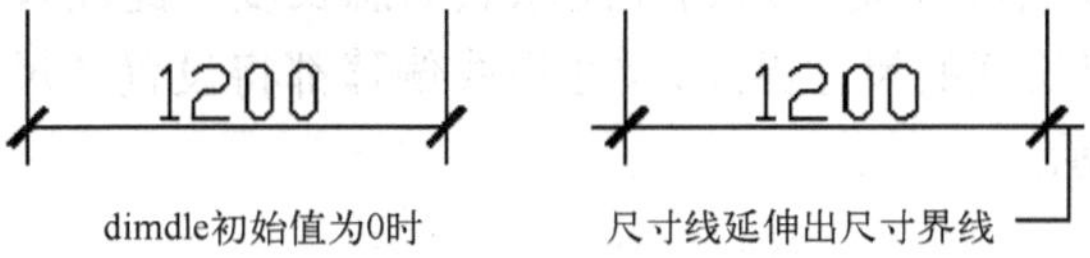

图 9-34　尺寸线超出尺寸界线

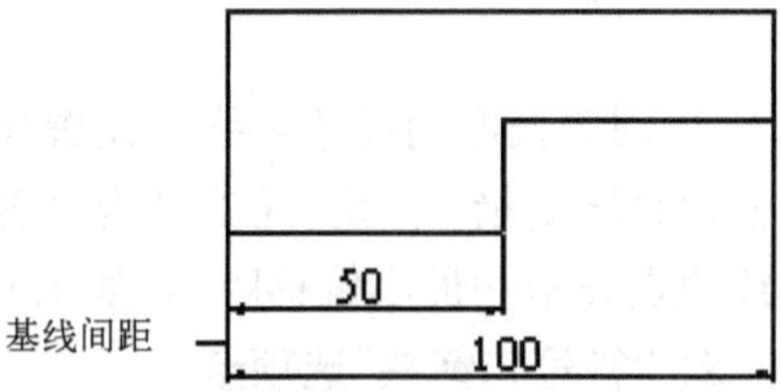

图 9-35　基线间距

② 隐藏。不显示尺寸线,"尺寸线 1"隐藏第一条尺寸线,"尺寸线 2"隐藏第二条尺寸线。如图 9-36 所示。

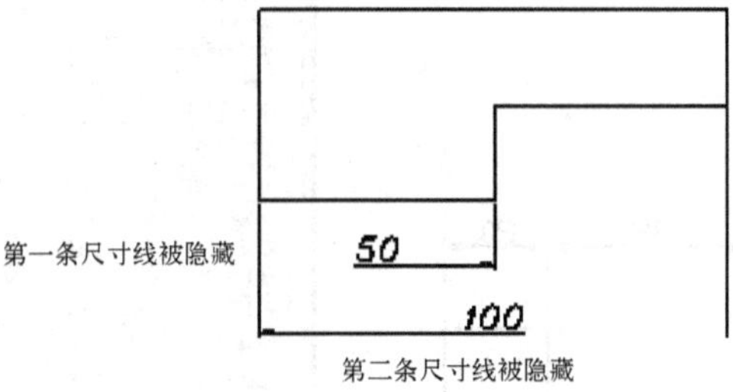

图 9-36　尺寸线隐藏

(2) 尺寸界线

用于控制尺寸界线的外观,包括颜色、线型、尺寸界线 1、线型尺寸界线 2、线宽等。

① 隐藏。不显示尺寸界线。“尺寸界线 1”隐藏第一条尺寸界线，“尺寸界线 2”隐藏第二条尺寸界线。如图 9-37 所示。

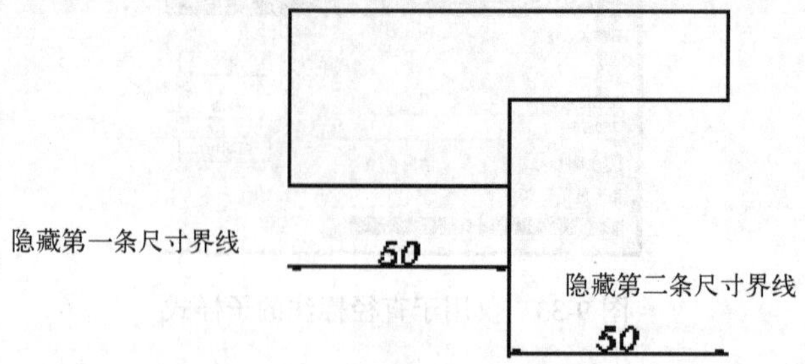

图 9-37　隐藏尺寸界线

② 超出尺寸线。指定尺寸界线超出尺寸线的距离，如图 9-38 所示。

③ 起点偏移量。设置自图形中定义标注的点到尺寸界线的偏移距离，如图 9-39 所示。

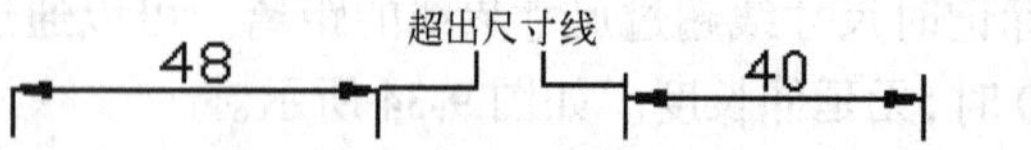

图 9-38　超出尺寸线距离

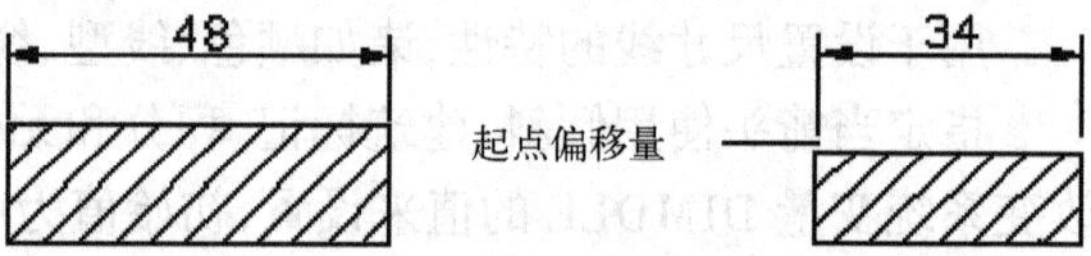

图 9-39　起点偏移量

④ 固定长度的尺寸界线。设置尺寸界线从尺寸线开始到标注原点的总长度。此设置没有任何系统变量。但是，无论是否设置了固定长度的尺寸界线，尺寸界线偏移都将设置从尺寸界线原点开始的最小偏移距离，如图 9-40 所示。

2. “符号和箭头”选项卡

设置箭头、圆心标记、弧长符号和折弯半径标注的格式和位置。如图 9-41 所示。

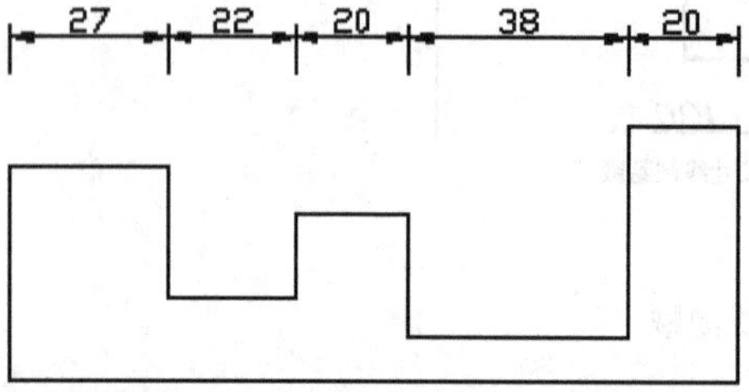

图 9-40　固定长度的尺寸界线

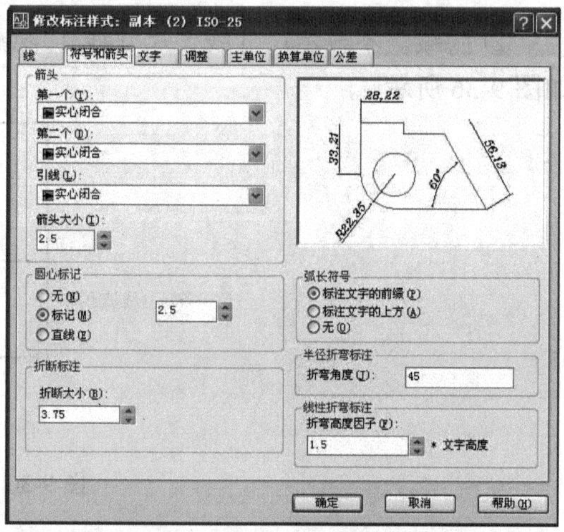

图 9-41　“符号和箭头”选项卡

(1) 箭头

此选项可控制标注箭头的外观。当改变第一个箭头的类型时,第二个箭头将自动改变,同第一个箭头相匹配。要指定用户定义的箭头块,请选择“用户箭头”,显示“选择自定义箭头块”对话框,选择用户定义的箭头块的名称,如图 9-42 所示。

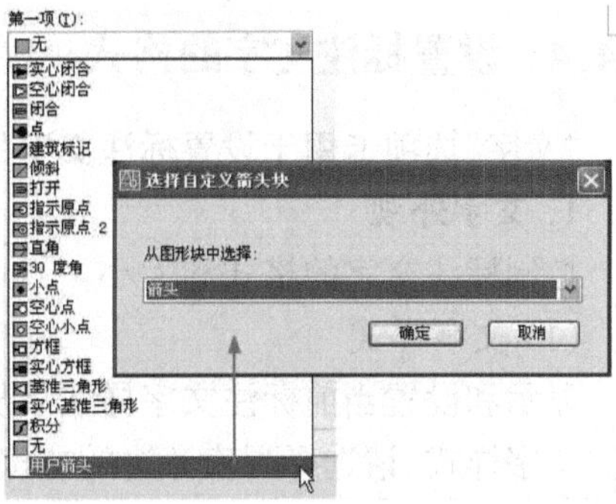

图 9-42　用户定义的箭头

(2) 圆心标记

控制直径标注和半径标注的圆心标记和中心线的外观。dimcenter、dimdiameter 和 dimradius 命令使用圆心标记和中心线。对于 dimdiameter 和 dimradius,仅当尺寸线被放置到圆或圆弧外部时,才会绘制圆心标记。如图 9-43 为圆心标记的几种形式。

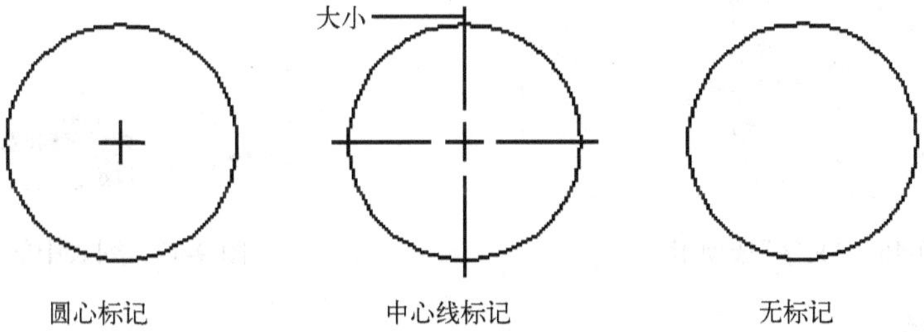

图 9-43　圆心标记

(3) 弧长符号

控制弧长标注中圆弧符号的显示,如图 9-44 所示。

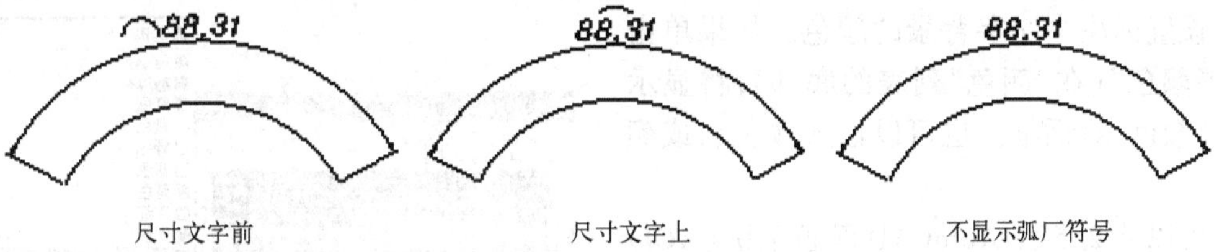

图 9-44　圆弧符号的显示

(4) 半径标注折弯

控制折弯(Z 字型)半径标注的显示。折弯半径标注通常在中心点位于页面外部时创建。折弯角度即是用于连接半径标注的尺寸界线和尺寸线的横向直线的角度。如图 9-45 所示。

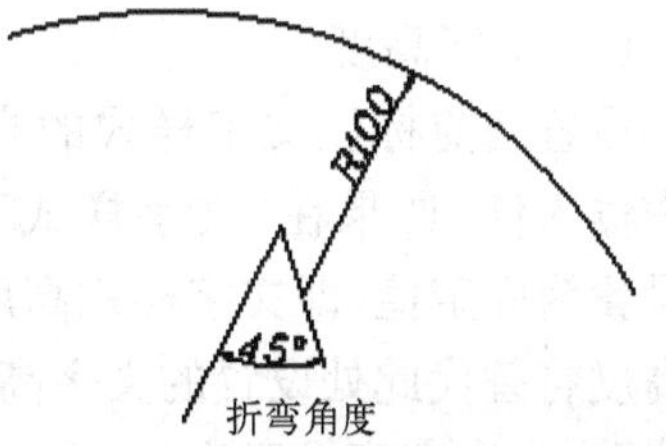

图 9-45　折弯标注的组成要素

9.4.4 设置标注文字的格式

“文字”选项卡用于设置标注文字的格式、放置和对齐。如图 9-46 所示。

1. 文字外观

控制标注文字的格式和大小。

(1) 文字样式

显示和设置当前标注文字样式。从列表中选择一种样式，如图 9-47 所示。要创建和修改标注文字样式，请选择列表旁边的□按钮，显示“文字样式”对话框，从中可以定义或修改文字样式。

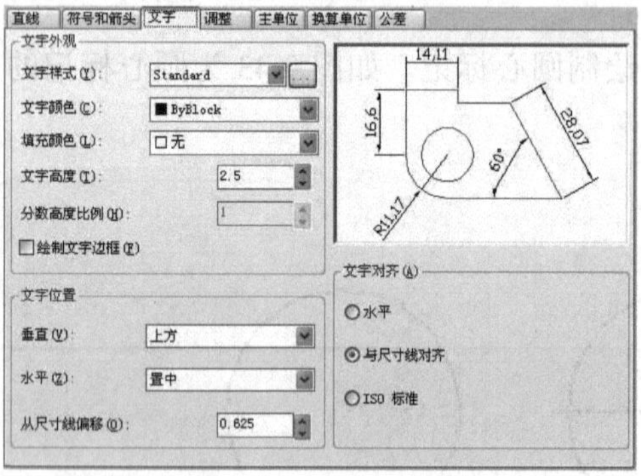

图 9-46 “文字”选项卡

图 9-47 列表中的样式

(2) 文字颜色

设置标注文字的颜色。如果单击“选择颜色”(在“颜色”列表的底部)，将显示“选择颜色”对话框。用户可以通过输入颜色名来选择颜色，如“红、黄、绿”等，也可输入颜色号，以便从 255 种 AutoCAD 颜色索引(ACI)颜色、真彩色和配色系统颜色中选择颜色。

(3) 填充颜色

设置标注中文字背景的颜色。如果单击“选择颜色”(在“颜色”列表的底部)，将显示“选择颜色”对话框。也可以输入颜色名或颜色号。

可以从 255 种 AutoCAD 颜色索引(ACI)颜色、真彩色和配色系统颜色中选择颜色。如图 9-48 所示。

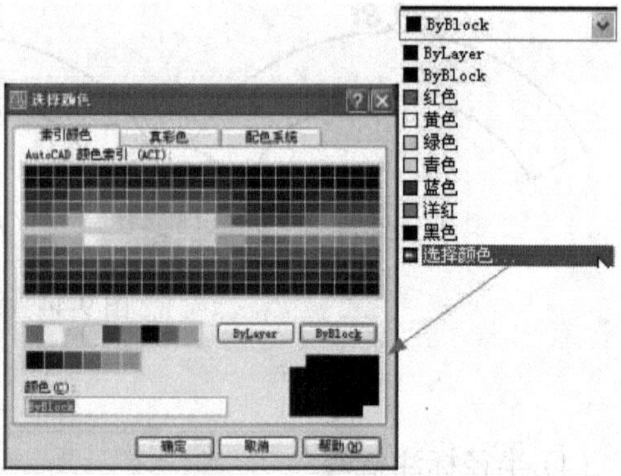

图 9-48 设置标注的颜色

(4) 文字高度

设置当前标注文字样式的高度。在文本框中输入值，如果在“文字样式”中将文字高度设置为固定值(即文字样式高度大于 0)，则该高度将替代此处设置的文字高度。如果要使用在“文字”选项卡上设置的高度，要确保“文字样式”中文字高度设置为 0。

分数高度比例设置相对于标注文字的分数比例。绘制文字边框时如果选择此选项，将在标注文字周围绘制一个边框。

2. 文字位置

控制标注文字的位置，参见图 9-49 所示。

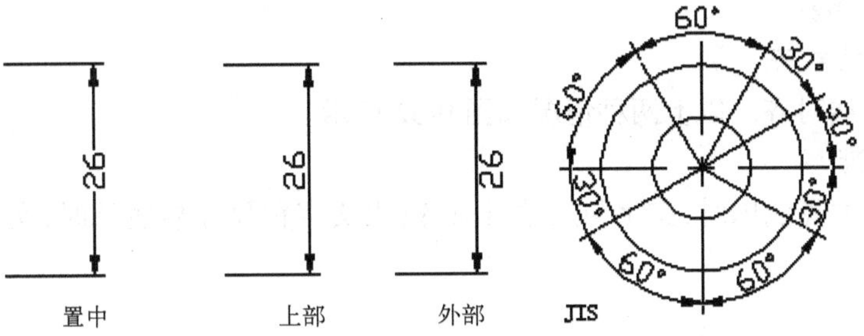

图 9-49 垂直位置选项

(1) 垂直

控制标注文字相对尺寸线的垂直位置。垂直位置选项包括：

居中：将标注文字放在尺寸线的两部分中间。

上方：将标注文字放在尺寸线上方。从尺寸线到文字的最低基线的距离就是当前的文字间距。请参见“从尺寸线偏移”选项。

外部：将标注文字放在尺寸线上远离第一个定义点的一边。

JIS：按照日本工业标准（JIS）放置标注文字。

(2) 水平

控制标注文字在尺寸线上相对于尺寸界线的水平位置。水平位置选项包括：

居中、第一条尺寸界线、第二条尺寸界线、第一条尺寸界线上方和第二条尺寸界线之上。各选项示例如图 9-50 所示。

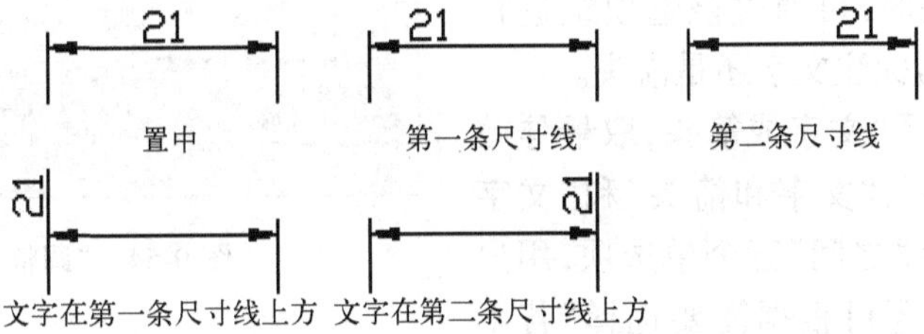

图 9-50 文字与尺寸线的位置

(3) 从尺寸线偏移

设置当前文字间距，文字间距是指当尺寸线断开以容纳标注文字时标注文字周围的距离。如图 9-51 所示。

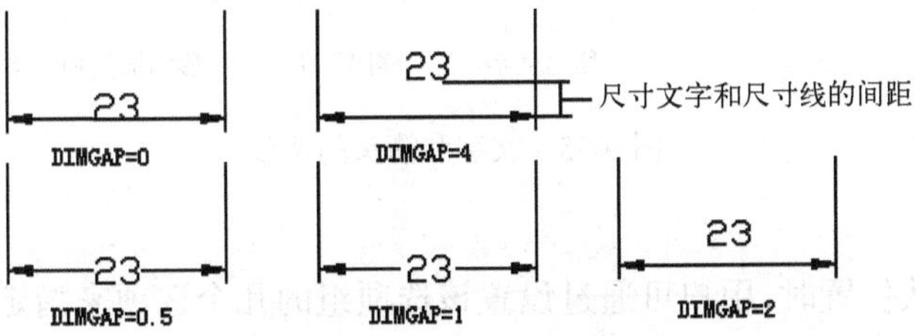

图 9-51 文字从尺寸线偏移

3. 文字对齐

控制标注文字放在尺寸界线外边或里边时的方向是保持水平还是与尺寸界线平行。

(1) 水平

水平放置文字。

(2) 与尺寸线对齐

文字与尺寸线对齐。以上两种情况如图 9-52 所示。

(3) ISO 标准

当文字在尺寸界线内时,文字与尺寸线对齐;当文字在尺寸界线外时,文字水平排列。如图 9-53 所示。

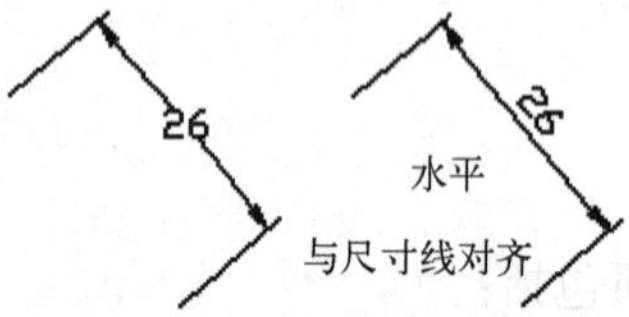

图 9-52 文字与尺寸线

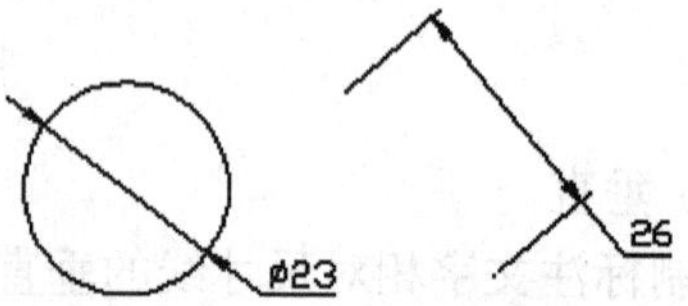

图 9-53 ISO 标准

9.4.5 调整标注文字和箭头

“调整”选项卡控制标注文字、箭头、引线和尺寸线的放置。如图 9-54 所示。

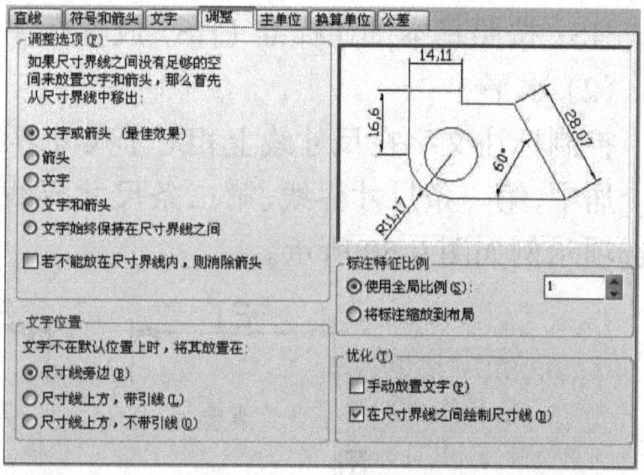

图 9-54 “调整”选项卡

1. 调整选项

控制基于尺寸界线之间可用空间的文字和箭头的位置。如果没有足够的空间同时放置标注文字和箭头时,可通过该选项组进行调整,以决定先移出标注文字还是箭头。

该选项组提供了“文字或箭头,取最佳效果”、“箭头”、“文字”、“文字和箭头”和“文字始终保持在尺寸界线之间”五个单选项,用户可从中选择。而且还可根据需要选择“若不能放在尺寸界线内,则消除箭头”复选框。各种效果如图 9-55 所示。

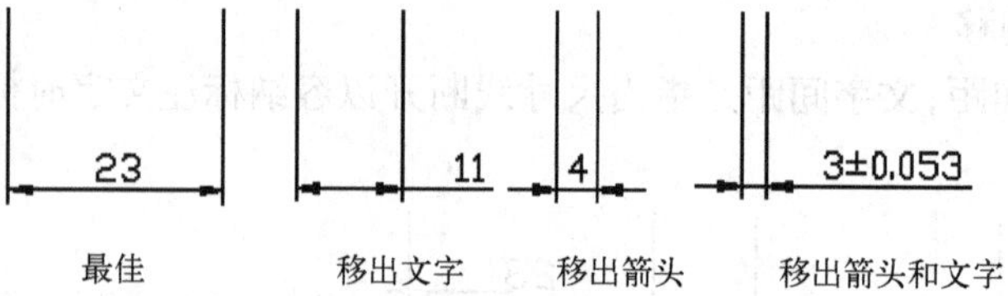

图 9-55 文字和箭头的调整

2. 文字位置

当文字不在默认位置时,用户可通过设置该选项组的几个选项来指定文字放置的位置,包括“尺寸线旁边”、“尺寸线上方,加引线”和“尺寸线上方,不加引线”。如图 9-56 所示。

3. 标注特征比例

该选项组用来设置尺寸的缩放关系。

当要给全部尺寸样式设置缩放比例时，可选中“使用全局比例”单选项，并在其文本框中键入数值或选择数值以设置全局比例值。如果要根据当前模型空间视口与图纸空间的缩放关系设置比例，可选中“按布局（图纸空间）缩放标注”单选项。

该缩放比例并不更改标注的测量值，如图 9-57 所示。

尺寸线上方加引线　　尺寸线上方不加引线

图 9-56　文字位置单选钮情况

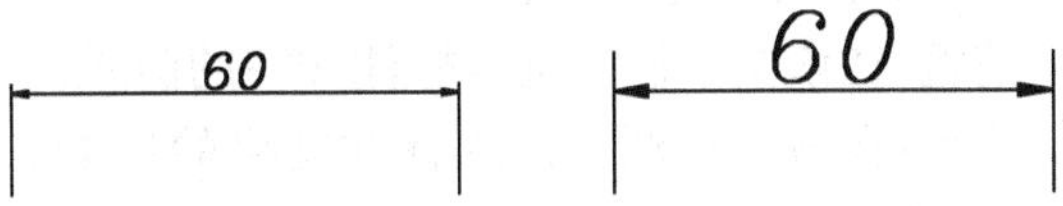

全局比例因子=1　　全局比例因子=2

图 9-57　使用全局比例

4. 调整

控制是否在尺寸界线之间绘制尺寸线（即使标注文字被放置在尺寸界线之外）。对于半径标注和直径标注（当 DIMTIX 设置为关时），尺寸线将绘制在圆或圆弧内部，而文字、箭头和引线将绘制在外部。

关：如果箭头放置在测量点之外，则不在测量点之间绘制尺寸线。

开：即使箭头放置在测量点之外，也在测量点之间绘制尺寸线。如图 9-58 所示。

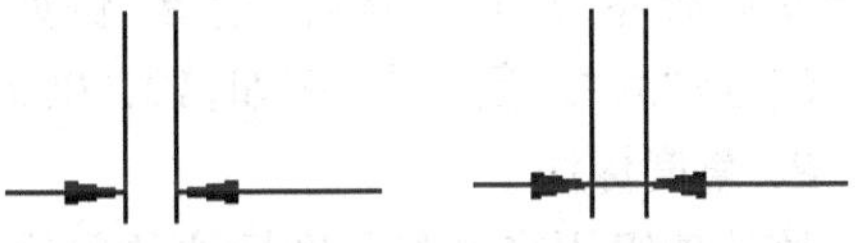

DIMTIX 设置为关　　DIMTIX 设置为开

图 9-58　标注尺寸的附加调整

9.4.6　设置主标注单位的格式

“主单位”选项卡用来设置主单位的格式与精度，以及标注文字酌前线和后缀。其选顶设置如图 9-59 所示。

1. 线性标注

该选项组用来设置线性标注的格式与精度。以下是对该选项组中的选项介绍。

单位格式：该选项可为各个标注类型（角度标注除外）选择尺寸单位。该下拉列表提供“科学”、“小数”、“工程”、“建筑”和“分数”，用户可从中选择。如图 9-60 所示。

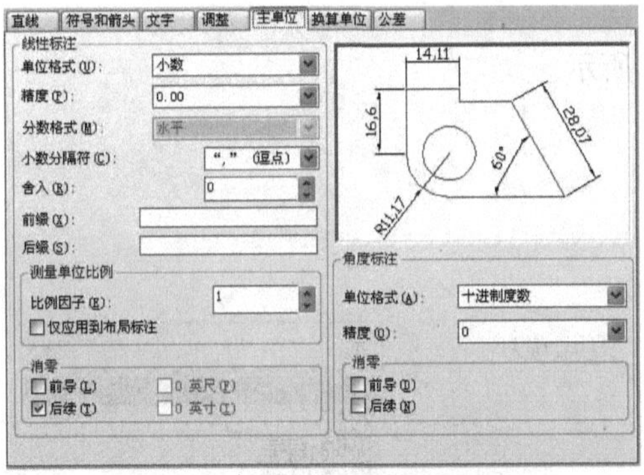

图 9-59　“主单位”选项卡

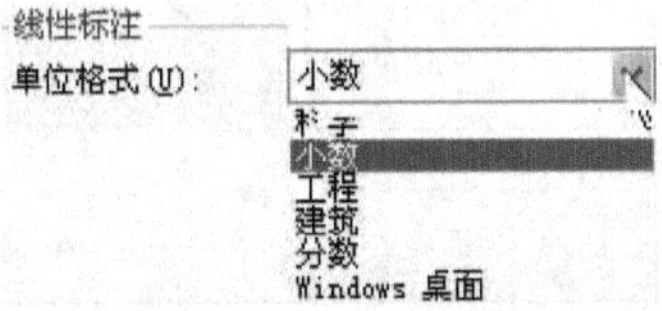

图 9-60　单位格式

精度:用来指定标注尺寸(除了角度标注尺寸之外)的小数位数。

分数格式:当标注单位是分数时,使用该选项来指定分数的标注格式。从其下拉列表中可选择“水平”、“对角”或“非堆叠”选项,来指定分数的标注格式。

小数分隔符:用来指定小数之间的分隔符类型。用户可在其下拉列表中选择“句点”、“逗点”和“空格”选项来对分隔符进行设置。

舍入:设置尺寸测量值(角度尺寸除外)的舍入值。在该文本框中直接键入值或通过右边的上下箭头按钮调整舍入值。

前缀:在该文本框中键入标注文字的前缀。

后缀:在该文本框中键入标注文字的后缀。如图 9-61 所示。

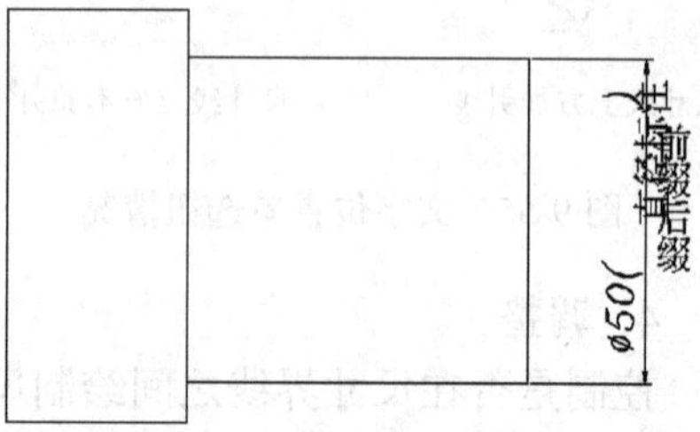

图 9-61　标注文字的前缀和后缀

测量单位比例:在该选项组的“比例因子”文本栏中键入测量尺寸的缩放比例值。如果要将设置的比例关系仅适用于布局,可选中“仅应用到布局标注”复选框。

消零:该选项组用来设置是否显示尺寸标注中的前导或后续零,用户可选择“前导”例如,0.5000 变成 .5000。或“后续”复选框,例如,12.5000 变成 12.5,30.0000 变成 30。或两者都选。

2. 角度标注

该选项组用来设置角度标注的单位、精度以及是否消零,显示和设置角度标注的当前角度格式。

单位格式:设置角度单位格式。

精度:设置角度标注的小数位数。

消零:控制不输出前导零和后续零。

前导:不输出角度十进制标注中的前导零。例如,0.5000 变成 .5000。

后续:不输出角度十进制标注中的后续零。例如,30.0000 变成 30。

9.4.7　将公差添加到标注

“公差”选项卡控制标注文字中公差的格式及显示。公差选项卡的内容如图 9-62 所示。

1. 公差格式

控制公差格式。单击方式栏的列表如图 9-63 所示。

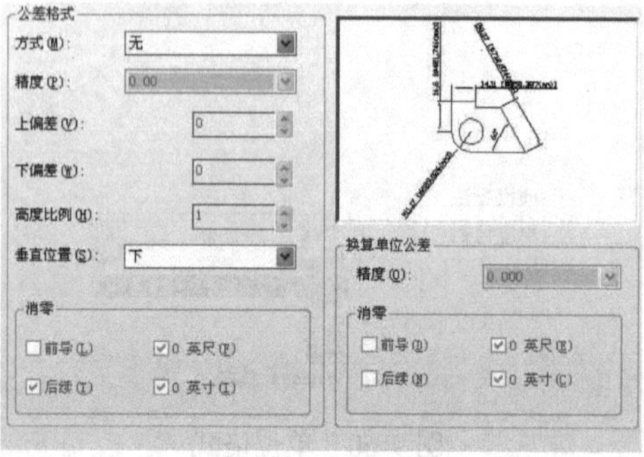

图 9-62　“公差”选项卡

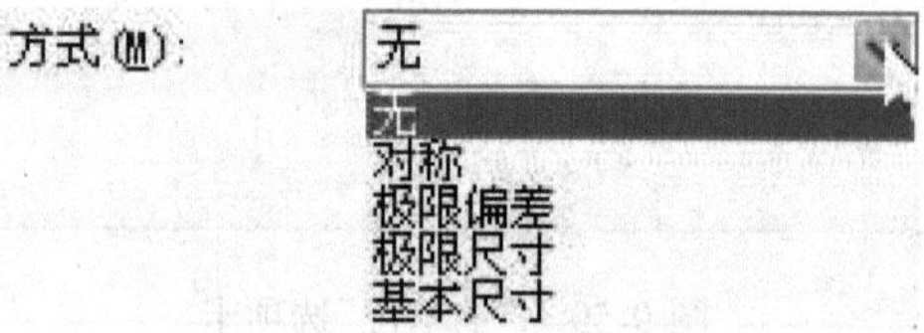

图 9-63　方式下拉列表

AutoCAD 用 DIMTOL 系统变量设置计算公差的方法。

无:不添加公差,DIMTOL 系统变量设置为 0。

对称:添加公差的正/负表达式,其中一个偏差量的值应用于标注测量值。标注后面将显示加号或减号。在“上偏差”中输入公差值。DIMTOL 系统变量设置为 1。DIMLIM 系统变量设置为 0。例如进行如图 9-64 所示的设置后,标注结果将如图 9-65 所示。

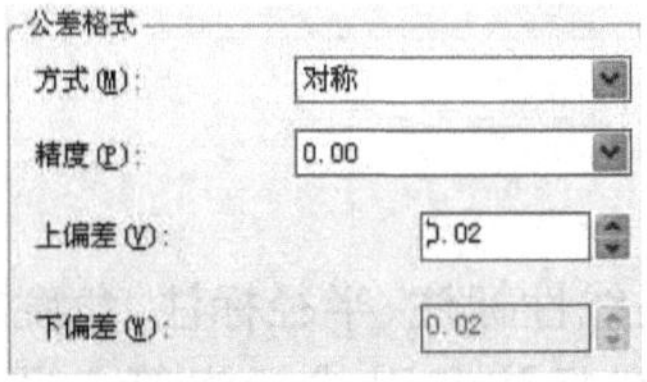

图 9-64　对称偏差设置

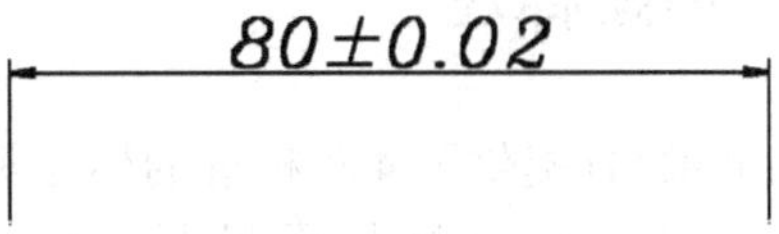

图 9-65　对称偏差

极限偏差:添加正/负公差表达式。不同的正公差和负公差值将应用于标注测量值。在“上偏差”中输入的公差值前面将显示正号(+)。在“下偏差”中输入的公差值前面将显示负号(-)。DIMTOL 系统变量设置为 1。DIMLIM 系统变量设置为 0。

极限偏差的设置和标注如图 9-66 所示。

极限尺寸:创建极限标注。在此类标注中,将显示一个最大值和一个最小值,一个在上,另一个在下。最大值等于标注值加上在“上偏差”中输入的值。最小值等于标注值减去在“下偏差”中输入的值。DIMTOL 系统变量设置为 0。DIMLIM 系统变量设置为 1,如图 9-67 所示。

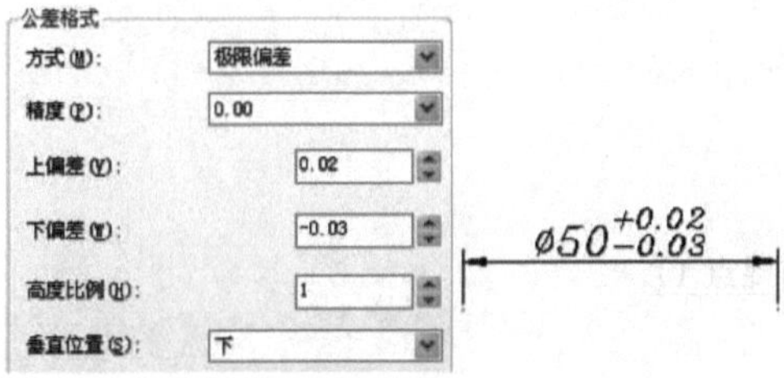

图 9-66　极限偏差的设置和标注

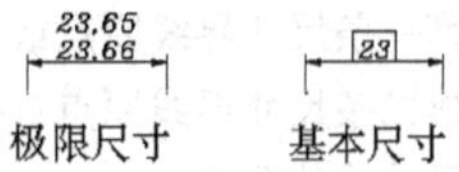

图 9-67　极限和基本尺寸标注

基本尺寸:创建基本标注,这将在整个标注范围周围显示一个框。文字和框之间的距离以负值存储在 DIMGAP 系统变量中。如图 9-67 所示。

2. 上偏差

设置最大公差或上偏差。如果在“方式”中选择“对称”,则此值将用于公差。

3. 下偏差

设置最小公差或下偏差。

4. 高度比例

设置公差文字的当前高度。计算出的公差高度与主标注文字高度的比例存储在 DIMTFAC 系统变量中。

5. 垂直位置

控制对称公差和极限公差的文字对正。

上对齐:公差文字与主标注文字的顶部对齐。

中对齐:公差文字与主标注文字的中间对齐。

下对齐:公差文字与主标注文字的底部对齐。

其它选项与前面选项卡内的内容一样,这里不再赘述。

9.5 创建标注

AutoCAD 提供了 4 种标准的标注类型。它们分别是线性标注、半径标注、角度标注和坐标标注。AutoCAD 还提供了对齐标注、连续标注、基线标注和引线标注等。另外,AutoCAD2008 还新增加了弧长标注、折弯半径标注、固定长度的尺寸界线、标注现行增强功能和翻转箭头等。通过了解这些标注,可以灵活地给图形添加尺寸标注。

9.5.1 创建线性标注

1. 功能

线性标注用于测量并标记两点之间连线在指定方向上的投影距离。线性标注可以水平、垂直或对齐放置。使用对齐标注时,尺寸线将平行于两尺寸界线原点之间的直线(想象或实际)。基线(或平行)和连续(或链)标注是一系列基于线性标注的连续标注。

2. 命令调用

在“标注”工具栏→单击 按钮;从菜单依次单击“标注”→“线性”;在命令行执行 dimlinear。

3. 操作示例

命令: _ dimlinear

指定第一条尺寸界线原点或 <选择对象>:<u>(捕捉点 1)</u>

指定第二条尺寸界线原点:<u>(捕捉点 2)</u>

指定尺寸线位置或

[多行文字(M)/文字(T)/角度(A)/水平(H)/垂直(V)/旋转(R)]:<u>(鼠标拖拽尺寸标注到合适的位置后,单击左键)</u>

标注文字 = 70

结果如图 9-68 所示。

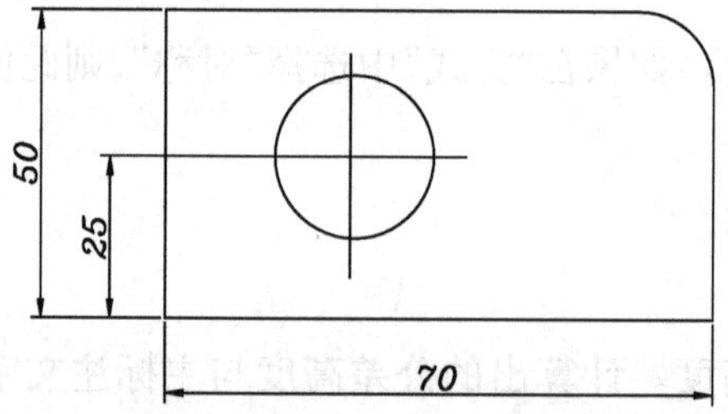

图 9-68 线性标注

说明:如果不使用缺省尺寸标注,尺寸标注文字的尺寸关联性将不存在,且当对象缩放时系统不再重新计算尺寸。

9.5.2 创建对齐标注

1. 功能

用于测量和标记两点之间的实际距离,两点之间连线可以为任意方向。

2. 命令调用

在“标注”工具栏→单击按钮;从菜单依次单击“标注”→“对齐”;在命令行执行 dimaligned。

3. 操作示例

命令: _ dimaligned
指定第一条尺寸界线原点或 <选择对象>:(捕捉 A 点)
指定第二条尺寸界线原点:(捕捉 B 点)
指定尺寸线位置或(拖动鼠标离开图形)
[多行文字(M)/文字(T)/角度(A)]:(按 Enter 键)
标注文字 = 30

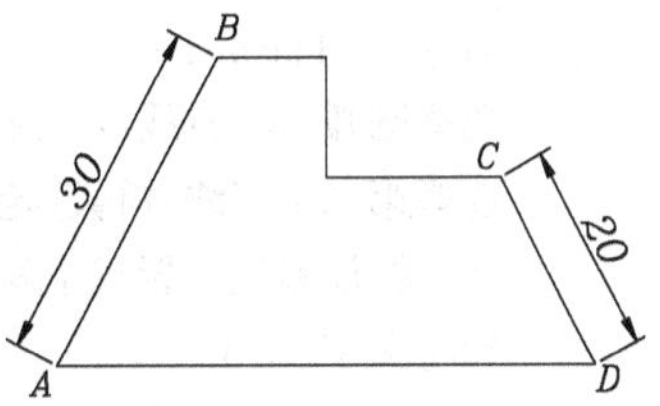

图 9-69 对齐标注

如图 9-69 所示。

9.5.3 创建半径和直径标注

1. 半径标注

用于测量和标记圆或圆弧的半径。

在“标注”工具栏→单击按钮;从菜单依次单击“标注”→“半径”;在命令行执行 dimradius。

命令: _ dimradius
选择圆弧或圆:
标注文字 = 185
指定尺寸线位置或[多行文字(M)/文字(T)/角度(A)]:(拖拽光标定位)

半径标注生成的尺寸标注文字以 R 引导,以表示半径尺寸。圆形或圆弧的圆心标记可自动绘出。

2. 直径标注

用于测量和标记圆或圆弧的直径。

在“标注”工具栏→单击按钮;从菜单依次单击“标注”→“直径”;在命令行执行 dimdiameter。

命令: _ dimdiameter
选择圆弧或圆:
标注文字 = 50
指定尺寸线位置或[多行文字(M)/文字(T)/角度(A)]:(拖拽光标定位)

该命令用法与半径标注相同。生成的尺寸标注文字以“?”引导，以表示直径尺寸。

两种标注结果如图 9-70 所示。

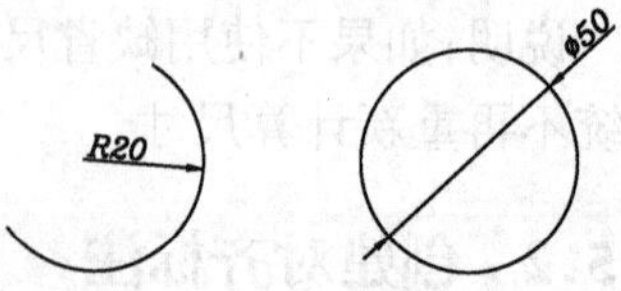

图 9-70　半径和直径标注

9.5.4　创建角度标注

1. 功能

用于测量和标记角度值。

2. 命令调用

在“标注”工具栏→单击按钮；从菜单依次单击“标注”→“角度”；在命令行执行 dimangular。

3. 操作示例

命令：_ dimangular

选择圆弧、圆、直线或 <指定顶点>：(选定组成角度的一条直线 L1)

选择第二条直线：(再选定组成角度的另一条直线 L2)

指定标注弧线位置或 [多行文字(M)/文字(T)/角度(A)]：(拖拽鼠标，并按 Enter 键)

标注文字 = 30

标注结果如图 9-71 所示。

说明：如果选择两条非平行直线，则测量并标记直线之间的角度；如果选择圆弧，则测量并标记圆弧所包含的圆心角；如果选择圆，则以圆心作为角的顶点，测量并标记所选的第一个点和第二个点之间包含的圆心角；选择“指定顶点”项，则需分别指定角点、第一端点和第二端点来测量并标记该角度值。

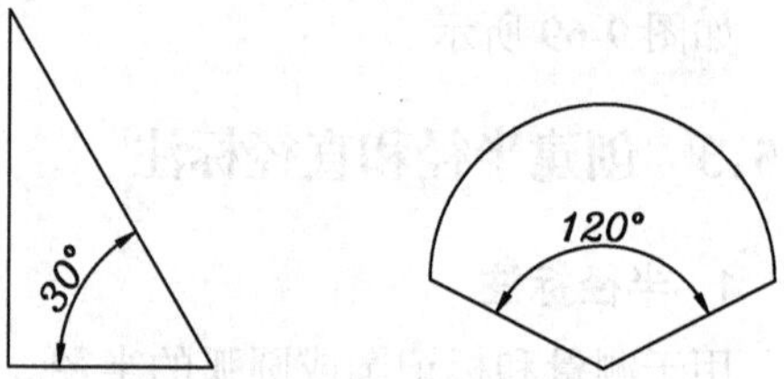

图 9-71　标注角度

9.5.5　创建基线标注

1. 功能

基线标注用于以第一个标注的第一条界线为基准，连续标注多个线性尺寸。每个新尺寸线会自动偏移一个距离以避免重叠。

2. 命令调用

在“标注”工具栏→单击按钮；从菜单依次单击“标注”→“基线”；在命令行执行 dimbaseline。

3. 操作示例

命令：_ dimlinear

指定第一条尺寸界线原点或 <选择对象>：(捕捉点 1)

指定第二条尺寸界线原点：(捕捉点 2)

指定尺寸线位置或

[多行文字(M)/文字(T)/角度(A)/水平(H)/垂直(V)/旋转(R)]：(按 Enter 键)

标注文字 = 30 (先标注出一个方向的一个尺寸)

命令：_ dimbaseline
指定第二条尺寸界线原点或［放弃(U)/选择(S)］<选择>：(捕捉点 3，系统将自动以最后一次标注的第一条界线为基准来创建标注，并提示用户指定第二条界线)
标注文字 = 40
指定第二条尺寸界线原点或［放弃(U)/选择(S)］<选择>：(按 Enter 键)
选择基准标注：(按 Enter 键或选择基准继续标注)

结果如图 9-72 所示。

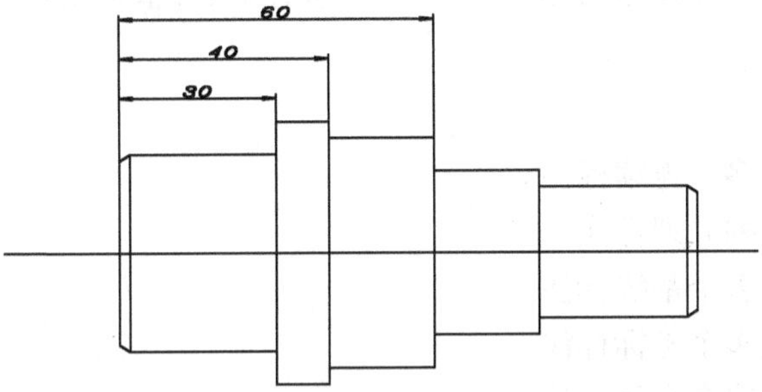

图 9-72 基准标注

说明：必须是线性、坐标或角度关联尺寸标注，才可进行基线标注。

9.5.6 连续标注

1. 功能

连续标注用于以前一个标注的第二条界线为基准，连续标注多个线性尺寸。

2. 命令调用

在"标注"工具栏→单击按钮；从菜单依次单击"标注"→"连续"；在命令行执行 dimcontinue。

3. 操作示例

该命令的用法与基线标注类似，区别之处在于该命令是从前一个尺寸的第二条尺寸界线开始标注而不是固定于第一条界线。此外，各个标注的尺寸线将处于同一直线上，而不会自动偏移。如图 9-73 所示。

说明：同基线标注一样，必须是线性、坐标或角度关联尺寸标注，才可进行连续标注。

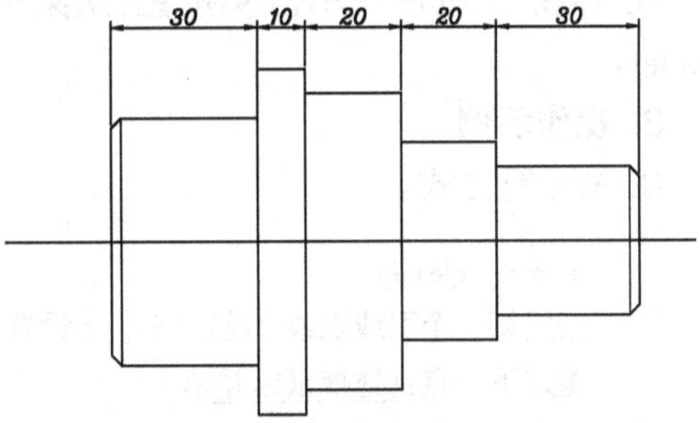

图 9-73 连续标注

9.5.7 快速标注多个对象

1. 功能

快速标注命令用于同时标注多个对象。

2. 命令调用

在"标注"工具栏→单击按钮；从菜单依次单击"标注"→"快速标注"；在命令行执行 qdim。

3. 操作示例

命令：_ qdim
关联标注优先级 = 端点
选择要标注的几何图形：找到 1 个
选择要标注的几何图形：找到 1 个，总计 2 个
选择要标注的几何图形：(按 Enter 键)
指定尺寸线位置或
[连续(C)/并列(S)/基线(B)/坐标(O)/半径(R)/直径(D)/基准点(P)/编辑(E)/设置(T)] <连续>：

各项意义如下：
"连续"：同时创建多个连续标注。
"并列"：创建一系列并列标注。
"基线"：同时创建多个基线标注。
"坐标"：同时创建多个坐标标注。
"半径"：同时创建多个半径标注。
"直径"：同时创建多个直径标注。
"基准点"：为基线和坐标标注设置新的基准点。
"编辑"：从现有标注中添加或删除点。
"设置"：为指定尺寸界线原点设置默认对象捕捉。

9.5.8 创建引线和注释

1. 功能

用于通过引线将注释与对象连接。

2. 命令调用

在"标注"工具栏→单击按钮；从菜单依次单击"标注"→"快速引线"；在命令行执行 qleader。

3. 操作示例

① 命令行方式。

命令：_ qleader
指定第一个引线点或 [设置(S)] <设置>：(捕捉对象上一点)
指定下一点：(拖拽鼠标并单击)
指定下一点：(拖拽鼠标并单击)
指定文字宽度 <0>：(按 Enter 键)
输入注释文字的第一行 <多行文字(M)>：4 - %%c10
输入注释文字的下一行：(按 Enter 键)

如图 9-74 所示。

② 引线设置。

命令：_ qleader

指定第一个引线点或［设置(S)］<设置>:按 Enter 键后,弹出“引线设置”对话框,如图 9-75 所示。

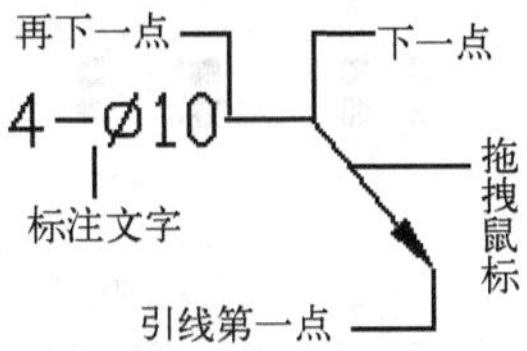

图 9-74　引线标注

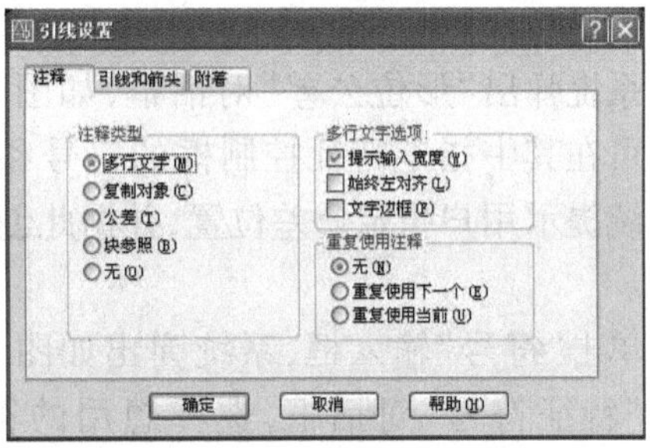

图 9-75　“引线设置”对话框

9.6　添加形位公差

形位公差表示图形元素特征的形状、轮廓、方向、位置的最大允许误差和几何图形的跳动允许偏差。可以通过特征控制框来添加形位公差,这些框中包含单个标注的所有公差信息。可以创建带有或不带引线的形位公差,这取决于使用 tolerance 还是 leader。

9.6.1　形位公差符号的意义

形位公差包括形状公差和位置公差。形位公差标注由几何特性符号、公差值的直径前导符号、公差值、包容条件符号、基准符号和引线组成,如图 9-76 所示。

形位公差符号是用来显示位置、方向、形状、轮廓和跳动的几何特征符号。系统提供了 14 种特征符号,如图 9-77 所示,各特征符号的含义对应于表 9-2 相应的栏目内。

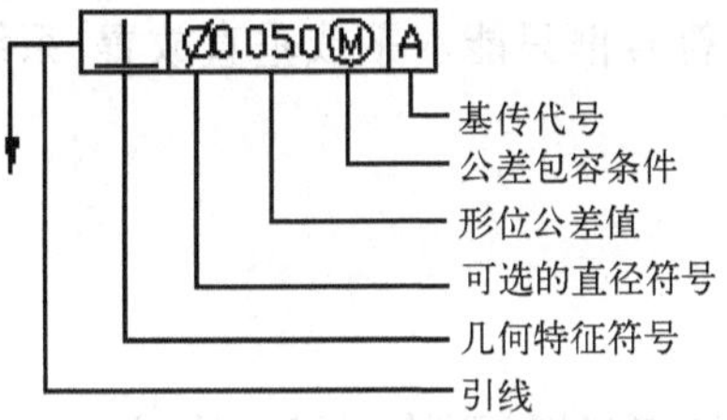

图 9-76　形位公差的组成

图 9-77　形位公差特征符号

表 9-2　各特征符号的含义

位　置　度	同　轴　度	对　称　度	平　行　度	垂　直　度
倾斜度	圆柱度	平面度	圆度	直线度
面轮廓度	线轮廓度	圆跳动	全跳动	

9.6.2　定义形位公差

1. 功能

用于创建形位公差标注。

2. 命令调用

在“标注”工具栏→单击▣按钮;从菜单依次单击“标注”→“公差…”;在命令行执行 tolerance 。

系统弹出“形位公差”对话框,如图 9-78 所示。可在其中指定特征控制框的符号和值。然后系统提示用户指定公差位置,并据此创建公差标注。

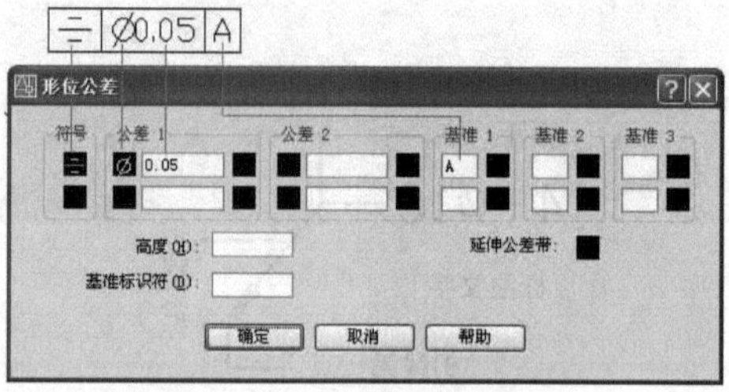

图 9-78 “形位公差”对话框

单击“符号”输入框,系统弹出如图 9-78 所示的“特征符号”对话框,选择想用的符号后,AutoCAD 结束“特征符号”对话框,选用合适的特征符号,并逐项填写其余框内信息。

符号:在“特征符号”对话框选择想用的符号后,AutoCAD 结束“特征符号”对话框,随即弹出“形位公差”对话框。并将符号插入“形位公差”对话框中的“符号” 输入框。

公差值:建立形位公差控制结构中的第一个公差值,此值包括两个调整符号:直径和包容条件。公差值表示形位公差由理想尺寸与实际尺寸偏离的范围。

基准面:建立形位公差结构中的主要基准参考面。主要基准面参考由一数值和一调整符号组成。理论上,基准面是用来建立形位公差之公差带的正确任何参考面。

高度:在形位公差控制结构中建立延伸公差区域值。延伸公差区域控制一个固定垂直的凸出部份,并以定位公差来精细化公差。应在该文本框中输入数值。

延伸公差带:在“延伸公差带”输入框内插入延伸公差带符号。

基准标识符:建立在参考字母前有短横线组成的基准面识别符号。理论上基准面是用来建立其他形位公差的基础及确定其它公差的参考面。点、线、平面、圆柱或其他任何对象皆可视为基准面。在文本框中输入字母。

说明:国标对形位公差符号的画法有严格的规定,符号框只能水平或垂直放置,系统会自动满足这一要求。

9.6.3 用 qleader 标注形位公差

1. 功能

用 Tolerance 命令标注公差,不能画出指引线。用户有时需要绘制指引线,该怎么办呢? AutoCAD 的命令可以在标注形位公差的同时绘制指引线。

2. 命令调用

键盘输入 lqeader。

命令提示及输入如下:

命令: qleader
指定第一个引线点或[设置(S)]<设置>:(直接按 Enter 键,弹出如图 9-79 所示的“引线设置”对话框,选中“公差”单选钮后,单击“确定”)

接下来命令有提示:

指定第一个引线点或[设置(S)]<设置>:(拾取点 1,一般为图形中图线)

指定下一点:(拾取点 2)
指定下一点:(拾取点 3,结果弹出如图 9-78 所示的“形位公差”对话框)

在对应的输入框内填入公差符号和值,结果如图 9-80 所示。

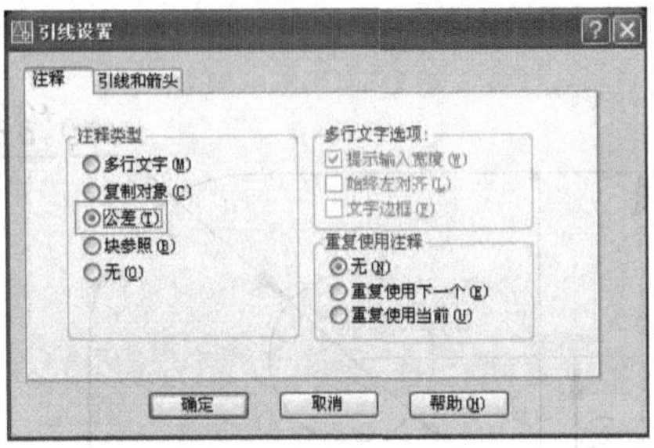

图 9-79 “引线设置”对话框

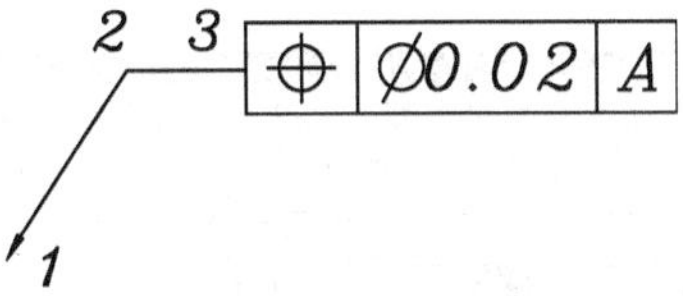

图 9-80 带引线的形位公差

9.7 编辑标注

当图形标注完成后,无论其标注对象是单个标注还是使用标注样式进行的标注,都可以对其编辑修改。AutocAD 提供了多种编辑标注的方式,除了前面介绍的“标注样式管理器”外,还可以通过“特性”管理器以及编辑命令来编辑修改标注。

在使用编辑命令编辑标注时,通过“编辑标注”命令修改标注文字的格式、内容和方向,并且还可设置尺寸界线的倾斜度。通过“编辑标注文字”命令可以修改标注文字的位置。

其对应的工具栏及菜单项,如图 9-81 所示。

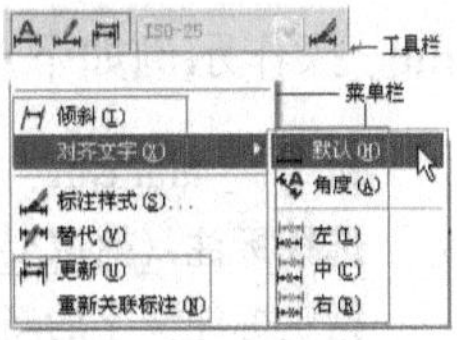

图 9-81 标注的编辑选项

9.7.1 调整标注的位置

可以使用 AutoCAD 的编辑命令或夹点来编辑标注的位置。最常用的是使用夹点或者“拉伸”命令拉伸标注;也可使用“修剪”和“延伸”命令来修剪和延伸标注。如图 9-82 所示。

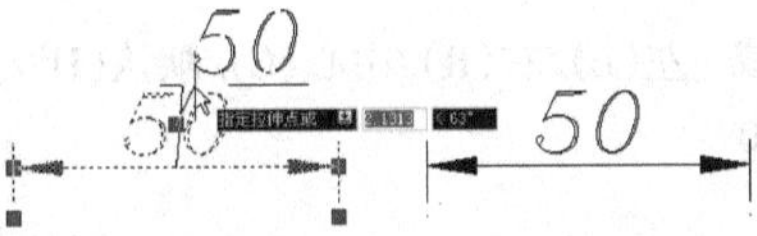

图 9-82 标注的位置编辑

9.7.2 编辑标注的文字

1. 文字的修改

命令: _ dimedit
输入标注编辑类型 [默认(H)/新建(N)/旋转(R)/倾斜(O)] <默认>: N

键入“N”后按 Enter 键,系统弹出文字格式栏和修改框,接着按图 9-83 的操作完成。

选择对象: 找到 1 个(选择直径标注)

选择对象:(按 Enter 键)

完成如图 9-84 所示。

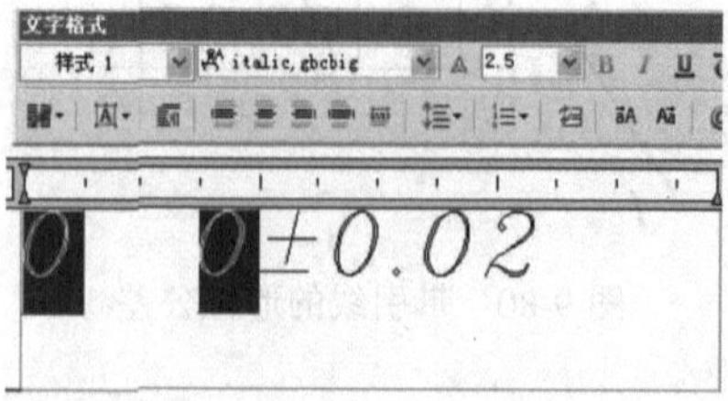

图 9-83　更改标注文字

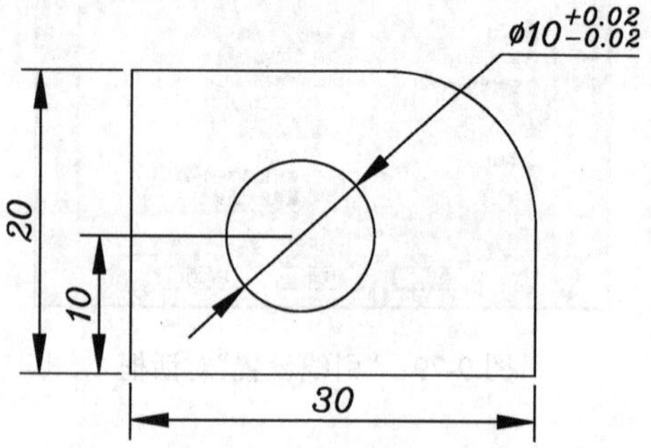

图 9-84　文字修改

2. 文字对齐

dimtedit 命令用于移动和旋转标注文字。

在“标注”工具栏→单击按钮;从菜单依次单击“标注”→“对齐文字”;在命令行执行 dimtedit。操作示例如下:

命令: _ dimtedit

选择标注:(拾取要修改的标注即可)

指定标注文字的新位置或 [左(L)/右(R)/中心(C)/默认(H)/角度(A)]:(带动文字任意移动鼠标后,单击即可完成)如图 9-85 所示

命令: _ dimtedit

选择标注:(选择 φ37)

指定标注文字的新位置或 [左(L)/右(R)/中心(C)/默认(H)/角度(A)]: a

指定标注文字的角度: 45

命令: _ dimtedit

选择标注: (选择 φ70)

指定标注文字的新位置或 [左(L)/右(R)/中心(C)/默认(H)/角度(A)]: a

指定标注文字的角度: 90

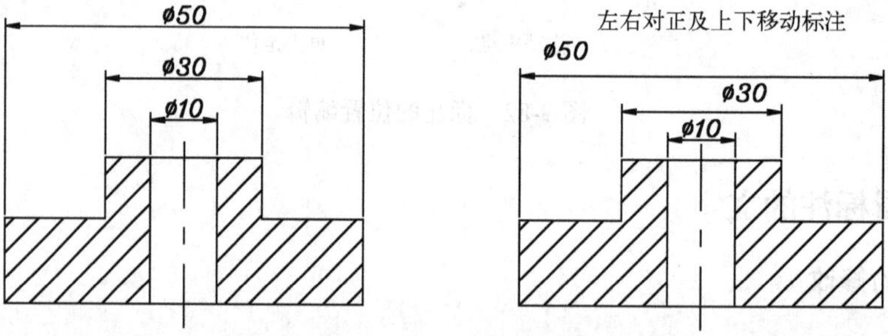

图 9-85　标注对正的修改

如图 9-86 所示。

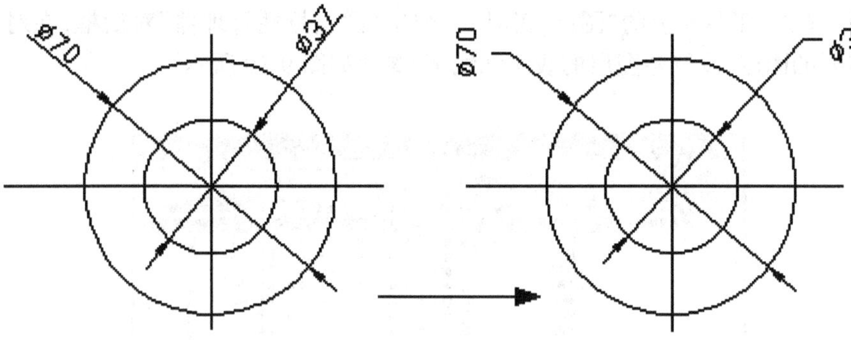

图 9-86　文字角度的修改

说明：dimtedit 命令一次只能修改一个尺寸标注。

9.7.3　管理标注样式

AutoCAD 同样地也提供了用“特性”管理器管理标注样式。

在标准工具栏上，单击对象特性按钮。或在要修改的尺寸上双击鼠标。系统弹出如图 9-87 所示的“特性”管理器，如将文字旋转角度改为 45 度。

在该管理器中，标注的特性选项包括“其他”、“直线和箭头”、“文字”、“调整”、“主单位”、“换算单位”和“公差”。有关这些特性的设置可参照“新标注样式”中的选项设置。

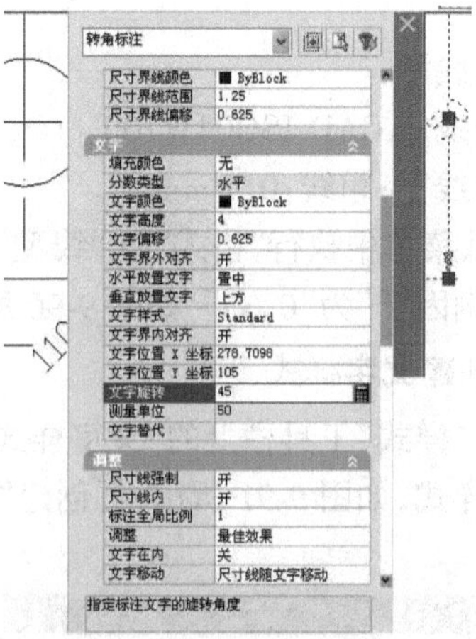

图 9-87　用“特性”管理器修改

9.8　实训指导

外螺纹是机械中常见的零件结构，若按真实投影作图，比较麻烦，为了简化作图，按照国家标准规定：外螺纹的大径 d(公称直径)用粗实线绘制；小径用细实线绘制 d1(d1≈0.85d)，螺纹终止线用粗实线绘制，如图 9-88 所示。

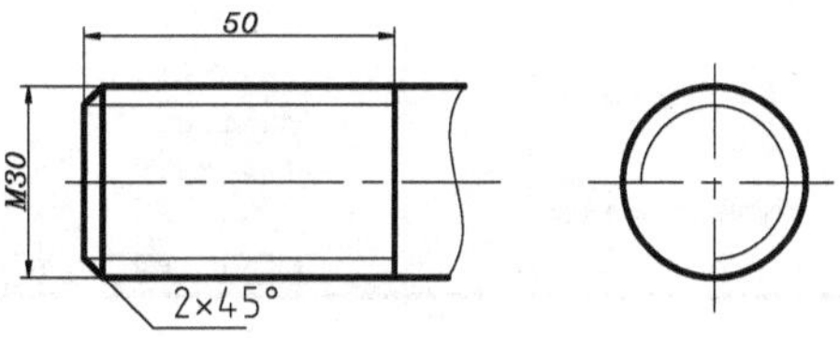

图 9-88　外螺纹

9.8.1　准备绘图环境

1. 新建图文件

选取“标准”工具栏上的“新建”工具，新建一张图，以“外螺纹 .dwg”为图名保存图形文件。

2. 创建图层

① 选取“图层”工具栏上的“图层”工具，弹出“图层特性管理器”对话框，在对话框中创建绘图时需要的图层，设置各图层的线型和线宽，参数如图 9-89 所示。

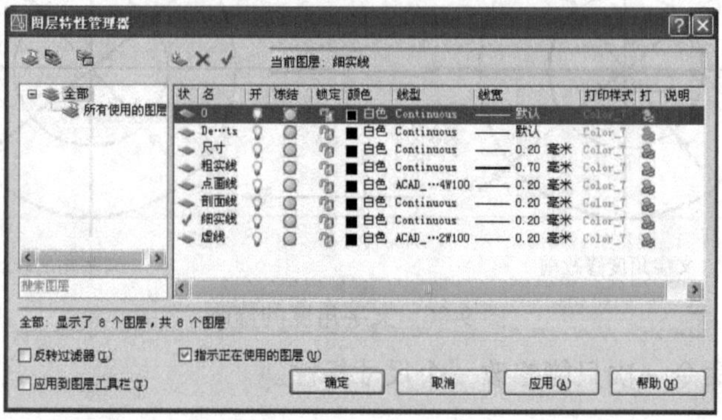

图 9-89　创建图层

选择线型：

点画线：ACAD-ISO04W100　　虚线：ACAD－ISO02W100

设置线宽：粗线：0.7 mm　　细线：0.2 mm

② 从菜单中执行“格式”→“线型”命令，弹出“线型管理器”对话框，在该对话框中，设置“全局比例因子”为“0.35”，如图 9-90 所示。

3. 创建文字样式

选取“样式”工具栏上的“文字样式”工具，弹出“文字样式”对话框，在对话框中创建“汉字”文字样式，如图 9-91 所示，再创建“数字与字母”文字样式，如图 9-92 所示。

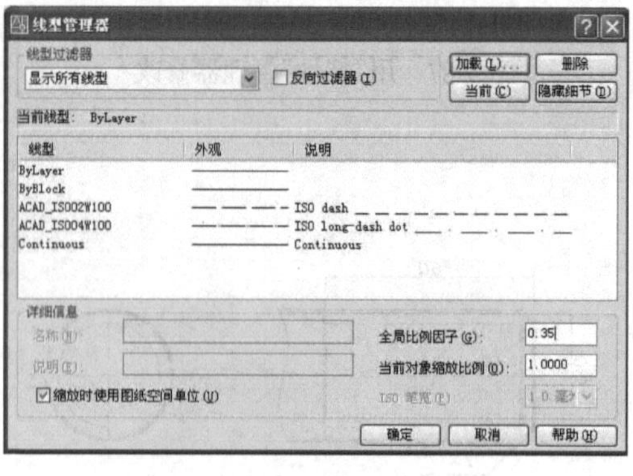

图 9-90　设置“全局比例因子”

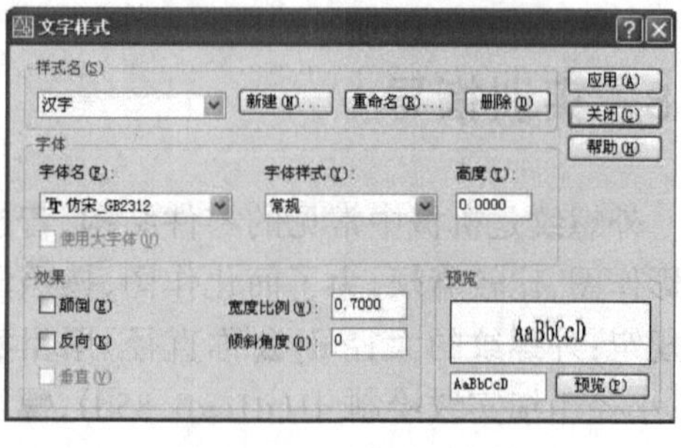

图 9-91　“汉字”文字样式

4. 创建尺寸标注样式

选取“样式”工具栏上的“标注样式”工具，弹出“标注样式管理器”对话框，在对话框中创建“直线”标注样式，如图 9-93 所示。

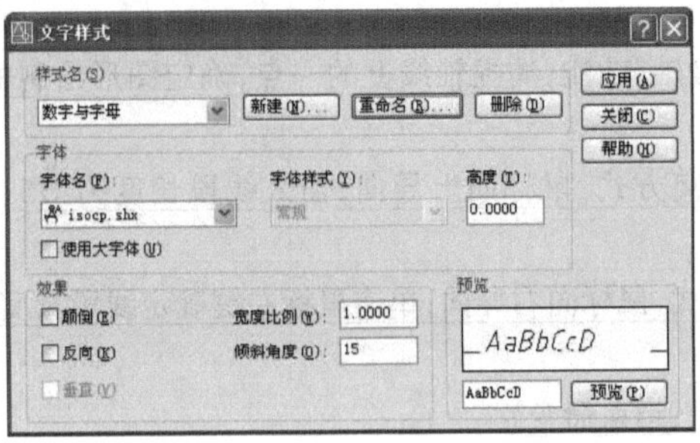

图 9-92 “数字与字母”文字样式

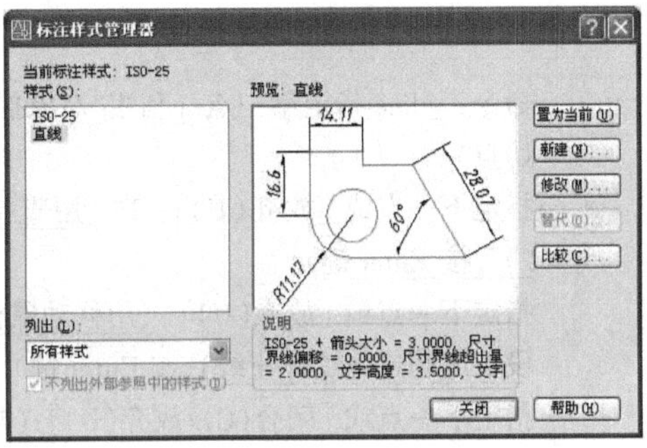

图 9-93 创建“直线”尺寸标注样式

9.8.2 绘制视图

1. 绘制基准线

① 打开“极轴”、“对象捕捉”、“对象追踪”开关。

② 将“点画线”置为当前层，选取“绘图”工具栏上的“直线”工具 (或在命令行中输入 L，按 Enter 键)，画主视图的“轴线”和左视图的“中心线”，如图 9-94 所示。

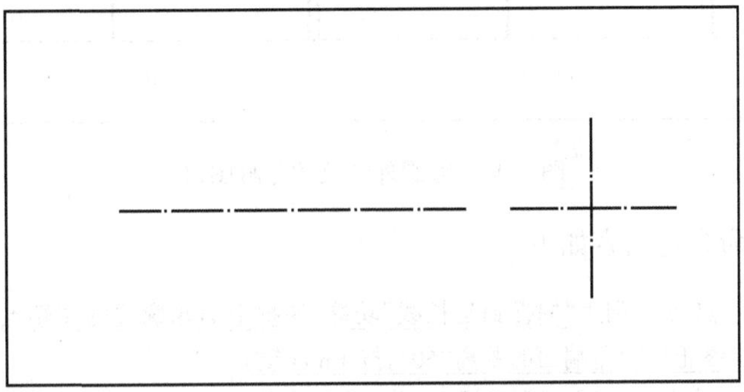

图 9-94 画外螺纹的基准线

2. 绘制主视图

① 将“粗实线”层置为当前层，选取“绘图”工具栏上的“直线”工具，利用“对象捕捉”功能，在轴线上指定起点，再依次确定点，绘制出外螺纹的轮廓线，如图 9-95 所示。

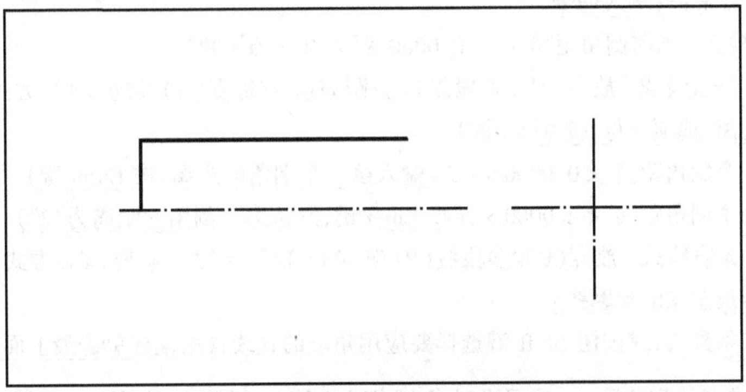

图 9-95 绘制外螺纹的轮廓线

绘制过程中的命令行内容如下：

命令：_ line 指定第一点：(利用"对象捕捉"和"极轴"功能，捕捉轴线上的一点，确定图形绘制的起始点)

指定下一点或［放弃(U)］：15 (用直接给定距离方式，鼠标向上导向，输入线段长度为"15(30/2)"，按 Enter 键)

指定下一点或［放弃(U)］：(用移动鼠标定点方式，鼠标向右导向，单击鼠标左键确定线段长度(线段长度超过螺纹终止线)，按 Enter 键)

指定下一点或［闭合(C)/放弃(U)］：(按 Enter 键，结束命令)

② 继续选取"直线"工具，利用"对象捕捉"中的"捕捉到延长线"功能，输入螺纹长度，绘制螺纹终止线，如图 9-96a 所示。

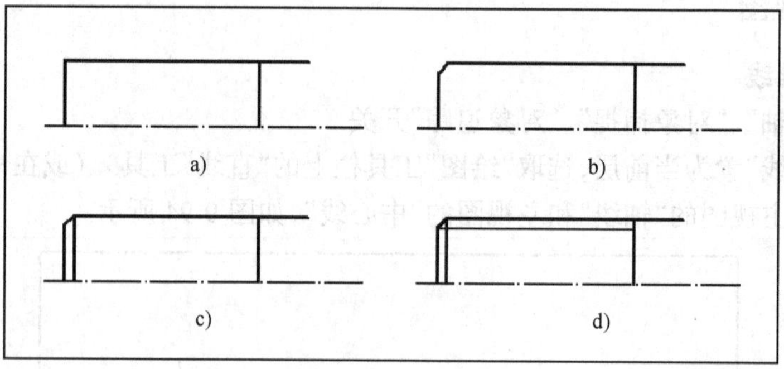

图 9-96　绘制外螺纹的分解图(1)

绘制过程中的命令行内容如下：

line 指定第一点：50 (利用"捕捉到延长线"功能，捕捉上面轮廓线的左端点为参考点，鼠标向右导向，输入螺纹终止线距左端面的距离"50"，按 Enter 键)

指定下一点或［放弃(U)］：(利用捕捉"交点"功能，捕捉与轴线的交点，单击鼠标左键确定)

指定下一点或［放弃(U)］：(按 Enter 键，结束命令)

③ 选取"修改"工具栏上 "倒角"工具，画"2×45°"倒角，如图 9-96b 所示。
倒角过程中的命令行内容如下：

命令：_ chamfer (输入命令)

("修剪"模式) 当前倒角距离 1 ＝ 0.0000，距离 2 ＝ 0.0000

选择第一条直线或［放弃(U)/多段线(P)/距离(D)/角度(A)/修剪(T)/方式(E)/多个(M)］：d (输入"距离"选项字母，按 Enter 键)

指定第一个倒角距离 ＜0.0000＞：2 (输入第一个倒角的距离，按 Enter 键)

指定第二个倒角距离 ＜2.0000＞：(按 Enter 键，默认第二倒角的距离为"2")

选择第一条直线或［放弃(U)/多段线(P)/距离(D)/角度(A)/修剪(T)/方式(E)/多个(M)］：(用鼠标单击最左端的轮廓线)

选择第二条直线，或按住 Shift 键选择要应用角点的直线：(用鼠标单击最上面的轮廓线)

④ 继续选取"直线"工具，利用"对象捕捉"功能绘制倒角轮廓线，如图 9-9c 所示。

⑤ 将"细实线"置为当前层，选取"绘图"工具栏上的"直线"工具，绘制螺纹小径的轮廓

线(小径尺寸:0.85×30,取 26),如图 9-103d 所示。

绘制螺纹小径过程中的命令行内容如下:

line 指定第一点:(利用“对象捕捉”功能,捕捉最左边垂直直线的上端点)
指定下一点或 [放弃(U)]:(利用捕捉“交点”功能,捕捉与螺纹终止线的交点,单击鼠标左键确定)
指定下一点或 [放弃(U)]:(按 Enter 键,结束命令)

⑥ 选取“修改”工具栏上的“镜像”工具,绘制对称部分的轮廓线,如图 9-97a 所示。

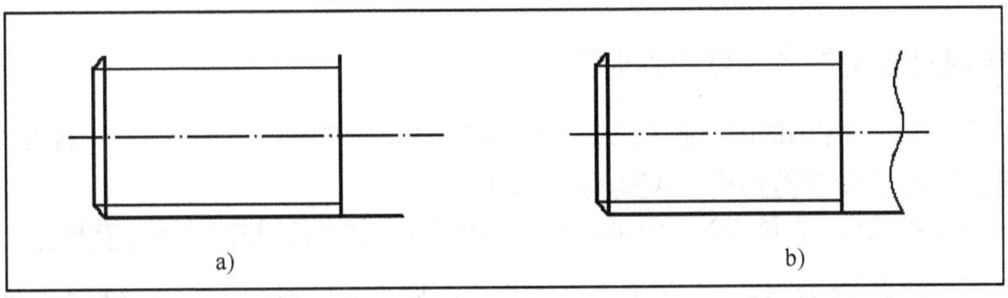

图 9-97　绘制外螺纹的分解图(2)

镜像过程中的命令行内容如下:

命令: _ mirror (输入命令)
选择对象: 指定对角点: 找到 6 个(选取所绘制的螺纹轮廓线,轴线除外)
选择对象:(按 Enter 键,结束选择)
指定镜像线的第一点:(利用“对象捕捉”中捕捉“端点”功能,捕捉轴线左端点)
指定镜像线的第二点:(利用“对象捕捉”中捕捉“端点”功能,捕捉轴线右端点)
要删除源对象吗? [是(Y)/否(N)] <N>:(按 Enter 键,选择默认选项)

⑦ 将“细实线” 置为当前层,选取“绘图”工具栏上的“样条曲线”工具(或在命令行中输入 SP,按 Enter 键),绘制出波浪线,如图 9-97b 所示。

绘制波浪线过程中的命令行内容如下:

命令: _ spline (输入命令)
指定第一个点或 [对象(O)]:(利用“对象捕捉”中捕捉“端点”功能,捕捉轮廓线最上边一条线的右端点)
指定下一点:(在合适的位置上单击鼠标左键)
指定下一点或 [闭合(C)/拟合公差(F)] <起点切向>:(在合适的位置上单击鼠标左键)
指定下一点或 [闭合(C)/拟合公差(F)] <起点切向>:(在合适的位置上单击鼠标左键)
指定下一点或 [闭合(C)/拟合公差(F)] <起点切向>:(在合适的位置上单击鼠标左键)
指定下一点或 [闭合(C)/拟合公差(F)] <起点切向>:(利用“对象捕捉”中捕捉“端点”功能,捕捉轮廓线最下边一条线的右端点)
指定起点切向:(按 Enter 键)
指定端点切向:(按 Enter 键)

3. 绘制左视图

① 将“粗实线”层置为当前层,选取“绘图”工具栏上的“圆”工具(或在命令行中输入 C,按 Enter 键),绘制出外螺纹公称直径为“30”的圆,如图 9-98a 所示。

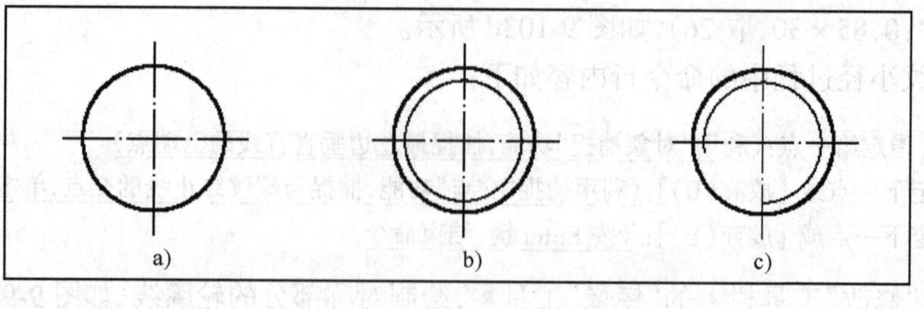

图 9-98　外螺纹左视图分解图

绘制外螺纹过程中的命令行内容如下：

命令：_ circle 指定圆的圆心或［三点(3P)/两点(2P)/相切、相切、半径(T)］：(利用“对象捕捉”中的捕捉“交点”功能，捕捉两中心线的交点为圆心)

指定圆的半径或［直径(D)］< 0.0000 > ：15 (输入公称直径圆的半径值，按 Enter 键)

② 将“细实线”层置为当前层，选取“绘图”工具栏上的“圆”工具，绘制出外螺纹小径为“26”的圆，如图 9-98b 所示。

③ 选取“修改”工具栏上的“打断”工具，剪去细实线圆的大约 1/4 圈，如图 9-98c 所示。对图形进行打断过程中的命令行内容如下：

命令：_ break (输入命令)

选择对象：(用鼠标在小径圆需要剪断处单击)

指定第二个打断点 或［第一点(F)］：(在圆上指定第二个打断点)

9.8.3　标注尺寸

① 将“尺寸”层置为当前层，在“标注”工具栏上，选择“样式名”为“直线”的标注样式，将它置为当前标注样式，如图 9-99 所示。

图 9-99　“标注”工具栏

② 选取“标注”工具栏上的“线性”工具，标注螺纹的尺寸“40”、“M24”。以“M24”为例，操作过程中的命令行内容如下：

命令：_ dimlinear (输入命令)

指定第一条尺寸界线原点或 < 选择对象 > ：(利用“对象捕捉”中捕捉“端点”功能，捕捉最上面轮廓线上的左端点)

指定第二条尺寸界线原点：(利用“对象捕捉”中捕捉“端点”功能，捕捉最下面轮廓线上的左端点)

指定尺寸线位置或［多行文字(M)/文字(T)/角度(A)/水平(H)/垂直(V)/旋转(R)］：t (输入“文字”选项字母，按 Enter 键)

输入标注文字 < 24 > ：M24 (输入外螺纹的代号，按 Enter 键)

指定尺寸线位置或［多行文字(M)/文字(T)/角度(A)/水平(H)/垂直(V)/旋转(R)］：(拖动鼠标指定尺寸线的位置)

③ 选取"绘图"工具栏上的"直线"工具 ，捕捉"倒角"的右端点，沿着"45°"线方向画一段斜线，再画一段平行轴线直线。

④ 在"样式"工具栏上，选择文字样式"数字与字母"，将它置为当前样式，如图 9-100 所示。

⑤ 从菜单中执行"绘图"→"文字"→"单行文字"命令，注写倒角尺寸"2×45°"。

注写倒角过程中的命令行内容如下：

命令：_ dtext (输入命令)
当前文字样式：数字与字母 当前文字高度：2.5000
指定文字的起点或 [对正(J)/样式(S)]：(在引出线合适的位置上指定文字的起点)
指定高度 <2.5000>：3.5 (指定字体的高度，按 Enter 键)
指定文字的旋转角度 <0>：(按 Enter 键，确定默认状态)

按 Enter 键后，在绘图区出现编写文字的编辑框，如图 9-101 所示。编辑文字结束后，按两次按 Enter 键键结束命令。

图 9-100 "样式"工具栏

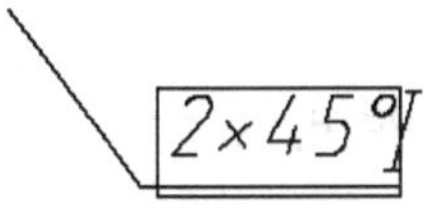

图 9-101 注写倒角尺寸

⑥ 完成尺寸标注后的效果，如图 9-88 所示。

9.9 思考与练习

试绘制出如图 9-102 所示图形，并进行尺寸标注。

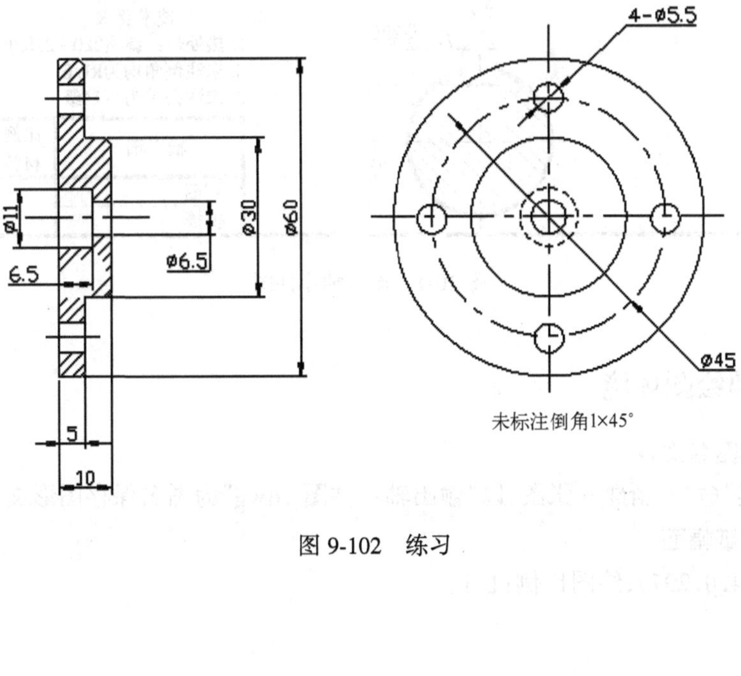

图 9-102 练习

第 10 章　工程图的绘制训练

在本章将选择建筑工程和机械工程中较为常见的图形，作一个综合性的实训。具体到某一机械零件或建筑图，绘制方法和作图步骤会有所不同，这需要在实践中多做绘图训练、总结技巧和灵活应用。要求掌握绘制工程图的基本步骤和方法等内容。

10.1　典型机械零件图的绘制

输出轴是机械领域中常见的零件，它在机器中起着支承传动零件(如带轮、齿轮等)和传递动力的作用。输出轴由大小不同的同轴圆柱体组成，因此，选择加工位置作为主视图的方向。图 10-1 所示为输出轴的零件图。

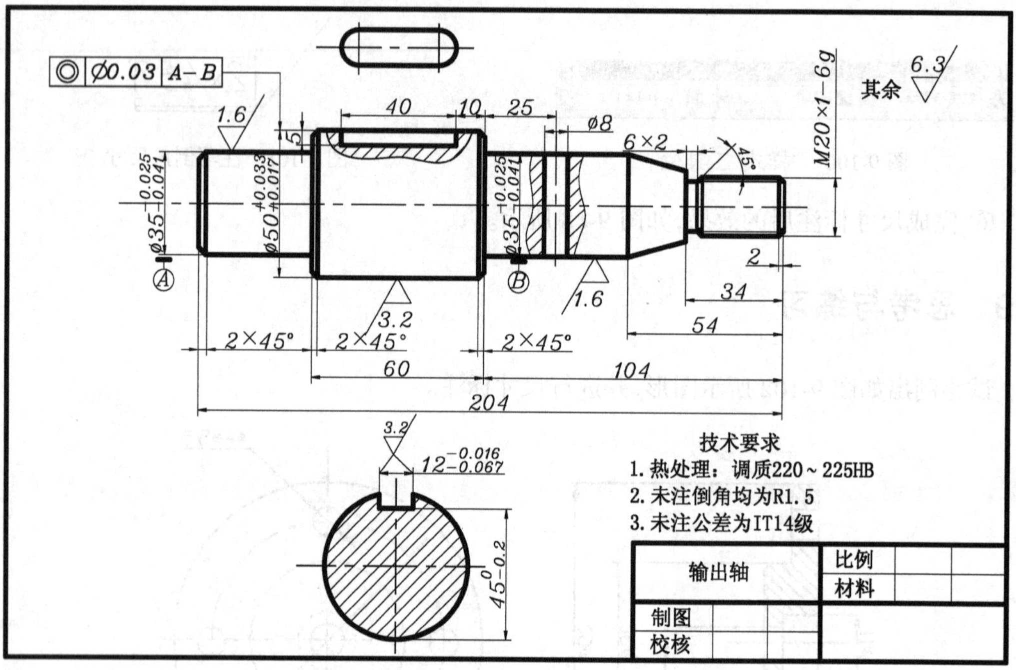

图 10-1　输出轴零件图

10.1.1　创建绘图环境

1. 创建新图名文件

执行“新建”命令，新建一张图，以“输出轴零件图 .dwg”为图名保存图形文件。

2. 设置图纸幅面

幅面：A3(420,297)；绘图比例：1:1。

① 启动 AutoCAD 2008,默认的图纸幅面为 A3,也可以打开已有的 A3 样板图。

② 在“状态栏”上按下“栅格”按钮,使栅格显示在绘图区域。

3. 设置图层

① 单击“图层”工具栏上的“图层特性管理器”按钮,在弹出的对话框中创建图层,加载线型,设置线宽,如图 10-2 所示。

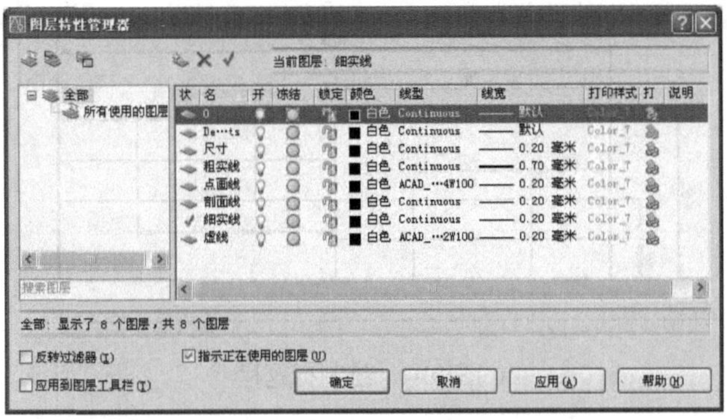

图 10-2　设置图层

② 从菜单中执行“格式”→“线型”命令,弹出“线型管理器”对话框,在该对话框内设置“全局比例因子”为“0.35”。

4. 创建文字样式

根据有关国家标准,创建“汉字”和“数字和字母”文字样式。

5. 创建尺寸标注样式

根据国家标准,创建“直线”和“圆与圆弧”尺寸标注样式。

10.1.2　绘制零件图的视图

输出轴零件图共用了 5 个图形来表达该零件的结构。主视图采用了基本视图, 为了把输出轴上面的键槽和定位孔的深度反映清楚,作了局部剖,对于键槽的形状结构利用了局部视图来表达,采用了局部放大图来表达退刀槽的结构细节,用移出断面图表达输出轴上键槽部位和平面部位的断面形状。

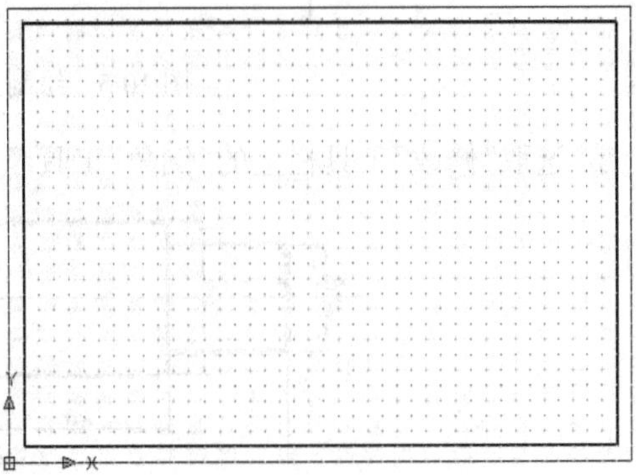

图 10-3　绘制出图框

1. 绘制图框和标题栏

① 将“粗实线”层置为当前层。

② 选取“绘图”工具栏上的“矩形”工具,绘制出图纸的图框,如图 10-3 所示。

绘制图框过程中的命令行内容如下:

命令: _ rectang (选取“矩形”工具)

指定第一个角点或 [倒角(C)/标高(E)/圆角(F)/厚度(T)/宽度(W)]: 10,10 (输入图框左下角的绝对坐标值,按 Enter 键)

指定另一个角点或 [面积(A)/尺寸(D)/旋转(R)]: 410,287 (输入图框右上角的绝对坐标值,按

Enter 键)

③ 选取"绘图"工具栏上的"直线"工具，或者选取"绘图"工具栏上的"多段线"工具，绘制出标题栏的外框。

④ 将"细实线"层置为当前层，选取"绘图"工具栏上的"直线"工具，绘制出标题栏内部的分格线，如图 10-4 所示。

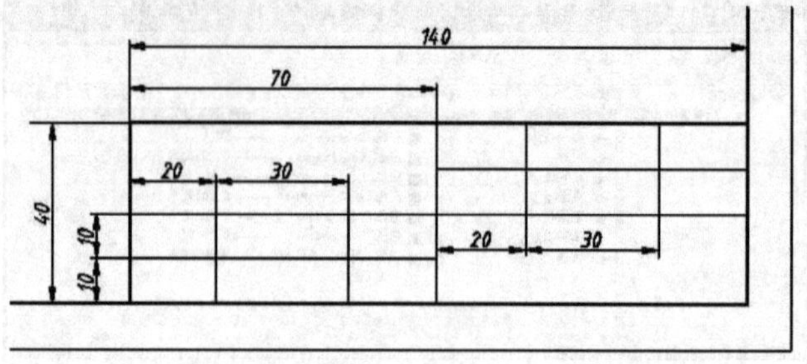

图 10-4　绘制标题栏

2. 绘制主视图

① 将"点画线"层置为当前层，选取"绘图"工具栏上的"直线"工具，绘制出输出轴的轴线。

② 将"粗实线"层置为当前层。打开"对象捕捉"、"极轴"和"对象追踪"功能，选取"绘图"工具栏上的"直线"工具，在轴线上确定起画点，绘制出输出轴的可见主体轮廓线，如图 10-5 所示。

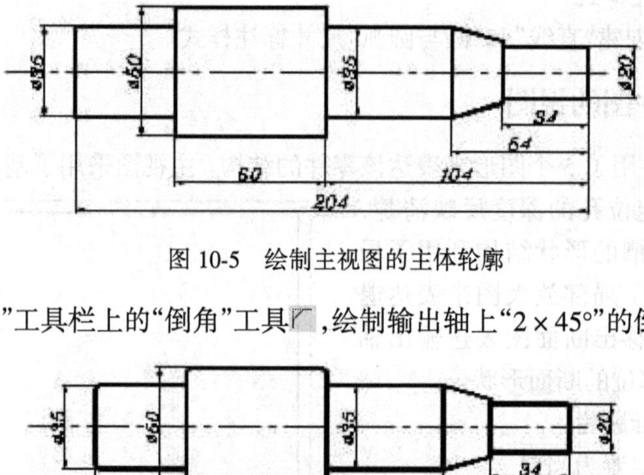

图 10-5　绘制主视图的主体轮廓

③ 选取"修改"工具栏上的"倒角"工具，绘制输出轴上"2×45°"的倒角，如图 10-6 所示。

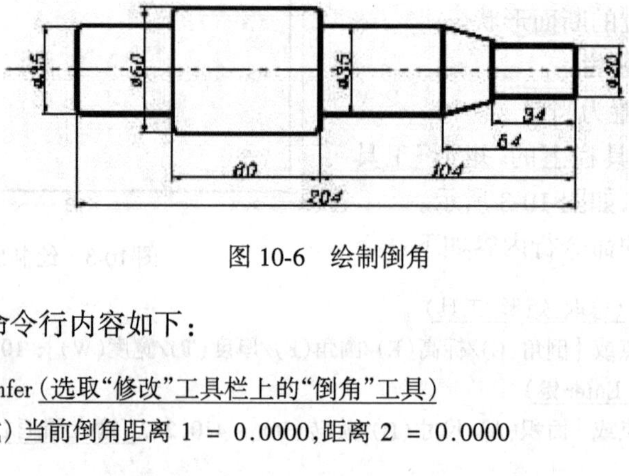

图 10-6　绘制倒角

倒角过程中的命令行内容如下：

命令：_ chamfer (选取"修改"工具栏上的"倒角"工具)

("修剪"模式) 当前倒角距离 1 = 0.0000，距离 2 = 0.0000

选择第一条直线或［放弃(U)/多段线(P)/距离(D)/角度(A)/修剪(T)/方式(E)/多个(M)］:d(输入“距离”选项字母，按 Enter 键)

指定第一个倒角距离 <0.0000>：2(输入第一个倒角距离，按 Enter 键)

指定第二个倒角距离 <2.0000>：(按 Enter 键，默认“2”为第二个倒角距离)

选择第一条直线或［放弃(U)/多段线(P)/距离(D)/角度(A)/修剪(T)/方式(E)/多个(M)］:(点取输出轴左端“φ32”圆柱上面的轮廓线)

选择第二条直线，或按住 Shift 键选择要应用角点的直线:(点取输出轴左端“φ32”圆柱左端面的轮廓线)

重复执行“倒角”命令，完成所有倒角的绘制。

④ 选取“绘图”工具栏上的“直线”工具，补画倒角后形成的交线，如图 10-7 所示。

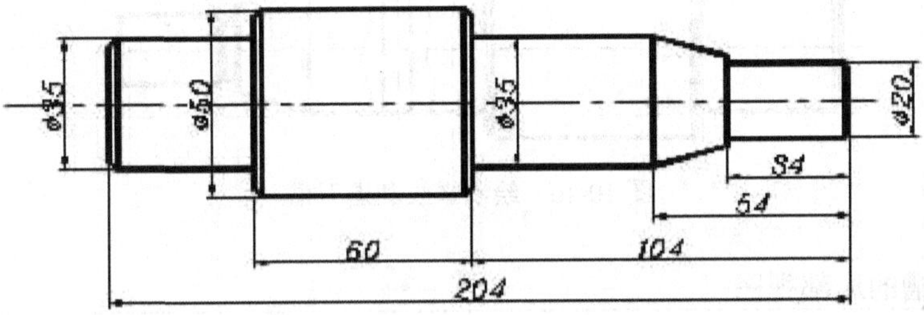

图 10-7　补画出倒角后形成的交线

⑤ 选取“绘图”工具栏上的“直线”工具，绘制出键槽和定位孔剖切后的结构形状，如图 10-8 所示。

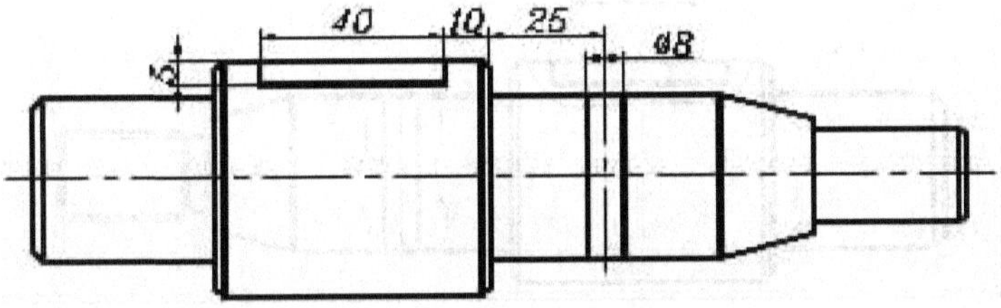

图 10-8　绘制键槽和定位孔

⑥ 将“细实线”层置为当前层，选取“绘图”工具栏上的“样条曲线”工具，绘制出键槽和定位孔处的波浪线，如图 10-9 所示。

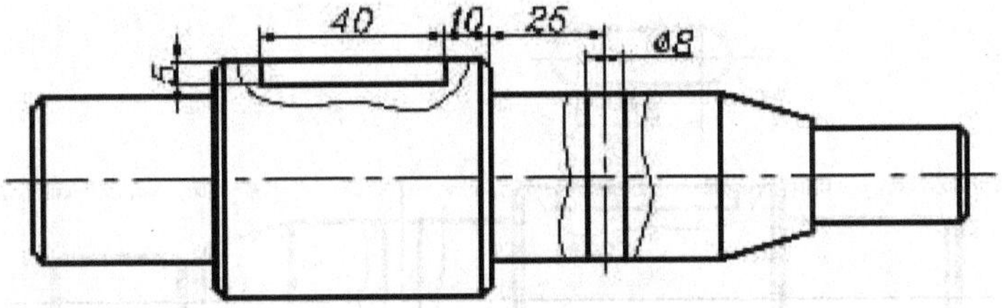

图 10-9　绘制波浪线

绘制样条曲线过程中的命令行内容如下(以键槽为例)：

命令：_spline(选取“绘图”工具栏上的“样条曲线”工具)

指定第一个点或［对象(O)］:(利用“对象捕捉”功能，捕捉轮廓线上的一点，作为起点)

指定下一点:(用鼠标在合适的位置上拾取一点)

指定下一点或［闭合(C)/拟合公差(F)］<起点切向>:(继续用鼠标在合适的位置上拾取点)

指定下一点或［闭合(C)/拟合公差(F)］<起点切向>:(利用“对象捕捉”功能，捕捉与轮廓线的交点为终点)

指定起点切向:(按 Enter 键，确定起点的切向)

指定端点切向:(按 Enter 键，确定端点的切向)

⑦ 按尺寸“20×0.85”，绘制输出轴右端螺纹的小径(细实线)，用“粗实线”按退刀槽的结构尺寸“6×2”、“45°”绘制出退刀槽结构图形，如图 10-10 所示。

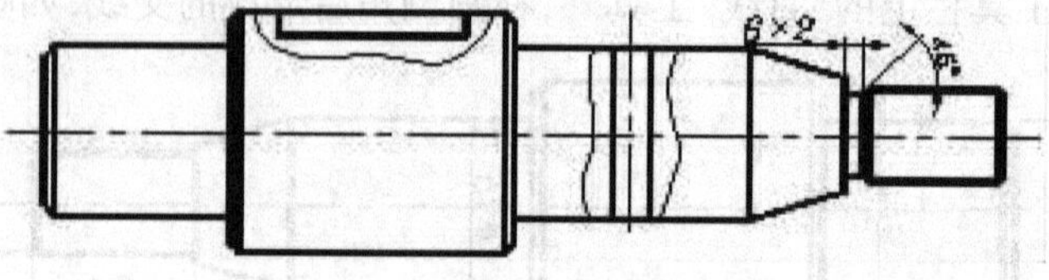

图 10-10　绘制螺纹和退刀槽

3. 绘制键槽的局部视图

① 将“点画线”层置为当前层，选取“绘图”工具栏上的“直线”工具，绘制出中心线，如图 10-11 所示。

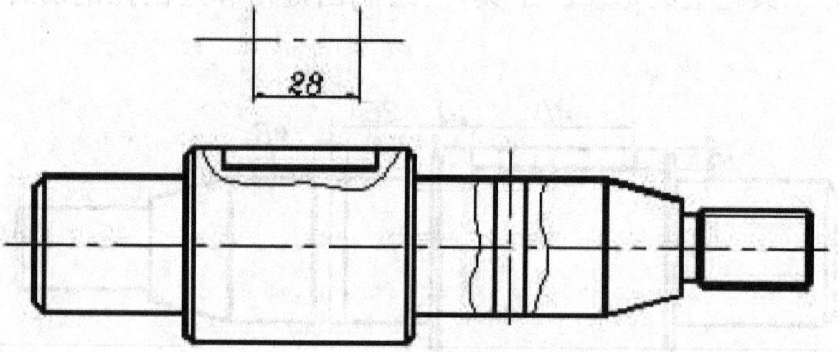

图 10-11　绘制局部视图的中心线

② 置换“粗实线”层为当前层，选取“绘图”工具栏上的“多段线”工具，绘制出键槽的形状视图，如图 10-12 所示。

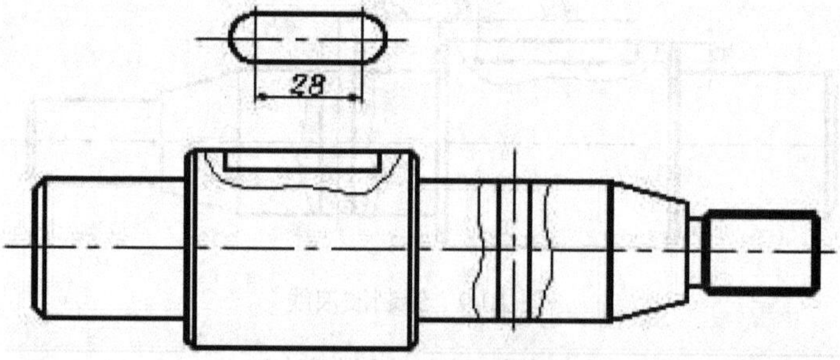

图 10-12　绘制键槽的形状视图

绘制键槽形状过程中的命令行内容如下：

命令：_ pline (选取“绘图”工具栏上的“多段线”工具)
指定起点：6 (利用“对象捕捉”功能，捕捉左边中心线交点为基点，鼠标向下导向，输入距交点的距离“6”，按 Enter 键，确定该点为起画点)
当前线宽为 0.0000
指定下一个点或 [圆弧(A)/半宽(H)/长度(L)/放弃(U)/宽度(W)]：(利用“对象捕捉”功能，鼠标向右导向，捕捉与右边中心线的交点)
指定下一点或 [圆弧(A)/闭合(C)/半宽(H)/长度(L)/放弃(U)/宽度(W)]：a (输入“圆弧”选项字母，按 Enter 键，开始执行“圆弧”绘图命令)
指定圆弧的端点或[角度(A)/圆心(CE)/闭合(CL)/方向(D)/半宽(H)/直线(L)/半径(R)/第二个点(S)/放弃(U)/宽度(W)]：12 (利用“对象捕捉”功能，鼠标向上导向，输入圆弧终点的距离)
指定圆弧的端点或[角度(A)/圆心(CE)/闭合(CL)/方向(D)/半宽(H)/直线(L)/半径(R)/第二个点(S)/放弃(U)/宽度(W)]：l (输入“直线”选项字母，按 Enter 键，返回“直线”绘图命令)
指定下一点或 [圆弧(A)/闭合(C)/半宽(H)/长度(L)/放弃(U)/宽度(W)]：(利用“对象捕捉”功能，鼠标向右导向，捕捉与右边中心线的交点)
指定下一点或 [圆弧(A)/闭合(C)/半宽(H)/长度(L)/放弃(U)/宽度(W)]：a (输入“圆弧”选项字母，按 Enter 键，再次执行“圆弧”绘图命令)
指定圆弧的端点或[角度(A)/圆心(CE)/闭合(CL)/方向(D)/半宽(H)/直线(L)/半径(R)/第二个点(S)/放弃(U)/宽度(W)]：(捕捉起画点，完成绘制)
指定圆弧的端点或[角度(A)/圆心(CE)/闭合(CL)/方向(D)/半宽(H)/直线(L)/半径(R)/第二个点(S)/放弃(U)/ 宽度(W)]：(按 Enter 键，结束命令)

4. 绘制键槽部位的移出断面图

① 将“点画线”层置为当前层，选取“绘图”工具栏上的“直线”工具，绘制出中心线；切换当前图层为“粗实线”层，选取“绘图”工具栏上的“圆”工具，绘制出键槽部位的断面圆，如图 10-13 所示。

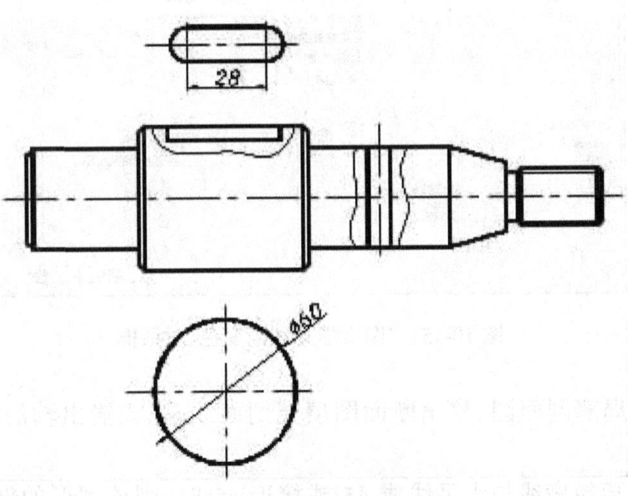

图 10-13　绘制键槽处断面圆

② 选取“绘图”工具栏上的“直线”工具 ⁄ ，绘制出键槽的结构，如图 10-14 所示。

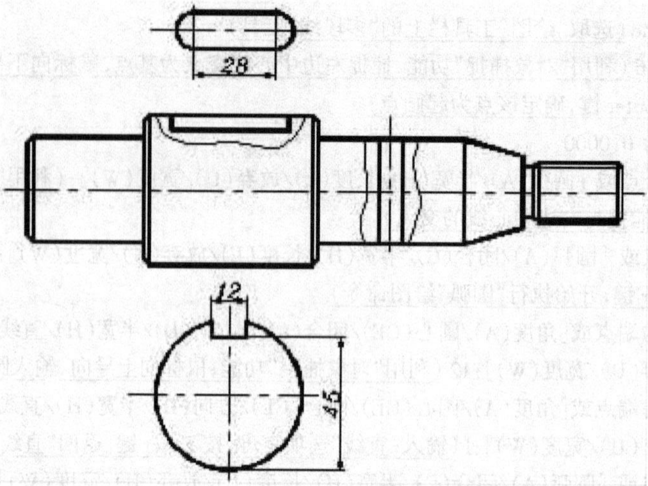

图 10-14　绘制出键槽结构

5. 填充剖面线

① 转换“剖面线”图层为当前图层。

② 选取“绘图”工具栏上的“图案填充”工具 ，弹出“图案填充和渐变色”对话框，单击右下角的“更多选项”按钮 ，可展开对话框，设置有关参数，如图 10-15 所示。

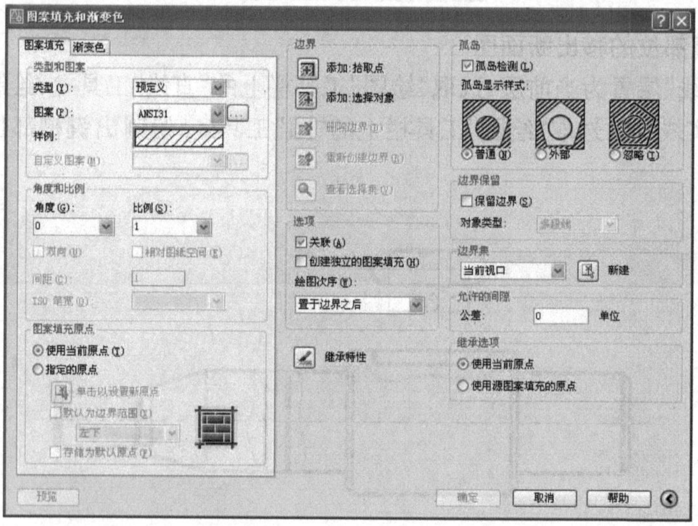

图 10-15　“图案填充和渐变色”对话框

③ 对主视图的局部剖面图、移出断面图填充剖面线，完成输出轴的绘制，如图 10-16 所示。

注意：当图形主要轮廓线与水平线成 45°或接近 45°时，则该图形的剖面线应画成与水平方向成 30°或 60°的平行线，但倾斜方向和间隔仍应与同一机件其他图形的剖面线一致。

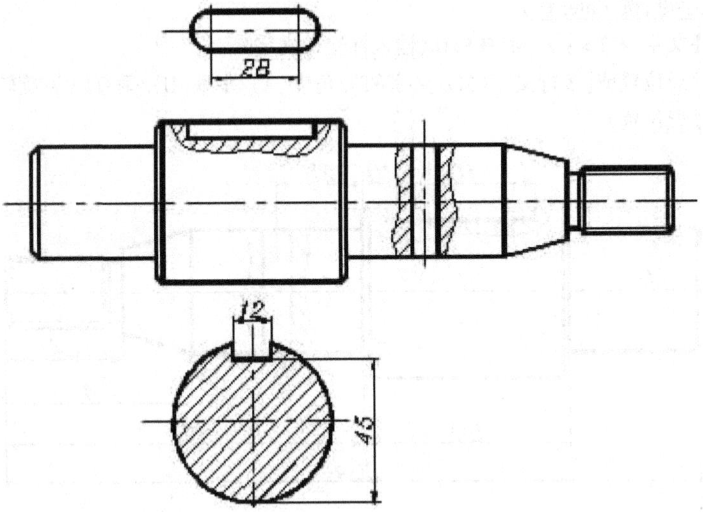

图 10-16　完成输出轴视图的绘制

10.1.3　标注零件的尺寸

零件图尺寸的标注既要保证设计要求又要满足工艺要求，因此应当正确地选择尺寸基准。

1. 选定尺寸基准

输出轴零件轴向（长度方向）的尺寸基准是基本尺寸为“Φ50”圆柱的右端面，径向（高度方向）的尺寸基准是圆柱轴线。

2. 标注主视图的尺寸

(1) 标注轴向尺寸

① 单击“标注”工具栏上的“标注样式控制”下拉列表按钮 ，将“直线”标注样式置为当前样式，如图 10-17 所示。

图 10-17　“尺寸标注”工具栏

② 将“尺寸”层置为当前层。

③ 单击“标注”工具栏上的“线性”按钮 ，利用“对象捕捉”功能，捕捉“端点”，标注轴向线性尺寸，如图 10-18 所示。

④ 继续执行“线性”标注命令，利用“对象捕捉”功能，捕捉“端点”，标注出倒角与定位孔的尺寸，如图 10-19 所示。

线性标注过程中的命令行内容如下（以零件左端倒角为例）：

命令：_ dimlinear (单击“标注”工具栏上的“线性”按钮)
指定第一条尺寸界线原点或 <选择对象>：(捕捉第一条尺寸线端点)
指定第二条尺寸界线原点：(捕捉第二条尺寸线端点)
创建了无关联的标注
指定尺寸线位置或[多行文字(M)/文字(T)/角度(A)/水平(H)/垂直(V)/旋转(R)]：t (输入“文

字”选项字母,按 Enter 键)

输入标注文字 <2>: 2*45%%D (输入标注的文字)

指定尺寸线位置或[多行文字(M)/文字(T)/角度(A)/水平(H)/垂直(V)/旋转(R)]:(用鼠标拖动指定尺寸线位置)

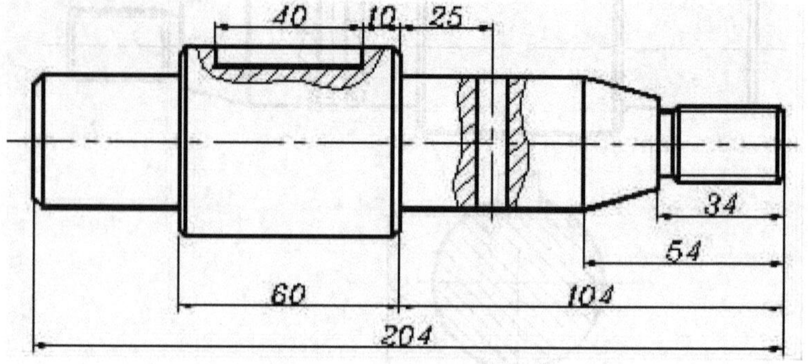

图 10-18 标注主视图轴向尺寸

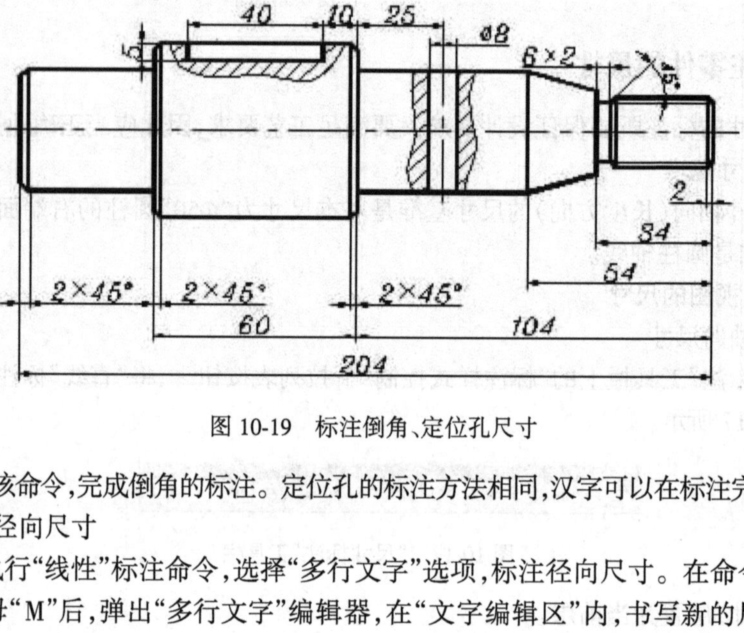

图 10-19 标注倒角、定位孔尺寸

重复执行该命令,完成倒角的标注。定位孔的标注方法相同,汉字可以在标注完后单独书写。

(2) 标注径向尺寸

① 继续执行“线性”标注命令,选择“多行文字”选项,标注径向尺寸。在命令行输入“多行文字”选项字母“M”后,弹出“多行文字”编辑器,在“文字编辑区”内,书写新的尺寸数字,如图 10-20 所示。

② 选中上、下偏差数字符号,单击“文字格式”控制栏上“堆叠”分式按钮,尺寸数字变为极限偏差形式,如图 10-21 所示。单击“确定”按钮,完成标注。

图 10-20 编写新尺寸数字

图 10-21 编写尺寸样式

③ 用同样的操作步骤，标注其他径向尺寸。

(3) 标注移出断面和局部放大图的尺寸

按照上述方法，进行移出断面和局部放大图尺寸的标注，完成尺寸标注后的效果，如图10-22所示。

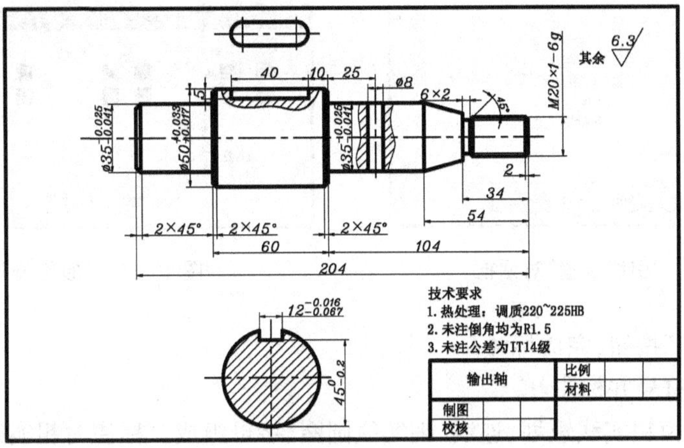

图 10-22　完成图样上的尺寸标注

注意：在局部放大图中，将放大的比例注写在视图的上方。局部放大图的尺寸应按零件的实际尺寸标出，与图形的比例无关。

在尺寸标注时，对于不同要求的尺寸，可以创建与其相应的尺寸标注样式，也可以通过“替代”功能，创建临时标注样式等。上面介绍的只是标注形式中的一种，用户可以根据自己的爱好选用尺寸标注的形式。

10.1.4　标注粗糙度和公差

输出轴零件图中需要标注的技术要求有：尺寸公差、表面粗糙度、形位公差等，其中尺寸公差的标注在尺寸标注时已经完成。

1. 标注表面粗糙度

① 绘制表面粗糙度符号。

② 从菜单中执行“绘图”→“块”→“定义属性”命令，定义块的属性。

③ 选取“绘图”工具栏上的“创建块”工具，弹出“块定义”对话框，创建表面粗糙度图块。选择表面粗糙度符号的顶尖为插入点，整个图形为定义的实体。

④ 选取“绘图”工具栏上的“插入块”工具，插入图块，完成表面粗糙度的标注。

⑤ 在零件图的右上角，标注其余表面粗糙度的要求。

2. 标注形状位置公差

① 单击“标注”工具栏上的“快速引线”按钮，选择“设置”选项，弹出“引线设置”对话框，在“注释类型”区中选中“公差”单选框，如图10-23所示。

命令行内容如下：

命令：_qleader (输入“快速引线”命令)

指定第一个引线点或［设置(S)］<设置>：(按 Enter 键，表示选择“设置”选项)

② 单击“确定”按钮，按命令行提示指定标注位置后，弹出“形位公差”对话框，在该对话框中设置标注参数，如图 10-24 所示。

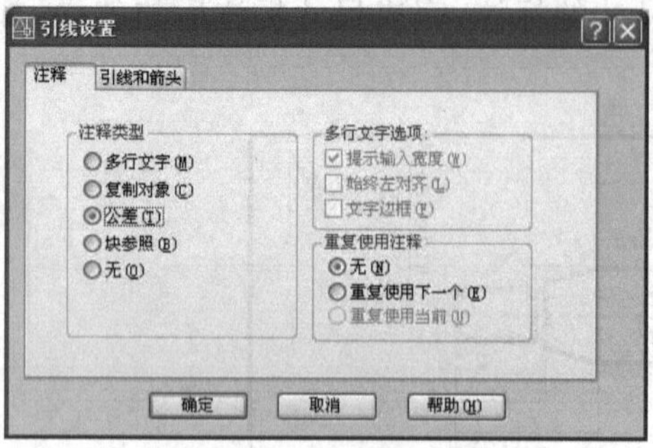

图 10-23 “引线设置”对话框

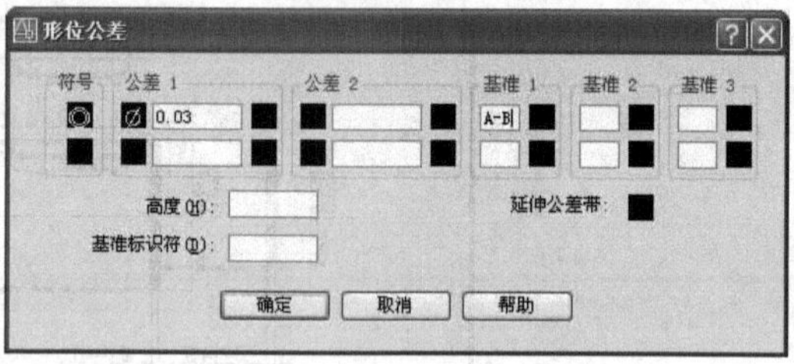

图 10-24 “形位公差”对话框

③ 单击“确定”按钮，完成标注。

④ 绘制基准符号并标注。

基准符号Ⓐ，由粗实线短划、连线、细实线圆圈、字母组成。标注时粗实线短划应对准基准要素。

⑤ 用“细实线”绘制局部放大标记，完成后的效果如图 10-25 所示。

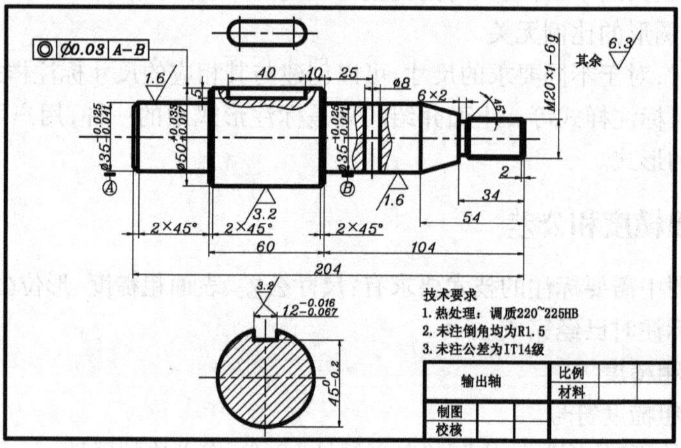

图 10-25 完成标注的效果

10.1.5 注写技术要求、填写标题栏

编写技术要求和填写标题栏，是零件图不可缺少的部分。一般情况下，将技术要求放在标题栏的上方。

① 在“文字样式”下拉列表中，选择“汉字”文字样式，选取“绘图”工具栏上的“多行文字”工具 A，编写技术要求。

② 执行“多行文字”或“单行文字”命令，填写标题栏。

③ 清理图面，完成输出轴零件图的绘制，如图 10-1 所示。

10.2 建筑平面图的绘制

建筑平面图是假想用一水平剖切面沿门窗洞的位置将房屋剖切后，对剖切面以下部分作出的水平剖面图，简称平面图。它反映房屋的平面形状、大小和房间的布置，墙(柱)的位置、厚度和材料，门窗的类型等。

建筑平面图是建筑图中常见的类型，如图 10-26 所示。下面以一套教学楼平面图的绘制来给大家介绍一下建筑平面图的绘制。

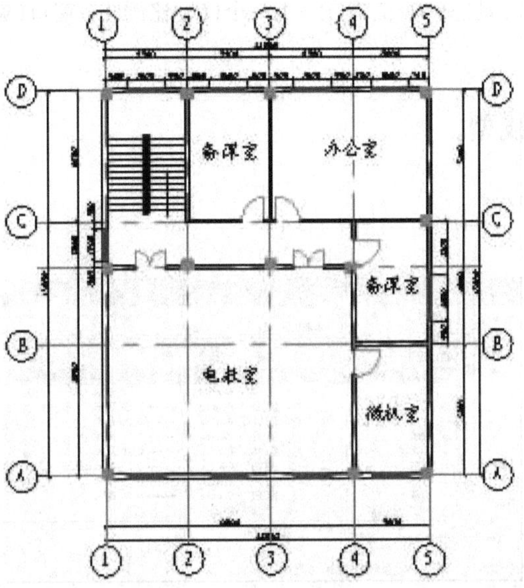

图 10-26 教学楼平面图

10.2.1 设置绘图环境

在进行工程图的绘制之前，首先要将图纸的度量单位、精度、角度、绘图范围等参数设定好。

1. 创建一幅新图

建立一张新的绘图草纸，并将其保存为“教学楼 .dwg”。

```
命令：qnew
命令：qsave
```

2. 设置单位和精度

从菜单依次单击“格式”→“单位”，在“绘图单位”对话框中，将“长度”下“类型”选择“小数”，“精度”为“0”，其它项目均采用默认值。

```
命令：'_ units
```

3. 设置绘图界限

在命令行执行 limits，并按 Enter 键，按如下提示设置：

命令：limits

重新设置模型空间界限：

指定左下角点或［开(ON)/关(OFF)］<0, 0>：(按 Enter 键)

指定右上角点 <420,297>：20000,20000

4．视图缩放

为将绘图界限内的全部图形都显示在屏幕上，通常都要执行如下命令：

命令：zoom

指定窗口的角点，输入比例因子 (nX 或 nXP)，或者

［全部(A)/中心(C)/动态(D)/范围(E)/上一个(P)/比例(S)/窗口(W)/对象(O)］<实时>：a

正在重生成模型

10.2.2 设定图层和线型

1．设置图层和线型。

如图 10-27 所示。

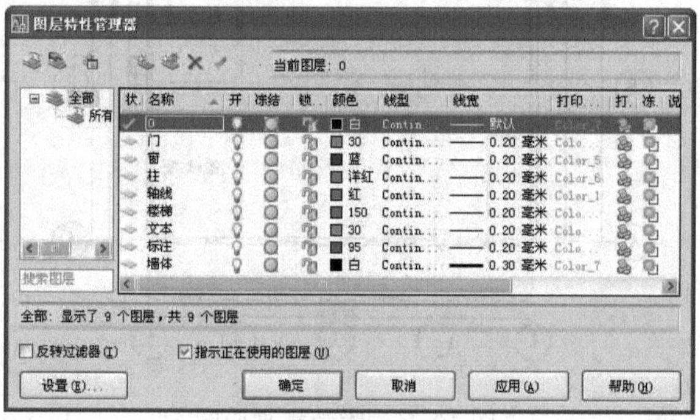

图 10-27　图层和线型的设置

2．设置线型比例

命令：ltscale

输入新线型比例因子 <1>：100

正在重生成模型

10.2.3 轴线的绘制

1．首先画出两条互相垂直的轴线

在轴线层，打开对象与各种追踪捕捉。

命令：_line 指定第一点：500, 20000 (也可以通过打开栅格，目测确定竖线的第一点)

指定下一点或［放弃(U)］：15300 (沿追踪线，水平移动光标并输入值 15300)

指定下一点或［放弃(U)］：(按 Enter 键)

命令：_line 指定第一点：1554, 21820 (也可以通过打开栅格，目测确定横线的第一点)

指定下一点或［放弃(U)］：18300 (沿追踪线，垂直移动光标并输入值 18300)

指定下一点或［放弃(U)］：(按 Enter 键)

结果如图 10-28 所示。

2. 偏移操作完成轴线

① 首先完成水平线的向下偏移。

命令：_ offset
指定偏移距离或［通过(T)］<1.0000>：5100
选择要偏移的对象或 <退出>：(拾取图中水平线)
指定点以确定偏移所在一侧：(在其下方单击鼠标)
选择要偏移的对象或 <退出>：(按 Enter 键)
命令：_ offset
指定偏移距离或［通过(T)］<5100.0000>：4800
选择要偏移的对象或 <退出>：(拾取刚偏移的水平线)
指定点以确定偏移所在一侧：(在其下方单击鼠标)
选择要偏移的对象或 <退出>：(按 Enter 键)
命令：_ offset
指定偏移距离或［通过(T)］<4800.0000>：5100
选择要偏移的对象或 <退出>：(拾取刚偏移的水平线)
指定点以确定偏移所在一侧：(在其下方单击鼠标)
选择要偏移的对象或 <退出>：(按 Enter 键)
命令：_ offset
指定偏移距离或［通过(T)］<4800.0000>：1800
选择要偏移的对象或 <退出>：(拾取从上向下第二条水平线)
指定点以确定偏移所在一侧：(在其下方单击鼠标)
选择要偏移的对象或 <退出>：(按 Enter 键)

结果如图 10-29 所示。

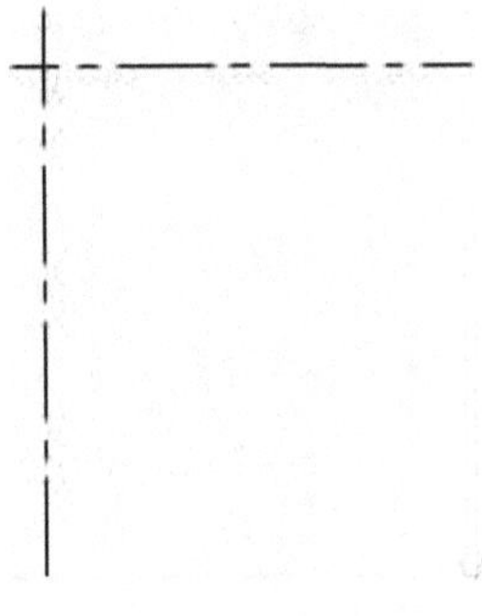

图 10-28　两条互相垂直的轴线

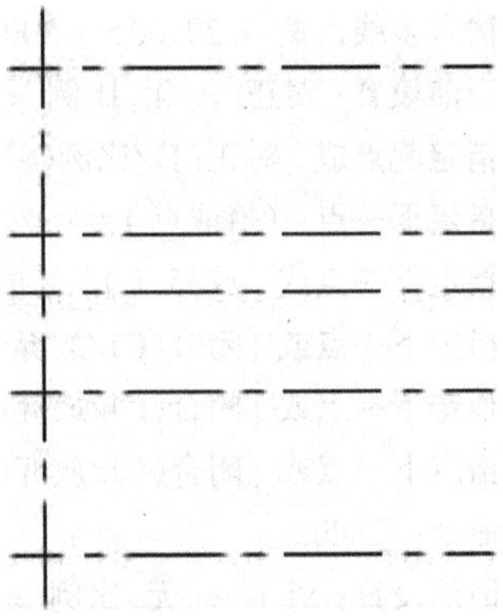

图 10-29　水平线的偏移

② 偏移竖线。

每次偏移竖线的距离分别为 3300、3300、3300、3300、300。

命令：_ offset
指定偏移距离或［通过(T)］<1800.0000>：3300
选择要偏移的对象或 <退出>：(拾取图中竖线)

指定点以确定偏移所在一侧：(在其右侧单击鼠标)
选择要偏移的对象或 <退出>：(拾取刚偏移生成的轴线)
指定点以确定偏移所在一侧：(在其右侧单击鼠标)
选择要偏移的对象或 <退出>：(拾取刚偏移生成的轴线)
指定点以确定偏移所在一侧：(在其右侧单击鼠标)
选择要偏移的对象或 <退出>：
命令：OFFSET
指定偏移距离或 [通过(T)] <300.0000>：3000
选择要偏移的对象或 <退出>：(拾取刚偏移生成的轴线)
指定点以确定偏移所在一侧：(在其右侧单击鼠标)

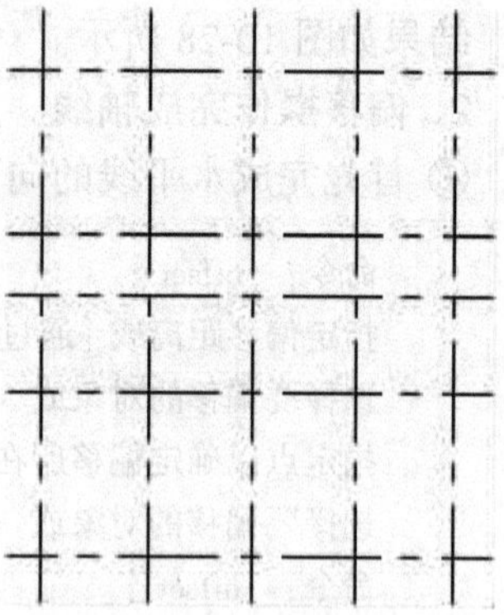
图 10-30　偏移复制横线

结束以上偏移复制操作后，结果如图 10-30 所示。

10.2.4　墙线和立柱的绘制

1. 置"墙"为当前层

2. 设置多线样式

"新建"多线样式"墙"，按默认设置不变，并置"墙"为当前样式。

3. 绘制外墙

打开交点、端点、垂直捕捉与追踪工具。

命令：_ mline
当前设置：对正 = 上，比例 = 20.00，样式 = STANDARD
指定起点或 [对正(J)/比例(S)/样式(ST)]：J
输入对正类型 [上(T)/无(Z)/下(B)] <上>：Z
当前设置：对正 = 无，比例 = 20.00，样式 = STANDARD
指定起点或 [对正(J)/比例(S)/样式(ST)]：S
输入多线比例 <20.00>：300
当前设置：对正 = 无，比例 = 300.00，样式 = STANDARD
指定起点或 [对正(J)/比例(S)/样式(ST)]：
指定下一点：(拾取点 1)
指定下一点或 [放弃(U)]：(拾取点 2)
指定下一点或 [闭合(C)/放弃(U)]：(拾取点 3)
指定下一点或 [闭合(C)/放弃(U)]：(拾取点 4)
指定下一点或 [闭合(C)/放弃(U)]：(按 Enter 键)
命令：_ mline
当前设置：对正 = 无，比例 = 300.00，样式 = STANDARD
指定下一点或 [放弃(U)]：(拾取点 5)
指定下一点或 [闭合(C)/放弃(U)]：(拾取点 6)
指定下一点或 [闭合(C)/放弃(U)]：(按 Enter 键)
命令：_ mline
当前设置：对正 = 上，比例 = 20.00，样式 = STANDARD
指定起点或 [对正(J)/比例(S)/样式(ST)]：J
输入对正类型 [上(T)/无(Z)/下(B)] <上>：Z

当前设置: 对正 = 无,比例 = 300.00,样式 = STANDARD

指定起点或 [对正(J)/比例(S)/样式(ST)]: S

输入多线比例 < 20.00 > : 200

当前设置: 对正 = 无,比例 = 220.00,样式 = STANDARD

指定下一点: (拾取点 7)

指定下一点或 [放弃(U)]: (拾取点 8)

指定下一点或 [闭合(C)/放弃(U)]: (拾取点 9)

指定下一点或 [闭合(C)/放弃(U)]: (按 Enter 键)

命令: _ mline

当前设置: 对正 = 无,比例 = 220.00,样式 = STANDARD

指定下一点或 [放弃(U)]: (拾取点 10)

指定下一点或 [闭合(C)/放弃(U)]: (拾取点 11)

指定下一点或 [闭合(C)/放弃(U)]: (按 Enter 键)

命令: _ mline

当前设置: 对正 = 无,比例 = 220.00,样式 = STANDARD

指定下一点或 [放弃(U)]: (拾取点 12)

指定下一点或 [闭合(C)/放弃(U)]: (拾取点 13)

指定下一点或 [闭合(C)/放弃(U)]: (按 Enter 键)

命令: _ mline

当前设置: 对正 = 无,比例 = 220.00,样式 = STANDARD

指定下一点或 [放弃(U)]: (拾取点 14)

指定下一点或 [闭合(C)/放弃(U)]: (拾取点 15)

指定下一点或 [闭合(C)/放弃(U)]: (按 Enter 键)

结果如图 10-31 所示。

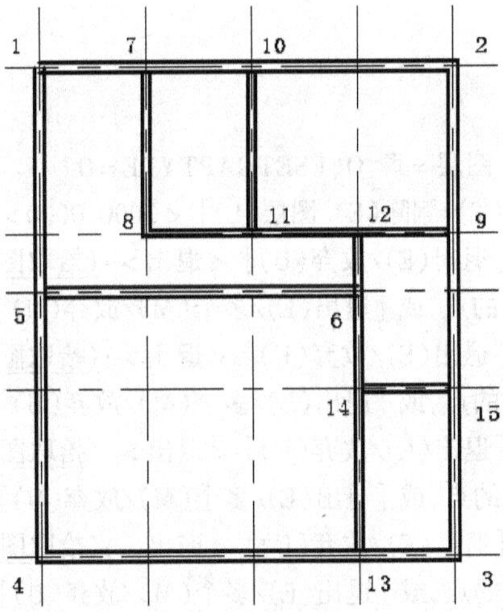

图 10-31 绘制墙体

4. 多线编辑和修剪多线

从菜单依次单击“修改”→“对象”→“多线”,在打开的“多线编辑工具”对话框中选择“T 型合并”。

命令: _ mledit
选择第一条多线:(先选择两条 T 字型交线的下部竖线 M)
选择第二条多线:(再选择两条 T 字型交线的上部横线 N)
其余步骤省略

注意:图中拐角处,应先“分解”相交的两条多线,然后“修剪”即可。

结果如图 10-32 所示。

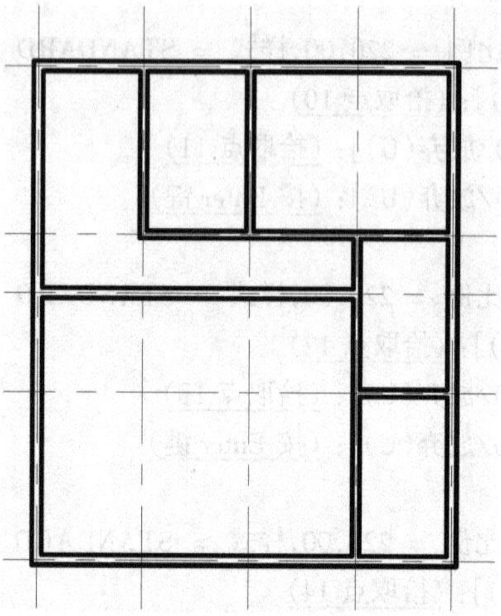

图 10-32 整理墙线

10.2.5 绘制窗体结构

① 首先偏移轴线。

命令: _ offset
当前设置: 删除源 = 否 图层 = 源 OFFSETGAPTYPE = 0
指定偏移距离或[通过(T)/删除(E)/图层(L)] <3000.0000>: 900
选择要偏移的对象,或[退出(E)/放弃(U)] <退出>:(拾取图中左边第一条竖线)
指定要偏移的那一侧上的点,或[退出(E)/多个(M)/放弃(U)] <退出>:(向右侧点击一点)
选择要偏移的对象,或[退出(E)/放弃(U)] <退出>:(拾取图中左边第二条竖线)
指定要偏移的那一侧上的点,或[退出(E)/多个(M)/放弃(U)] <退出>:(向左侧点击一点)
选择要偏移的对象,或[退出(E)/放弃(U)] <退出>:(拾取图中左边第二条竖线)
指定要偏移的那一侧上的点,或[退出(E)/多个(M)/放弃(U)] <退出>:(向右侧点击一点)
选择要偏移的对象,或[退出(E)/放弃(U)] <退出>:(拾取图中左边第三条竖线)
指定要偏移的那一侧上的点,或[退出(E)/多个(M)/放弃(U)] <退出>:(向左侧点击一点)
选择要偏移的对象,或[退出(E)/放弃(U)] <退出>:(拾取图中左边第三条竖线)
指定要偏移的那一侧上的点,或[退出(E)/多个(M)/放弃(U)] <退出>:(向右侧点击一点)
选择要偏移的对象,或[退出(E)/放弃(U)] <退出>:(拾取图中左边第四条竖线)
指定要偏移的那一侧上的点,或[退出(E)/多个(M)/放弃(U)] <退出>:(向左侧点击一点)
选择要偏移的对象,或[退出(E)/放弃(U)] <退出>:(按 Enter 键)

命令：_ offset
当前设置：删除源 = 否 图层 = 源 OFFSETGAPTYPE = 0
指定偏移距离或［通过(T)/删除(E)/图层(L)］<900.0000>：750
选择要偏移的对象，或［退出(E)/放弃(U)］<退出>：(拾取图中左边第四条竖线)
指定要偏移的那一侧上的点，或［退出(E)/多个(M)/放弃(U)］<退出>：(向右侧点击一点)
选择要偏移的对象，或［退出(E)/放弃(U)］<退出>：(拾取图中左边第五条竖线)
指定要偏移的那一侧上的点，或［退出(E)/多个(M)/放弃(U)］<退出>：(向左侧点击一点)
选择要偏移的对象，或［退出(E)/放弃(U)］<退出>：(按 Enter 键)

结果如图 10-33 所示：

接着利用对象匹配，将偏移后的轴线换成墙体线，如图 10-34 所示。

命令：'_ matchprop
选择源对象：
当前活动设置：颜色 图层 线型 线型比例 线宽 厚度 打印样式 标注 文字 填充图案 多段线 视口 表格材质 阴影显示 多重引线
选择目标对象或［设置(S)］：(选择墙体线型)
选择目标对象或［设置(S)］：(依次选择偏移过后的线)

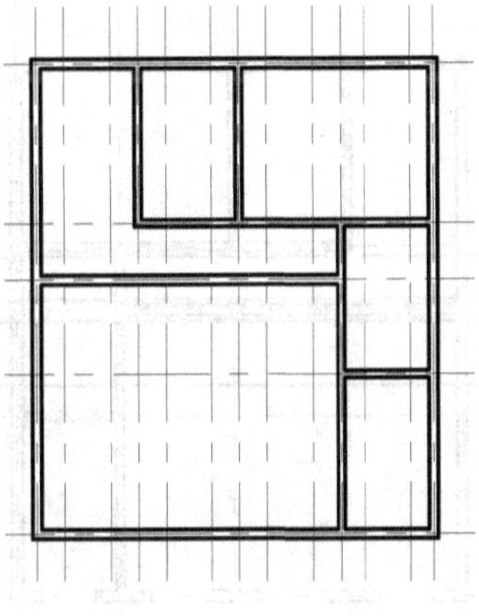

图 10-33　偏移轴线

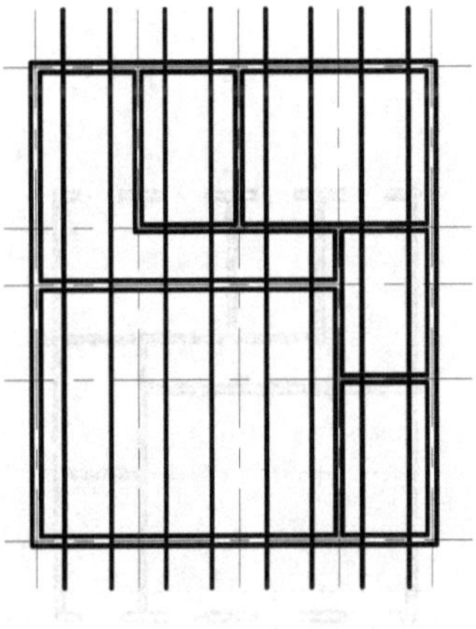

图 10-34　对象匹配

② 开出外墙上的窗洞。因外墙上窗洞尺寸统一，通过复制和修剪的方式来完成。逐步修剪墙线，结果为图 10-35 所示。

③ 开出其他窗洞。将图 10-36 中 1 号轴线向上偏移 300，将偏移后的轴线再向上偏移 1200，接着将 2 号轴线向上偏移 900，将偏移后的轴线再向上偏移 1800，然后用对象匹配将偏移后的轴线转换成墙体线型，最后修剪出其他窗体。

命令：_ offset
当前设置：删除源 = 否 图层 = 源 OFFSETGAPTYPE = 0
指定偏移距离或［通过(T)/删除(E)/图层(L)］<750.0000>：300
选择要偏移的对象，或［退出(E)/放弃(U)］<退出>：(选择 1 号轴线)
指定要偏移的那一侧上的点，或［退出(E)/多个(M)/放弃(U)］<退出>：(向上点击一点)
选择要偏移的对象，或［退出(E)/放弃(U)］<退出>：(按 Enter 键)

命令：_ offset

当前设置：删除源 = 否 图层 = 源 OFFSETGAPTYPE = 0

指定偏移距离或［通过(T)/删除(E)/图层(L)］< 300.0000 >：1200

选择要偏移的对象，或［退出(E)/放弃(U)］< 退出 >：(选择刚偏移过的轴线)

指定要偏移的那一侧上的点，或［退出(E)/多个(M)/放弃(U)］< 退出 >：(向上点击一点)

选择要偏移的对象，或［退出(E)/放弃(U)］< 退出 >：(按 Enter 键)

命令：_ offset

当前设置：删除源 = 否 图层 = 源 OFFSETGAPTYPE = 0

指定偏移距离或［通过(T)/删除(E)/图层(L)］< 1200.0000 >：900

选择要偏移的对象，或［退出(E)/放弃(U)］< 退出 >：(选择 2 号轴线)

指定要偏移的那一侧上的点，或［退出(E)/多个(M)/放弃(U)］< 退出 >：(向上点击一点)

选择要偏移的对象，或［退出(E)/放弃(U)］< 退出 >：(按 Enter 键) 命令：_ offset

当前设置：删除源 = 否 图层 = 源 OFFSETGAPTYPE = 0

指定偏移距离或［通过(T)/删除(E)/图层(L)］< 900.0000 >：1800

选择要偏移的对象，或［退出(E)/放弃(U)］< 退出 >：(选择刚偏移过的轴线)

指定要偏移的那一侧上的点，或［退出(E)/多个(M)/放弃(U)］< 退出 >：(向上点击一点)

选择要偏移的对象，或［退出(E)/放弃(U)］< 退出 >：(按 Enter 键)

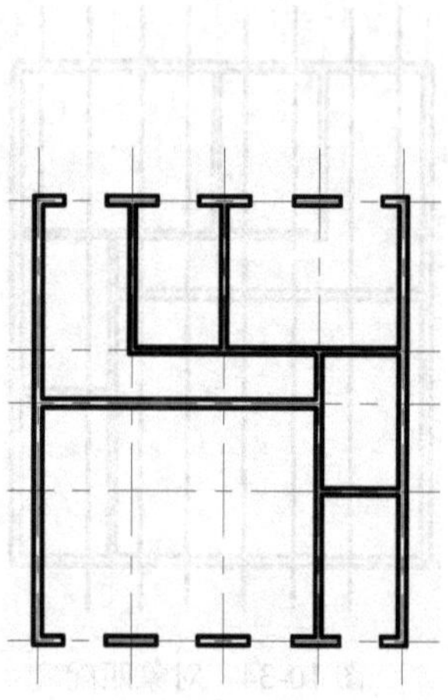

图 10-35　外墙上的窗洞

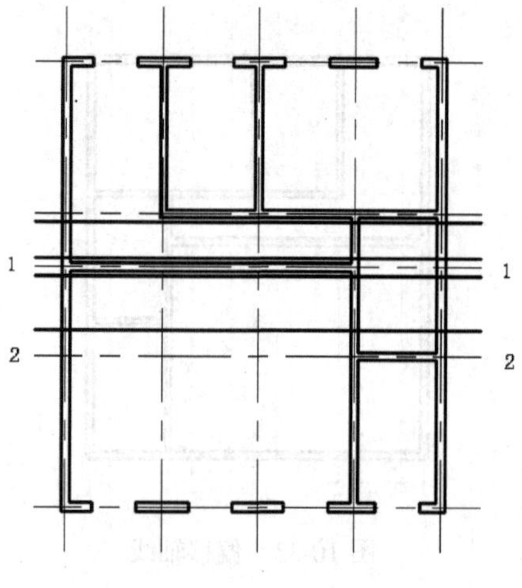

图 10-36　偏移轴线和匹配

然后进行修剪，得到其余各窗体，如图 10-37 所示。

④ 绘制窗体结构图块。

命令：_ line 指定第一点：(在绘图区域空白处任点一点)

指定下一点或［放弃(U)］：1000 (沿追踪线，水平移动光标并输入值 1000)

指定下一点或［放弃(U)］：100 (沿追踪线，垂直移动光标并输入值 100)

指定下一点或［闭合(C)/放弃(U)］：1000 (沿追踪线，水平移动光标并输入值 1000)

指定下一点或［闭合(C)/放弃(U)］：c

命令：_ divide

选择要定数等分的对象：(选择左侧竖线)

输入线段数目或［块(B)］：3

命令：_ line 指定第一点：(连接 1－1 点)
指定下一点或［放弃(U)］：(连接 2－2 点)
指定下一点或［放弃(U)］：(按 Enter 键)

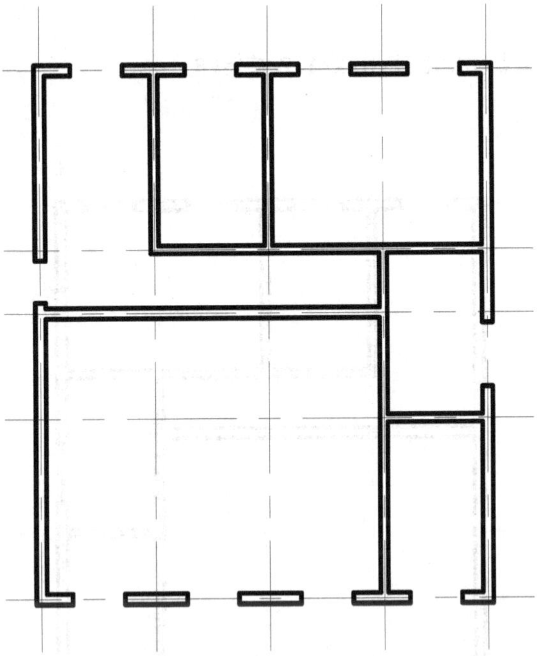

图 10-37　修剪得到其余各窗体

如图 10-38 所示。
创建窗体块

命令：wblock 指定插入基点：(选择窗体左下角点)
选择对象：指定对角点：找到 8 个(窗选所有对象)
选择对象：(按 Enter 键)

如图 10-39 所示：

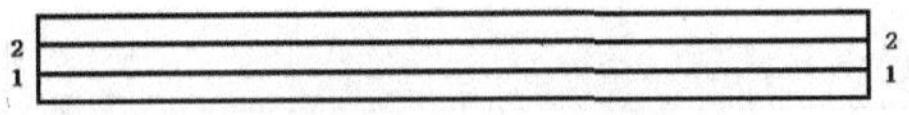

图 10-38　窗体图块

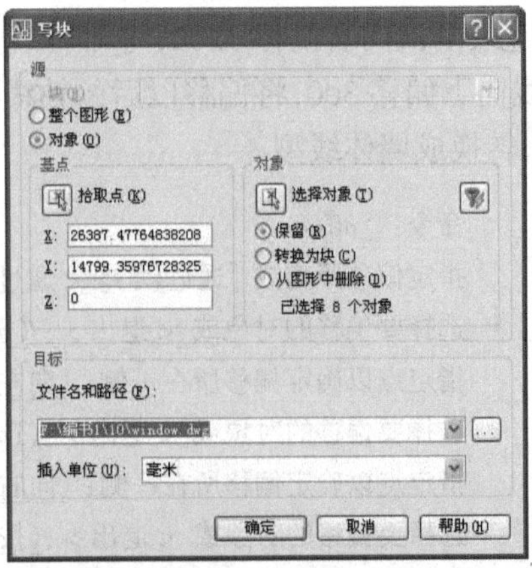

图 10-39　创建窗体块

10.2.6 插入窗体图块

在图 10-37 中插入窗体块。插入时,适当调整比例,结果如图 10-40 所示。

命令: _ insert
指定插入点或 [基点(B)/比例(S)/X/Y/Z/旋转(R)]:s
X:1.8 Y:3 Z1

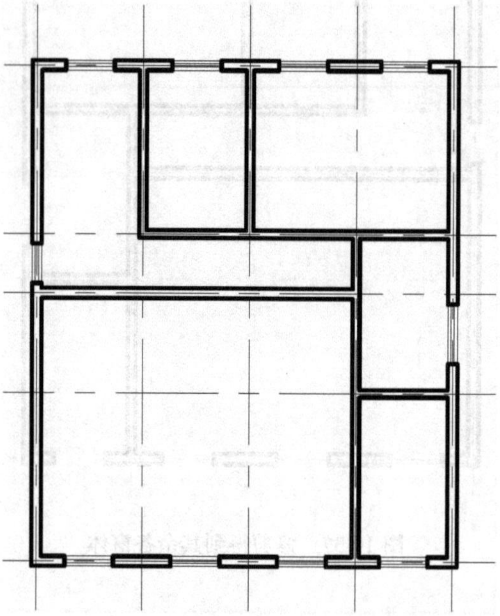

图 10-40 绘制并插入门窗图块

10.2.7 绘制门结构

① 首先偏移轴线。

将 A 轴线向左向右分别偏移 240,再将两条偏移后的 A 轴线分别向左向右偏移 900;将 B 轴线连续两次向右偏移 1200;将 C 轴线连续两次向左偏移 1200,再将 1 轴线向上偏移 180 和 2 轴线向下偏移 300,将偏移以后的轴线向上和向下偏移 900,然后利用对象匹配,将偏移过的轴线,转换成墙体线型。

命令: _ offset
指定偏移距离或 [通过(T)] <通过>: 240
选择要偏移的对象或 <退出>: (选择轴线 A)
指定点以确定偏移所在一侧: (向左侧点击一点)
选择要偏移的对象或 <退出>: (选择轴线 A)
指定点以确定偏移所在一侧: (向右侧点击一点)
选择要偏移的对象或 <退出>: (按 Enter 键)
命令: _ offset
指定偏移距离或 [通过(T)] <240.0000>: 900

选择要偏移的对象或 <退出>:(选择岗偏移过的轴线)
指定点以确定偏移所在一侧:(向左侧点击一点)
选择要偏移的对象或 <退出>:(选择刚偏移过的轴线)
指定点以确定偏移所在一侧:(向右侧点击一点)
选择要偏移的对象或 <退出>:(按 Enter 键)
其余过程省略

结果如图 10-41 所示。

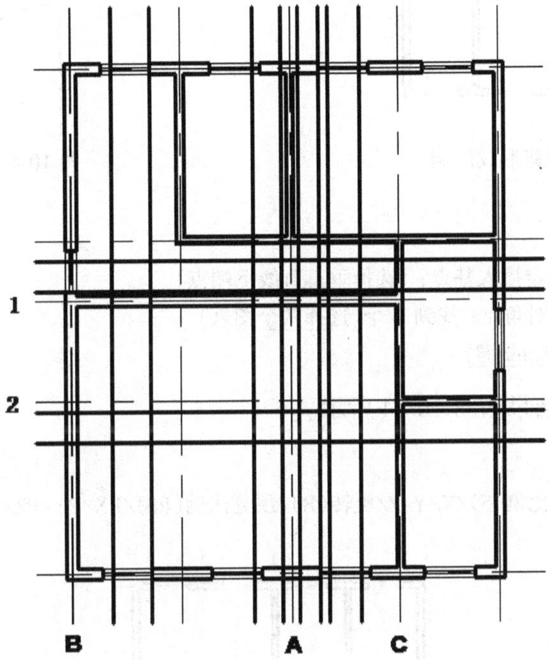

图 10-41　绘制门

② 剪切多余线段,形成门洞。过程省略,结果如图 10-42 所示。

③ 绘制平开门图块。

命令: _ line 指定第一点:(选择在绘图区域空白处点击一点)
指定下一点或 [放弃(U)]: 1000
指定下一点或 [放弃(U)]: 1000
指定下一点或 [闭合(C)/放弃(U)]: (按 Enter 键)
命令: _ arc 指定圆弧的起点或 [圆心(C)]: _ c 指定圆弧的圆心:(选择两直线交点)
指定圆弧的起点:(选择水平直线右端点)
指定圆弧的端点或 [角度(A)/弦长(L)]: (选择垂直直线上端点)
命令: _ erase
选择对象: 找到 1 个(选择水平直线)
选择对象:(按 Enter 键)

结果如图 10-43 所示。

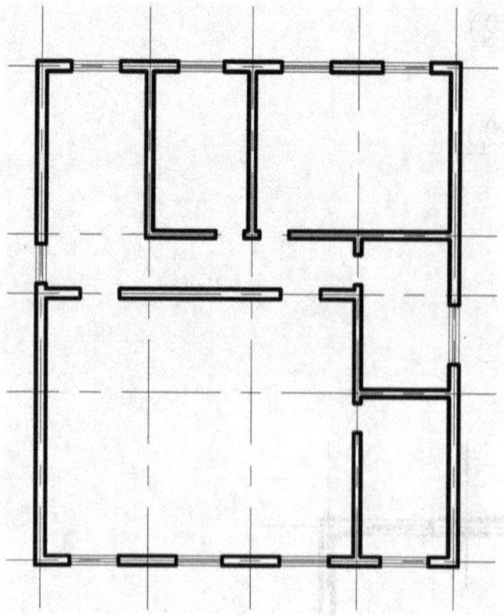

图 10-42　裁剪形成门洞

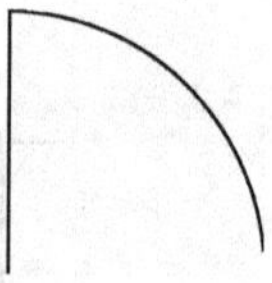

图 10-43　平开门

接着创建门结构块：

命令：wblock 指定插入基点：(选择垂直直线下端点)
选择对象：指定对角点：找到 2 个(选择两个图素)
选择对象：(按 Enter 键)

依次插入门图块，结果如图 10-44 所示。

命令：_ insert
指定插入点或［比例(S)/X/Y/Z/旋转(R)/预览比例(PS)/PX/PY/PZ/预览旋转(PR)］：

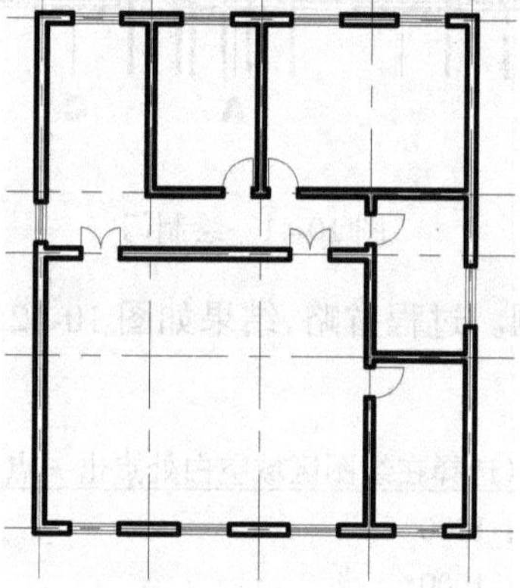

图 10-44　插入平开门图块

10.2.8　绘制柱结构

① 首先创建筑结构图块。

命令：_ line 指定第一点：(选择在绘图区域空白处点击一点)
指定下一点或［放弃(U)］：400 (沿追踪线，水平移动光标并输入值 400)
指定下一点或［放弃(U)］：400 (沿追踪线，垂直移动光标并输入值 1000)
指定下一点或［闭合(C)/放弃(U)］：400 (沿追踪线，水平移动光标并输入值 1000)

指定下一点或 [闭合(C)/放弃(U)]: c

接着图案填充:

命令: _ bhatch
选择内部点: 正在选择所有对象…
正在选择所有可见对象…
正在分析所选数据…
正在分析内部孤岛 ..
命令: wblock 找到 5 个(选择柱结构图形)
指定插入基点:
选择对象: 指定对角点: 找到 5 个
选择对象:

图 10-45 创建柱结构图块

柱结构图块如图 10-45。

② 在图形中插入柱结构图块,结果如图 10-46 所示。

命令: _ insert (选择柱结构图形)
指定插入点或 [比例(S)/X/Y/Z/旋转(R)/预览比例(PS)/PX/PY/PZ/预览旋转(PR)]:

③ 在图形中标注房间名称,结果如图 10-47 所示。

命令: _ mtext 当前文字样式:"样式 1" 当前文字高度:550
指定第一角点:
指定对角点或 [高度(H)/对正(J)/行距(L)/旋转(R)/样式(S)/宽度(W)]:

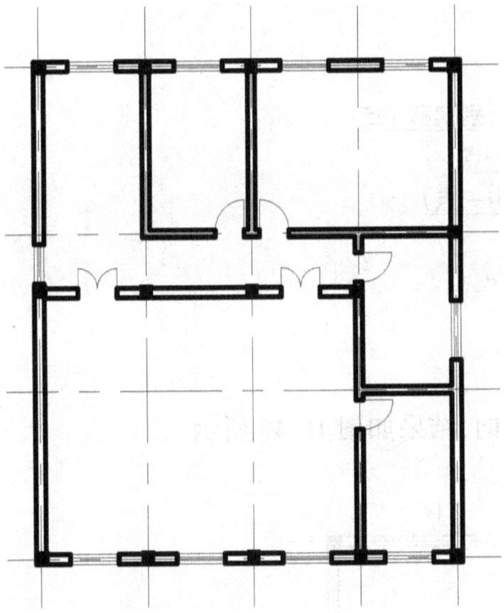

图 10-46 图形插入柱结构图块

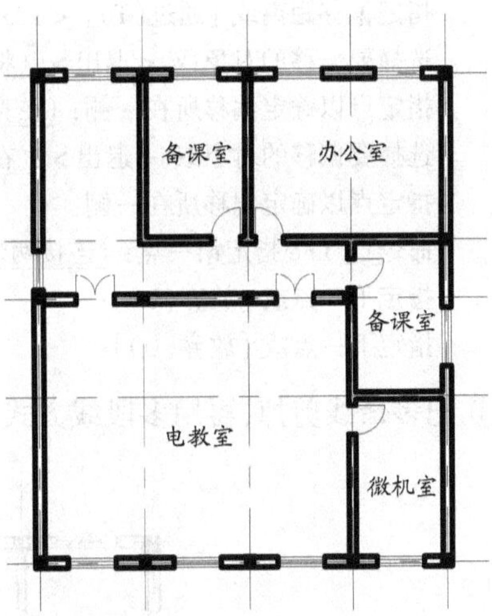

图 10-47 标注房间名称

10.2.9 绘制楼梯

① 绘制楼梯线。

把楼梯层设置为当前层:

命令：_ line 指定第一点：8321，17334
指定下一点或［放弃（U）］：3040（沿追踪线，水平移动光标并输入值 3040）
指定下一点或［放弃（U）］：（按 Enter 键）
命令：_ array
选择对象：指定对角点：找到 1 个（选择刚才绘制的水平线）
进行矩形阵列，12 行，1 列，行距 250

以上操作结果，如图 10-48。

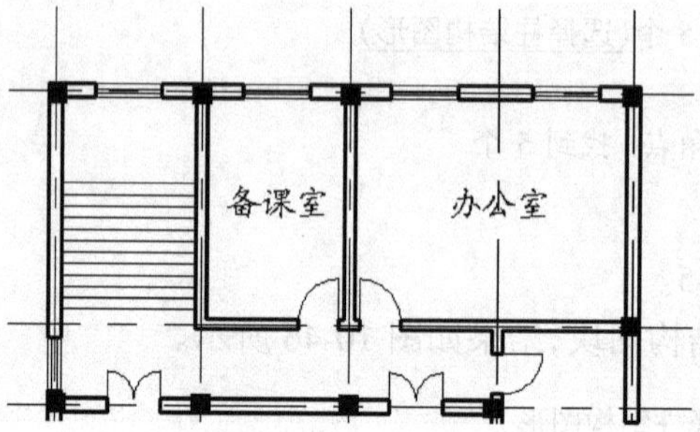

图 10-48　绘制楼梯线

② 绘制楼梯扶手和上下方向。

命令：_ line 指定第一点：（捕捉楼梯线中点位置，点击一点）
指定下一点或［放弃（U）］：3255（沿追踪线，垂直移动光标并输入值 3255）
指定下一点或［放弃（U）］：（按 Enter 键）
命令：_ offset
指定偏移距离或［通过（T）］＜125.0000＞：125
选择要偏移的对象或 ＜退出＞：（将直线向两边分别偏移 125）
指定点以确定偏移所在一侧：（在直线左侧点击一点）
选择要偏移的对象或 ＜退出＞：（在直线右侧点击一点）
指定点以确定偏移所在一侧：
命令：_ line 指定第一点：（连接两端点）
指定下一点或［放弃（U）］：
指定下一点或［放弃（U）］：

③ 把多余线剪掉，再用多段线方式绘制上楼方向，结果如图 10-49 所示。

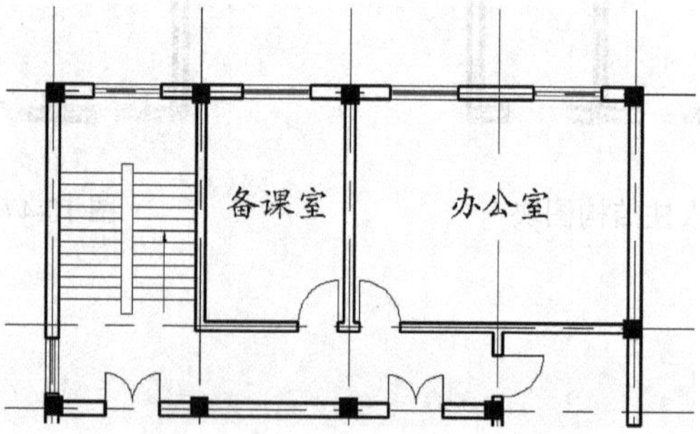

图 10-49　绘制楼梯扶手和上楼方向

10.2.10 标注尺寸和轴号

设置尺寸样式,进行尺寸标注,注意尺寸箭头为建筑标记,文字高度设置成 5,使用全局比例为 80,小数位数,精确到 0,标注过程省略,结果如图 10-50 所示。

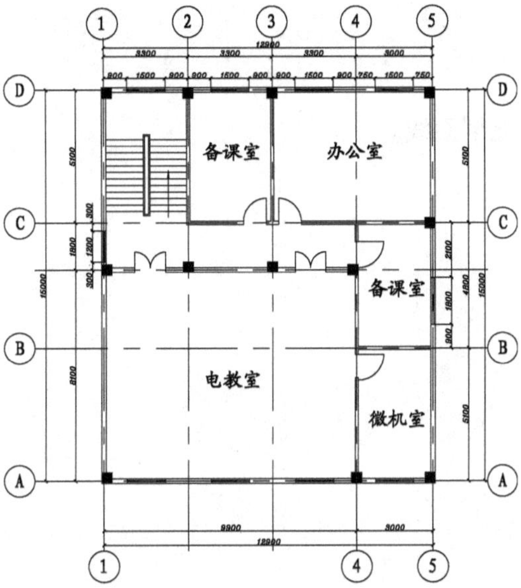

图 10-50　标注尺寸

10.3　思考与练习

绘制如图 10-51 所示的零件三视图。

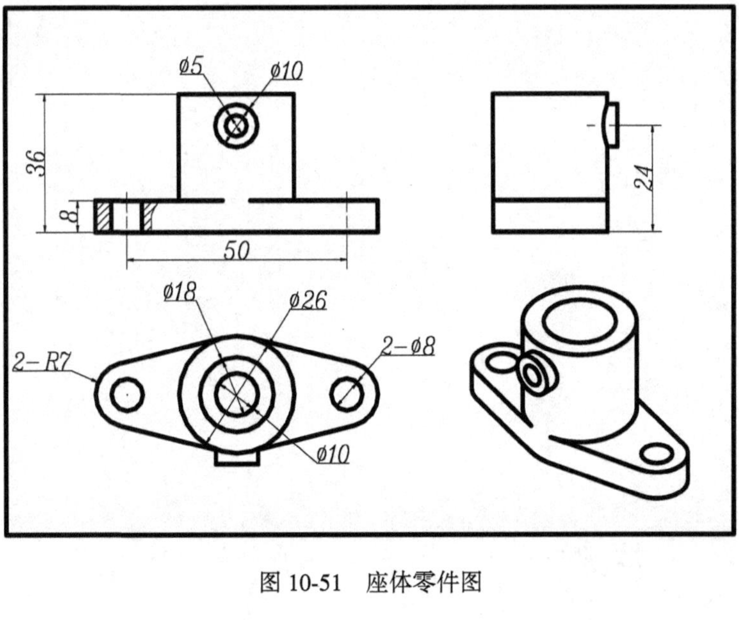

图 10-51　座体零件图

作图提示：

① 执行“新建”命令，新建一张图，将图形保存起来。

② 创建绘图的基本环境。

③ 绘制基准线。

④ 绘制主视图。

⑤ 绘制俯视图。

⑥ 绘制左视图。

⑦ 绘制局部图，并填充剖面线。

第 11 章　三维绘图基础

本章主要学习三维坐标系、三维多段线的绘制、基高与厚度、UCS 坐标的创建与管理、三维曲面的绘制，包括三维面、平面曲面、平面网格、旋转网格、平移网格、直纹网格、边界网格等的绘制，以及三维图形的观察，包括视点、视口、命名视口、命名视图、平面视图、正交和正等轴测视图等内容；另外，还将学习图形消隐、创建相机、漫游与飞行、运动动画路径等内容。

11.1　认识三维坐标系

11.1.1　输入 X、Y、Z 坐标

AutoCAD 用三维直角坐标系确定点的位置。直角坐标系通常又称为笛卡儿坐标系，它有以下特点：

① 直角坐标系有 3 个分别标记为 X、Y 和 Z 的轴，这 3 个轴相互垂直。

② 3 个轴相交的公共点称为原点。

③ Z 轴的正方向用右手规则确定。

④ 空间某点的位置用 3 个数确定，各数之间用逗号分开，具体形式为(X，Y，Z)。其中：

X 是该点沿 X 方向与原点之间的距离；

Y 是该点沿 Y 方向与原点之间的距离；

Z 是该点沿 Z 方向与原点之间的距离。

⑤ 通常点(0，0，0)是坐标系的原点。

在如图 11-1 所示的图中，已知一个点的坐标是(7.357，4.3125，3.500)，则：

沿 X 方向该点距原点的距离是 7.357 个单位；

沿 Y 方向该点距原点的距离是 4.3125 个单位；

沿 Z 方向该点距原点的距离是 3.5 个单位。

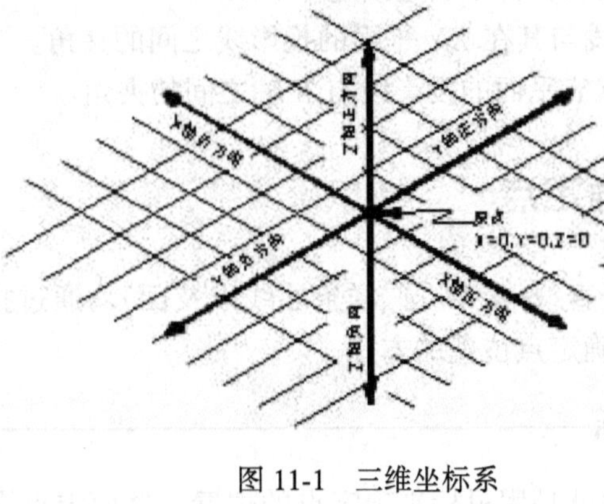

图 11-1　三维坐标系

AutoCAD 用于二维绘图的面只是一个简单的平面，即三维坐标系中的 XY 平面。XY 平面非常重要，AutoCAD 三维命令的许多提示和消息均以 XY 平面为参考平面。此外，AutoCAD 的栅格点和捕捉模式只在 XY 平面中起作用。某些 AutoCAD 对象(如圆和二维多段线)也只能在 XY 平面上或与 XY 平面平行的平面绘制。

11.1.2 右手规则

当用户沿垂直于 XY 平面的方向观察图像时，由于视图方向垂直于 XY 平面，因此 Z 轴的一端直接指向观察者。但是，如何知道指向观察者的一端是正还是负呢？从物理学角度看，该指向既可以是正方向，也可以是负方向。因此，必须用能被普遍接受的约定来确定 Z 轴相对于 XY 平面的正方向。AutoCAD 使用了称为右手规则的约定。

右手规则有其数学定义，用右手可以形象地说明此规则。描述右手规则的常用方法如图 11-2 所示：使右手拇指指向 X 轴的正方向，食指所指的方向就是 Y 轴的正方向，而弯曲其余手指所指方向就是 Z 轴的正方向。

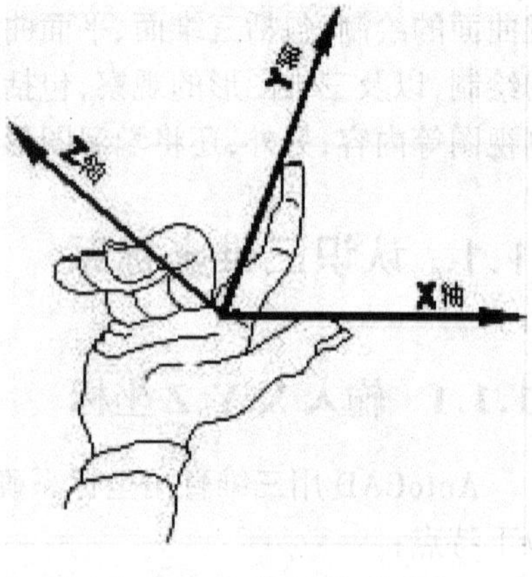

图 11-2 右手规则

11.1.3 三维绘图术语

三维实体模型需要在三维实体坐标系中进行描述。在三维坐标系中，可以使用直角坐标或极坐标两种方法来定义点。在创建三维实体模型前，应首先了解下面的基本术语。

XY 平面：它是 X 轴和 Y 轴组成的一个平面，此时 Z 轴坐标是 0

Z 轴：Z 轴是三维坐标系的第三轴，它总是垂直于 XY 平面。

高度：高度指的是图像在 Z 轴方向上的坐标值。

厚度：指的是 Z 轴方向的长度。

相机位置：在观察三维模型的时候，相机的位置相当于视点。

目标点：当用户眼睛通过照相机看某物体的时候，视线聚焦在一个清晰的点上，该点就是所谓的目标点。

视线：假想的线，它是将视点和目标点连接起来的线。

和 XY 平面的夹角：即视线与其在 XY 平面的投影线之间的夹角。

XY 平面角度：即视线在 XY 平面的投影线与 X 轴之间的夹角。

11.2 在三维空间中确定点

由于所有 AutoCAD 对象(直线、文字、圆、样条曲线以及面)均通过指定关键点来绘制，所以 AutoCAD 提供了一些用于确定点位置的方法。

11.2.1 输入 X、Y、Z 坐标

输入点位置最便捷的方法就是用鼠标来确定点的位置。然而定点设备只能确定位于 XY

平面上的点。只有通过对已有对象执行对象捕捉(如捕捉图元的端点)才会得到位于 XY 平面外的点。因此,在三维绘图中,还经常通过键盘输入点的坐标来确定点的位置。

通过键盘输入点的位置时,大多数情况下使用的是 X、Y、Z 坐标,且必须用逗号将 3 个坐标值隔开。当省略点坐标的第三个坐标值时,AutoCAD 假设该点位于 XY 平面,并将 Z 坐标的值设为 0。但如果用户事先设置了非 0 的标高,AutoCAD 则将 Z 坐标值设在与 XY 平面平行的平面上。输入直角坐标时,用户既可以使用绝对坐标(基于坐标系原点的坐标),也可以使用相对坐标(基于上一次所确定点的坐标)。使用相对坐标时,要在坐标值前加一个@符号。

11.2.2 使用点过滤器

大多数情况下,用户通过在命令行输入坐标、采用对象捕捉或利用定点设备拾取点的方式确定一个点的 3 个坐标分量。然而,也可以利用点过滤器单独指定 3 个坐标分量中的某一个或某两个。用户可以在 AutoCAD 要求确定点的任何提示下使用点过滤器,具体操作方法是:在提示信息的后面输入一个点符号,然后输入需要过滤的坐标。因此,可以输入“.X”来过滤 X 坐标,然后 AutoCAD 会提示用户确定用于过滤坐标的点。通常要用对象捕捉来确定该过滤点。确定过滤点后,AutoCAD 提示用户确定其他坐标,此时可以继续用过滤器确定这些坐标。除可以用“.X.”、“.Y”和“.Z”过滤器来过滤某一坐标外,还可以用“.XY”、“.XZ”和“.YZ”一次过滤两个点。例如,假设正在创建一个棱椎线框模型,该棱椎的顶点要位于棱椎底面的中心且高于中心 3.0 个单位的位置。当绘出棱椎的底面后,如图 11-3a 所示,可以通过下面的命令行从棱椎顶点向棱椎底面的某一角点绘直线:

命令:line(回车)
指定第一点:.X(回车)
于(在水平线上捕捉中点)
于(需要 YZ):.X(回车)
于(在垂直线上捕捉中点)
于(需要 Z):3.0(回车)
指定下一点或[放弃(U)]:(捕捉任一点直线上的一个端点)
指定下一点或[放弃(U)]:(回车)

需要注意的是,AutoCAD 提示用户输入要过滤的坐标,而且在指定过滤坐标后,AutoCAD 会提示输入其余坐标。现在已经从棱椎顶点向棱椎底面的一个角点绘出了直线,如图 11-3b 所示,用户可以用端点捕捉的方式绘棱椎的其余 3 条边,最后的效果如图 11-3c 所示。

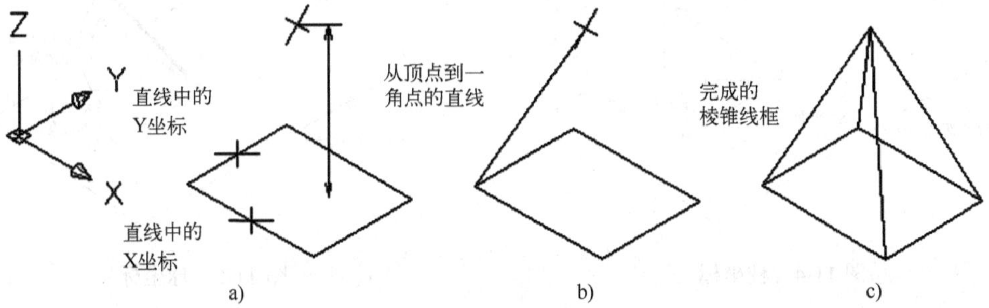

图 11-3　使用点过滤器绘制图形

11.3 用户坐标系

平面坐标系的所有变换和使用方法同样适用于三维坐标系。例如，在三维坐标系下，同样可以使用直角坐标或极坐标方法来定义点。另外，在绘制三维图形时，还可以使用柱坐标和球坐标来定义点。

11.3.1 坐标的表示方法

在 AutoCAD2008 中，表示点坐标的方法有绝对直角坐标、绝对极坐标、相对直角坐标和相对极坐标 4 种，它们的特点如下：

绝对直角坐标：是从点(0,0)或(0,0,0)出发的位移，可以使用分数、小数和或科学计数等形式表示点的 X、Y、Z 坐标值，坐标间用逗号隔开，如(5.2,6.4)、(7.0,8.0,4.8)等。

绝对极坐标：也是从点(0,0)或(0,0,0)出发的位移，但它给定的是距离和角度，其中距离和角度用“<”分开，且规定 X 轴正向为 0°，Y 轴正向为 90°，如 6.21<75、21<48 等。

相对直角坐标和相对极坐标：相对坐标是指相对于某一点的 X 轴和 Y 轴位移，或距离和角度。它的表示方法是在绝对坐标表示方式前加上“@”符号，如(@-23,18)和(@31<44)。其中，相对极坐标中的角度是新点和上一点连线与 X 轴的夹角。

11.3.2 柱坐标

柱坐标系使用 XY 平面的角和沿 Z 轴的距离来表示，如图 11-4 所示，其格式如下：

XY 平面距离<XY 平面角度，Z 坐标(绝对坐标)。

@XY 平面距离<XY 平面角度，Z 坐标(相对坐标)。

11.3.3 球坐标

球坐标系具有 3 个参数：点到原点的距离、在 XY 平面上的角度、和 XY 平面的夹角，如图 11-5 所示，其格式如下：

XYZ 距离<XY 平面角度<和 XY 平面的夹角(绝对坐标)。

@XYZ 距离<XY 平面角度<和 XY 平面的夹角(相对坐标)。

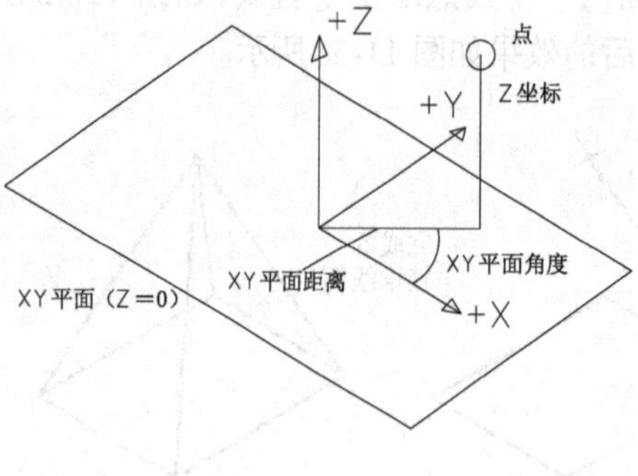

图 11-4 柱坐标

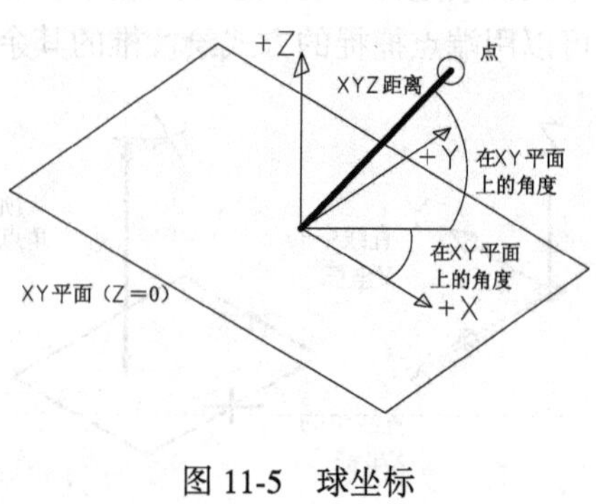

图 11-5 球坐标

11.4 设置视图观测点

视点是指观察图形的方向。例如,绘制正方体时,如果使用平面坐标系即 Z 轴垂直于屏幕,那么只能看到物体在 XY 平面上的投影。如果调整视点至当前坐标系的左上方,此时将看到一个三维物体,如图 11-6 所示。

在 AutoCAD 中,可以使用视点预置、视点命令等多种方法来设置视点。

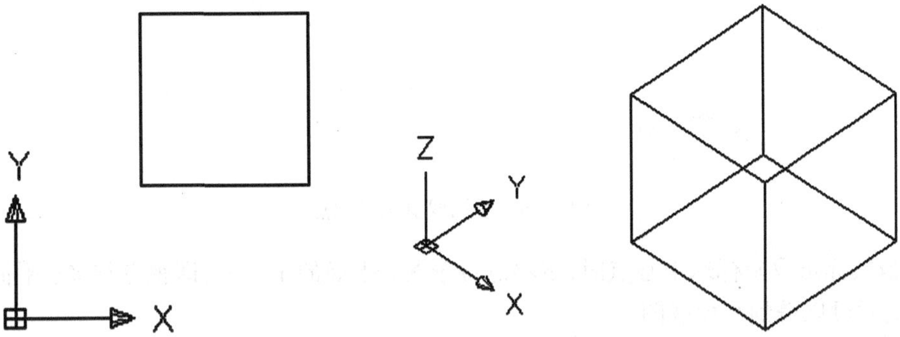

图 11-6 正方体在平面坐标系和三维视图中现实的效果

11.4.1 使用“视点预置”对话框设置视点

选择“视图”→“三维视图”→“视图预置”命令(ddvpoint),将打开“视点预置”对话框。在该对话框中可以为当前视口设置视点,如图 11-7 所示。

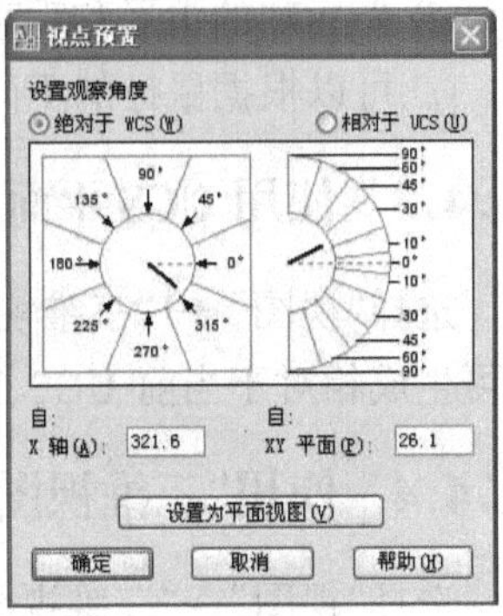

图 11-7 “视点预置”对话框

该对话框的左图用于设置原点和视点之间的连线在 XY 平面的投影与 X 轴正向的夹角;右边的半圆图形用于设置该连线与投影之间的夹角,用户在图上直接拾取即可。此外,也可以在“X 轴”、“YZ 平面”两个文本框内输入相应的角度。

单击“设置为平面视图”按钮,可以将坐标系设置为平面视图。默认情况下,观察角度都是相对于 WCS 坐标系。选择“相对于 UCS”单选按钮,可以相对于 UCS 坐标系定义角度。

11.4.2 使用罗盘确定视点

选择“视图”→“三维视图”→“视点”命令(vpoint),可以为当前视口设置视点。该视点相对于 WCS 坐标系。这时可通过屏幕上显示的罗盘定义视点,如图 11-8 所示。

在图 11-8 所示的坐标球和三轴架中,三轴架的 3 个轴分别代表 X、Y、Z 轴的正方向。当光标在坐标球范围内移动时,三维坐标系通过绕 Z 轴旋转来调整 X、Y 轴的方向。坐标球中心及两个同心圆可以定义视点和目标点连线与 X、Y、Z 平面的角度。在使用罗盘定义视点时应注意以下几个方面:

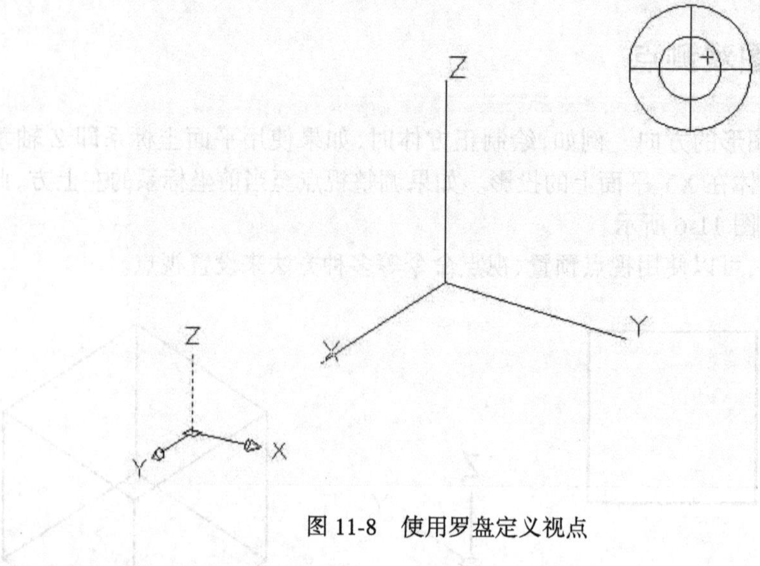

图 11-8　使用罗盘定义视点

① 当鼠标拾取坐标球中心点时，观察点位于 XY 平面的正上方，即视点与 XY 平面的夹角为 90°，此时可以得到平面视图。

② 在内圆内拾取一点，表示视点与 X、Y、Z 平面的夹角在 0° ~ 90°之间。

③ 在内圆内拾取一点，表示视点与 XY 平面的夹角为 0°，可以得到正视图。

④ 在内圆和外圆之间选择一点，表示视点与 XY 平面的夹角在 0° ~ －90°之间。

⑤ 在外圆或外圆外选择任取一点，表示视图与 XY 平面的夹角为－90°。

⑥ 坐标球的水平和垂直方向分别代表 XY 平面内的 0°、180°和 90°、270°的方向。

⑦ 可以根据鼠标的不同位置，右击按罗盘确定的视点得到三维对象。

11.4.3　使用 UCS 平面视图

选择“视图”→|“三维视图”→“平面视图”→“当前 UCS”、“世界 UCS”或“命名 UCS”命令，即可生成相对于当前 UCS、WCS 或命令坐标系的平面视图，但该命令不能用于图纸空间。

11.4.4　使用“三维视图”菜单设置视点

选择“视图”→“三维视图”子菜单中的“俯视”、“仰视”、“左视”、“右视”、“主视”、“后视”、“西南等轴测”、“东南等轴测”、“东北等轴测”、“西北等轴测”等命令，可以从多个方向观察图形，如俯视、仰视即西南等轴测等。

11.4.5　使用三维动态观察器

选择“视图”→“三维动态观察器”命令（bdorbit），可以通过单击和拖动的方式，在三维空间动态地观察对象，如图 11-9 所示。

移动光标时，光标的形状也将随之改变，以指示视图的旋转方向。各种光标图案的含义如下：

① 当光标位于观察球中间时，通过单击和拖动的方式，可以自由移动对象。

② 当光标位于观察球以外的区域时，单击并拖动鼠标可使视图绕轴移动。其中，轴被定

义为通过观察球的中心且垂直于屏幕。

③ 当光标移至观察球的左、右小圈中时，单击并拖动鼠标可绕通过观察球中心的 Y 轴旋转视图。

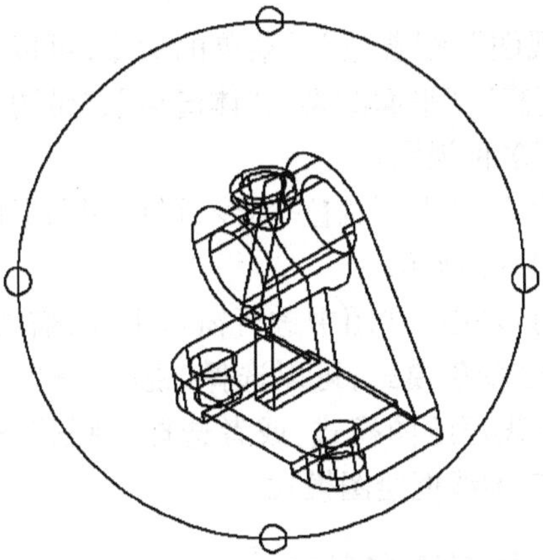

图 11-9　使用三维动态观察器观察三维对象

④ 当光标移至观察球的上、下小圈中时，单击并拖动鼠标可绕通过观察球中心的 Z 轴旋转视图。

11.5　观察三维图形

在 AutoCAD 中，使用“视图”→“缩放”或“视图”→“平移”子菜单中的命令可以缩放或平移三维图形，以观察图形的整体或局部，其方法与观察平面图形的方法相同。此外，在观察三维图形时，还可以通过旋转、消隐及着色等方法来观察三维图形。

11.5.1　消隐图形

在绘制三维曲面及实体时，为了更好地观察效果，可以选择“视图”→“消隐”命令或执行 hide 命令，暂时隐藏实体背后被遮挡的部分，如图 11-10 所示

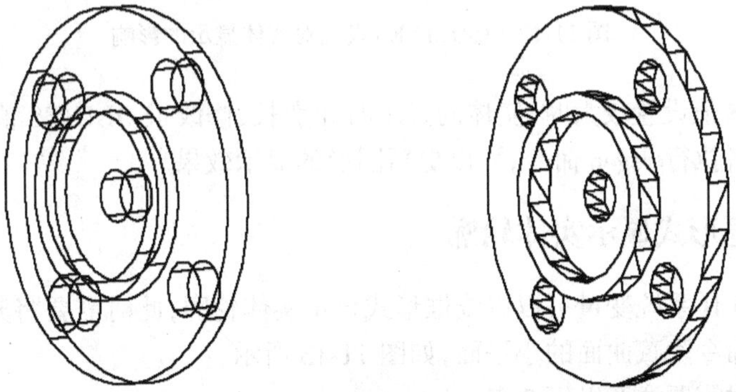

图 11-10　消隐图形

执行消隐命令之后，绘图窗口将无法再使用“缩放”和“平移”命令，如果要“缩放”和“平移”图形，可以选择“视图”→“重生成”命令重新生成图形。

11.5.2 着色图形

在 AutoCAD 中，使用“视图”→“着色”子菜单的命令，可以生成“二维线框”、“三维线框”、“消隐”、“平面渲染”、“体渲染”、“带边框平面渲染”和“带边框体渲染”等多种视图。

例如，选择“视图”→“渲染”→“平面着色”命令，可以用图形的线边框颜色对图形着色，如图 11-11 所示。

使用着色模式后，仍然可以在该视图中进行窗口平移、缩放、绘图和编辑等操作。如果要退出着色模式，可以选择“视图”→“着色”→“二维线框”命令，返回二维线框绘图模式，或者选择“视图”→“着色”→“三维线框”命令，返回三维线框绘图模式。

图 11-11 着色图形

11.5.3 改变三维图形的曲面轮廓素线

当三维图形中包含曲面时(如球体和圆柱体等)，在线框模式下曲面用线条的形式来显示，这些线条称为网线或轮廓素线。使用 ISOLINES 系统变量可以设置显示曲面所用的网线条数，默认值为 4，即使用 4 条网线来表达每一曲面。当该值为 0 时，表示曲面没有网线，增加曲线的条数，可以使图形看起来更接近三维实物，如图 11-12 所示为不同网线条数表示的同一对象。

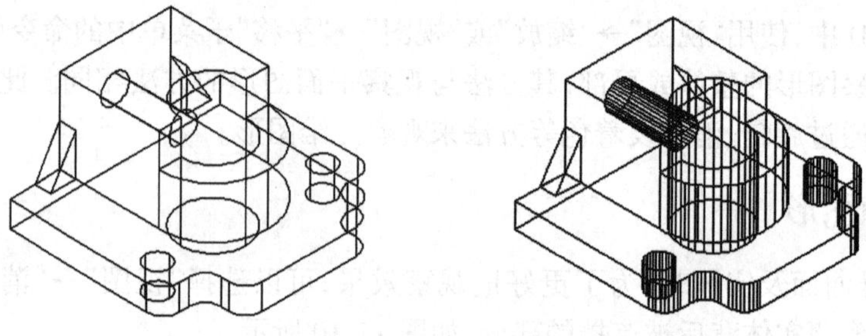

图 11-12 ISOLINES 设置对实体显示的影响

当 ISOLINES 值设置较大时，实体的显示时间变长，修改 ISOLINES 值后，选择“视图”→“重生成”命令或者执行 regen 命令，可以更新图形的显示效果。

11.5.4 以线框形式显示实体轮廓

使用 DISPSILH 系统变量可以以线框形式显示实体轮廓，此时需要将其值设置为 1，并用“消隐”或“着色”命令隐藏曲面的小平面，如图 11-13 所示。

使用该变量时需要注意以下 3 点：

① 修改 DISPSILH 值后，必须执行“消隐”命令才能看出效果。

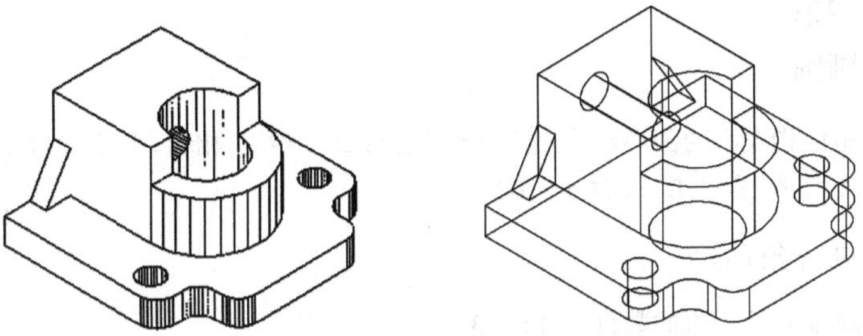

图 11-13　以线框形式显示实体轮廓

② DISPSILH 的设置适用于所有视口，但消隐命令仅针对某个视口，因此在不同的视口中可以产生不同的消隐效果。

③ 选择“视图”→“重生成”或“全部重生成”命令，可以消除消隐效果。

11.5.5　改变实体表面的平滑度

在 AutoCAD 中，如果想在执行“消隐”、“着色”或“渲染”命令时改变实体表面的平滑度，可以通过修改 FACETRRS 系统变量来实现。该变量用于设置曲面的面数，取值范围为 0.01～10。其值越大，曲面就越平滑，如图 11-14 所示。

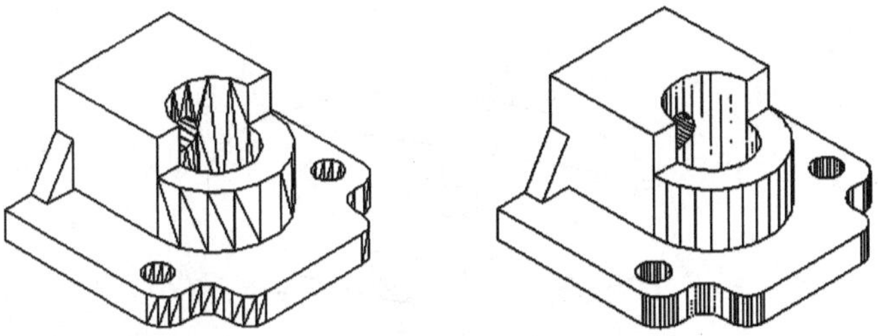

FACETRES=0.5　　FACETRES=10

图 11-14　改变实体表面的平滑度

注意：如果 DISPSILH 变量的值为 1，那么在执行“消隐”、“着色”或“渲染”命令时并不能看到 FACETRRS 的设置效果，此时必须将 DISPSILH 值设置为 0。

11.6　实训指导

11.6.1　绘制奔驰车车标

1. 新建图形创建 2 个新层

如图 11-15 所示。

状	名称	开	冻结	锁定	颜色	线型	线宽
✓	0				白色	Con…ous	—— 默认
	1				10	Con…ous	—— 默认
	2				160	Con…ous	—— 默认

图 11-15　建新层

2. 绘制辅助图形

① 在 0 层上画圆。

命令: _ circle 指定圆的圆心或 [三点(3P)/两点(2P)/相切、相切、半径(T)]:0,0,0
制定圆的半径或[直径 D] <30> :100

② 在 0 层上画三角形。

命令: _ polygon 输入边的数目 <4> : 3
指定正多边形的中心点或 [边(E)]:(指定圆心)
输入选项 [内接于圆(I)/外切于圆(C)] <I> :(按 Enter 键)
指定圆的半径: 100

③ 在 0 层上画圆。

命令: _ circle 指定圆的圆心或 [三点(3P)/两点(2P)/相切、相切、半径(T)]:0,0,0
制定圆的半径或[直径 D] <30> :30

④ 在 0 层上画点。

命令: _ point
当前点模式: PDMODE = 3 PDSIZE = 0.0000
指定点:(0,0,10)

如图 11-16 所示:

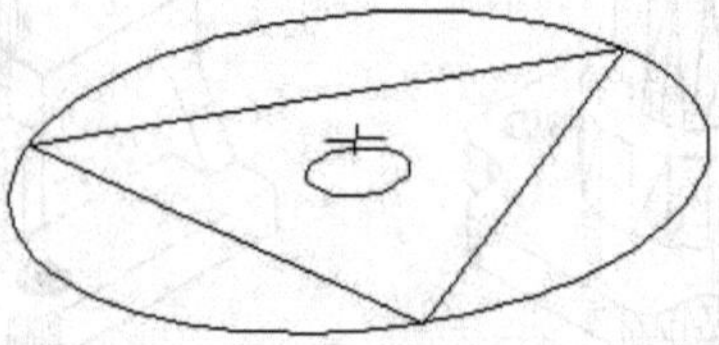

图 11-16 轮廓图

⑤ 从三角形顶点做小圆切线,并剪裁,然后删除小圆,结果如图 11-17 所示:

命令: _ line 指定第一点:
指定下一点或 [放弃(U)]: _ tan 到
指定下一点或 [放弃(U)]:
重复以上操作 5 次得到连线,然后把多余线段剪裁掉
命令: _ erase
选择对象: 找到 1 个(选择中间的圆)

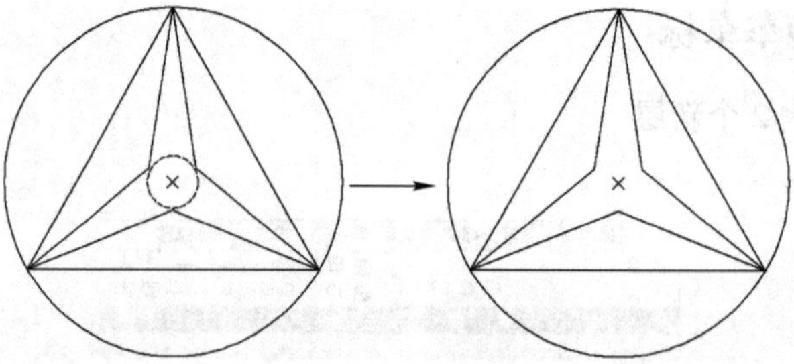

图 11-17 切线剪裁结果

⑥ 从单点向三角形顶点及交点连线，并删除大三角形，如图 11-18 所示：

命令：_ line 指定第一点：
指定下一点或 [放弃(U)]:点选角点
重复以上操作 5 次

3．创建 2 个面域

结果如图 11-19 所示。

命令：_ region
选择对象：
选择对象：找到 1 个，总计 3 个
选择对象：
已提取 1 个环
已创建 1 个面域

重复以上操作，再做一个面域。

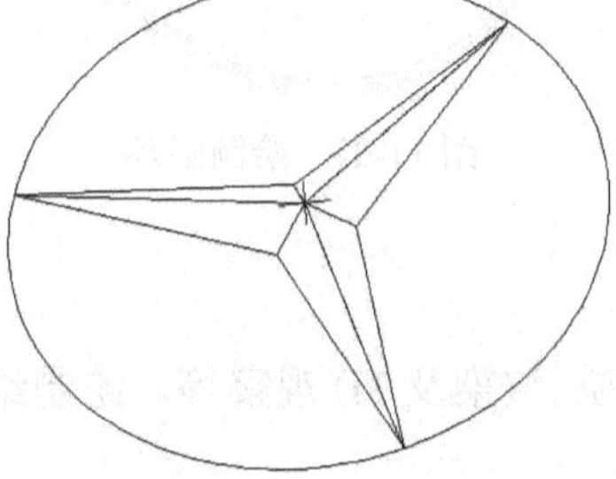

图 11-18　顶点连线

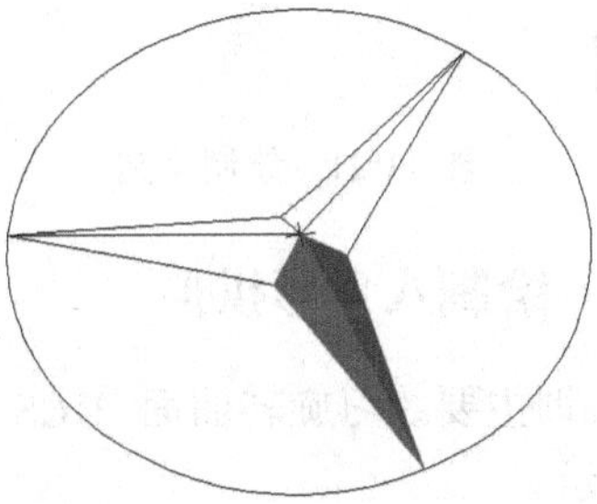

图 11-19　创建面域

4．将这 2 个面域围绕圆心环形阵列

命令：_ array
指定阵列中心点：捕捉圆心
选择对象：选择 2 个面域
选择对象：找到 1 个
选择对象：找到 1 个，总计 2 个
选择对象：
输入阵列数目：3 (按 Enter 键)

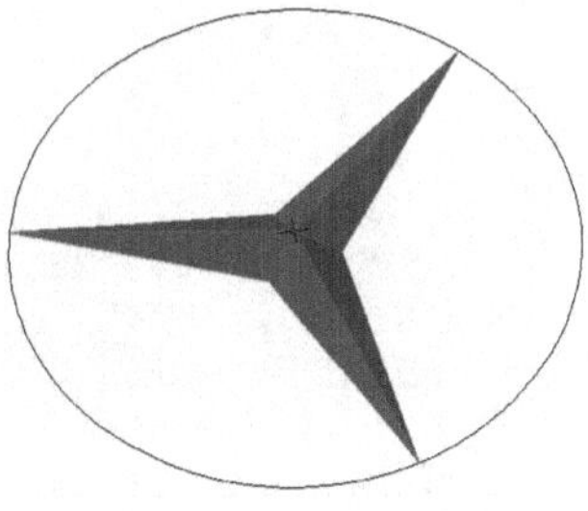

图 11-20　环形阵列

结果如图 11-20 所示。

5．绘制圆环

设置 2 层为当前层，以三角形某一角点为圆心，绘制一小圆，半径为 4 mm。结果如图 11-21 所示：

命令：_-view 输入选项 [？/删除(D)/正交(O)/恢复(R)/保存(S)/设置(E)/窗口(W)]：_ front 正在重生成模型
命令：_-view 输入选项 [？/删除(D)/正交(O)/恢复(R)/保存(S)/设置(E)/窗口(W)]：_ seiso 正在重生成模型
命令：_ circle 指定圆的圆心或 [三点(3P)/两点(2P)/相切、相切、半径(T)]:点选角点
指定圆的半径或 [直径(D)] <100.0000>：5

6. 以路径拉伸法制作圆环

命令：_ extrude
当前线框密度：ISOLINES = 4
选择要拉伸的对象:点选小圆
选择要拉伸的对象：找到 1 个
指定拉伸的高度或［方向(D)/路径(P)/倾斜角(T)］：p
选择拉伸路径或［倾斜角(T)］:点选大圆

结果如图 11-22 所示。

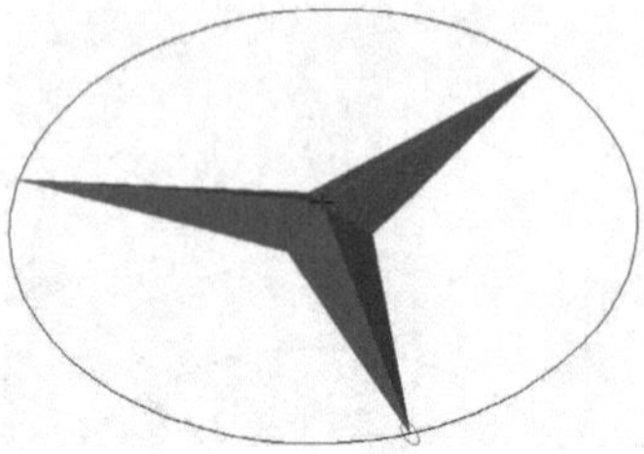

图 11-21　绘制小圆

图 11-22　绘制圆环

11.6.2　绘制八角形拱顶

本实训主要练习旋转曲面、UCS 坐标、环形阵列、材质、渲染及 3D 观察等。绘制结果如图 11-23 所示。

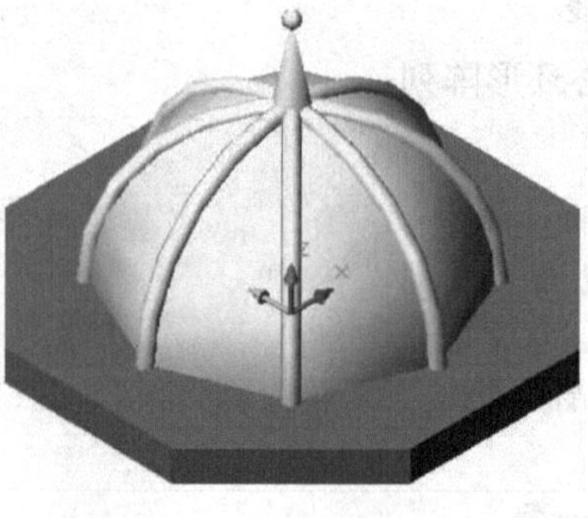

图 11-23　八角形拱顶效果图

1. 新建图形和图层

命令:qnew
命令：'_ layer

如图 11-24 所示。

命令：'_ zoom
指定窗口的角点,输入比例因子 (nX 或 nXP),或者
［全部(A)/中心(C)/动态(D)/范围(E)/上一个(P)/比例(S)/窗口(W)/对象(O)］＜实时＞：
_ all 正在重生成模型

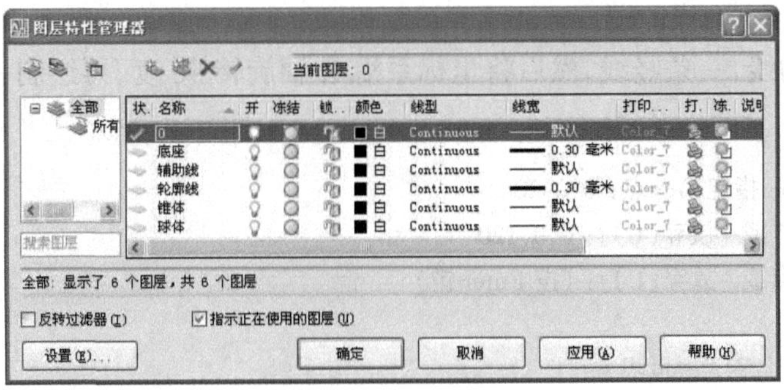

图 11-24　新建图层

2. 绘制八角形拱顶底座

① 切换“底座”为当前层。

首先更改视图为西南等轴侧视图，然后更改 surftab1 和 surftab2 的值为 8，然后绘制多边形，进行拉伸，拉伸高度为 20。

命令：_-view 输入选项［? /正交(O)/删除(D)/恢复(R)/保存(S)/UCS(U)/窗口(W)］：
_ swiso 正在重生成模型。
命令：surftab1
输入 SURFTAB1 的新值 <6>：8
命令：surftab2
输入 SURFTAB2 的新值 <6>：8
命令：_ polygon 输入边的数目 <4>：8
指定正多边形的中心点或［边(E)］：0,0,0 (指定多边形的中心点)
输入选项［内接于圆(I)/外切于圆(C)］<I>：I
指定圆的半径：150
命令：_ extrude
当前线框密度：ISOLINES = 4
选择对象：找到 1 个(选择正八边形)
选择对象：
指定拉伸高度或［路径(P)］：20
指定拉伸的倾斜角度 <0>：

结果如图 11-25 所示。

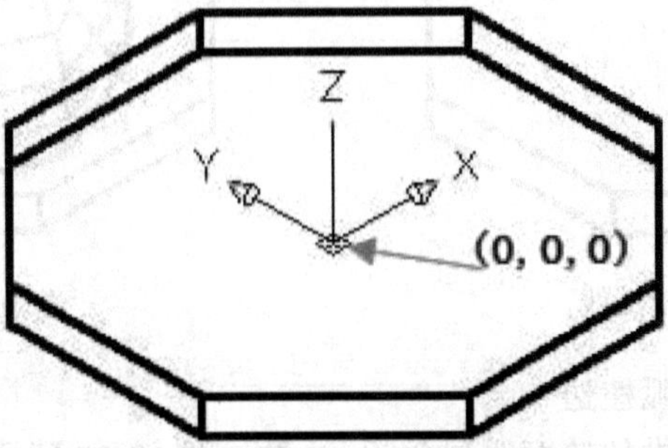

图 11-25　八角形拱顶底座

② 切换“辅助线”为当前层。

绘制两条辅助线，一条竖线，然后将坐标系沿 X 轴旋转 90 度，再绘制一条圆弧线，作为绘制拱顶时使用。

命令：_ line 指定第一点：0,0,20
指定下一点或［放弃(U)］：0,0,120
指定下一点或［放弃(U)］：(按 Enter 键)
命令：ucs
当前 UCS 名称：* 世界 *
输入选项
［新建(N)/移动(M)/正交(G)/上一个(P)/恢复(R)/保存(S)/删除(D)/应用(A)/? /世界(W)］
< 世界 >：n
指定新 UCS 的原点或［Z 轴(ZA)/三点(3)/对象(OB)/面(F)/视图(V)/X/Y/Z］< 0,0,0 >：x
指定绕 X 轴的旋转角度 < 90 >：90
命令：_ arc 指定圆弧的起点或［圆心(C)］：c 指定圆弧的圆心：(捕捉直线下端点)
指定圆弧的起点：(捕捉直线上端点)
指定圆弧的端点或［角度(A)/弦长(L)］：L
指定弦长：160

结果如图 11-26 所示。

3. 绘制拱顶曲面

单击 绘图(D) 按钮，点击 曲面(F) ，点击 旋转曲面(S) ，选择两条辅助线进行 360 度旋转。

命令：_ revsurf
当前线框密度：SURFTAB1 = 8 SURFTAB2 = 8
选择要旋转的对象：(选择刚才画的直线和圆弧)
选择定义旋转轴的对象：
指定起点角度 < 0 >:0
指定包含角（+= 逆时针，-= 顺时针）< 360 >:360

结果如图 11-27 所示。

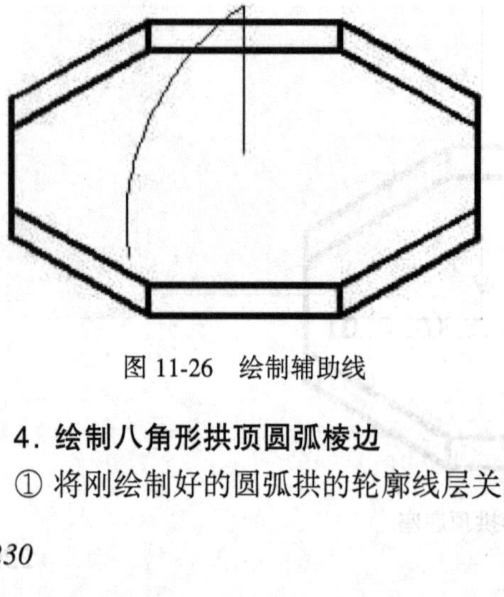

图 11-26　绘制辅助线

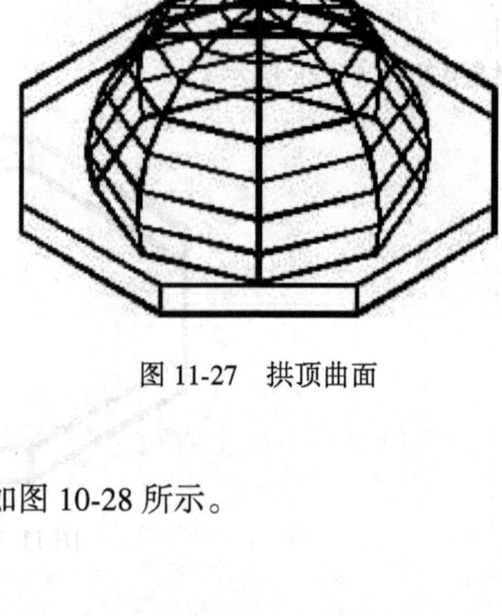

图 11-27　拱顶曲面

4. 绘制八角形拱顶圆弧棱边

① 将刚绘制好的圆弧拱的轮廓线层关闭，结果如图 10-28 所示。

② 将坐标系沿 X 轴旋转 -90 度，捕捉圆弧下端点为圆心，绘制半径为 5 的圆。

命令：ucs
当前 UCS 名称：*没有名称*
输入选项
[新建(N)/移动(M)/正交(G)/上一个(P)/恢复(R)/保存(S)/删除(D)/应用(A)/? /世界(W)]
<世界>：n
指定新 UCS 的原点或 [Z 轴(ZA)/三点(3)/对象(OB)/面(F)/视图(V)/X/Y/Z] <0,0,0>：x
指定绕 X 轴的旋转角度 <90>：-90
命令：_circle 指定圆的圆心或 [三点(3P)/两点(2P)/相切、相切、半径(T)]：
指定圆的半径或 [直径(D)] <5.0000>：5

结果如图 11-29 所示。

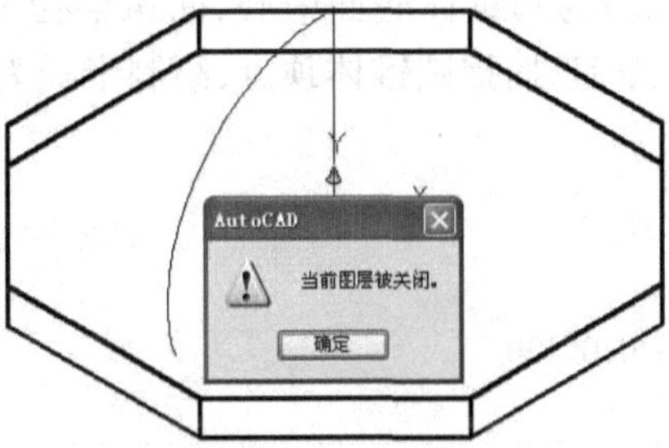

图 11-28　关闭轮廓线层

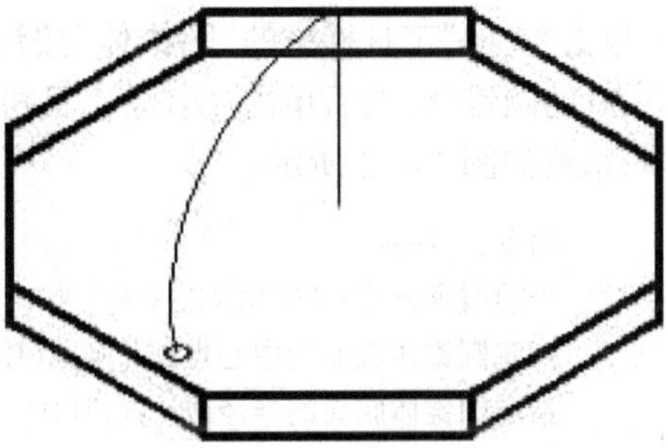

图 11-29　绘制小圆

③ 将绘制半径为 5 的小圆，沿圆弧按照沿路径拉伸的方式拉伸，结果如图 11-30 所示。

命令：_extrude
当前线框密度：ISOLINES = 4
选择对象：找到 1 个
选择对象：
指定拉伸高度或 [路径(P)]：p 选择拉伸路径或 [倾斜角]：(选择圆弧)

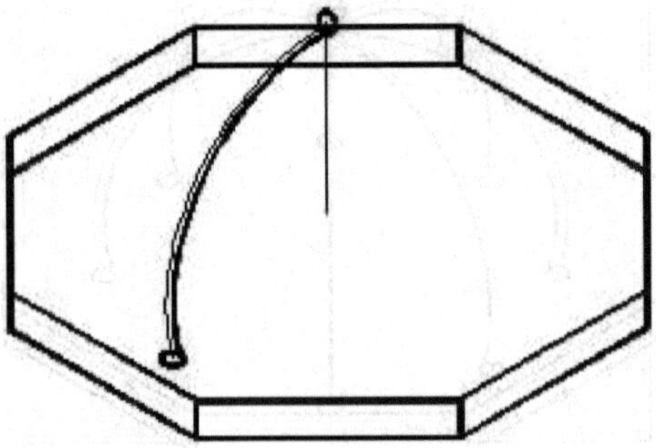

图 11-30　沿路径拉伸小圆

然后进行环形阵列，得到拱顶圆弧棱边。结果如图 11-31 所示。

命令：_array
选择对象：指定对角点：找到 2 个(选择半径为 5 的圆和圆弧)
选择对象：
指定阵列中心点：(选择直线下端点)

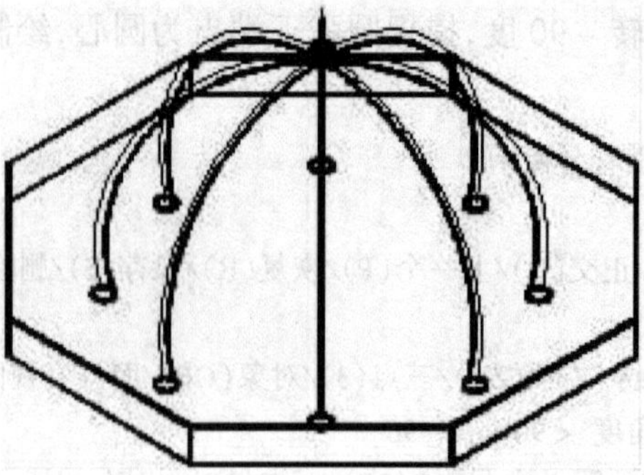

图 11-31　阵列结果

5. 绘制拱顶圆锥体和球体

单击“实体”工具栏中的“圆锥体”按钮，以(0,0,120)为圆锥体底面中心，回执半径为 10，高为 50 的圆锥体，然后单击“实体”工具栏中的“球体”按钮，捕捉圆锥体顶点，绘制半径为 5 的球体，结果如图 11-32 所示。

命令：_ cone
当前线框密度：ISOLINES = 4
指定圆锥体底面的中心点或［椭圆(E)］<0,0,0>：0,0,120
指定圆锥体底面的半径或［直径(D)］：10
指定圆锥体高度或［顶点(A)］：50
命令：_ sphere
当前线框密度：ISOLINES = 4
指定球体球心 <0,0,0>：
指定球体半径或［直径(D)］：5
命令：(按 Enter 键)

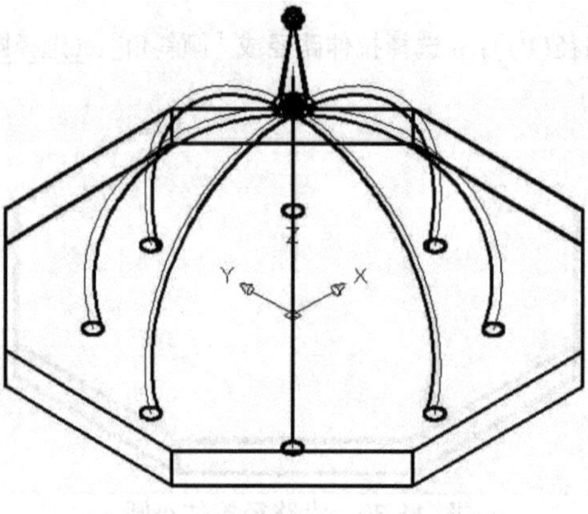

图 11-32　绘制拱顶圆锥体和球体

6. 添加材质并渲染

① 打开“轮廓线”层。

② 单击“视图”菜单下的“渲染”命令，选择“材质”项，将 redplastic 和 yellowplastic 分别附着给顶部和底座。

命令：_ rmat
收集对象 ... 已找到 19 个
选择要附着"YELLOW PLASTIC"的对象：指定对角点：找到 20 个（19 个重复）
选择对象：
更新图形 ... 已完成
选择要附着"RED PLASTIC"的对象：找到 1 个
选择对象：找到 1 个（1 个重复），总计 1 个
选择对象：
更新图形 ... 已完成

渲染后的整体效果如图 11-33 所示。

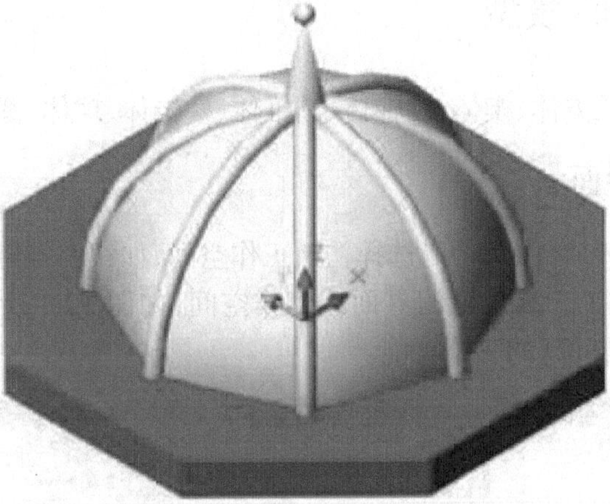

图 11-33 渲染后的整体效果

9. 保存文件

保存文件为"八角形拱顶 .dwg"。

11.7 思考与练习

试利用 UCS、厚度、平移网格、视口与三维视图等命令完成如图 11-34 所示的图形。

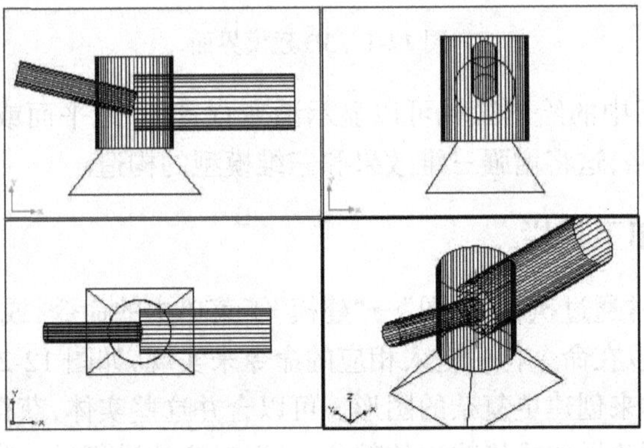

图 11-34 练习

第 12 章　三维实体造型

本章主要学习三维基本实体(长方体、圆锥体、圆柱体、球体、圆环体和楔体)的创建,拉伸、旋转实体,多段体、螺旋线、扫掠及放样建模等;以及三维实体的编辑功能如镜像与阵列,实体剖切、布尔操作、增强的 3D 编辑、动态 UCS 和可视化拉伸等;还要学习实体的视觉样式、渲染等内容。

12.1　创建简单 3D 模型

简单 3D 模型是指长方体、楔体、圆柱体、圆锥体、棱锥体、球体、圆环等三维基本实体。

12.1.1　三维建模界面

启动 AutoCAD 2008 后,用户可以选择初始工作空间,如:“三维建模”和“AutoCAD 经典”。AutoCAD2008 专门提供了三维建模的界面或工作空间,如图 12-1 所示。三维建模工作空间包括新面板,可方便地访问新的三维功能。

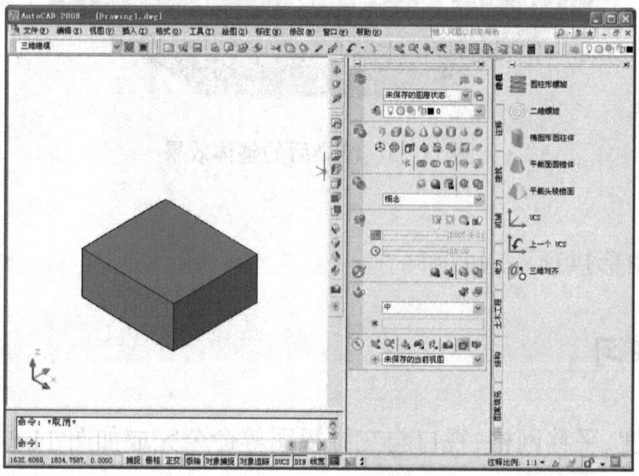

图 12-1　3D 建模界面

三维建模工作空间中的绘图区域可以显示渐变背景色、地平面或工作平面(UCS 的 XY 平面)以及新的矩形栅格,这将增强三维效果和三维模型的构造。

12.1.2　三维菜单和工具栏

创建三维实体时,常通过执行“绘图”→“建模”子菜单中的命令,或使用“建模”工具栏中所提供的命令按钮,还可以在命令行中键入相应的命令来实现,如图 12-2 所示。

可以组合这些实体来创建更复杂的图形。可以合并这些实体,获得它们的差集或交集(重叠)部分。通过圆角、倒角操作或修改边的颜色,可以对实体进行进一步修改。

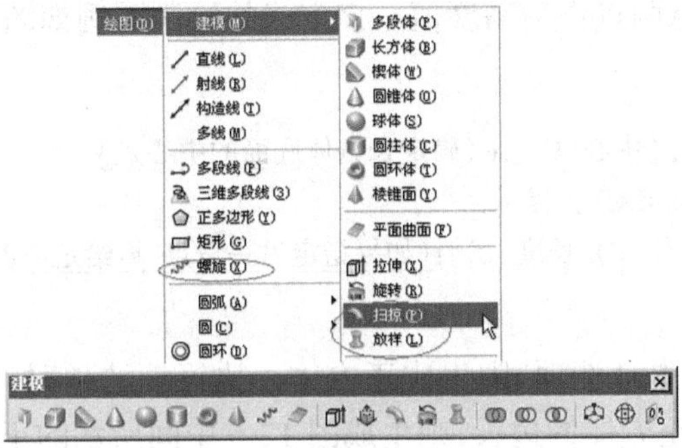

图 12-2 “建模”菜单和工具栏

“三维编辑”工具栏和从“修改”菜单打开从“实体编辑”子菜单如图 12-3 所示。

还能以三维阵列、三维镜像、三维旋转以及对齐等三维操作快速实现复杂而规则的 3D 对象。从“修改”菜单打开“三维操作”子菜单如图 12-4 所示。

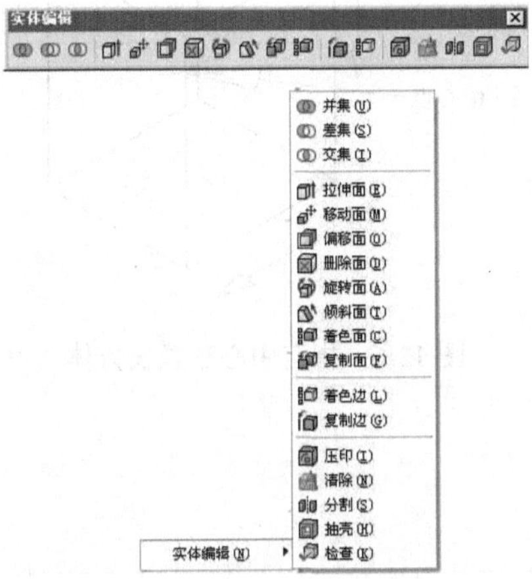

图 12-3 “三维编辑”工具栏和子菜单

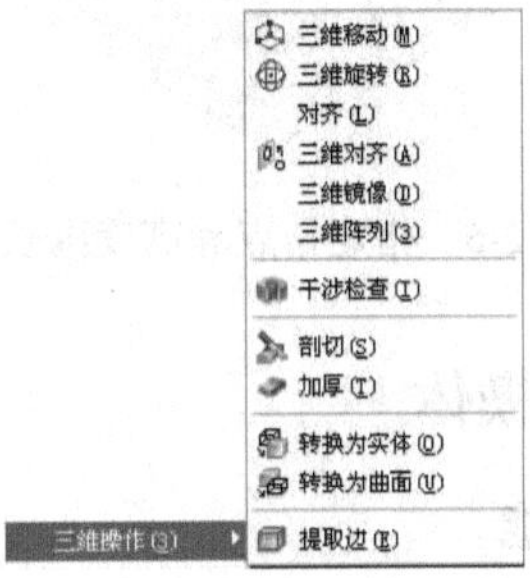

图 12-4 “三维操作”子菜单

下面将学习其中一些主要的功能选项。

12.1.3 长方体

1. 功能

创建三维实体长方体。

2. 命令调用

在“建模”工具栏，单击按钮；从菜单依次单击“绘图”→“建模”→“长方体”；在命令行执行 box，并按 Enter 键。

3. 操作示例

方式 1：指定角点和高度

指定第一个角点或［中心(C)］：(指定角点 1)
指定其他角点或［立方体(C)/长度(L)］：(指定角点 2)
指定高度或［两点(2P)］＜145.7830＞：(给定高度大小)

或者用鼠标拾取任意两点作为高度值。该方式的绘制图例如图 12-5 所示。

方式 2:指定中心法

指定第一个角点或［中心(C)］:c (确定长方体底面的中心点)

执行该选项时,AutoCAD 会提示:

指定角点或［立方体(C)/长度(L)］:(如果指定另一角点,再给定高度即可画出如图 12-6 左图的长方体)

此时,继续输入立方体 C 选项,则生成正方体。执行该选项时,AutoCAD 将提示“指定长度 <16.0276>:”,输入正方体的边长,则生成图 12-6 中间所示的正方体。

若输入长度 L 选项,须确定长方体的长、宽、高,生成图 12-6 所示的长方体。

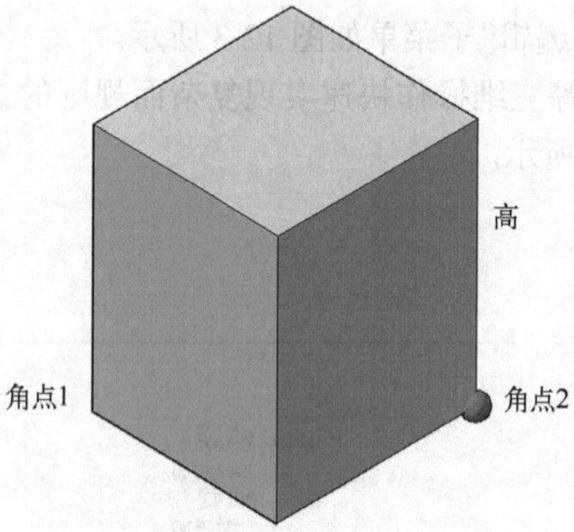

图 12-5　指定角点和高度画长方体

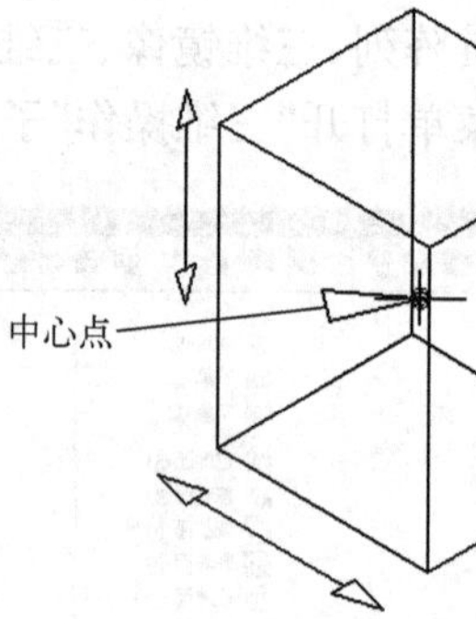

图 12-6　指定中心法画长方体

12.1.4　楔体

1. 功能

可以创建实体楔体。

2. 命令调用

在“建模”工具栏,单击按钮;从菜单依次单击“绘图”→“建模”→“ 楔体”;在命令行执行 wedge,并按 Enter 键。

使用 wedge 命令建立楔形体。当选择该命令时,系统会提示输入楔形体的第一和第二个角点。这两个点定义了楔形体的底面,该底面总是绘制得与当前构造平面平行。该命令也提示输入楔形体的高度,该楔形体向正 X 方向倾斜。

3. 操作示例

示例 1: 给定两角点和高度绘制楔体。

命令: _ wedge

指定第一个角点或［中心(C)］:100,850,0

指定其他角点或［立方体(C)/长度(L)］:900,600,0

指定高度或［两点(2P)］ <218.1928>:115

结果如图 12-7 左图所示。

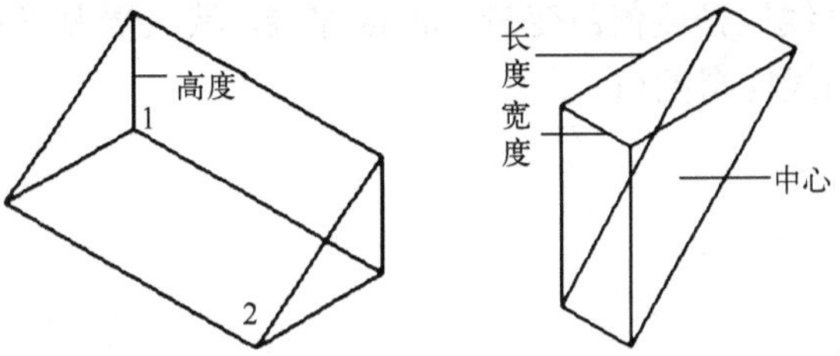

图 12-7　楔体的画法

示例 2：根据中心和长度绘制楔体。

命令：wedge
指定第一个角点或 [中心(C)]：c
指定中心：120,35,0
指定角点或 [立方体(C)/长度(L)]：l (选择给定长度与宽度值)
指定长度 <150.0000>：300 (与 X 轴夹角默认为 0 度)
指定宽度 <100.0000>：150
指定高度或 [两点(2P)] <150.0000>：100

结果如图 12-7 右图所示。

说明：当用中心和长度画楔体时，还要指定长度在 XY 平面内与 X 轴的方向，可以用光标或@长度<角度。

12.1.5　圆锥体

1. 功能

创建三维实体圆锥体。

2. 命令调用

在"建模"工具栏，单击按钮；从菜单依次单击"绘图"→"建模"→" 圆锥体"。

在命令行执行 cone，并按 Enter 键。

3. 操作示例

命令：_ cone
指定底面的中心点或 [三点(3P)/两点(2P)/相切、相切、半径(T)/椭圆(E)]：(指定中心点坐标)
指定底面半径或 [直径(D)] <179.1114>：(拖拽光标或给定半径值)
指定高度或 [两点(2P)/轴端点(A)/顶面半径(T)] <259.6951>：(拖拽光标或给定半径值)

结果如图 12-8 所示。

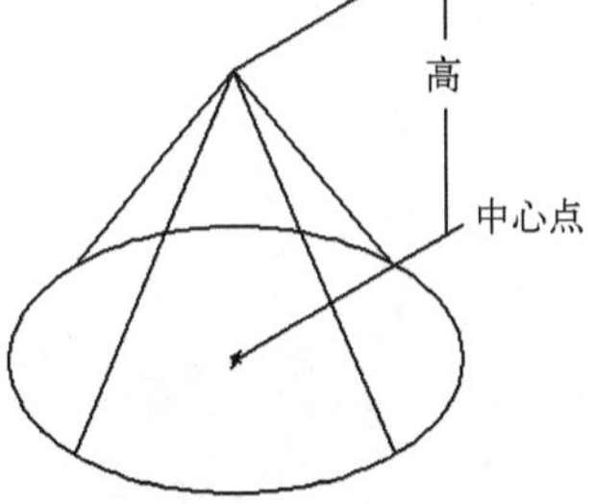

图 12-8　圆锥体

说明:曲面实体表面线框密度值由变量 isolines 控制,默认情况下 isolines = 4,直接在命令行执行 isolines 设定新的线框密度值。

12.1.6 球体

1. 功能

创建三维实体球体。

2. 命令调用

在"建模"工具栏,单击按钮;从菜单依次单击"绘图"→"建模"→" 球体";在命令行执行 sphere,并按 Enter 键。

3. 操作示例

命令: _ sphere
指定中心点或[三点(3P)/两点(2P)/相切、相切、半径(T)]:200,300,0
指定半径或[直径(D)] <127.5521>:125

结果如图 12-9 所示。

12.1.7 圆柱体

1. 功能

创建三维实体圆柱体。

2. 命令调用

在"建模"工具栏,单击按钮;从菜单依次单击"绘图"→"建模"→" 圆柱体";在命令行执行 cylinder,并按 Enter 键。

3. 操作示例

命令: _ cylinder
指定底面的中心点或[三点(3P)/两点(2P)/相切、相切、半径(T)/椭圆(E)]:345,80,0
指定底面半径或[直径(D)] <161.5145>:120
指定高度或[两点(2P)/轴端点(A)] <256.2571>:250

结果如图 12-10 所示。

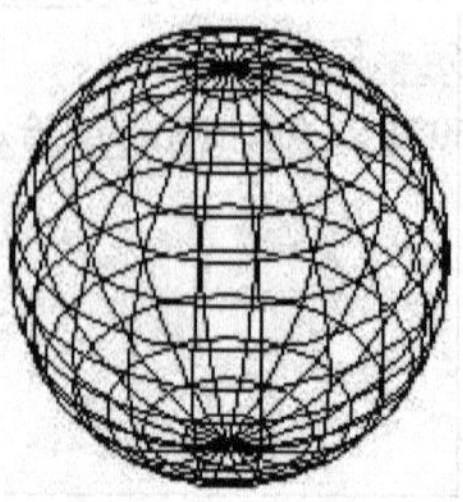

图 12-9 球体

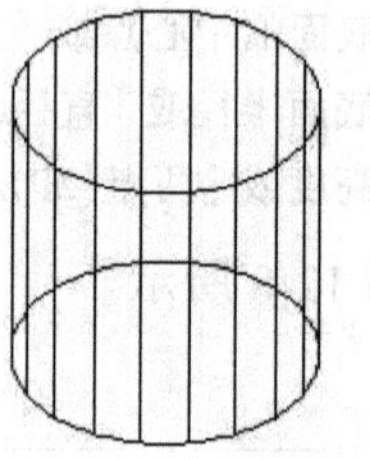

图 12-10 圆柱体

12.1.8 圆环体

1. 功能

创建三维实体圆环体。

2. 命令调用

在“建模”工具栏,单击 按钮;从菜单依次单击“绘图”→“建模”→“ 圆环体”;在命令行执行 torus,并按 Enter 键。

3. 操作示例

命令: _ torus
指定中心点或[三点(3P)/两点(2P)/相切、相切、半径(T)]:(任取一点)
指定半径或[直径(D)] <210.8810>:(按 Enter 键,取默认数值)
指定圆管半径或[两点(2P)/直径(D)] <56.4868>:(按 Enter 键,取默认数值)

结果如图 12-11 所示。

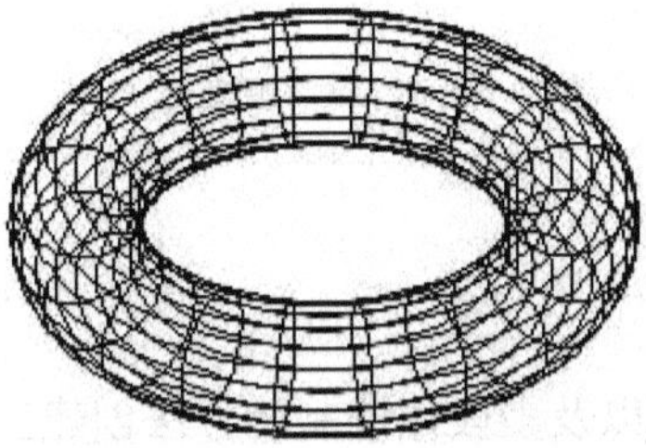

图 12-11　圆环体

12.1.9　棱锥体

1. 功能

可以创建实体棱锥体,可以定义棱锥体的侧面数(介于 3 到 32 之间)。

2. 命令调用

在“建模”工具栏,单击 按钮;从菜单依次单击“绘图”→“建模”→“ 棱锥体”;在命令行执行 pyramid,并按 Enter 键。

3. 操作示例

示例 1:创建四棱锥体。

命令: _ pyramid
4 个侧面 外切
指定底面的中心点或[边(E)/侧面(S)]:(任取一点)
指定底面半径或[内接(I)] <175.9581>:(按 Enter 键,取默认数值)
指定高度或[两点(2P)/轴端点(A)/顶面半径(T)] <196.0559>:(按 Enter 键,取默认数值)

结果如图 12-12 左图所示。

示例 2:创建多面棱锥台。

命令: _ pyramid
4 个侧面 外切
指定底面的中心点或[边(E)/侧面(S)]: s
输入侧面数 <4>: 8
指定底面的中心点或[边(E)/侧面(S)]:
指定底面半径或[内接(I)] <245.8853>:

指定高度或［两点(2P)/轴端点(A)/顶面半径(T)］<421.2875>：t
指定顶面半径 <42.4264>：70
指定高度或［两点(2P)/轴端点(A)］<421.2875>：

结果如图 12-12 右图所示。

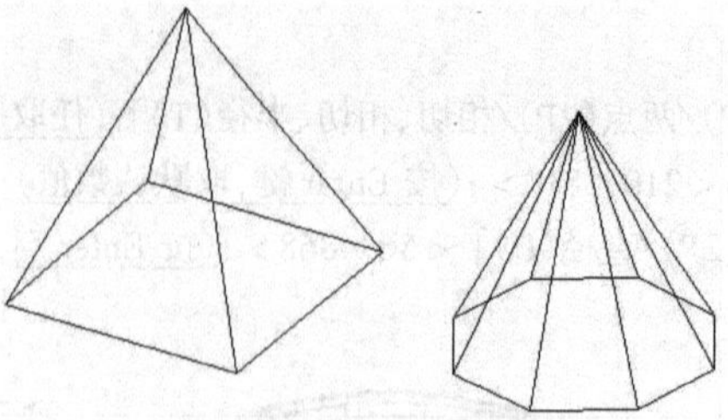

图 12-12　棱锥体

12.2　实体造型

通过拉伸、旋转、放样、扫掠以及多段体绘制的方法创建三维实体造型。

12.2.1　拉伸实体

1. 功能

可以通过拉伸选定的对象创建实体和曲面。

如果拉伸闭合对象,则生成的对象为实体;如果拉伸开放对象,则生成的对象为曲面。

可以拉伸的对象和子对象有:直线、圆弧、椭圆弧、二维多段线、二维样条曲线、圆、椭圆、三维面、二维实体、宽线、面域、平曲面、实体上的平面。

无法拉伸的对象有:具有相交或自交线段的多段线、包含在块内的对象。

2. 命令调用

在"建模"工具栏,单击按钮;从菜单依次单击"绘图"→"建模"→" 拉伸";在命令行执行 extrude,并按 Enter 键。

3. 操作示例

示例 1: 指定拉伸实体高度或方向。

使用"方向"选项,可以通过指定两个点来指定拉伸的长度和方向。

命令：_ extrude
当前线框密度：ISOLINES = 15
选择要拉伸的对象：找到 1 个(选中圆形对象)
选择要拉伸的对象：(按 Enter 键结束选择)
指定拉伸的高度或［方向(D)/路径(P)/倾斜角(T)］<0.0000>:60

结果如图 12-13 左图所示。

命令：_ extrude
当前线框密度：ISOLINES = 15
选择要拉伸的对象：找到 1 个(选中矩形对象)

选择要拉伸的对象：(按 Enter 键结束选择)
指定拉伸的高度或［方向(D)/路径(P)/倾斜角(T)］<10.0012>：d
指定方向的起点：(捕捉直线端点 1)
指定方向的端点：(捕捉直线端点 2)

结果如图 12-13 右图所示。

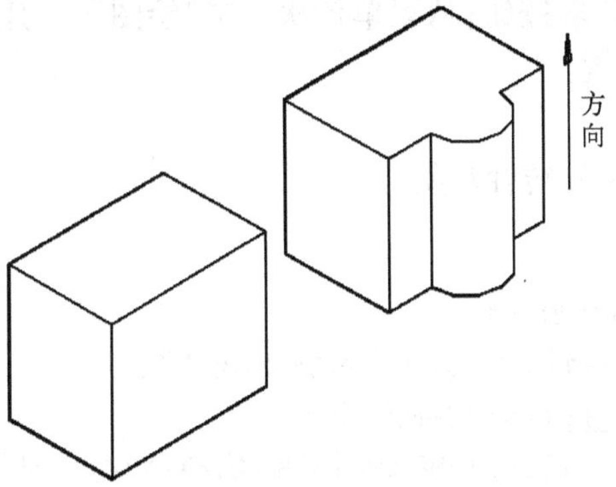

图 12-13　拉伸实体

示例 2：指定拉伸实体的倾斜角。

命令：_ extrude
当前线框密度：ISOLINES = 15
选择要拉伸的对象：找到 1 个(选中圆形对象)
选择要拉伸的对象：(按 Enter 键结束选择)
指定拉伸的高度或［方向(D)/路径(P)/倾斜角(T)］<58.2455>：t
指定拉伸的倾斜角度 <25>：25
指定拉伸的高度或［方向(D)/路径(P)/倾斜角(T)］<58.2455>：60

结果如图 12-14 左图所示。

示例 3：指定拉伸实体的路径。

命令：_ extrude
当前线框密度：ISOLINES = 15
选择要拉伸的对象：找到 1 个(选中小圆形)
选择要拉伸的对象：(按 Enter 键结束选择)
指定拉伸的高度或［方向(D)/路径(P)/倾斜角(T)］<18.9907>：p
选择拉伸路径或［倾斜角］：(拾取路径线 L)

结果如图 12-14 右图所示。

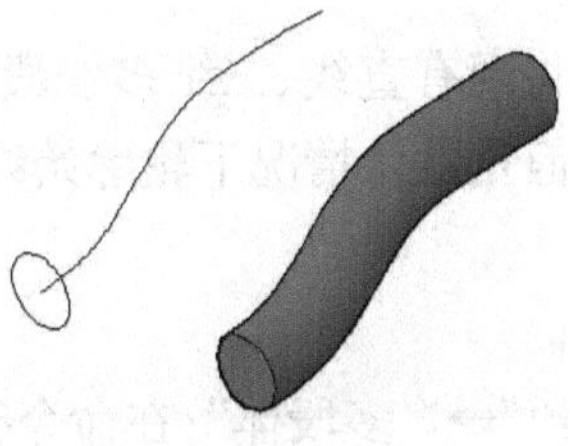

图 12-14　角度和路径拉伸实体

12.2.2 旋转实体

1. 功能

可以通过绕轴旋转开放或闭合的平面曲线来创建新的实体或曲面。

2. 命令调用

在“建模”工具栏,单击按钮;从菜单依次单击“绘图”→“建模”→“ 旋转实体”;在命令行执行 revolve,并按 Enter 键。

3. 操作示例

首先绘制好旋转对象和旋转轴对象。

命令: _ revolve
当前线框密度: ISOLINES = 4
选择要旋转的对象: 找到 1 个(选择封闭的轮廓线对象)
选择要旋转的对象: (按 Enter 键结束选择)
指定轴起点或根据以下选项之一定义轴 [对象(O)/X/Y/Z] <对象>: o
选择对象:(选择回转轴对象)
指定旋转角度或 [起点角度(ST)] <360>:(默认旋转一周)

结果如图 12-15 所示。

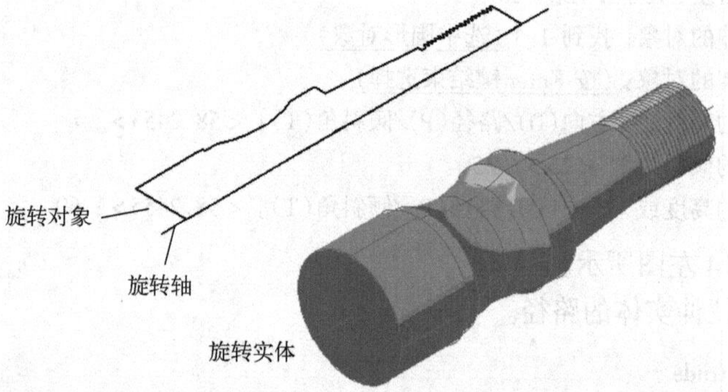

图 12-15 旋转实体

说明:不能旋转包含在块中的对象;不能旋转具有相交或自交线段的多段线。

12.2.3 多段体的绘制

1. 功能

通过 polysolid 命令,用户可以将现有直线、二维多线段、圆弧或圆转换为具有矩形轮廓的实体。多实体可以包含曲线线段,但是默认情况下轮廓始终为矩形。

2. 命令调用

在“建模”工具栏,单击按钮。

从菜单依次单击“绘图”→“建模”→“ 多段体”;在命令行执行 polysolid,并按 Enter 键确认执行。

3. 操作示例

示例 1：直接绘制多段体，如图 12-16 所示。

命令：_ polysolid 指定起点或［对象(O)/高度(H)/宽度(W)/对正(J)］<对象>：h
指定高度 <80.0000>：200
指定起点或［对象(O)/高度(H)/宽度(W)/对正(J)］<对象>：w
指定宽度 <5.0000>：24
指定起点或［对象(O)/高度(H)/宽度(W)/对正(J)］<对象>：(拾取任意点)
指定下一个点或［圆弧(A)/放弃(U)］：300
指定下一个点或［圆弧(A)/放弃(U)］：50
指定下一个点或［圆弧(A)/闭合(C)/放弃(U)］：a
指定圆弧的端点或［闭合(C)/方向(D)/直线(L)/第二个点(S)/放弃(U)］：(拾取任意点)
指定下一个点或[闭合(C)/方向(D)/直线(L)/第二个点(S)/放弃(U)]：L
指定下一个点或［圆弧(A)/放弃(U)］：50
指定下一个点或［圆弧(A)/放弃(U)］：50
指定下一个点或［圆弧(A)/闭合(C)/放弃(U)]:c

示例 2：将二维对象转换为多段体，如图 12-17 所示。

首先绘制任意一个正五边形，然后转换为多段体。

命令：_ polysolid 指定起点或［对象(O)/高度(H)/宽度(W)/对正(J)］<对象>：h
指定高度 <200.0000>：50
指定起点或［对象(O)/高度(H)/宽度(W)/对正(J)］<对象>：o
选择对象：(拾取五边形)

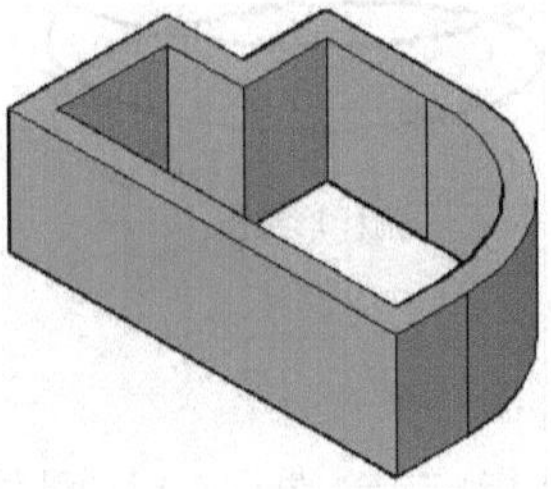

图 12-16 多段体

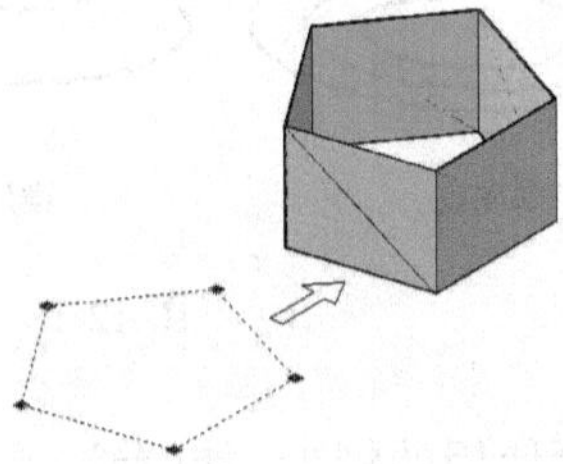

图 12-17 二维对象转换为多段体

12.2.4 螺旋线

首先将绘图区颜色显示改为白色，图形对象颜色为黑色。

1. 功能

螺旋就是开口的二维或三维螺旋线，在工程中绘图中很实用，例如，可以沿着螺旋路径来扫掠圆，以创建弹簧实体模型。

2. 命令调用

在“建模”工具栏，单击按钮；从菜单依次单击“绘图”→“螺旋”；在命令行执行 helix，并按 Enter 键。

3. 操作示例

示例 1 绘制二维螺旋、圆柱形螺旋和锥形螺旋,如图 12-18 所示。

命令: _ helix
圈数 = 3.0000 扭曲 = CCW
指定底面的中心点:(任意拾取一点)
指定底面半径或[直径(D)] <1000.0000>: 1200
指定顶面半径或[直径(D)] <1500.0000>: 450
指螺旋高度或[轴端点(A)/圈数(T)/圈高(H)/扭曲(W)] <0.0000>:0 (高度为 0,则为二维螺旋)
命令: _ helix
圈数 = 3.0000 扭曲 = CCW
指定底面的中心点:(任意拾取一点)
指定底面半径或[直径(D)] <1500.0000>:
指定顶面半径或[直径(D)] <1500.0000>:500 (顶面半径与底面半径不同,绘出锥形螺旋)
指定螺旋高度或[轴端点(A)/圈数(T)/圈高(H)/扭曲(W)] <500.0000>: 1000
命令:helix
圈数 = 3.0000 扭曲 = CCW
指定底面的中心点:(任意拾取一点)
指定底面半径或[直径(D)] <1500.0000>:(按 Enter 键)
指定顶面半径或[直径(D)] <1500.0000>:(按 Enter 键)
指定螺旋高度或[轴端点(A)/圈数(T)/圈高(H)/扭曲(W)] <1000.0000>: 1500

图 12-18 几种不同的螺旋

说明:如果要画使用的螺旋,如螺纹、弹簧,一般要通过指定[轴端点(A)/圈数(T)/圈高(H)/扭曲(W)]等选项来完成。

12.2.5 扫掠建模

1. 功能

可以通过沿开放或闭合的二维或三维路径扫掠开放或闭合的平面曲线(轮廓)来创建新实体或曲面。sweep 命令用于沿指定路径以指定轮廓的形状(扫掠对象)绘制实体或曲面。可以扫掠多个对象,但是这些对象必须位于同一平面中。如果沿一条路径扫掠闭合的曲线,则生成实体。

2. 命令调用

在"建模"工具栏,单击按钮;从菜单依次单击"绘图"→"建模"→"扫掠";在命令行执行 sweep,并按 Enter 键。

3. 操作示例

首先画一个圆柱螺旋作为扫掠路径，再画一个小圆，作为扫掠对象，如图 12-19 所示。

命令：_ sweep
当前线框密度：ISOLINES = 4
选择要扫掠的对象：找到 1 个(选取画好的小圆)
选择要扫掠的对象：(按 Enter 键)
选扫掠路径或［对齐(A)/基点(B)/比例(S)/扭曲(T)］：(选取螺旋对象)，结果生成弹簧体对象

12.3 实体编辑

要想创建复杂的实体造型，还要进一步学习三维实体的操作和编辑，如实体的镜像和阵列、旋转和移动、对齐、布尔操作等。

12.3.1 三维镜像阵列

1. 功能

在 AutoCAD 的三维空间内，用户可以使用三维镜像命令，沿指定的镜像平面来创建指定对象的空间镜像。

2. 命令调用

从菜单依次单击“修改”→“三维操作”→“三维镜像”；命令执行 mirror3d，并按 Enter 键。

3. 操作示例

命令：_ mirror3d
选择对象：找到 1 个(使用对象选择方法并按 Enter 键结束命令)
选择对象：(按 ENTER 键结束选择)
指定镜像平面（三点）的第一个点或［对象(O)/最近的(L)/Z 轴(Z)/视图(V)/XY 平面(XY)/YZ 平面(YZ)/ZX 平面(ZX)/三点(3)］<三点>：(输入选项、指定点或按 Enter 键)
是否删除源对象？［是(Y)/否(N)］<否>：(输入 y 或 n，或按 Enter 键)

如图 12-20 所示。

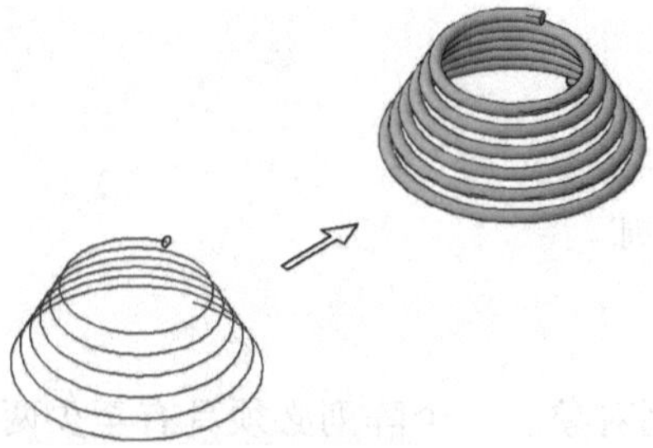

图 12-19　扫掠生成实体

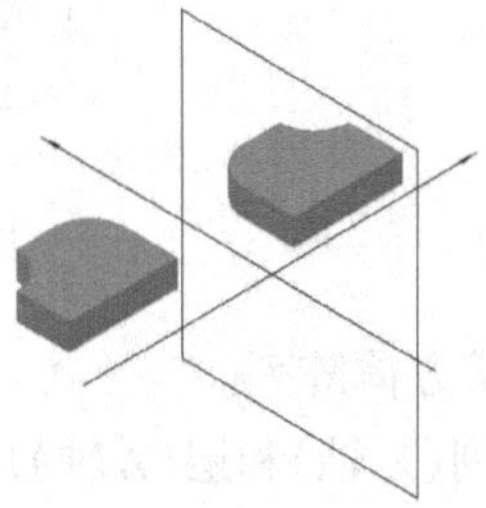

图 12-20　三维镜像

说明：坐标平面选项，并不是以实际的坐标平面为镜像面，而是将镜像平面与一个通过指定点的标准平面(XY、YZ 或 ZX)对齐。

12.3.2 三维阵列

1. 功能

可以在三维空间中创建对象的矩形阵列或环形阵列。除了指定列数(X 方向)和行数(Y 方向)以外,还要指定层数(Z 方向)。

2. 命令调用

从菜单依次单击"修改"→"三维操作"→"三维阵列";命令行执行 3darray,并按 Enter 键。

3. 操作示例

示例 1:创建环形阵列。

创建环形阵列时,阵列按逆时针或顺时针方向绘制,这取决于设置填充角度时输入的是正值还是负值。

命令: _ 3darray
正在初始化 ... 已加载 3DARRAY
选择对象: 找到 1 个
选择对象: 找到 1 个,总计 2 个
选择对象:(按 Enter 键结束选择)
输入阵列类型 [矩形(R)/环形(P)] < 矩形 > :p
输入阵列中的项目数目: 6
指定要填充的角度 (+= 逆时针, -= 顺时针) < 360 > :(按 Enter 键)
旋转阵列对象? [是(Y)/否(N)] < Y > :(按 Enter 键)
指定阵列的中心点:(指定点 1)
指定旋转轴上的第二点:(指定点 2)

参见图 12-21 所示。

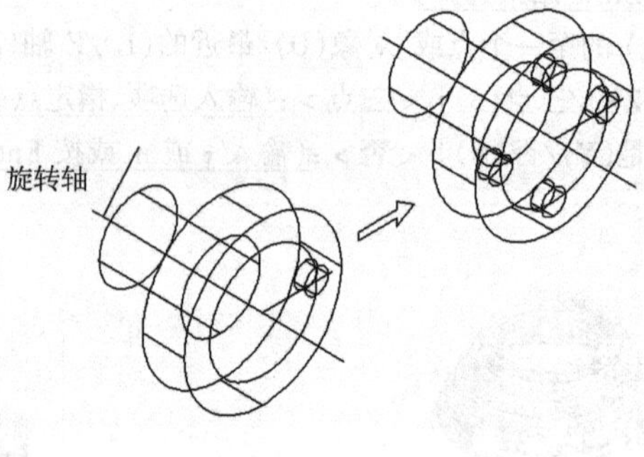

图 12-21 环形阵列

示例 2:创建长方体阵列。

在行(Y 轴)、列(X 轴)和层(Z 轴)矩形阵列中复制对象。一个阵列必须具有至少两个行、列或层。

命令: _ 3darray
选择对象:找到 1 个
选择对象: (按 Enter 键结束选择)

输入阵列类型 [矩形(R)/环形(P)] <矩形>:r
输入行数 (---) <1>:4
输入列数 (|||) <1>: 2
输入层数 (...) <1>: 2
指定行间距 (---): 100
指定列间距 (|||):100
指定层间距 (...):500

参见图 12-22 所示。

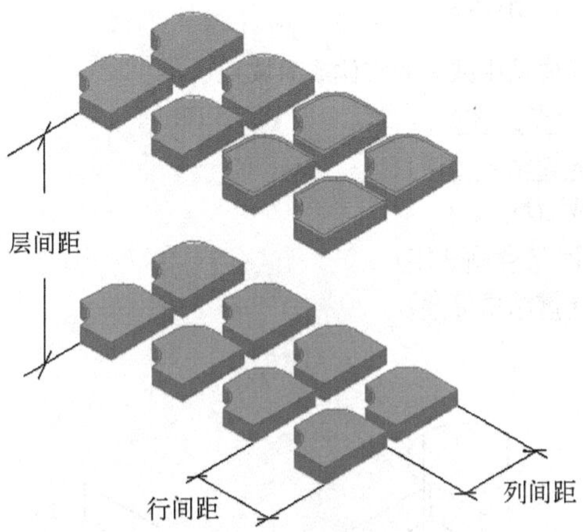

图 12-22 矩形阵列

说明:输入正值将沿 X、Y、Z 轴的正向生成阵列,输入负值将沿 X、Y、Z 轴的负向生成阵列。

12.3.3 布尔操作

1. 功能

三维布尔操作包括并集、差集和交集三个基本运算。命令 union 将两个或多个实体组合成一体;命令 substract 从一个实体中减去另一个实体;命令 intersect 从两个或多个实体的相交部分取得实体。布尔运算适用于一对实体和多个实体操作。

2. 命令调用

从"建模"工具栏分别单击 按钮;从菜单依次单击"修改"→"实体编辑";命令行执行 union 或 substract 或 intersect,并按 Enter 键。

3. 操作示例

示例 1:实体并集,即实体合并。

命令: _ union
选择对象: 找到 1 个(选择圆柱体)
选择对象: 找到 1 个,总计 2 个(选择长方体)
选择对象: (按 Enter 键结束选择)

参见图 12-23 所示。

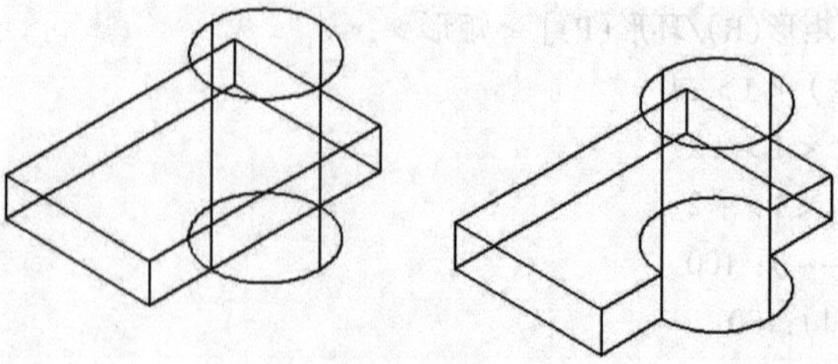

图 12-23　实体并集

示例 2:实体差集,即实体相减。

命令: _ subtract 选择要从中减去的实体或面域 ...
选择对象: 找到 1 个(长方体)
选择对象: (按 Enter 键结束选择)
选择要减去的实体或面域 ..
选择对象: 找到 1 个(选择圆柱体)
选择对象: (按 Enter 键结束选择)

参见图 12-24 所示。

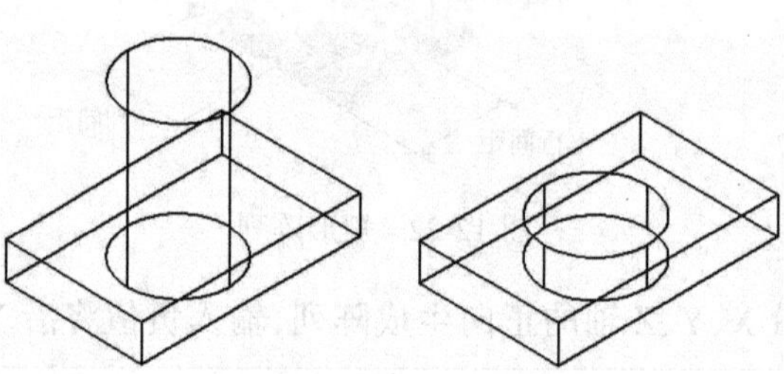

图 12-24　实体差集

示例 3:实体交集。

命令: _ intersect
选择对象: 找到 1 个(选择球球)
选择对象: 找到 1 个,总计 2 个(选择鼠标体)
选择对象: (按 Enter 键结束选择)

参见图 12-25 所示。

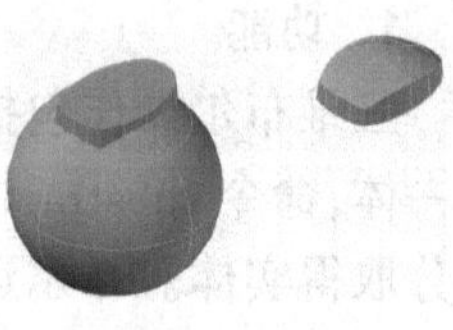

图 12-25　实体交集

12.4　3D 实训指导

12.4.1　实例一:绘制法兰盘

绘制如图 12-26 所示的法兰盘的零件图和三维模型效果。

1. 创建法兰盘的主体模型

从法兰盘的零件图可以看到,法兰盘的内、外结构均为圆柱体,为了能简便和快速地绘制出图形,可以采用先画轮廓线,然后用旋转实体的方法来做。

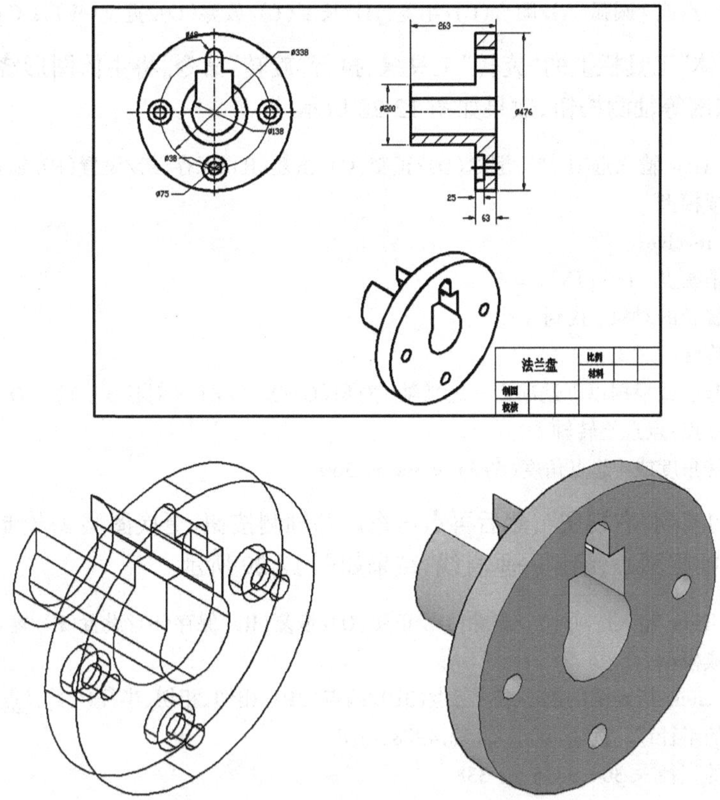

图 12-26　法兰盘零件图和三维模型效果

图 12-27　绘制法兰盘主体轮廓线

① 单击“标准”工具栏上的“新建”按钮，新建一个图形文件。

在“状态栏”上，按下“对象捕捉”和“极轴”按钮，打开“对象捕捉”和“极轴”功能，并新建一个“辅助线层”。

② 在“绘图”工具栏上选取“多段线”工具，绘制出轴线和法兰盘主体的轮廓线，如图 12-27 所示。

绘制法兰盘主体轮廓线过程中的命令行内容如下：

命令：_ pline（输入命令）

指定起点：以 A 点为起始点（利用“对象捕捉”功能，用指明方向输入距离的方法，方向向上，输入 100，）当前线宽为 0.0000

指定下一个点或［圆弧(A)/半宽(H)/长度(L)/放弃(U)/宽度(W)］：263（鼠标向右导向，输入距离为“263”，按 Enter 键）

指定下一点或［圆弧(A)/闭合(C)/半宽(H)/长度(L)/放弃(U)/宽度(W)］：238（鼠标向下导向，输入距离为“238”，按 Enter 键）

指定下一点或［圆弧(A)/闭合(C)/半宽(H)/长度(L)/放弃(U)/宽度(W)］：63（鼠标向左导向，输入距离为“63”，按 Enter 键）

指定下一点或［圆弧(A)/闭合(C)/半宽(H)/长度(L)/放弃(U)/宽度(W)］：138（鼠标向上导向，输入距离为“138”，按 Enter 键）

指定下一点或［圆弧(A)/闭合(C)/半宽(H)/长度(L)/放弃(U)/宽度(W)］：C (闭合)

③ 选取“实体”工具栏上的“旋转”工具，执行“旋转”命令，将主体图形绕指定轴线旋转，从菜单中点击东南等轴测按钮，效果如图 12-28 所示。

命令：_-view 输入选项［？/删除(D)/正交(O)/恢复(R)/保存(S)/设置(E)/窗口(W)］：_ seiso 正在重生成模型
命令：_ revolve
当前线框密度：ISOLINES = 4
选择要旋转的对象：找到 1 个
选择要旋转的对象：
指定轴起点或根据以下选项之一定义轴［对象(O)/X/Y/Z］＜对象＞：输入 O
指定轴端点:点选旋转轴
指定旋转角度或［起点角度(ST)］＜360＞:360

④ 将视图切换到“右视图”，然后再点击东南等轴测按钮，更换图层 2，绘制点划线圆，直径为 338mm，然后捕捉圆心，绘制一垂直线，结果如图 12-29 所示。

命令：_-view 输入选项［？/删除(D)/正交(O)/恢复(R)/保存(S)/设置(E)/窗口(W)］：_ seiso 正在重生成模型
命令：_ circle 指定圆的圆心或［三点(3P)/两点(2P)/相切、相切、半径(T)］:(点选圆心)
指定圆的半径或［直径(D)］＜152.4908＞：d
指定圆的直径 ＜304.9816＞：338
命令：_ line 指定第一点:(点选圆心捕捉圆心)
指定下一点或［放弃(U)］:(在圆外点选一点)

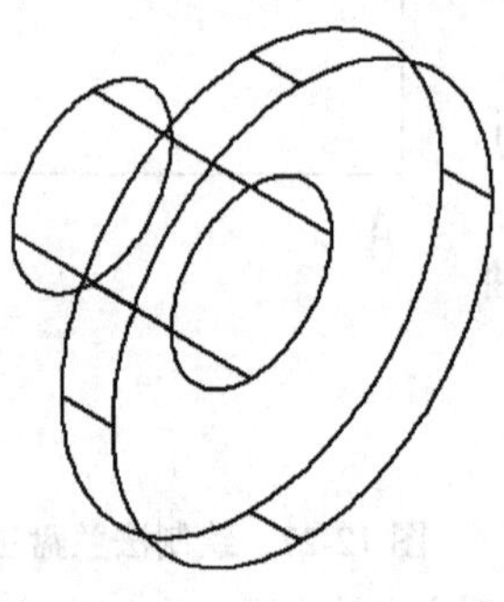

图 12-28　旋转后的效果

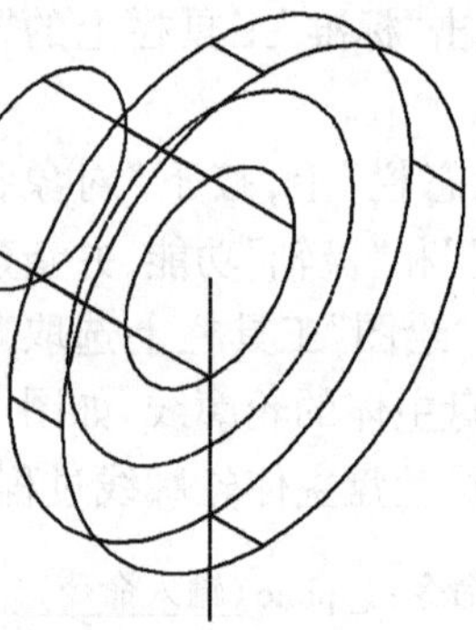

图 12-29　绘制点划线圆及垂直线

⑤ 以点划线圆及垂直线交点为圆心绘制小圆，直径分别为 38mm 和 75mm，并分别拉伸 63mm 和 25mm，结果如图 12-30 所示。

命令：_ circle 指定圆的圆心或［三点(3P)/两点(2P)/相切、相切、半径(T)］：
指定圆的半径或［直径(D)］＜169.0000＞：d
指定圆的直径 ＜338.0000＞：38
命令：_ circle 指定圆的圆心或［三点(3P)/两点(2P)/相切、相切、半径(T)］：
指定圆的半径或［直径(D)］＜169.0000＞：d

指定圆的直径 <338.0000>: 75
命令: _ extrude
当前线框密度: ISOLINES=4
选择要拉伸的对象: 找到 1 个
选择要拉伸的对象:点选直径是 38 的圆
指定拉伸的高度或[方向(D)/路径(P)/倾斜角(T)] <-16.0188>: 63
命令: _ extrude
当前线框密度: ISOLINES=4
选择要拉伸的对象: 找到 1 个
选择要拉伸的对象: 点选直径是 75 的圆
指定拉伸的高度或[方向(D)/路径(P)/倾斜角(T)] <63.0000>: 25

⑥ 将第 5 步绘制的孔,进行环行阵列,并删除上方的孔,结果如图 12-31 所示。

命令: _ array
选择对象: 找到 1 个(选择直径是 38 的圆)
选择对象: 找到 1 个,总计 2 个(选择直径是 75 的圆)
选择对象: (按 Enter 键)
指定阵列中心点:点选点划线圆圆心
命令: _ erase
选择对象: 找到 1 个(选择上方直径是 38 的圆)
选择对象: 找到 1 个,总计 2 个(选择上方直径是 75 的圆)

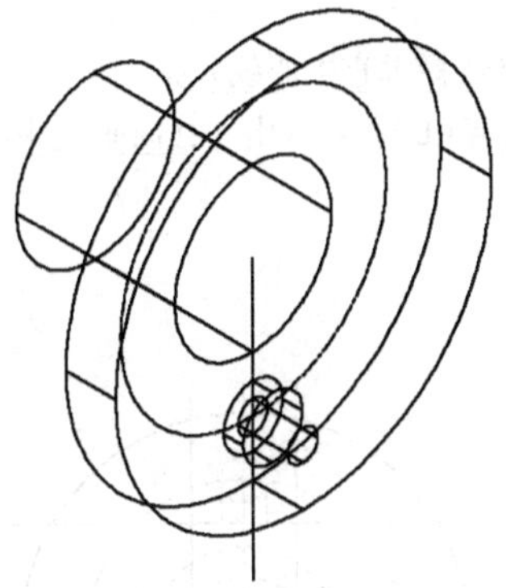

图 12-30 绘制孔

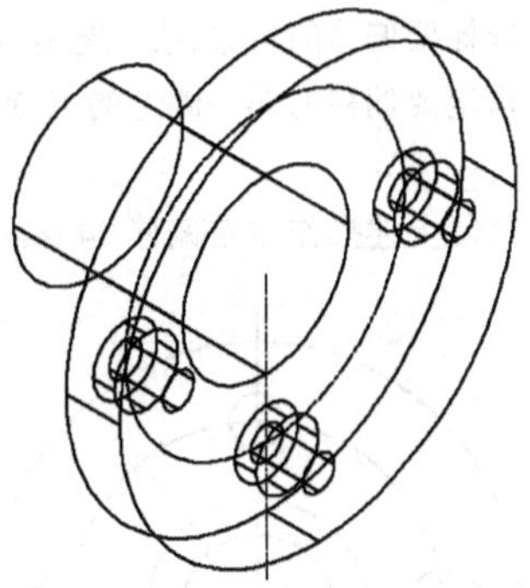

图 12-31 阵列后的效果

2. 绘制法兰盘上的切槽孔

法兰盘上切槽孔,分布在盘体上。在绘制此项内容时,首先要确定该结构在法兰盘盘体上的正确位置,然后再绘制。

方法:从菜单中执行"视图"→"三维视图"→"右视"命令,将视图切换到"右视图"界面,调用图层 2,执行"直线"绘图命令,利用"对象捕捉"功能,捕捉后方小圆圆心,绘制水平线及垂直线,作为辅助线。

绘制切槽圆的步骤如下:

① 选取水平线和垂直线的交点为圆心,完成直径为 138 mm 圆的绘制,再以垂直线和直径为 338 mm 的点划线圆的交点为圆心,绘制直径为 48 mm 的圆,结果如图 12-32 所示。

命令：_-view 输入选项［? /删除(D)/正交(O)/恢复(R)/保存(S)/设置(E)/窗口(W)］：_ right 正在重生成模型

命令：_ circle 指定圆的圆心或［三点(3P)/两点(2P)/相切、相切、半径(T)］：

指定圆的半径或［直径(D)］：d

指定圆的直径：138

命令：CIRCLE 指定圆的圆心或［三点(3P)/两点(2P)/相切、相切、半径(T)］：

指定圆的半径或［直径(D)］＜69.0000＞：d

指定圆的直径 ＜138.0000＞：48

② 将水平中心线向上偏移 124mm，垂直中心线分别向左、向右偏移 56mm 再分别向左、向右偏移 24mm，结果如图 12-33 所示。

命令：_ offset

当前设置：删除源＝否 图层＝源 OFFSETGAPTYPE＝0

指定偏移距离或［通过(T)/删除(E)/图层(L)］＜通过＞：124

选择要偏移的对象，或［退出(E)/放弃(U)］＜退出＞：(选择水平中心线)

指定要偏移的那一侧上的点，或［退出(E)/多个(M)/放弃(U)］＜退出＞：(在水平中心线的上方点击一点)

命令：_ offset

指定偏移距离或［通过(T)/删除(E)/图层(L)］＜124.0000＞：56

选择要偏移的对象，或［退出(E)/放弃(U)］＜退出＞：(选择垂直中心线)

指定要偏移的那一侧上的点，或［退出(E)/多个(M)/放弃(U)］＜退出＞：(向垂直中心线左侧点击一点)

选择要偏移的对象，或［退出(E)/放弃(U)］＜退出＞：(选择垂直中心线)

指定要偏移的那一侧上的点，或［退出(E)/多个(M)/放弃(U)］＜退出＞：(向垂直中心线右侧点击一点)

重复上述操作左右偏移 24 mm

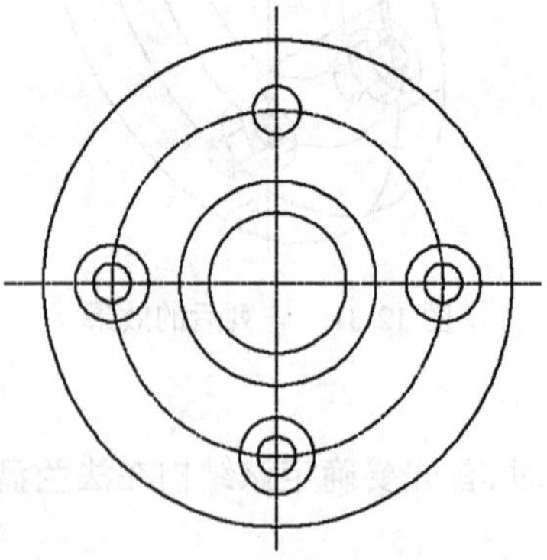

图 12-32 绘制两圆的结果

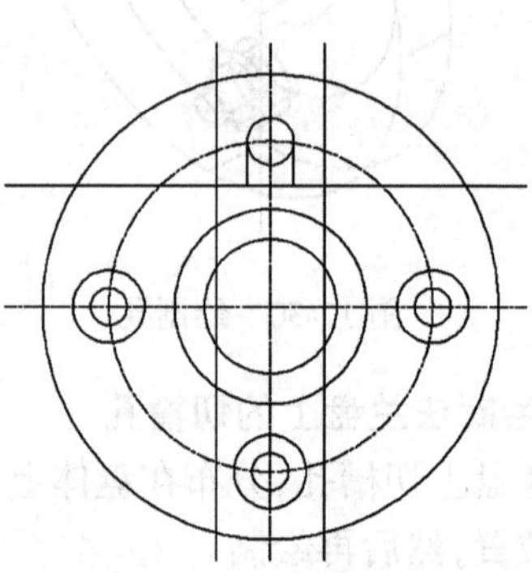

图 12-33 偏移后的效果

③ 将多余线段剪裁掉，结果如图 12-34 所示。

命令：_ trim

当前设置：投影＝UCS，边＝无

选择剪切边 ...

选择对象或 <全部选择>：指定对角点：找到 11 个
选择要修剪的对象,或按住 Shift 键选择要延伸的对象,或
[栏选(F)/窗交(C)/投影(P)/边(E)/删除(R)/放弃(U)]:(点选要剪切的对象)
选择要修剪的对象,或按住 Shift 键选择要延伸的对象,或
[栏选(F)/窗交(C)/投影(P)/边(E)/删除(R)/放弃(U)]：(点选要剪切的对象)
选择要修剪的对象,或按住 Shift 键选择要延伸的对象,或
[栏选(F)/窗交(C)/投影(P)/边(E)/删除(R)/放弃(U)]：(点选要剪切的对象)
选择要修剪的对象,或按住 Shift 键选择要延伸的对象,或
[栏选(F)/窗交(C)/投影(P)/边(E)/删除(R)/放弃(U)]：(点选要剪切的对象)
选择要修剪的对象,或按住 Shift 键选择要延伸的对象,或
[栏选(F)/窗交(C)/投影(P)/边(E)/删除(R)/放弃(U)]：(点选要剪切的对象)

④ 将剪裁后的图形,创建为一个面域,并拉伸 263 mm,结果如图 12-35 所示。

命令：_ region
选择对象：指定对角点：找到 8 个(选择图 12-34 中蓝色图形)
选择对象：
已提取 1 个环
已创建 1 个面域
命令：_ extrude
当前线框密度：ISOLINES = 4
选择要拉伸的对象：找到 1 个
选择要拉伸的对象：(选择刚才创建的面域)
指定拉伸的高度或 [方向(D)/路径(P)/倾斜角(T)]：- 263

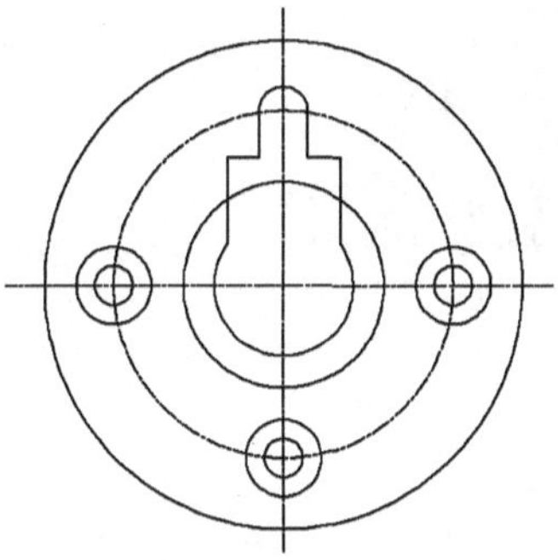

图 12-34 多余线段剪裁后的效果

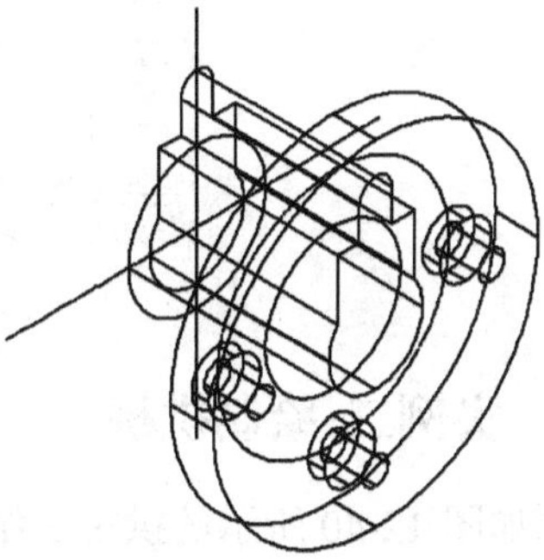

图 12-35 拉伸效果

⑤ 进行布尔运算,将环行阵列的孔和切槽孔对法兰盘主体进行“差集运算”,并关闭图层 2,结果如图 12-36 所示。

命令：_ subtract 选择要从中减去的实体或面域 ...
选择对象：找到 1 个
选择对象：(选择外侧大的实体)
选择要减去的实体或面域 .. (选择刚才拉伸的实体)
选择对象：找到 1 个

3. 法兰盘模型的视觉效果

三维模型图绘制完毕后，调整视觉样式观察效果。

从菜单依次单击"视图"→"视觉样式"→"概念"。效果如图 12-37 所示。

从菜单中执行"视图"→"三维动态观察器"命令，调整模型的观看方向，如图 12-38 所示。

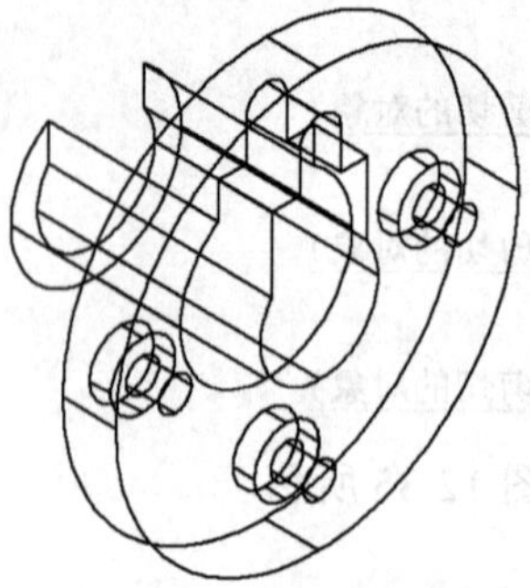

图 12-36　差集运算结果

图 12-37　法兰盘模型图

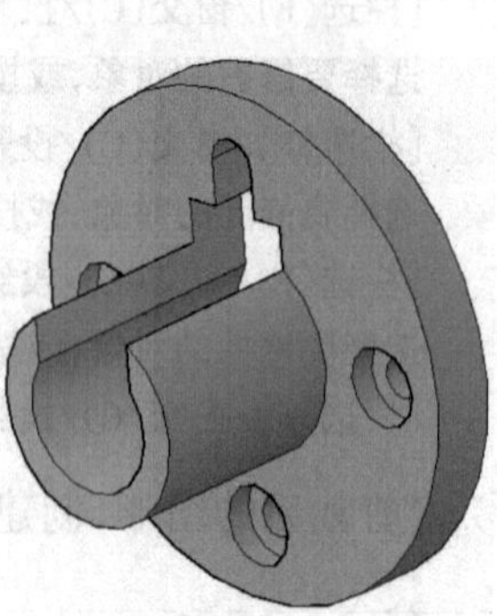

图 12-38　观看模型效果

4. 法兰盘的渲染效果

利用预设渲染设置，对法兰盘进行渲染，效果如图 12-39 所示。

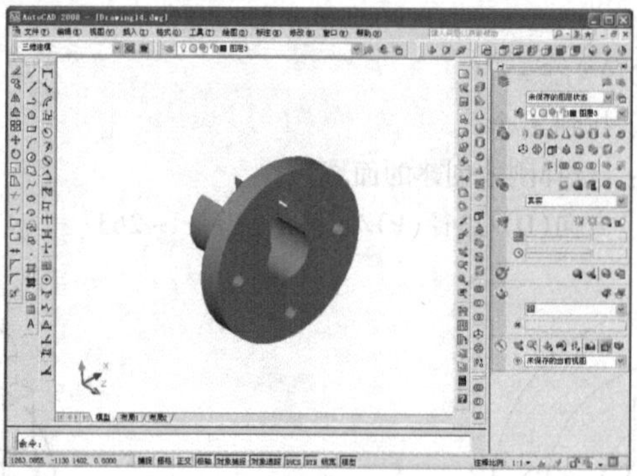

图 12-39　渲染效果

12.4.2　实例二：绘制拱桥

绘制如图 12-40 所示的拱桥三维模型效果图。

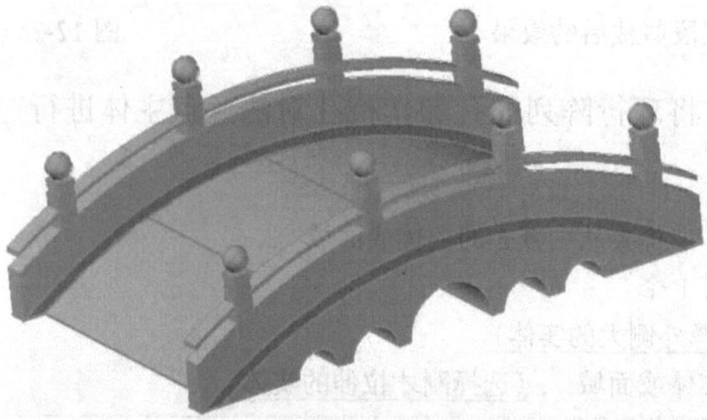

图 12-40　石拱桥效果图

1. 创建石拱桥的主体模型

通过石拱桥效果图分析得到：要想简便和快速地绘制出图形，可以先以主视图绘制主体。

① 单击“标准”工具栏上的“新建”按钮，新建一个图形文件。

在“状态栏”上，按下“对象捕捉”和“极轴”按钮，打开“对象捕捉”和“极轴”功能，并新建一个“辅助线层”。

② 单击“主视图”图标，将默认的俯视视图改为主视视图，在“绘图”工具栏上选取“直线”工具，在“辅助线层”绘制出基准线，并将水平基准线向上偏移120，垂直基准线分别向左右偏移400，如图12-41所示。

命令：_ line 指定第一点：
指定下一点或 [放弃(U)]：
指定下一点或 [放弃(U)]：800 (输入水平基准线长度)
指定下一点或 [放弃(U)]：(绘制垂直基准线)
命令：_ offset
当前设置：删除源 = 否 图层 = 源 OFFSETGAPTYPE = 0
指定偏移距离或 [通过(T)/删除(E)/图层(L)] <400.0000>：120
选择要偏移的对象，或 [退出(E)/放弃(U)] <退出>：(选择水平基准线)
指定要偏移的那一侧上的点，或 [退出(E)/多个(M)/放弃(U)] <退出>：(在水平基准线上方点击一点)
选择要偏移的对象，或 [退出(E)/放弃(U)] <退出>：
命令：_ offset
当前设置：删除源 = 否 图层 = 源 OFFSETGAPTYPE = 0
指定偏移距离或 [通过(T)/删除(E)/图层(L)] <120.0000>：400
选择要偏移的对象，或 [退出(E)/放弃(U)] <退出>：(选择垂直基准线)
指定要偏移的那一侧上的点，或 [退出(E)/多个(M)/放弃(U)] <退出>：(在垂直基准线左侧点击一点)
选择要偏移的对象，或 [退出(E)/放弃(U)] <退出>：(选择垂直基准线)
指定要偏移的那一侧上的点，或 [退出(E)/多个(M)/放弃(U)] <退出>：(在垂直基准线右侧点击一点)
选择要偏移的对象，或 [退出(E)/放弃(U)] <退出>：

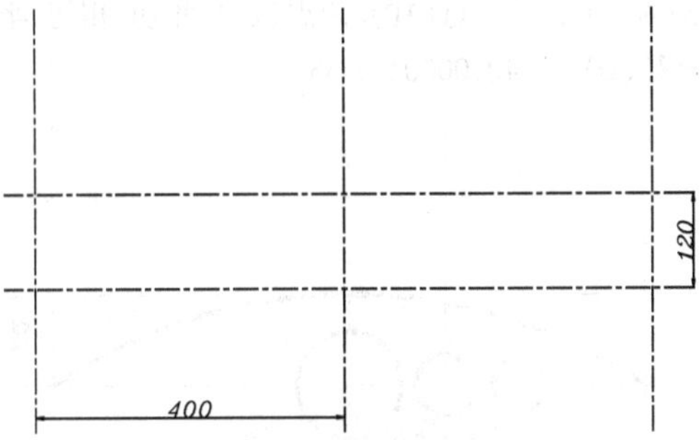

图 12-41　绘制基准线

③ 单击“圆弧”工具，用三点绘制圆弧的方式绘制圆弧，如图12-42所示。

命令：_ arc 指定圆弧的起点或 [圆心(C)]：(点击左侧交点)

指定圆弧的第二个点或［圆心(C)/端点(E)］:(点击垂直交点)
指定圆弧的端点：(点击右侧交点)

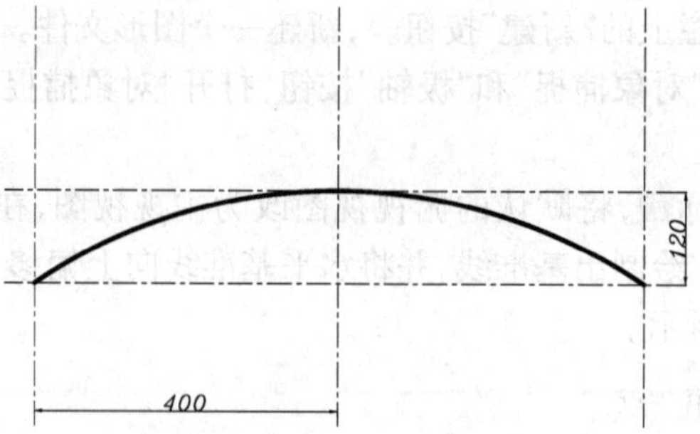

图 12-42　绘制圆弧

④ 将垂直基准线向左分别偏移 130 和 100,用以确定拱桥水洞位置,然后在相应位置分别绘制半径为 70、40、35 的圆,如图 12-43 所示。

命令：_ offset
当前设置：删除源 = 否 图层 = 源 OFFSETGAPTYPE = 0
指定偏移距离或［通过(T)/删除(E)/图层(L)］< 400.0000 >：130
选择要偏移的对象,或［退出(E)/放弃(U)］< 退出 >:(选择垂直基准线)
指定要偏移的那一侧上的点,或［退出(E)/多个(M)/放弃(U)］< 退出 >:(在垂直基准线左侧点击一点)
命令：_ offset
当前设置：删除源 = 否 图层 = 源 OFFSETGAPTYPE = 0
指定偏移距离或［通过(T)/删除(E)/图层(L)］< 130.0000 >：100
选择要偏移的对象,或［退出(E)/放弃(U)］< 退出 >:(选择刚偏移过的基准线)
指定要偏移的那一侧上的点,或［退出(E)/多个(M)/放弃(U)］< 退出 >:(在基准线左侧点击一点)
选择要偏移的对象,或［退出(E)/放弃(U)］< 退出 >：
命令：_ circle 指定圆的圆心或［三点(3P)/两点(2P)/相切、相切、半径(T)］:
指定圆的半径或［直径(D)］< 35.0000 >：70
命令：_ circle 指定圆的圆心或［三点(3P)/两点(2P)/相切、相切、半径(T)］:
指定圆的半径或［直径(D)］< 70.0000 >：40
命令：_ circle 指定圆的圆心或［三点(3P)/两点(2P)/相切、相切、半径(T)］:
指定圆的半径或［直径(D)］< 40.0000 >：35

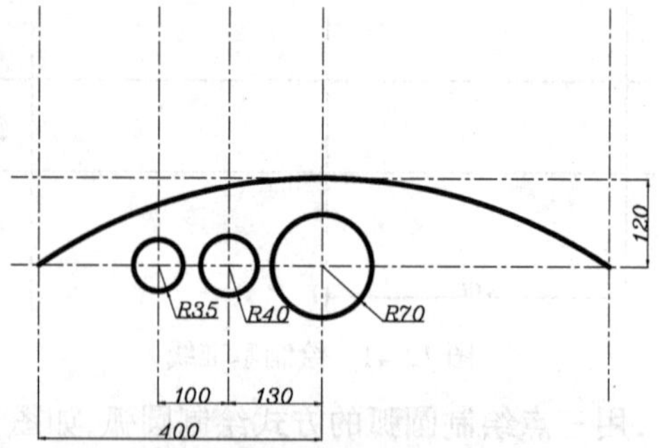

图 12-43　绘制拱桥水洞

⑤ 将基准线和半径分别为 40、35 的圆，镜像到基准线右侧，形成对称分布。并剪切形成半圆水洞，如图 12-44 所示。

命令：_ mirror
选择对象：指定对角点：找到 4 个
选择对象：
指定镜像线的第一点：
指定镜像线的第二点：
要删除源对象吗？[是(Y)/否(N)] <N>：
命令：_ trim
当前设置：投影 = UCS，边 = 无
选择剪切边 ...
选择对象或 <全部选择>：找到 1 个(点击水平基准线)
选择对象：
选择要修剪的对象，或按住 Shift 键选择要延伸的对象，或
[栏选(F)/窗交(C)/投影(P)/边(E)/删除(R)/放弃(U)]：(点击半径为 35 的圆)
选择要修剪的对象，或按住 Shift 键选择要延伸的对象，或
[栏选(F)/窗交(C)/投影(P)/边(E)/删除(R)/放弃(U)]：(点击半径为 40 的圆)
选择要修剪的对象，或按住 Shift 键选择要延伸的对象，或
[栏选(F)/窗交(C)/投影(P)/边(E)/删除(R)/放弃(U)]：(点击半径为 70 的圆)
选择要修剪的对象，或按住 Shift 键选择要延伸的对象，或
[栏选(F)/窗交(C)/投影(P)/边(E)/删除(R)/放弃(U)]：(点击半径为 40 的圆)
选择要修剪的对象，或按住 Shift 键选择要延伸的对象，或
[栏选(F)/窗交(C)/投影(P)/边(E)/删除(R)/放弃(U)]：(点击半径为 35 的圆)
选择要修剪的对象，或按住 Shift 键选择要延伸的对象，或
[栏选(F)/窗交(C)/投影(P)/边(E)/删除(R)/放弃(U)]：

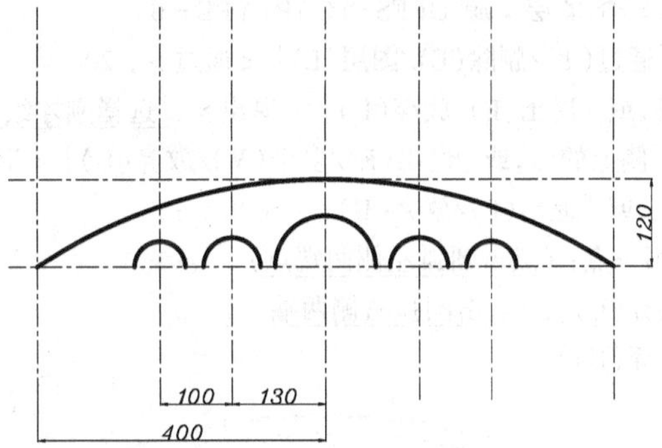

图 12-44 剪切形成拱桥水洞

⑥ 单击“直线”工具，连接各圆弧端点，形成拱桥主体图，如图 12-45 所示。

⑦ 单击“面域”工具，将拱桥主体创建一个面域，如图 12-46 所示。

命令：_ region
选择对象：指定对角点：找到 12 个
选择对象：

已提取 1 个环
已创建 1 个面域

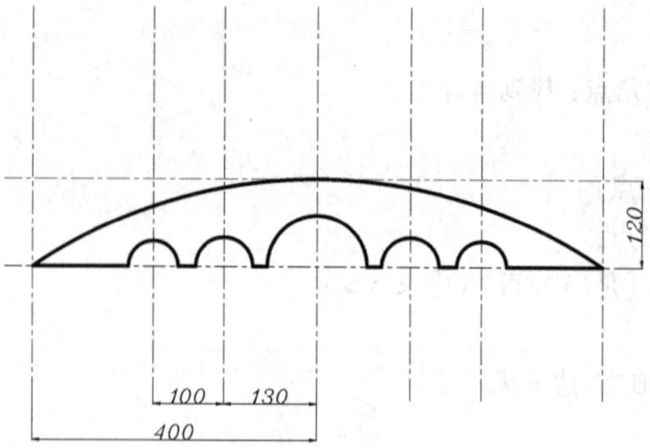

图 12-45　拱桥主体图

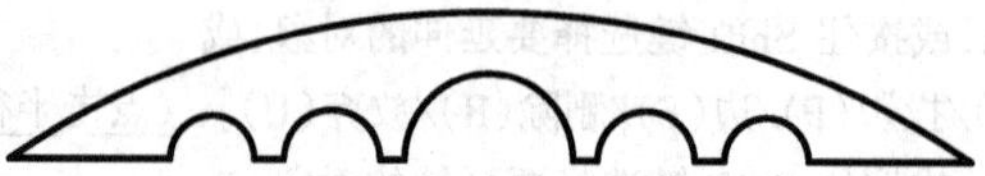

图 12-46　创建拱桥主体面域

⑧ 更换图层,绘制拱桥主拱圈。

单击“圆弧”工具,用三点绘制圆弧的方式沿拱桥主体圆弧面绘制圆弧,并向上偏移 20 mm,并用直线连接端点,如图 12-47 所示。

命令: _ arc 指定圆弧的起点或[圆心(C)]: (点击拱桥主体圆弧左端点)
指定圆弧的第二个点或[圆心(C)/端点(E)]: (点击拱桥主体圆弧中间点)
指定圆弧的端点: (点击拱桥主体圆弧右端点)
命令: _ offset
当前设置: 删除源 = 否 图层 = 源 OFFSETGAPTYPE = 0
指定偏移距离或[通过(T)/删除(E)/图层(L)] <通过>: 20
选择要偏移的对象,或[退出(E)/放弃(U)] <退出>:(选择刚才绘制的圆弧)
指定要偏移的那一侧上的点,或[退出(E)/多个(M)/放弃(U)] <退出>:(向圆弧上方点击一点)
选择要偏移的对象,或[退出(E)/放弃(U)] <退出>:
命令: _ line 指定第一点: (点击圆弧左侧两端点)
指定下一点或[放弃(U)]: (点击圆弧右侧两端点)
指定下一点或[放弃(U)]:

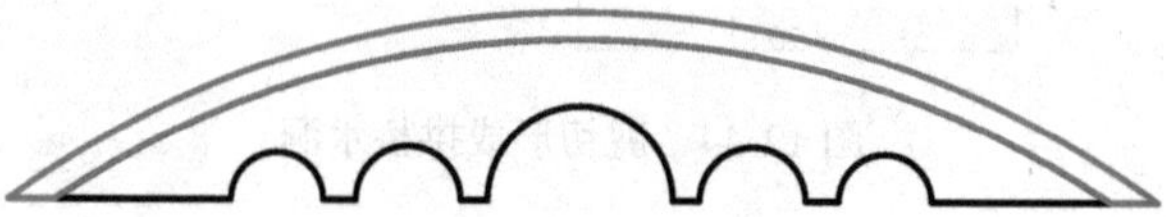

图 12-47　拱桥主拱圈

⑨ 创建拱桥主拱圈面域,如图 12-48 所示。

命令: _ region
选择对象: 找到 1 个

选择对象：找到 1 个，总计 2 个
选择对象：找到 1 个，总计 3 个
选择对象：找到 1 个，总计 4 个
已提取 1 个环
已创建 1 个面域

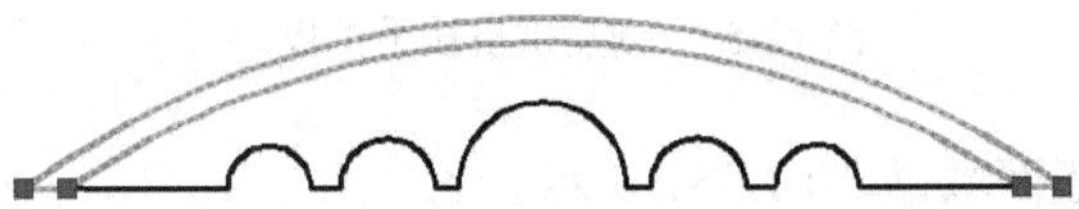

图 12-48　创建拱桥主拱圈面域

⑩ 绘制拱桥护板。

用同样的方法绘制拱桥护板，并创建拱桥护板面域，如图 12-49 所示。

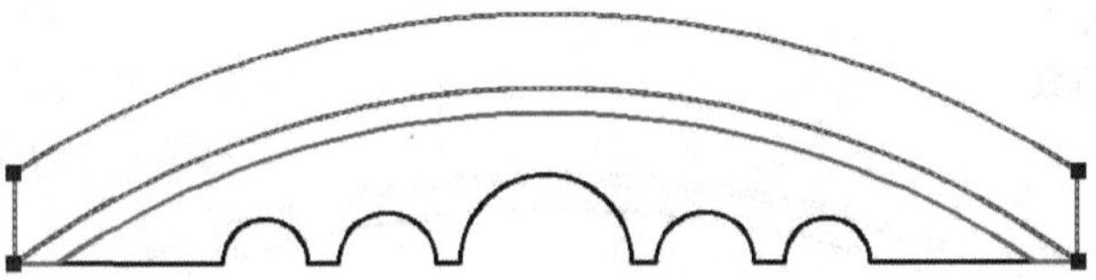

图 12-49　创建拱桥主拱圈面域

⑪ 绘制拱桥扶手护板。

单击“圆弧”工具，用三点绘制圆弧的方式沿拱桥主体圆弧面绘制圆弧，并向上偏移 20 mm，之后再向上偏移 6 毫米，并用直线连接端点，且进行修剪，如图 12-50 所示。

命令：_ arc 指定圆弧的起点或［圆心（C）］：(点击已有拱桥护板左端点)
指定圆弧的第二个点或［圆心（C）/端点（E）］：(点击已有拱桥护板中心点)
指定圆弧的端点：(点击已有拱桥护板右端点)
命令：_ offset
当前设置：删除源 = 否 图层 = 源 OFFSETGAPTYPE = 0
指定偏移距离或［通过（T）/删除（E）/图层（L）］<通过>：20
选择要偏移的对象，或［退出（E）/放弃（U）］<退出>：(选择刚绘制的圆弧)
指定要偏移的那一侧上的点，或［退出（E）/多个（M）/放弃（U）］<退出>：(向圆弧上方点击一点)
选择要偏移的对象，或［退出（E）/放弃（U）］<退出>：
命令：_ offset
当前设置：删除源 = 否 图层 = 源 OFFSETGAPTYPE = 0
指定偏移距离或［通过（T）/删除（E）/图层（L）］<20.0000>：6
选择要偏移的对象，或［退出（E）/放弃（U）］<退出>：(选择刚偏移的圆弧)
指定要偏移的那一侧上的点，或［退出（E）/多个（M）/放弃（U）］<退出>：(向圆弧上方点击一点)
选择要偏移的对象，或［退出（E）/放弃（U）］<退出>：
命令：_ line 指定第一点：(选择偏移后的两圆弧左端点)
指定下一点或［放弃（U）］：
命令：_ line 指定第一点：(选择偏移后的两圆弧右端点)
指定下一点或［放弃（U）］：

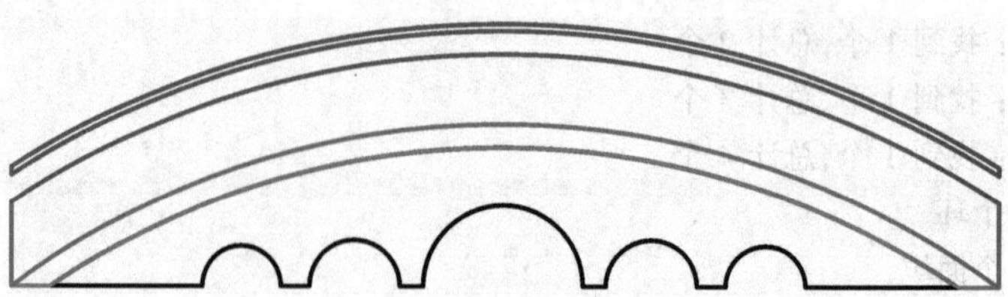

图 12-50　创建拱桥扶手护板

⑫ 创建拱桥扶手护板面域，如图 12-51 所示。

命令：_ region
选择对象：指定对角点：找到 3 个
选择对象：指定对角点：找到 3 个 (2 个重复)，总计 4 个
选择对象：
已提取 1 个环
已创建 1 个面域

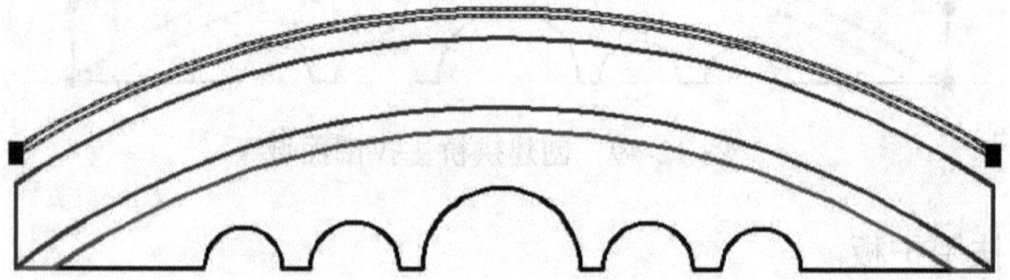

图 12-51　创建拱桥扶手护板面域

⑬ 创建拱桥主体实体，如图 12-52 所示。

命令：_ extrude
当前线框密度：ISOLINES = 4
选择要拉伸的对象：找到 1 个(选择拱桥主体图形)
选择要拉伸的对象：
指定拉伸的高度或 [方向(D)/路径(P)/倾斜角(T)]：- 500

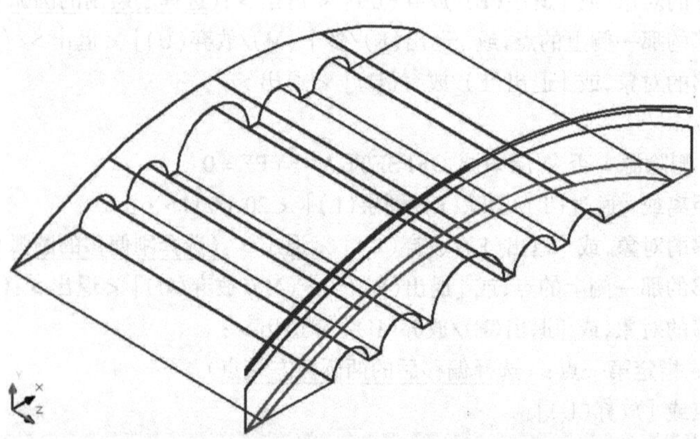

图 12-52　拱桥主体实体

⑭ 创建拱桥主拱圈实体、拱桥护板实体、拱桥扶手护板实体，并镜像，如图 12-53 所示。

命令：_ extrude
当前线框密度：ISOLINES = 4
选择要拉伸的对象：找到 1 个
选择要拉伸的对象：
指定拉伸的高度或 [方向(D)/路径(P)/倾斜角(T)] < -30.0000 > : 30
命令：_ extrude
当前线框密度：ISOLINES = 4
选择要拉伸的对象：找到 1 个
选择要拉伸的对象：
指定拉伸的高度或 [方向(D)/路径(P)/倾斜角(T)] < -30.0000 > : 30
命令：_ extrude
当前线框密度：ISOLINES = 4
选择要拉伸的对象：找到 1 个
选择要拉伸的对象：
指定拉伸的高度或 [方向(D)/路径(P)/倾斜角(T)] < -30.0000 > : 30
命令：_ mirror
选择对象：指定对角点：找到 7 个
选择对象：
指定镜像线的第一点：
指定镜像线的第二点：
要删除源对象吗？[是(Y)/否(N)] < N > :

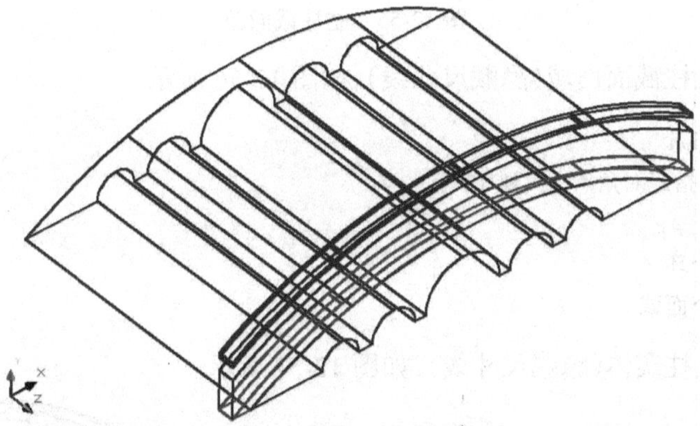

图 12-53　创建主拱圈实体、拱桥护板实体、拱桥扶手护板实体

镜像后结果如图 12-54 所示。

⑮ 创建拱桥立柱截面图。

首先将视图设置为主视图，绘制立柱截面图，如图 12-55 所示。

命令：_-view 输入选项 [? /删除(D)/正交(O)/恢复(R)/保存(S)/设置(E)/窗口(W)]：_ front

然后按尺寸绘制立柱截面图，如图 12-55 所示。

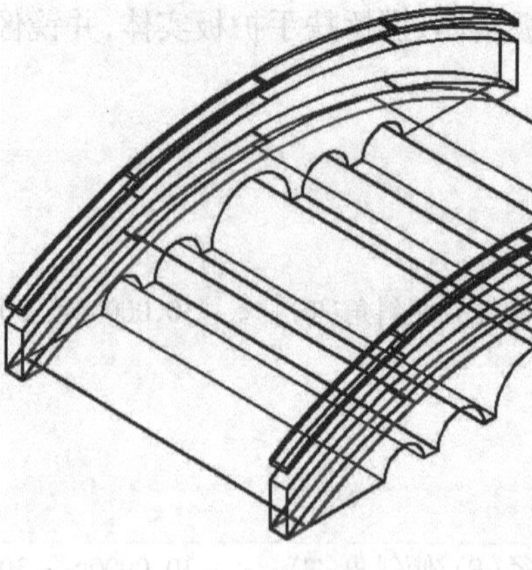

图 12-54　镜像结果

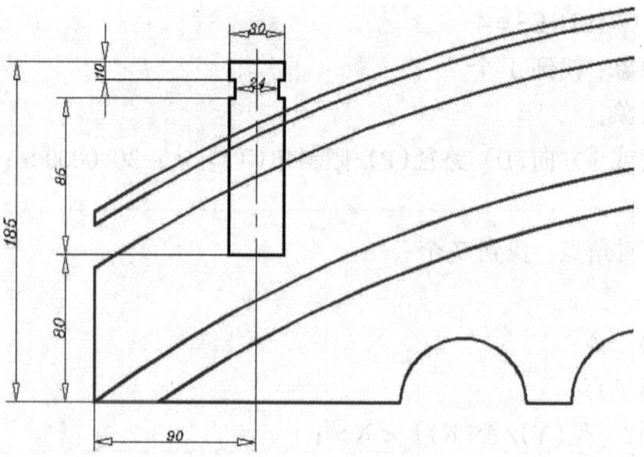

图 12-55　立柱截面图

⑯ 创建拱桥立柱截面面域(隐藏尺寸线),如图 12-56 所示。

命令: _ region
选择对象: 指定对角点: 找到 12 个
选择对象:
已提取 1 个环
已创建 1 个面域

⑰ 创建拱桥立柱实体(隐藏尺寸线),如图 12-57 所示。

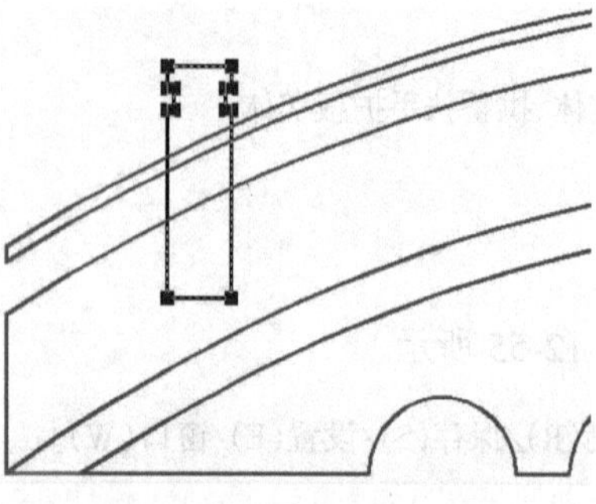

图 12-56　建立立柱面域

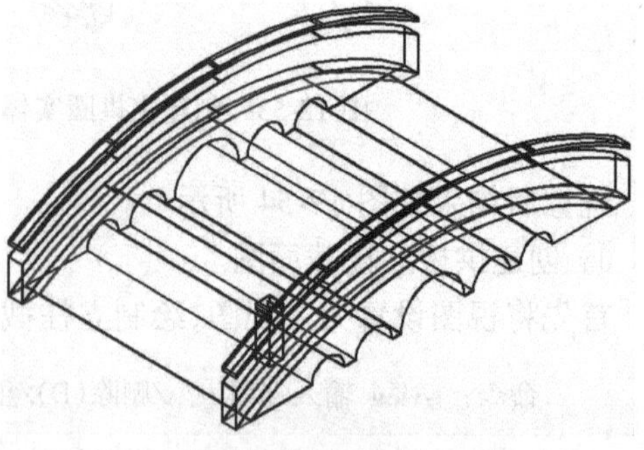

图 12-57　建立立柱实体

命令：_ extrude
当前线框密度：ISOLINES = 4
选择要拉伸的对象：找到 1 个(选择立柱截面)
选择要拉伸的对象：
指定拉伸的高度或［方向(D)/路径(P)/倾斜角(T)］< - 30.0000 > ：30

⑱ 创建立柱上面球体。

先做三条辅助线，如图 12-58 所示。

然后以垂直辅助线的上方端点为球心，创建球体，如图 12-58 所示。

命令：_ sphere
指定中心点或［三点(3P)/两点(2P)/相切、相切、半径(T)］：
指定半径或［直径(D)］< 20.0000 > ：20

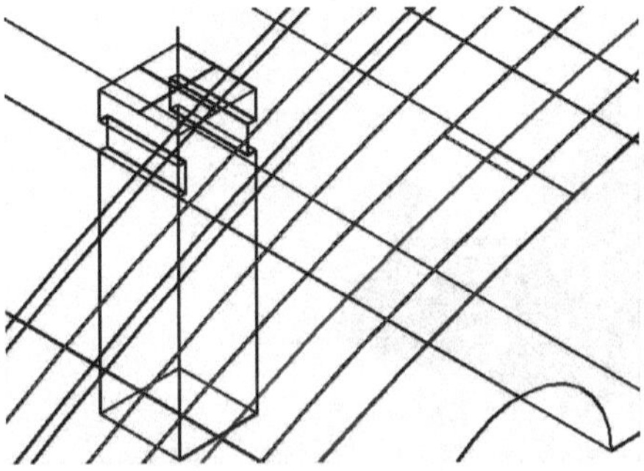

图 12-57　创建立柱上方辅助线

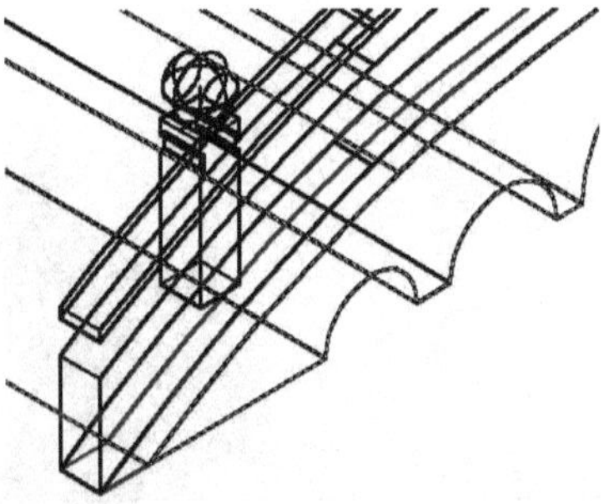

图 12-58　创建立柱上方球体

⑲ 阵列立柱，如图 12-59 所示。

命令：_ array(选择环形阵列)
选择对象：找到 1 个
选择对象：找到 1 个，总计 2 个
选择对象：
指定阵列中心点：

删除多余柱体，如图 12-60 所示。

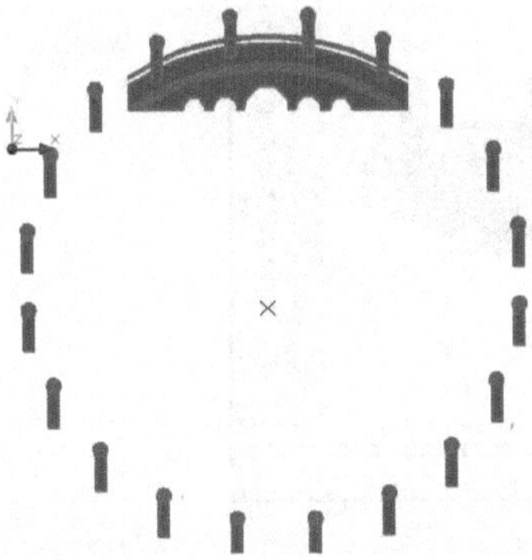

图 12-59　阵列立柱

图 12-60　删除多余立柱效果

命令：_ erase
命令：指定对角点：
命令：指定对角点：
命令：指定对角点：
命令：_ erase 找到 32 个

⑳ 镜像立柱，如图 12-59 所示。

命令：_ mirror
选择对象：指定对角点：找到 12 个
选择对象：
指定镜像线的第一点：
指定镜像线的第二点：
要删除源对象吗？[是(Y)/否(N)] < N >：

图 12-61　镜像结果

2. 石拱桥的渲染效果

利用预设渲染设置，对石拱桥进行渲染，效果如图 12-62 所示。

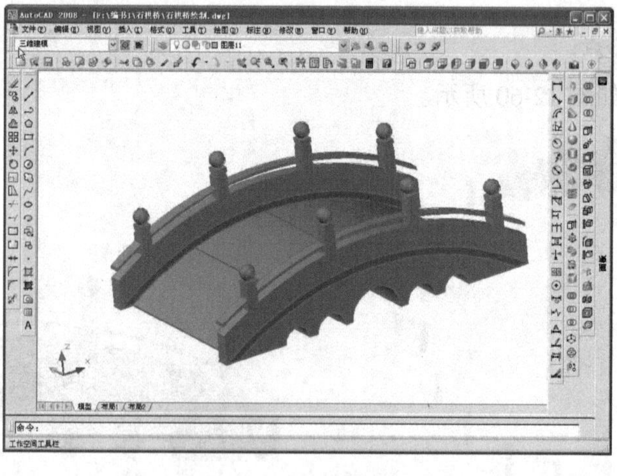

图 12-62　渲染效果

12.5 思考与练习

绘制如图 12-40 所示的“望江亭”立体模型，并添加材质、光源进行渲染。

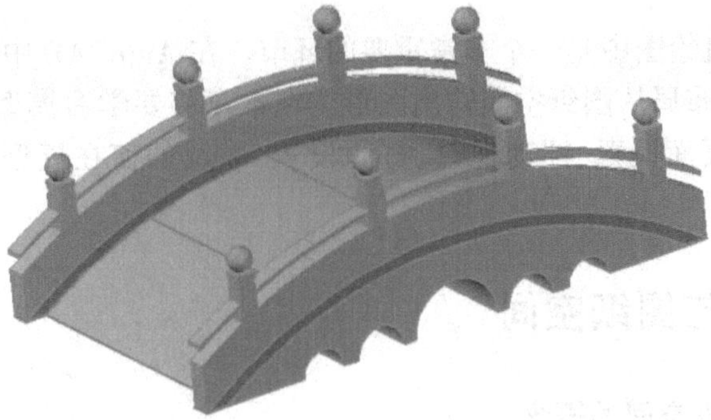

图 12-40 “望江亭”立体模型

第 13 章　图形的输出与打印

图形输出在计算机绘图中是一个非常重要的环节。在 AutoCAD 中,可以从模型空间直接输出图形,也可以设置布局从图纸空间输出图形。在本章将要学习模型空间和图纸空间的概念、图形布局的创建、页面设置、浮动视口、打印设置,以及如何在模型空间和图纸空间输出图形。

13.1　模型空间与图纸空间

1. 模型空间与图纸空间的概念

AutoCAD 最有用的功能之一就是可在两个环境中完成绘图和设计工作,即模型空间和图纸空间,其作用是不同的。一般来说,模型空间是一个三维空间,主要用来设计零件和图形的几何形状,设计者一般在模型空间完成其主要的设计构思;而图纸空间是用来将几何模型表达到工程图之上用的,专门用来进行出图的;图纸空间有时又称为“布局”,是一种图纸空间环境,它模拟图纸页面,提供直观的打印设置。

2. 平铺式的模型空间和浮动式的模型空间

大部分设计和绘图工作都是在平铺式模型空间中完成的,如图 13-1 所示。图纸空间是模拟手工绘图的空间,它是为绘制平面图而准备的一张虚拟图纸,是一个二维空间的工作环境。从某种意义上来说,图纸空间就是为布局图面、打印出图而设计的,用户还可在其中添加诸如边框、注释、标题和尺寸标注等内容,如图 13-2 所示。

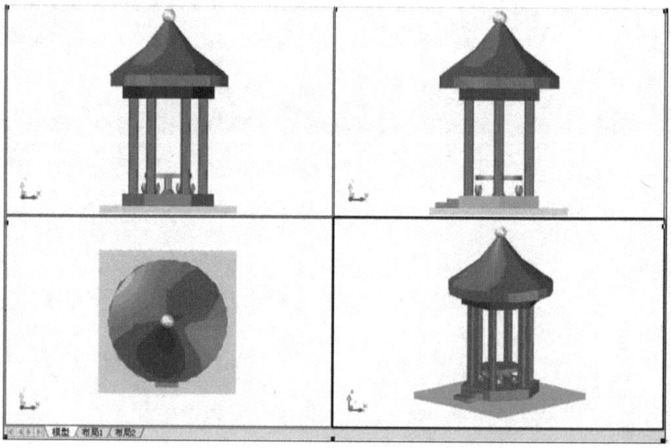

图 13-1　平铺式模型空间

可以根据坐标标志来区分模型空间与图纸空间,当处于模型空间时,屏幕显示 UCS 标志(如图 13-1),当处于图纸空间时,屏幕显示图纸空间标志,即一个直角三角形(如图 13-2),所以旧的版本将图纸空间又称作“三角视图”。用户可以在图纸空间建立多个浮动视区或浮动视口,又称布局视口,以便包含模型的不同视图。

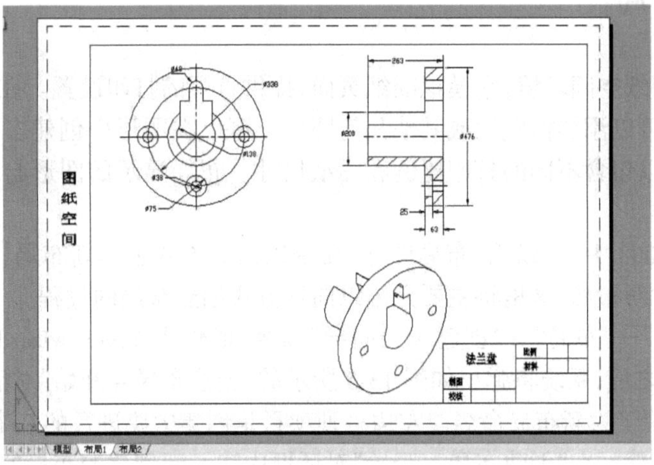

图 13-2　图纸空间浮动视口

3. 两个空间的切换

AutoCAD2008 可以在绘图区域底部附近的两个或多个选项卡上访问这些空间,即“模型”选项卡以及一个或多个“布局”选项卡。如图 13-3 所示。

图 13-3　“模型”选项卡和“布局”选项卡

在模型空间和图纸空间都可以进行输出设置,而且它们之间的转换也非常简单,单击“模型”选项卡或“布局”选项卡就可以在它们之间进行切换。如图 13-4 所示。

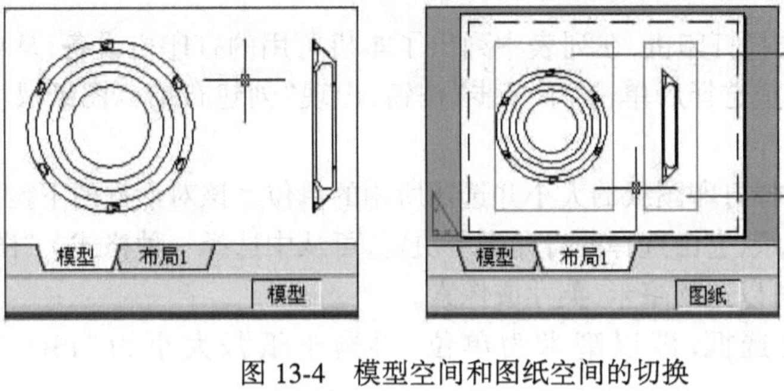

图 13-4　模型空间和图纸空间的切换

另外,系统变量 TILEMODE 也能控制当前的活动空间是图纸空间还是模型空间。当 TILEMODE 的值为 1 时,AutoCAD 工作在模型空间。当 TILEMODE 的值为 0 时,AutoCAD 工作在图纸空间。TILEMODE 的名称来源于模型空间的平铺视口。

说明:模型空间和图纸空间是两个不同的制图环境,在同一个图形中是无法同时在这两个环境中工作的。系统变量 TILEMODE 的值决定了是处于模型空间还是图纸空间。

13.2 创建布局

布局是一种图纸空间环境,它模拟图纸页面,提供直观的打印设置。在布局中可以创建并放置视口对象,还可以添加标题栏或其他几何图形。可以在图形中创建多个布局以显示不同视图,每个布局可以包含不同的打印比例和图纸尺寸。布局显示的图形与图纸页面上打印出来的图形完全一样。

在 AutoCAD2008 中,可以用“布局向导”命令以向导方式创建新布局,也可以用 layout 命令以模板方式创建新布局,这里将主要介绍以向导方式创建布局的过程。

① 执行“插入”→“布局”→“创建布局向导”命令,或输入 1ayoutwizard,按 Enter 键,激活 1ayoutwizard 命令之后,系统将弹出如图 13-5 所示的“创建布局 - 开始”对话框。

② 该对话框用于为新布局命名。左边一列项目是创建中要进行的八个步骤,前面标有三角符号的是当前步骤。在“创建布局 - 开始”对话框中输入新创建的布局的名称“建筑设计”。

③ 完成设置后单击“下一步”按钮,出现如图 13-6 所示的“创建布局 - 打印机”对话框。

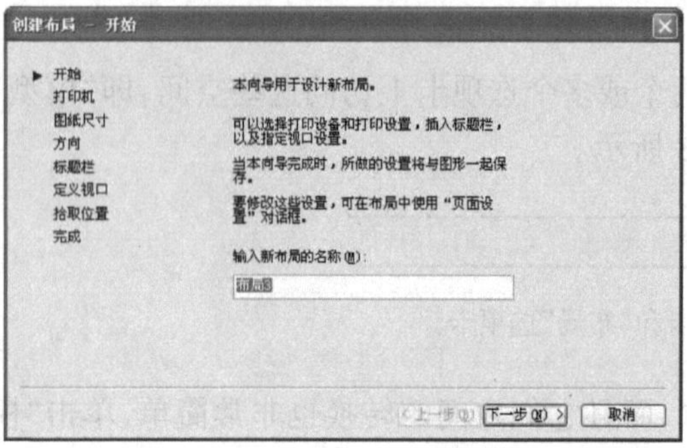

图 13-5 “创建布局 - 开始”对话框

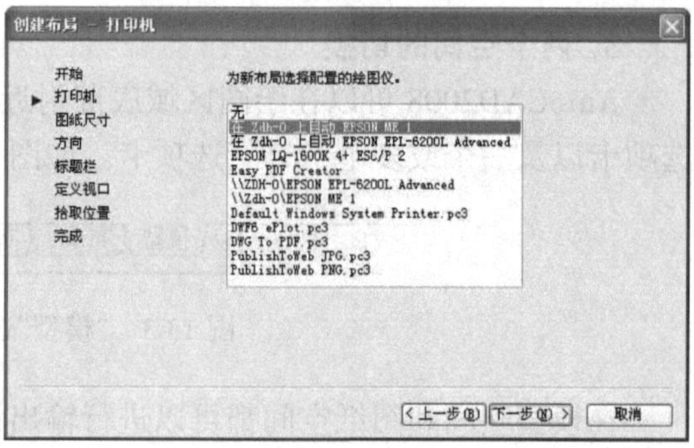

图 13-6 “创建布局 - 打印机”对话框

④ 该对话框用于选择打印机,在列表中列出了本机可用的打印机设备,从中选择一种打印机作为输出设备。完成选择后单击“下一步”按钮,出现“创建布局 - 图纸尺寸”对话框,如图 13-7所示。

这个对话框用于选择打印图纸的大小并选择所用的单位。该对话框的下拉列表框中列出了可用的各种格式的图纸,它由选择的打印设备决定,可从中选择一种格式。“图形单位”选项区用于控制图形单位,可以选择毫米、英寸或像素。

⑤ 选中“毫米”单选框,即以毫米为单位,再选中纸张大小为“ISO A1(841.00 × 594.00 mm)”。

⑥ 完成以上设置之后,单击“下一步”按钮,出现“创建布局 - 方向”对话框,如图 13-8 所示。

这个对话框用于设置打印的方向,两个单选框分别表示不同的打印方向,选中“横向”单选按钮表示按横向打印,而选中“纵向”单选按钮则表示按纵向打印。

⑦ 完成打印方向设置后,单击“下一步”按钮,即出现“创建布局 - 标题栏”对话框,如图 13-9所示。

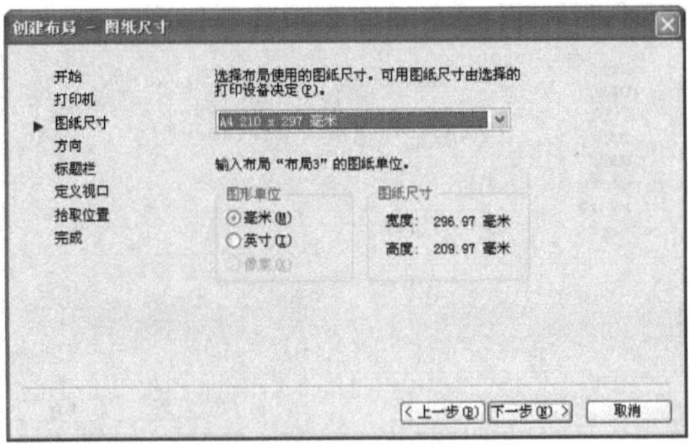

图 13-7 “创建布局 - 图纸尺寸”对话框

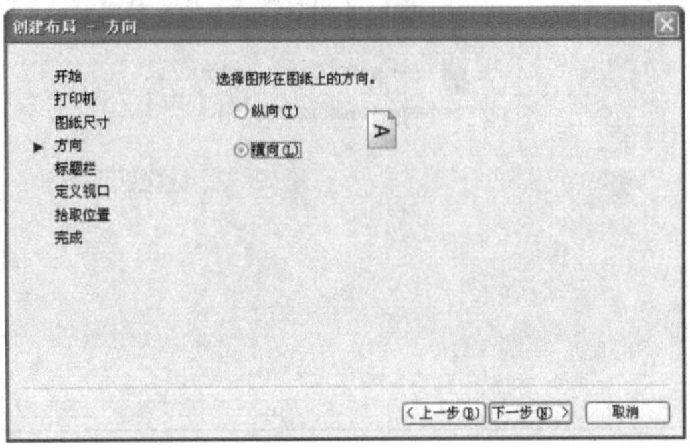

图 13-8 “创建布局 - 方向”对话框

该对话框用于选择图纸的边框和标题栏的样式，对话框左边的列表框中列出了当前可用的样式，可从中选择一种；对话框右边的预览框中显示出了所选样式的预览图像；在对话框下部的类型选项区中，可以指定所选择的标题栏图形文件是作为块还是作为外部参照插入到当前图形中。

⑧ 选择 ISO A1 title block.dwg 样式，选中“块”单选按钮，将该样式作为块插入。完成打印样式设置后，单击“下一步”按钮，出现“创建布局 - 定义视口”对话框，如图 13-10 所示。

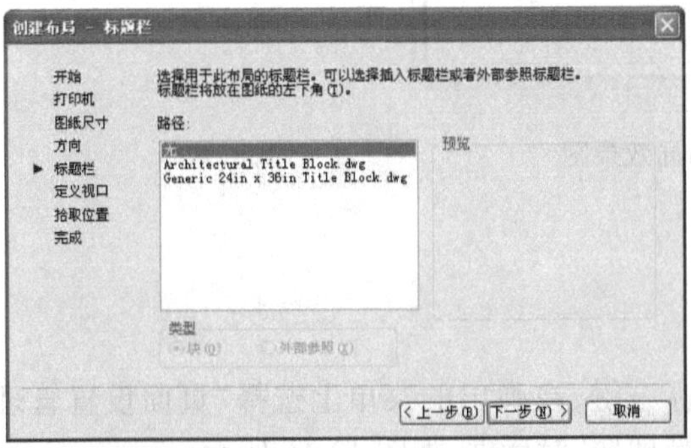

图 13-9 “创建布局 - 标题栏”对话框

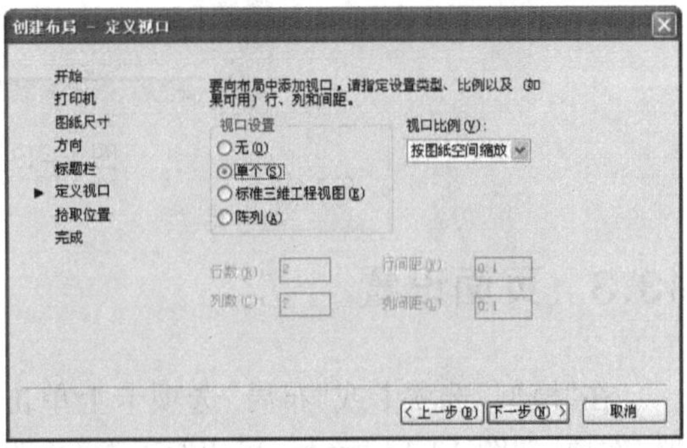

图 13-10 “创建布局 - 定义视口”对话框

在该对话框中可以指定新创建的布局默认视口设置和比例等。其中“视口设置”选项区用于设置当前布局定义视口数。“视口比例”下拉列表框用于设置视口的比例，当选择“阵列”选项时，则下面四个文本框变为可用，左边两个文本框分别用于输入视口的行数和列数，而右边两个文本框分别用于输入视口的行距和列距。

⑨ 选中“单个”单选按钮，然后单击“下一步”按钮，即可出现“创建布局 - 拾取位置”对话框，如图 13-11 所示。

这个对话框用于指定视口的大小和位置。单击“选择位置”按钮，系统将暂时关闭该对话框，返回到图形窗口，从中指定视口的大小和位置。选择了恰当的视口大小和位置后，单击“下一步”按钮，即可出现“创建布局 - 完成”对话框，如图 13-12 所示。

⑩ 如果对以前的设置都已满意，单击“完成”按钮完成新布局的创建。系统自动返回到布局空间，显示新创建的布局“建筑设计”，如图 13-13 所示。

总之，布局代表打印的页面，用户可以根据需要创建任意多个布局。每个布局都保存在自己的布局选项卡中，可以与不同的页面设置相关联。

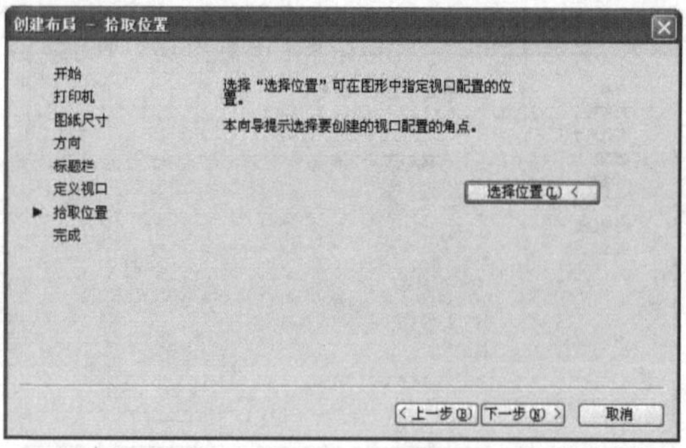

图 13-11 "创建布局 – 拾取位置"对话框

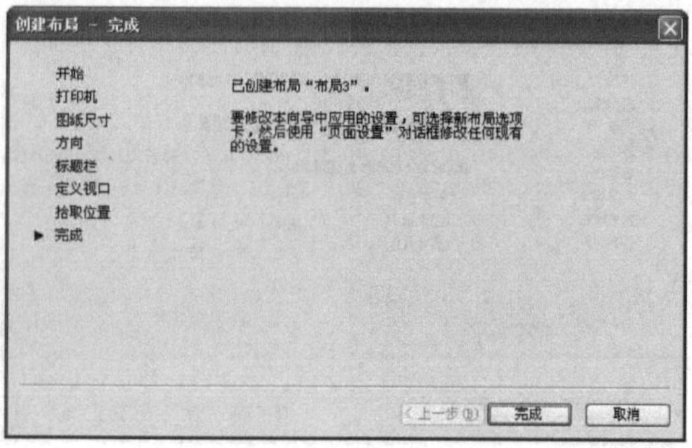

图 13-12 "创建布局 – 完成"对话框

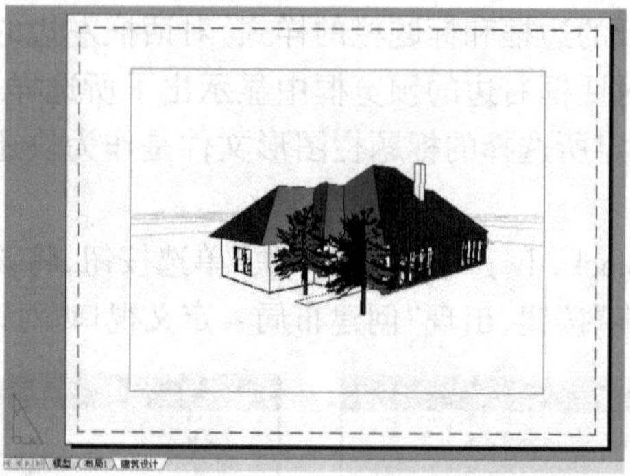

图 13-13 布局效果图

13.3 页面设置

在"模型"选项卡或"布局"选项卡上单击鼠标右键，在弹出的菜单上选择"页面设置管理器"选项，如图 13-14 所示。可以打开"页面设置管理器"对话框，如图 13-15 所示。

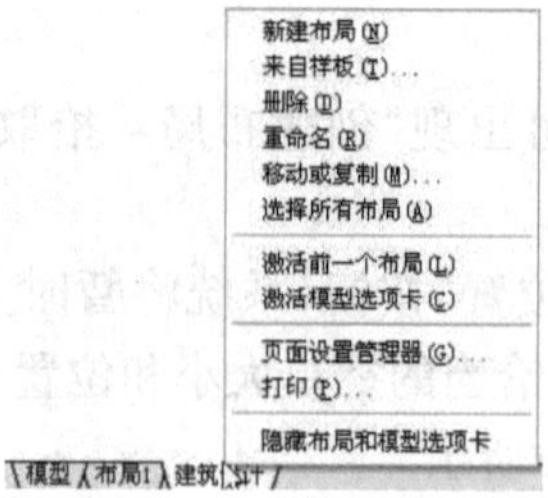

图 13-14 右键打开

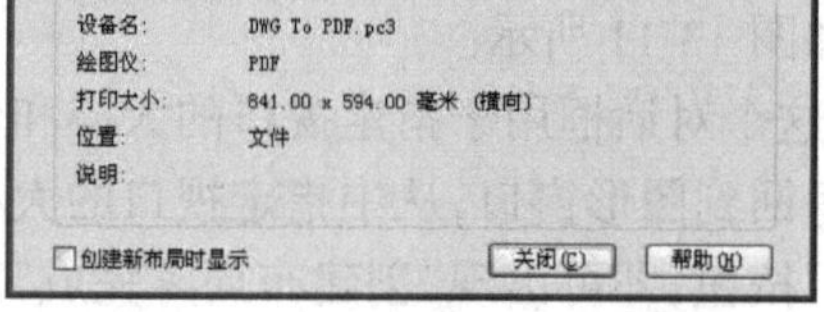

图 13-15 "页面设置管理器"对话框

在"页面设置管理器"对话框中，单击 新建(N)... 按钮，打开"新建页面设置"对话框，可以命名设置名称，如图 13-16 所示。

单击 确定(O) 按钮，即可进入“页面设置”对话框，如图13-17所示。在此对话框，可以指定布局设置和打印设备设置并预览布局的结果。对于一个布局，可利用“页面设置”对话框来完成它的设置，这要用 pagesetup 命令。虚线表示图纸中当前配置的图纸尺寸和绘图仪的可打印区域。

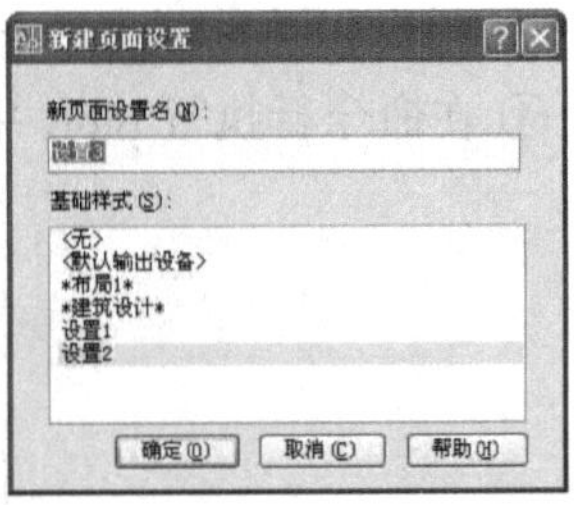

图 13-16 “新建页面设置”对话框

如果希望每次创建新的图形布局时都显示“页面设置管理器”对话框，可以在“选项”对话框的“显示”选项卡中，选中布局元素区域中的“新建布局时显示页面设置管理器”选项。如果不需要为每个新布局都自动创建视口，可以在“选项”对话框的“显示”选项卡中清除“在新布局中创建视口”选项。如图13-18所示。

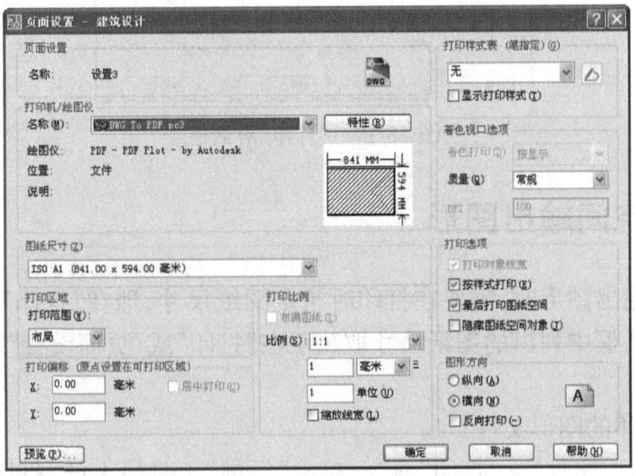

图 13-17 “页面设置”对话框

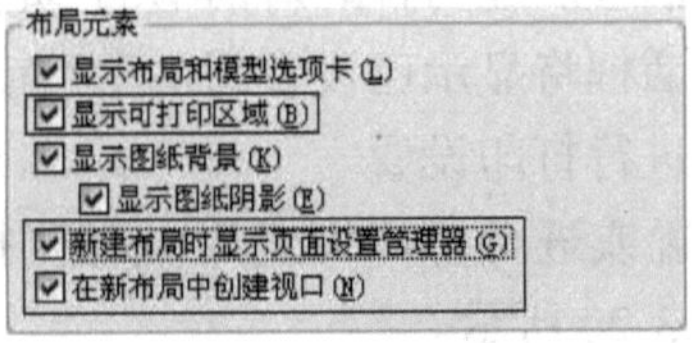

图 13-18 布局选项

另外，清除“显示可打印区域”一项可以将布局中的虚线框去除。

13.4 打印设置

当页面设置完成并预览效果后，如果满意就可以着手进行打印设置了。下面以在模型空间出图为例，学习打印前的设置。

可以通过以下几种方式打开如图13-19所示的“打印”对话框：

① 在“标准”工具栏，单击打印 按钮。

② 从菜单依次单击“文件”→“打印”。

③ 在状态栏的“模型”选项卡或“布局”选项卡上单击鼠标右键，选择“打印”选项。

④ 在命令行执行 plot，并按 Enter 键。

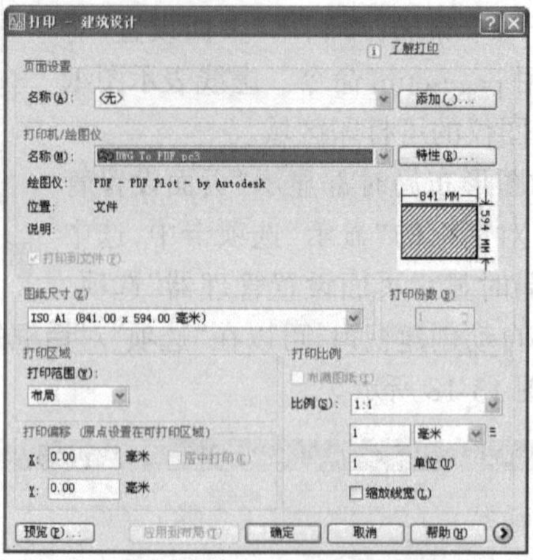

图 13-19 “打印”对话框

13.5 从模型空间输出图形

从“模型”空间输出图形时，需要在打印时指定图纸尺寸，即在”打印”对话框中，选择要使用的图纸尺寸。对话框中列出的图纸尺寸取决于在”打印”或”页面设置”对话框中选定的打印机或绘图仪。

① 打开需要打印的图形文件。

② 从菜单中执行“文件”→“打印”命令；单击“标准”工具栏上的“打印”按钮；在命令行输入 Plot 并按 Enter 键确认。

输入命令后，弹出“打印”对话框。在“打印”对话框的“页面设置”下拉列表中，选择要应用的页面设置选项。选择后，该对话框将显示已设置后的“页面设置”各项内容。如果没有进行设置，可在“打印”对话框中直接进行打印设置。

③ 打印预览。选择页面设置或进行打印设置后，单击“打印”对话框左下角的“预览”按钮，对图形进行打印预览，如图 13-20 所示。

图 13-20 打印预览

当要退出时，在该预览界面上单击鼠标右键，在弹出的菜单中选择“退出”项，返回“打印”对话框，也可按键盘上的 ESC 键退出。

④ 打印出图。单击“打印”对话框中的“确定”按钮，开始打印出图。

当打印的下一张图样和上一张图样的打印设置完全相同时，打印时只需要直接单击“打印”按钮，在弹出的“打印”对话框中，选择“页面设置名”为“上一次打印”选项，不必再进行其他的设置，就可以打印出图。

13.6 从图纸空间输出图形

从“图纸”空间输出图形时，需要根据打印的需要进行相关参数的设置，事先在“页面设置”对话框中指定图纸尺寸。

① 打开需要打印的图形文件，将视图界面切换到“布局 1”选项，单击鼠标右键，在弹出的快键菜单中选择“页面设置管理器”项。

② 在“页面设置管理器”对话框中，单击“新建”按钮，弹出“新页面设置”对话框。

③ 在“新页面设置”对话框中的“新页面设置名”文本框中输入“建筑设计打印”。

④ 单击“确定”按钮，进入“页面设置”对话框，根据打印的需要相关参数的设置。

⑤ 设置完成后，单击“确定”按钮，返回到“页面设置管理器”对话框。选中“零件图”选项，单击“置为当前”按钮，将其置为当前布局，如图 13-21 所示。

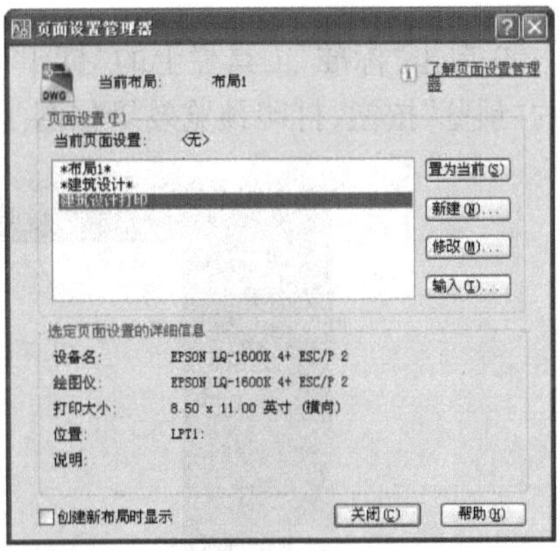

图 13-21　将“建筑设计打印”布局置为当前

⑥ 单击“关闭”按钮，完成“零件图”布局的创建，如图 13-22 所示。

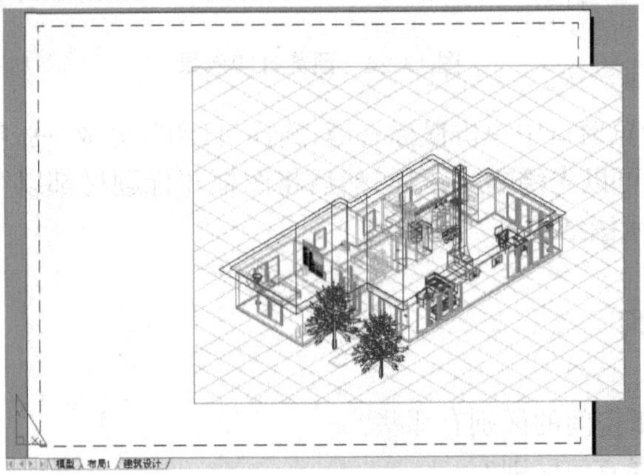

图 13-22　完成“建筑设计打印”布局的创建

⑦ 选取“修改”工具栏上的“移动”工具，将图形移动到图纸合适的位置上，如图 13-23 所示。

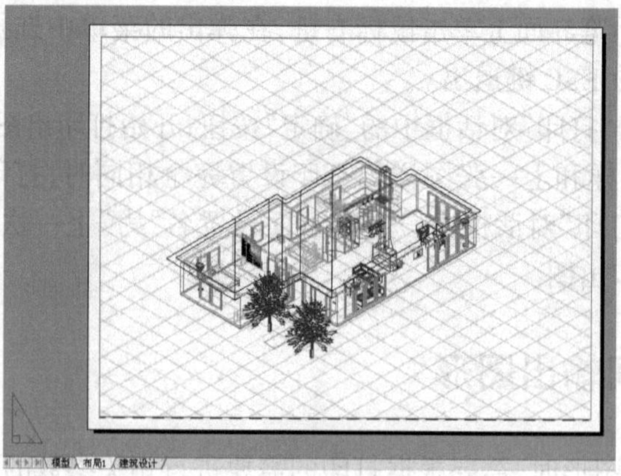

图 13-23　移动后的“建筑设计打印”布局

⑧ 单击“标准”工具栏上的“打印”按钮，弹出“打印”对话框，不需要重新设置，单击左下方的“预览”按钮，打印预览效果如图 13-24 所示。

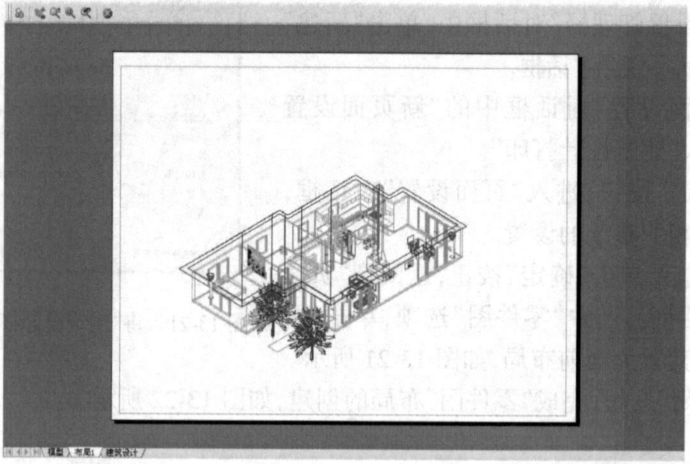

图 13-24　预览打印效果

⑨ 如果满意，在预览窗口中单击鼠标右键，选择“打印”，完成一张零件图的打印。

在布局空间里，还可以先绘制完图样，然后将图框与标题栏都以“块”的形式插入到布局中，组成一份完整的技术图纸。

13.7　思考与练习

1. 模型空间和图纸空间的区别有那些？
2. 图纸空间与布局有何区别？
3. 一个图形文件中可以有几个模型空间和图纸空间？
4. 创建布局有几种方式？